MANUFACTURING AND APPLICATION TECHNOLOGY OF ACTIVATED CARBON

活性炭制造与应用技术

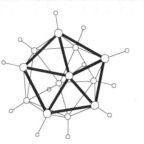

蒋剑春　主编

化学工业出版社

·北京·

本书对活性炭的主要特征、用途、吸附理论进行了简单介绍，重点阐述了化学法制备技术与装备、活性炭的再生技术和设备、活性炭在气相中的应用以及在医药、防辐射、电子行业等领域的应用，同时对活性炭产业的标准化提出了展望。

本书适合从事活性炭相关研究、生产、管理的人员使用，同时可供化工、材料、生物等相关专业的师生参考。

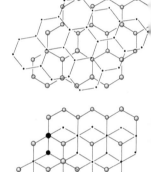

图书在版编目（CIP）数据

活性炭制造与应用技术/蒋剑春主编. —北京：化学工业出版社， 2017. 10（2022.9 重印）

ISBN 978-7-122-30602-9

Ⅰ. ①活… Ⅱ. ①蒋… Ⅲ. ①活性炭-化工生产 Ⅳ. ①TQ424. 1

中国版本图书馆 CIP 数据核字（ 2017） 第 221127 号

责任编辑：张 艳 刘 军　　　　　　文字编辑：陈 雨
责任校对：边 涛　　　　　　　　　装帧设计：王晓宇

出版发行：化学工业出版社（北京市东城区青年湖南街 13 号　邮政编码 100011）
印　　装：北京虎彩文化传播有限公司
710mm×1000mm　1/16　印张 19¾　字数 372 千字　2022 年 9 月北京第 1 版第 4 次印刷

购书咨询：010-64518888　　　　　　售后服务：010-64518899
网　　址：http://www.cip.com.cn
凡购买本书，如有缺损质量问题，本社销售中心负责调换。

定　　价：98. 00 元　　　　　　　　　　版权所有　违者必究

本书编写人员名单

主　　编：蒋剑春

编写人员（按姓氏笔画排序）：

　　　　　邓先伦　卢辛成　朱光真　刘石彩　孙　康

　　　　　陈　超　郑志锋　周建斌　贾羽洁　蒋剑春

统　　稿：孙　康

序 一
PREFACE

　　活性炭是一类重要的林产化工产品，因具有巨大的比表面积和优良的选择性吸附能力，在工业生产和人们的生活中发挥着不可或缺的作用。我国活性炭工业经历了 50 余年的发展，取得了令人瞩目的成绩，尤其在生产设备机械化、生产工艺自动化、生产过程清洁化、生产能耗节约化等诸多方面都取得了令人骄傲的成果，已经跨入世界活性炭行业的前列。我国活性炭年产量已超过 60 万吨，出口量占一半以上，是名副其实的世界活性炭生产和出口的第一大国。

　　活性炭，是一个历史悠久的产品；活性炭行业，是我国现代工业体系中一个新兴的工业。活性炭之所以能经久不衰，至今仍焕发着蓬勃的发展势头和活力，其应用领域已经从传统的制糖、制药、食品、轻工、医药、冶金、化工、兵工等领域，逐渐向着与人类生存环境息息相关的环保、净水、新能源、电子信息、原子能、生物工程、纳米新材料等高新科技领域渗透扩展，具有更为广阔的新用途。因此，无论在理论研究方面，还是在制造工艺、应用技术、产品开发和设备改进等方面，始终吸引着科技人员为不断加深对活性炭的认识而探索。

　　本书包含活性炭的主要特征、用途、吸附理论、制备方法、设备及应用等方面。内容丰富、充实、新颖、通俗易懂，还包含了作者的研究成果、经验与体会，具有重要的参考价值和实用价值。

　　往昔峥嵘，任重道远。我们相信，随着我国国民经济的不断发展和人们生活质量需求的不断提高，活性炭事业将会更加受到人们的关注，并产生更加广泛的影响。希望我国活性炭科研工作者加强技术创新、加快新产品研发，为推动世界活性炭及相关应用行业的进步和促进世界经济的发展做出更大的贡献。

中国工程院院士

中国林业科学研究院林产化学工业研究所研究员

活性炭作为一种孔隙结构发达、比表面积大、选择性吸附力强的炭质吸附材料，已经被广泛应用于军工、食品、冶金、化工、环保、医药等行业的精制和净化过程。 随着近年来环境保护力度的加强、食品安全标准的提高、动力电池的兴起，活性炭的需求量越来越大，已经成为人们生活和工农业生产过程中不可或缺的重要产品。

世界活性炭制造与应用的历史已逾百年，我国活性炭工业的发展也走过了半个多世纪，并取得了令人瞩目的成就，我国已发展成为世界活性炭第一生产大国和出口大国，年产量超过 60 万吨，出口量逾25 万吨。 我国活性炭的制造起步于 20 世纪 50 年代初，生产能力从1951 年的不足百吨猛增到 20 世纪 80 年代的近十万吨，且活性炭的应用范围迅速拓展，多种专用活性炭品种得到了发展；20 世纪 80 年代后，随着改革开放和国内经济迅速发展，活性炭生产和应用进一步递增，出口量迅速上升成为世界第一。 近年来，储能、VOCs 捕集等新能源与环保行业对活性炭需求的增加，进一步激励了活性炭产业发展，开发出多种专用活性炭新品种，拓展了应用新领域。

本书全面介绍了国内外活性炭制造与应用新技术，以及作者多年在活性炭领域的主要科技成果，包括：活性炭概论、制造工艺和装备、应用技术、检测标准等九个部分，内容丰富、特色鲜明、通俗易懂，具有重要的参考价值和使用价值。 对于更好、更快地促进我国活性炭事业的发展，必将产生积极的推动作用。

活性炭作为重要的林化产品，在国民经济各个领域发挥着不可替代的作用。 今后，希望加强科研院所与活性炭生产企业的紧密联合，促进科技成果的转化，开发出质量高，应用广，更具国际竞争力的活性炭产品，为中国活性炭行业的科技进步，进军世界活性炭第一强国做出更大的贡献。

中国工程院院士

南京林业大学教授

张齐生

前 言
FOREWORD

　　活性炭是由含碳原料经炭化、活化加工制备而成，具有发达的孔隙结构、较大的比表面积和丰富的表面化学基团，选择性吸附能力较强的碳材料。活性炭具有良好的再生性能，可以循环使用，在石油化工、食品、医药、军工乃至航空航天等领域均有广泛应用，已成为国民经济发展和国防建设的重要的吸附材料。近年来，随着环保、医药、储能等行业的快速发展，活性炭的市场需求不断增加，我国活性炭的生产量和出口量均已达到世界第一。

　　经过30多年的发展，活性炭领域开发了很多新的生产技术，如物理法-化学法活性炭一体化生产技术，活性炭工业生产中无公害化、低消耗、智能化的生产技术以及活性炭的再生生产技术等。同时，活性炭在气相吸附、液相吸附、能源储存和作为催化剂载体等方面的应用也取得很大的进展，全球活性炭行业具有广阔的发展前景。目前，活性炭的研制更多的是着眼于拓展应用领域，因此，有针对性地研制具有特殊吸附性能的活性炭新品种、根据吸附质的特征选择合适的活性炭及低成本制备方法、开发活性炭清洁再生工艺与设备以达到循环利用等方面均是重要的研究方向。

　　本书主要是基于活性炭研究领域技术发展成果，结合作者多年的研究和产业化经验编写而成。在对活性炭的主要特征、用途、吸附理论进行简单介绍的基础上，重点阐述了化学法制备技术与装置、物理法制备技术与装置、活性炭的再生技术和设备、活性炭在气相以及在医药、防辐射、电子行业等领域中的应用，同时对活性炭行业国内外相关标准进行了归纳整理，并对活性炭标准化工作提出了展望。

　　本书在编写过程中得到多位行业专家的指导和帮助，在此向他们表示衷心的感谢！感谢宋湛谦院士和张齐生院士为本书作序！

　　尽管笔者力求全面、深入地介绍活性炭的相关知识，但限于水平和时间，书中难免有疏漏和不妥之处，敬请读者批评指正！

蒋剑春

2017 年 8 月

目 录
CONTENTS

第一章

概论

Chapter

001

第二章

**化学法制备
技术与装备**

Chapter

019

第三章 03 Chapter

**物理法制备
技术与装置**

045

第四章 04 Chapter

**活性炭的再生
技术和设备**

069

第六章 06 Chapter

活性炭在气相中的应用

130

第七章 07 Chapter

活性炭作为催化剂和催化剂载体的应用

185

第八章

活性炭应用
的新领域

/238

第九章

活性炭标准

298

第一章 概论

活性炭是具有发达的孔隙结构、比表面积大、选择性吸附能力强的碳材料。在一定的条件下，对液体或气体中的某一或某些物质进行吸附脱除、净化、精制或回收，实现产品的精制和环境的净化。Rapheal von Ostrejko 于 1900 年申请了英国专利 B. P. 14224 和 B. P. 18040，首先研究开发了 CO_2 或者水蒸气活化反应生产具有吸附能力的活性炭，并且成功应用于防毒面具中。1911 年，奥地利的 Fanto 公司和荷兰 Norit 公司首先生产糖液脱色用粉状活性炭。时至今日，活性炭已广泛应用于军工、化工、食品、轻工、医药、制药、环保和水处理等工业和生活的各个方面。随着科学技术的发展和人们生活水平的提高，活性炭已经成为现代工业、生态环境和人们生活中不可或缺的炭质吸附材料[1,2]。

活性炭主要是以木炭、木屑、各种果壳(椰子壳、杏壳、核桃壳等)、煤炭和石油焦等高含碳物质为原料，经炭化活化而制得的多孔性吸附剂。活性炭基本上是非结晶性物质，它由微细的石墨状结晶和将它们联系在一起的碳氢化合物部分构成。其固体部分之间的间隙形成孔隙，赋予活性炭所特有的吸附性能[3]。

第一节 活性炭的主要特征和用途

一、物理结构与分类

1. 物理结构

(1) 活性炭的基本晶体结构 活性炭是以碳为主要成分的吸附材料，结构复杂，既不像石墨、金刚石那样具有碳原子按一定规律排列的分子结构，又不像一般炭化物那样具有复杂的大分子结构。一般认为活性炭是由类似石墨的碳微晶和非晶质炭相互连接构筑成活性炭的块体和孔隙结构。X 射线衍射分析表明，活性炭的结构中包含石墨微晶，这些微晶排列不规则，尺寸为 1~3nm。根据瑞利（Riley）的 X 射线分析数据，除了石墨微晶外，活性炭还含有无定形碳，由石墨微晶和无定形碳所构成的多相物质决定着活性炭独特的结构。

在石墨结构中，碳原子以 sp^2 杂化成键，剩余的一个 p 轨道相互平行重叠，形成大 π 键，进而形成石墨的平面网状结构，平面结构之间平行而规律性地排列着（面网之间的作用力为范德华力），形成规整的三维结构，其中，C—C 键的长度为 0.142nm，面网间距为 0.335nm，其结构如图 1-1(a) 所示，所以石墨具有导电、导热和润滑性能等特性[4,5]。

活性炭基本上是非结晶性碳，它由微细的石墨状微晶和将它们连接在一起的碳氢化合物部分组成。活性炭最初的原料如木材、煤等，经炭化、活化等过程后，活性炭中部分碳原子之间已形成了微晶碳（活性炭的基本结晶），但是其面网结构却没有采取石墨那样规则性的积层结构，而是形成图 1-1(b) 那样的乱层结构。除微晶碳外，活性炭前驱体经炭化、活化等过程后仍然有部分未晶化的碳，活性炭被认为是由微晶群和其他未组成平行层的单个网状平面以及无规则碳组成的多相物质[6~8]。

目前，在 X 射线衍射分析的基础上，已发现活性炭的微晶碳有两种不同的结构，一种是类石墨结构的微晶碳，其大小随炭化温度而变化，大小约由三个平行的石墨层所组成，其宽度约为一个碳六角形的九倍，它与石墨相比，微晶碳中平面面网之间排列不整齐，称为"乱层结构"，与石墨结构的比较如图 1-1 所示；另外一种微晶碳是由于石墨网结构之间的轴向不同，面网之间的间距也不整齐，或石墨层间扭曲，可能因杂原子（如氧、氮等）的进入而稳定，碳六面网被空间交联而形成无序的结构。Riley 认为，在大部分碳材料中（包括活性炭）均含有这两种结构类型，而活性炭的最终特性则取决于它是以哪种类型的结构为主。

富兰克林把除金刚石以外的碳素物质分为容易石墨化的易石墨化碳素和难

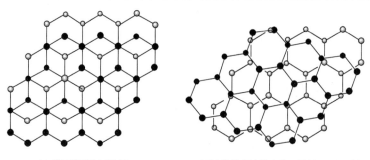

(a) 规则排列的石墨层　　　(b) 活性炭微晶结构中的石墨层：乱层结构

图 1-1　石墨与活性炭的基本结构和区别

以石墨化的不易石墨化碳素(图1-2)。其中不易石墨化的碳素是软的,易石墨化的碳素是硬的,他还认为,易石墨化的碳素可能是由乱层结构组成的,而不易石墨化的碳素可能是由具有交叉连锁的晶格结构构成[9]。

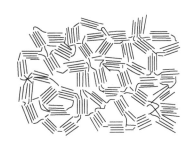

(a) 易石墨化碳素的模型　　　　　(b) 难石墨化碳素的模型

图1-2　易石墨化和难石墨化碳素的结构

(2) 活性炭的孔隙结构

① 孔隙结构的形态。活性炭的孔隙是在活化过程中,基本微晶之间清除了各种含碳化合物和无序碳(有时也从基本微晶的石墨层中除去部分碳)之后产生的孔隙,孔隙的大小、形状和分布等因制备活性炭的原料、炭化及活化的过程和方法等不同而有所差异,不同的孔隙结构能够发挥出相应的功能。1960年杜比宁把活性炭的孔分为大孔(孔径大于50nm)、中孔(或称过渡孔,孔径2~50nm)和微孔(孔径小于2nm)三类,这个方案已被国际纯粹与应用化学联合会(International Union of Pure and Applied Chemistry,IUPAC) 所接受。在活性炭中这三类大小不同的孔隙是互通的,呈树状结构,如图1-3所示。

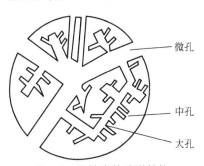

图1-3　活性炭的孔道结构

通过高分辨透射电子显微镜研究表明,活性炭中的微孔是活性炭微晶结构中弯曲和变形的芳环层或带之间的具有分子尺寸大小的间隙。孔隙的形状是形态各异的,使用不同的研究方法发现:有些是一端封闭的毛细管孔或两端敞开的毛细管孔,有些孔隙具有缩小的入口(瓶状孔),还有一些是两平面之间或多或少比较规则的狭缝状孔、V形孔等。

杜比宁分类中大孔的内表面能发生多层吸附,但在活性炭中,由于它的比例很小,所以大部分作为通路供吸附质分子进入吸附部位,但它可以决定吸附速率,因此在实际应用中也是很重要的。过渡孔在很多情况下和大孔相同,也是作为吸附质的通路从而支配吸附速率,但是过渡孔的作用却不是单纯的,它还可以作为不能进入微孔的大分子的吸附部位。活性炭的吸附作用大部分是通过微孔进行，因此微孔也决定着活性炭的吸附量。微孔的生成，对应于微量的质量损失就能形成非常大的比表面积[10]。

② 孔容积计算。在活性炭中，活化过程可以增加它的孔容。可以认为，细孔的发达决定了细孔容积的增加。如果细孔的形状是由平行平面组成的裂缝状，细孔半径就相当于平面间隔，如果确定了比表面积(S) 和细孔容积(V)，并假设细孔形状为圆筒形，可用下式计算细孔半径($\bar{r}$)：

$$\bar{r} = \frac{2V}{S} \tag{1-1}$$

若假定细孔为独立的球状，则上式为：

$$\bar{r} = \frac{3V}{S} \tag{1-2}$$

③ 孔径分布的确定。若要具体地掌握细孔结构，孔径分布是最好的手段。活性炭性能的一半，能够用孔径分布来表示。通常，测定孔径分布的方法有压汞法、电子显微镜法、毛细管凝结法、分子筛法、X射线小角散射法等。压汞法是较常用的方法，其原理是利用汞不润湿活性炭细孔壁，所以据此可以把它压入细孔中，则下式成立：

$$rp = -2\gamma\cos\theta \tag{1-3}$$

式中，r 为圆筒形细孔半径；p 为加在汞上的压力；θ 为汞的接触角；γ 为汞的表面张力。

在压力 p 下，汞应该进入半径在 r 以上的所有细孔中，所以可以测定由于压力的增加而进入的汞量，由此测定各个孔径大小，进而确定孔径分布。

(3) 比表面积　吸附现象发生在固体的表面，物体吸附能力的强弱很大程度上取决于比表面积的大小。有很多分析方法可以用来测定比表面积，其中常用的是BET法，此外还有流通法、液相吸附法、润湿热法。除此之外，通过X射线小角散射也能测定比表面积，但是BET法还是在测定活性炭比表面积方法中最常用的。应用此法测定的活性炭的比表面积一般为 $1000m^2/g$。

2. 活性炭的分类

根据制造方法、外观形状、用途功能以及孔径大小的不同，可以将活性炭分为不同种类。从形态来看，可以分为颗粒活性炭和粉状活性炭，而颗粒活性炭又可分为无定形和定形两大类；依据原料的不同，可以将活性炭分为焦木质、石油、煤质和树脂活性炭；根据使用功能的不同又可以分为液体吸附、催化性能、气体吸附活性炭；从制造方法来划分，又分为物理法、化学法和物理化学法活性炭。具体分类和主要用途见表1-1～表1-5。

从外观形状上分类，目前常见的活性炭分类如表1-1所示。

表1-1　不同外观形状市售的活性炭分类

形状	特征
粉末状活性炭	外观尺寸小于 0.18nm 的粒子（约 80 目）占多数的活性炭。除了以木屑为原料生产的粉末状活性炭以外，还包括颗粒活性炭的粉化产物等
颗粒状活性炭	外观尺寸大于 0.18nm 的粒子（约 80 目）占多数的活性炭。从形状上分为破碎状、球状、中空微球状等几种
破碎状炭	椰壳活性炭、煤质活性炭属于此类。活性炭外表面因破碎而有棱角
球状炭	将炭化物做成球形以后再活化及以球形树脂为原料生产的活性炭
中空微球状炭	大多以树脂为原料，有时直径在 50μm 以下，使用时生成的粉末少
纤维状活性炭	指以纤维状的原料制成的纤维直径为 8～10μm 的活性炭。有丝状、布状、毡状几种
蜂巢状活性炭	挤压成型为蜂巢状的活性炭
活性炭成型物	有将活性炭粉末附着在纸、非织造布或海绵之类基材上的产品，以及将活性炭单独或者与其他材料一起复合加工成各种形状的成型物

根据原料的不同，分类如表 1-2 所示。

表1-2　不同原料的市售活性炭分类

种类	原料
木质活性炭	以木屑、木炭等制成的活性炭
果壳活性炭	以椰子壳、核桃壳、杏核等制成的活性炭
煤质活性炭	以褐煤、泥煤、烟煤、无烟煤等制成的活性炭
石油类活性炭	以沥青等为原料制成的沥青基球状活性炭
再生炭	以用过的废炭为原料，进行再活化处理的再生炭，与原生炭相区别

根据制造方法的不同，分类如表 1-3 所示。

表1-3　不同制造方法的活性炭分类

活化方法	活化剂
化学药品活化法活性炭	氯化锌、磷酸、氢氧化钾、氢氧化钠等化学药品
强碱活化法活性炭	氢氧化钾、氢氧化钠等
气体活化法活性炭	水蒸气、二氧化碳、空气等
水蒸气活化法活性炭	水蒸气

根据使用活性炭的场所不同，分类如表 1-4 所示。

表1-4　不同使用场所的活性炭分类

| 气相用 | 排气的处理、净化空气、溶剂回收、脱臭、气体的分离、脱硫脱硝、工艺气体的精制（二氧化碳气、压缩空气等）、半导体用气体的精制、分子筛、放射性气体的保持、调湿、调香、气相色谱的充填剂、气体分析捕集剂、保鲜、除去臭氧、香烟过滤嘴、天然气的吸附储藏等 |

| 液相用 | 上水的处理、高度净化水的处理、超纯水的处理、净水器、下水的处理、工厂排水的处理、脱色精制、除去异臭异味、净化血液、除去游离氯、回收黄金、用于酿造、用于解毒等 |
| 催化剂用 | 催化剂、催化剂载体、用于一次性怀炉等 |

也可以根据活性炭的机能进行分类，如表 1-5 所示。

表 1-5　不同机能的活性炭分类

活性炭	机　　能
高比表面积活性炭	比表面积为 2500m²/g 以上的高比表面积活性炭，用强碱活化法制造
分子筛活性炭	孔径非常小，用于分离气体
添载活性炭	在活性炭表面上添载金属盐之类的化学药品，用于脱臭、催化剂等场合
生物活性炭	水处理的方法之一。使活性炭表面形成微生物膜，通过微生物的分解作用进行净化。与臭氧处理配合，用于净水的高度处理

二、化学性质与功能

1. 化学性质

（1）元素组成

① 工业分析。对于活性炭及其原料炭化物中所含有的挥发分数量的测定，通常采用的方法是将试样放在铂金坩埚中，避免与空气接触，在 900℃ 下加热 7min，求出加热减量占原试样的百分比，并从该百分比中减去同时进行测定得到的水分值（干燥减量）以后，便得到试样的挥发分含量。灰分（强热残分）的测定方法是将干燥过的试样放在瓷坩埚中，并置于高温电炉内，将其温度调至 800～900℃ 对样品进行灰化，残留物质的质量分数作为灰分。固定碳确定是以干燥试样作为 100%，减去灰分与挥发分所得到的数值。

通常的活性炭由于是在温度为 900℃ 以上制得的，所以挥发分很少。另一方面，炭化温度对原料炭化物的挥发具有很大影响。实验表明，挥发分的含量随着温度的上升而减少；炭化反应在 500℃ 以下剧烈进行，在 600～700℃ 基本结束。固定碳含量在炭化反应结束的 700℃ 以上基本不会再增加，该变化基本上与挥发分相对应。

灰分随炭化得率的降低而增加。灰分是活性炭原料选择方面的一个重要指标。原料中的无机成分在炭化过程中几乎不减少而最后残留于木炭中。原料中的灰分含量即使只有 1%，活性炭的灰分含量也将达到 10%。由于灰分不具有吸附能力，因此该单位质量的活性炭吸附能力要比灰分含量为零的活性炭的吸附能力下降 10% 左右。所以在活性炭的选择过程中，尽可能选择灰分含量最低的。

② 元素分析。通过元素分析装置可以对活性炭的元素组成进行测定（表1-6）。活性炭中碳元素的含量达到90%以上，这在很大程度上决定活性炭是疏水性吸附剂。氧元素的含量一般为百分之几，其存在方式有两种，一部分存在于灰分中，另一部分以羧基之类的表面官能团形式存在于碳的表面。含氧官能团使活性炭具有一定的亲水性，而并非是完全的疏水性。活性炭的亲水性使得其能够将自身孔隙内的空气置换为水，进而吸附溶解于水中的有机物，使活性炭用于水处理成为可能。

表 1-6　活性炭的元素组成

活性炭	碳/%	氢/%	硫/%	氧/%	灰分/%
水蒸气法活性炭 A	93.31	0.93	0.00	3.25	2.51
水蒸气法活性炭 B	91.12	0.68	0.02	4.48	3.70
氯化锌法活性炭 C	90.88	1.55	0.00	6.27	1.30
氯化锌法活性炭 D	93.88	1.71	0.00	4.37	0.05
氯化锌法活性炭 E	92.20	1.66	1.21①	5.61	0.04

①试验性的、试制的加硫炭。
注：氮含量均为痕迹程度。

植物类原料中的氮与硫的含量通常非常少。原料中含有的蛋白质以及硫化物，在炭化及活化过程中，大部分会热解转化为气体挥发掉，然而有时会有微量的残留。残存的微量氮原子，在某些条件下会提高活性炭的催化性能。

由于原料和制备过程的不同，活性炭中的灰分含量也有显著的差异。一般木质类活性炭的灰分含量较少（一般<5%）。当原料灰分含量较大时，需要对原料进行脱灰处理以后再制备活性炭。

③ 有害物质。活性炭中的微量杂质必须尽量减少，砷是活性炭中存在的最重要的杂质。砷存在于自然界，土壤中的砷浓度太大就会导致原料中的砷浓度也增大，因此使用这些原料生产的活性炭中砷的浓度就会超标，在选取椰子壳以及木质类原料时必须注意以上因素。生产活性炭时需对砷的含量进行严格控制，对于近期使用各种废气物为原料生产活性炭，也需要先检测其是否受到重金属的污染。

（2）表面氧化物

① 表面官能团。碳材料的主要成分是碳，其本身没有极性，呈疏水性。但是，碳材料表面性质会随着生产过程以及使用环境的不同而发生变化。碳材料表面易被氧气、水等氧化剂氧化，从而生成了表面官能团。这些官能团的生成会使碳材料的界面化学性质产生多样性。

通过有机化学和 X 射线光电子能谱的方法可以测定碳材料中的官能团。

一般认为，羧基、内酯型羧基、酚羟基和羰基[11~13]是碳材料中主要的官能团（图 1-4）。

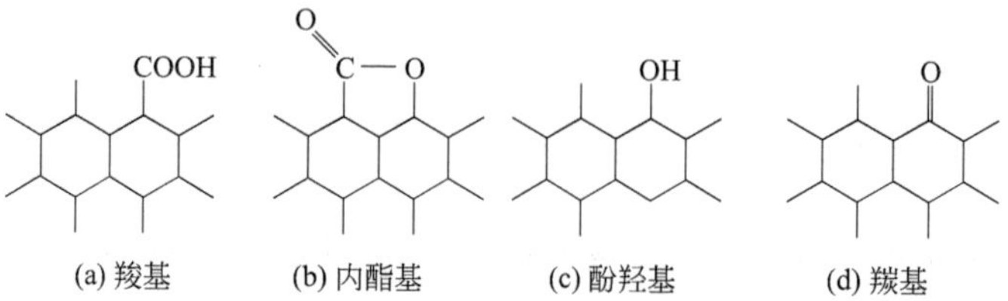

图 1-4　活性炭表面含氧官能团

含氮官能团也可能存在于活性炭表面，它一般来源于本身含氮原料的制备和活性炭与人为引入的含氮试剂的化学反应。经测定，目前含氮官能团主要有如图 1-5 所示的几种。

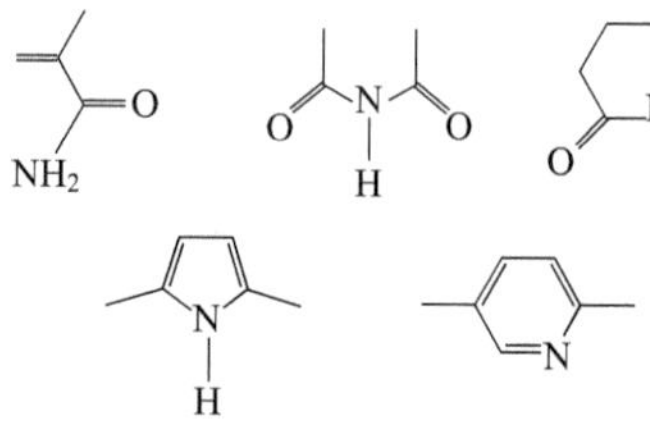

图 1-5　活性炭表面含氮官能团

②含氧官能团的测定方法。在称量瓶中加入试样约 0.1g，在 110℃下真空干燥 2h 以后，测定其质量（m_a）。将试样放入 100mL 的锥形瓶，测定空称量瓶的质量（m_b）。在该锥形瓶中加入 50mL 0.1mol/L 氢氧化钠水溶液，于 25℃下振荡 48h，同时做仅有 50mL 0.1mol/L 氢氧化钠的空白试验。此后，过滤并且取滤液 20mL，加入几滴甲基橙指示剂，用浓度为 0.1mol/L 的盐酸水溶液进行滴定。表面官能团的含量可由下式计算：

$$表面官能团量（mmol/g）=\frac{0.1\times f\times(T_b-T)\times 50/20}{m} \tag{1-4}$$

式中，T_b 为空白试验中，0.1mol/L 的盐酸水溶液的滴定量，mL；T 为 0.1mol/L 的盐酸水溶液的滴定量，mL；m 为试样质量（m_a-m_b），g；f 为 0.1mol/L 的盐酸水溶液修正系数。

同样，用 0.05mol/L 的碳酸水溶液、0.1mol/L 的碳酸氢钠水溶液滴定，用上式求得表面酸性官能团数量。从它们的差额可以计算出羧基、弱酸、酚羟基的比例。

目前，Boehm 滴定法也可用于对含氧官能团的表征。Boehm 滴定法是由 Boehm H P 提出的对活性炭含氧官能团的分析方法，根据不同强度的碱与不同的表面含氧官能团反应进行定性与定量分析。一般认为氢氧化钠中和羧基、内酯基和酚羟基，乙醇钠中和羧基、内酯基、酚羟基和羰基，碳酸氢钠中和羧基，碳酸钠中和羧基和内酯基。根据消耗碱的量可以计算出相应含氧官能团的含量。Boehm 滴定法是目前最简便常用的活性炭表面化学分析方法[14]。

2. 功能

由于表面存在的化学官能团、表面杂原子以及化合物决定了活性炭的表面化学性质，而表面化学性质决定了活性炭的吸附特性。不同的表面官能团、杂原子、化合物对不同的吸附质有明显的吸附差别，所以研究活性炭的表面官能团，对其使用功能有很大的帮助[15,16]。

活性炭属于非极性吸附剂，由于其疏水性导致活性炭在水溶液中只能吸附各种非极性有机物质，不具有吸附极性溶质的功能。但通过表面官能团的引入和改性，可使其具有更丰富的吸附特性。一般来说，活性炭表面含氧官能团中酸性化合物容易吸收极性化合物，而碱性化合物则易吸附极性较弱或非极性物质。

通过表面官能团的改性，改变活性炭对吸附质的吸附性能。增加其表面官能团的极性，可以增加其对极性物质的吸附能力。相应的增加活性炭表面的非极性，其对非极性物质的吸附能力也得到增加。所以通过改变活性炭的表面化学性质，可使其有更强大、更全面的吸附功能[17,18]。

三、主要类别与用途

活性炭作为吸附剂，发展到今天，其吸附性能和催化性能已经扩展到更广泛的领域，其用途也更广阔。

1. 作为气相吸附剂的应用

用活性炭吸附气体是空气净化、除去臭气、回收产品等的一种重要方法。随着人们环保意识的增强，在治理空气污染方面活性炭的需求量将越来越大。通常，颗粒状活性炭用于气体吸附，其较强的吸附能力主要源于发达的微孔结构。活性炭不仅吸附的气体种类多、速度快，废弃活性炭大多数可以再生，而且本身污染小，因此活性炭在室内空气净化方面得到很快的发展。

2. 作为液相吸附剂的应用

活性炭作为液相吸附剂，最初在工业上作为脱色剂应用于精制糖。目前在液相吸附中，活性炭主要用于食品工业中的脱色和调整香味，水处理（处理各种污水、净化自来水等）中的水质改善，在医药行业中用于药剂的脱色和净化（如青霉素生产等），在石油化工和橡胶生产等方面也都有十分广泛的用途。几乎所有的生物和化学合成生产过程，都会选择活性炭作为精制吸附材料。所以对于活性炭在分离、精制、净化等方面的开发和推广应是当前研究的一项主要课题[19~22]。

3. 作为催化剂和催化剂载体的应用

由于活性中心的存在，大多数金属和金属氧化物才具有催化活性，而结晶的缺陷是活性中心形成的主要因素。活性炭中结晶缺陷的现象，一般是由于有无定形碳、石墨碳及不饱和键。因此在很多情况下，特别是氧化还原反应中，活性炭都是理想的催化剂材料。活性炭在烟道气脱硫、光气的合成、硫化氰的氧化、酯的水解、氯化硫酰的合成、工业上氯化二氰的合成、臭氧的分解、电池中氧的去极化作用等方面都有着广泛的应用。同时活性炭丰富的内表面积，发达的孔隙结构，便于物质进入活性炭内部并被附载在表面，所以它是一种优良的催化剂载体。在对挥发性有机物的处理中，不仅可以作为载体，还可以给催化剂提供一个高浓度的场所，有利于催化的进行[23,24]。

4. 活性炭的其他应用

随着研究的逐渐深入，活性炭在其他领域出现一些特殊的应用，它的开发和利用给我们的生活带来了许多积极的效果。

① 药用、医用：活性炭作为高吸附材料，可以吸附药物，口服进入人体后缓释药物成分，降低服药频率；也可将活性炭用做解毒剂和降血脂药物等。如治疗胃肠失调、腹部脓毒症、血液过滤、血液渗析等用于吸附对于人体有害有毒的物质。

② 金属的精选：如利用其与氢氧化铝和氢氧化铁混合物共同沉淀可以从海水中分离铀。

③ 烟气过滤净化：香烟和烟斗的过滤嘴。

④ 分析技术：如高真空技术中用来吸附痕量残余气体。

⑤ 温度控制：用来制造吸附恒温器和获取超低温。

⑥ 农林种植：用于缓释土壤中的农肥和农药，改良土壤，调理土壤性能，提高土质和地温。

⑦ 能源领域：用作储氢材料，作为电池、超级电容器的电极材料。

第二节　活性炭吸附基础理论

吸附是发生在两相存在的情况下，当有两相存在时，相中的物质或者是在该相中所溶解的溶质，在相与相的界面附近出现浓度与相内部不一样的现象。吸附的物质称为吸附剂，被吸附的物质称为吸附质。由于活性炭具有丰富的比表面积和孔隙结构，所以常用作吸附剂。

一、吸附的作用力

有吸附作用力的存在才能产生吸附作用，吸附作用力是指吸附剂与吸附质之间在能量方面的相互作用，承担这种相互作用的是电子。在发生吸附时，随着吸附剂表面和吸附质分子中性质的不同，其相互作用的组合状况也不同。相互作用分为5类：伦敦分散力相互作用、偶极子相互作用、氢键、静电吸引力和共价键。

伦敦分散力是伦敦（London F）发现的力，是5种相互作用力中最弱的。伦敦力普遍存在于原子和分子间，包括惰性原子、分子间也都存在，在活性炭吸附中也是非常重要的吸附作用力。由于其与在可见光和紫外光领域中的光分散有关，所以称之为分散力。

除了伦敦分散力之外，偶极子相互作用也是一个相当微弱的相互作用力。表面上电负性不同的原子化学结合在一起时，由于电负性的差异导致对电子吸引强弱的不同产生电子的偏移，电子向电负性较大的一边集中分布，于是在相互结合的原子之间产生称作偶极矩的极矩 $\mu = qr$。在有这种偶极子的表面原子组或者有极性的表面官能团与具有偶极子的分子之间，引发力的作用，这种力就叫做偶极子的相互作用。

氢键的强度一般为范德华力的5～10倍，其产生于一个氢原子与两个以上的其他原子结合的过程中。通常，固体表面上多多少少存在一些类似于羧基、氨基、羟基等含有氢原子的极性官能团。这些官能团中的氢原子易与吸附分子中电负性大的氧、硫、氮等非共价电子对形成直线形的氢键。同样，表面官能团中的氧、氮、氟等原子中非共价电子对的存在，使其易与吸附分子的极性官能团的氢原子形成氢键。

静电引力是很强的相互作用。目前对于产生电位的机理还不是太清楚，但即使固体、液体等是绝缘体，接触时表面仍会产生静电，电量少却能形成很强的电场。因此，这种表面经常带电的结果就使在发生吸附时产生了静电引力。

表面能够发生氧化、还原、分解等反应的吸附剂，容易与吸附质之间形成共价键，可产生非常强有力的吸附作用。

活性炭通过氧化、还原等手段进行处理，改变其表面官能团的性质、比表面积的大小以及孔径。但是由于置换基的种类以及浓度能够改变表面的化学性质及物理性质，所以能够从多种溶剂、溶质所组成的溶液中有选择性地吸附某种溶质的表面[25]。

二、物理吸附和化学吸附

根据吸附剂与吸附质之间相互作用方式的不同，吸附形式可以分为物理吸附和化学吸附。从机理上讲，物理吸附是由范德华力引起的吸附，化学吸附是生成化学键或者伴随着电荷移动相互作用的吸附。在物理吸附中，电子轨道在吸附质与吸附媒体表面层不发生重叠；相反地，在化学吸附中电子轨道的重叠起着至关重要的作用。也就是说，物理吸附基本上是通过吸附质与吸附媒介表面原子间的微弱相互作用而发生的；而化学吸附则源自吸附媒介表面的电子轨道与吸附质的分子轨道的特异的相互作用。所以，物理吸附中往往发生多分子层吸附；化学吸附则是单分子层。而且，化学吸附伴随着分子结合状态的变化，吸附导致电子状态、振动发生显著的变化。通过傅里叶变换红外光谱可以观察到吸附质在吸附前后发生了明显的变化。而物理吸附，则没有这种变化[26]。物理吸附与化学吸附的区别如表 1-7 所示。

表 1-7　物理吸附和化学吸附的区别

项目	物理吸附	化学吸附
吸附质	无选择性	有选择性
生成特异的化学键	无	有
固体表面的物化性质	可以忽略	显著
温度	低温下吸附量大	在比较高的温度下进行
吸附热	小，相当于冷凝热	大，相当于反应热
吸附量	单分子层吸附量以上	单分子层吸附量以下
吸附速率	快	慢
可逆性	有可逆性	有不可逆的场合

对于吸附现象的评价，化学吸附则是源于特性作用，难以进行一般评价，需要进行与各个吸附体系相应的评价；而物理吸附不是由于吸附质与吸附媒介表面体系相应的特异性作用而引起的，所以可以进行一般评价。

三、吸附等温线及其解析方法

对于大多数的吸附来说，一般选取 Langmuir 方程、Freundlich 方程、Temkin 方程作为模型方程来划分吸附等温线的类型，并通过这三个方程对实验数据进行拟合[27]。

Langmuir 等温线在物理吸附和化学吸附中是最简单也是最有用的方程式，经线性化后的形式为：

$$\frac{P}{V} = \frac{1}{BV_{\mathrm{m}}} + \left(\frac{1}{V_{\mathrm{m}}}\right)P \tag{1-5}$$

式中，P 为平衡压力值；V 为吸附体积；B 为 Langmuir 吸附常数；V_{m} 为饱和吸附量。

Freundlich 等温线适用于化学吸附和物理吸附，其线性化后的形式：

$$\ln V = \ln k + \left(\frac{1}{n}\right)\ln P \tag{1-6}$$

式中，P 为平衡压力值；V 为吸附体积；k，n 为常数。

Temkin 方程是化学吸附的重要方程式，其线性化后的形式为：

$$V = \frac{V'_m}{f}\ln A_0 + \frac{V'_m}{f}\ln P \tag{1-7}$$

式中，P 为平衡压力值；V 为吸附体积；V'_m 为饱和吸附量；A_0，f 为常数。

在实际应用中，可根据不同的实验条件进行线性回归，选取适合的方程式。需要指出的是，Langmuir 方程本是用于描述气体分子在均匀表面上的吸附行为，而非表征多孔介质中的吸附，而活性炭的表面是不均匀的，因此，上述的 Langmuir 方程在很大程度上是一个经验关联式[28]。

四、吸附热效应

体系的任何变化都会伴随着能量的变化，大部分的能量变化都会以热的形式体现出来，因此，通过测定体系的温度变化就能够知道体系的能量变化。在吸附过程中，伴随吸附产生的热量叫做吸附热。在气相吸附场合，吸附质分子受到的束缚表示体系杂乱程度的热力学数量的熵在减少。发生吸附时 ΔG 为负值，所以 ΔH 也常常是负值。因此，气相吸附时伴随着发热。发热现象意味着，低温有利于增大物理吸附的吸附量。在化学吸附时，吸附量与温度之间的关系往往有极大值和极小值。

吸附的标准热力学函数 ΔG、ΔS 和 ΔH 的计算采用下述的方法：

$$\Delta G^{\ominus} = -RT\ln\frac{q_m b}{V_a} \tag{1-8}$$

$$\Delta S^{\ominus} = -\left(\frac{\partial \Delta G^{\ominus}}{\partial T}\right) \tag{1-9}$$

$$\Delta H^{\ominus} = \Delta G^{\ominus} + T\Delta S^{\ominus} \tag{1-10}$$

以活性炭为吸附剂进行溶剂回收等操作时，由于发热现象的存在，需要注意温度的上升。当溶剂中混入大量吸附热大的杂质时，有可能发生温度上升超过预料而引起设备故障[29]的现象。

活性炭在吸附过程中既可能发生物理吸附也可能发生化学吸附。物理吸附受吸附剂空隙率的影响，化学吸附受吸附剂表面化学特性的影响。一般来说，影响吸附量的主要因素有：吸附剂的孔分布结构、物理结构、表面官能团以及吸附质等。

1. 孔分布结构

颗粒状活性炭，其孔隙结构呈三分散系统，即它们的孔径很不均匀，主要集中在三类尺寸范围：大孔、中孔和微孔[30]。

大孔又称粗孔，是指半径 100～200nm 的孔隙。在大孔中，蒸汽不会发生毛细管凝缩现象。大孔的内表面与非孔型碳表面之间无本质的区别，其所占比例又很小，可以忽略它对吸附量的影响。大孔在吸附过程中起吸附通道的作用。

中孔也称介孔，是指蒸汽能在其中发生毛细管凝缩而使吸附等温线出现滞后回环线的孔隙，其半径常处于 2～100nm。中孔的尺寸相对大孔小很多，尽管其内表面与非孔性碳表面之间也无本质的差异，但由于其比表面已占一定的比例，所以对吸附量存在一定的影响。但一般情况下，它主要起粗、细吸附通道的作用。

微孔有着与被吸附物质的分子属同一量级的有效半径（小于 2nm），是活性炭最重要的孔隙结构，决定其吸附量的大小。微孔内表面，因为其相对避免吸附力场重叠，致使它与非孔性碳表面之间出现本质差异，因此影响其吸附机制。

物理吸附首先发生在尺寸最小、势能最高的微孔中，然后逐渐扩展到尺寸较大、势能较低的微孔中。微孔的吸附并非沿着表面逐层进行，而是按溶剂填充的方式实现，而大孔、中孔却是表面吸附机制。所以，活性炭的吸附性能主要取决于它的孔隙结构，特别是微孔结构，存在着的大量中孔对吸附也有一定的影响。

2. 物理形态

活性炭的粒度大小也会影响其吸附性能。例如，用同一种活性炭从溶液中吸附同量亚甲基蓝的时间，因其粒度大小而快慢不同。例如，粒度 325 目（直径 0.043mm）的活性炭的吸附速率为粒度 20 目（直径为 0.833mm）的吸附效果的 375 倍 [即等于 $(0.833/0.043)^2$]。

但是，不能认为研细的活性炭其表面积要大于等量的粒度大的活性炭的表面积。因为表面积存在于广大的、丰富的内孔结构中，研磨不影响活性炭的表面积，但影响其达到平衡吸附值的时间。

3. 表面化学官能团

活性炭的吸附特性不但取决于它的孔隙结构，而且取决于其表面化学性质，比表面积和孔结构影响活性炭的吸附容量，而表面化学性质影响活性炭同极性或非极性吸附质之间的相互作用力[31]。活性炭的表面化学性质主要由表面化学官能团、表面杂原子和化合物确定，不同的表面官能团、杂原子和化合物对不同的吸附质有明显的吸附差别。通常来说，表面官能团中酸性化合物越丰富越有利于极性化合物的吸附，碱性化合物则有利于吸附弱极性或者是非极性物质。

活性炭在适当的条件下经过强氧化剂处理，可以提高其表面酸性基团的相对含量，增加表面极性，从而增强其对极性化合物的吸附能力。常用的氧化剂有 HNO_3、H_2O_2 等。实验研究，通过对活性炭进行强氧化表面处理后，对 11 种不同气体和蒸汽进行吸附，结果表明，改性活性炭对苯、乙胺等的吸附容量大大降低，主要是因为活性炭表面经过强氧化后缺失了大量的微孔；而对氨水和水的吸附能力却大大增强，这主要是因为活性炭表面氧化物的增加。因此，随着活性炭表面氧化物的增加，其对极性分子的化学吸附也增强。

通过还原剂对活性炭进行表面还原处理，可以提高活性炭表面碱性基团的相对含量，增加表面的非极性，提高活性炭对非极性物质的吸附能力。常用的还原剂有 H_2、N_2、$NaOH$ 等。表面还原后的活性炭，在对染料处理时表现出不一样的特性。对于阴离子染料，活性炭表面碱度和吸附效果间有着密切的联系，吸附机理是活性炭表面无氧 Lewis 碱位与被吸附染料的自由电子的交互作用。而对于阳离子染料，活性炭表面的含氧官能团起到了积极的作用，可是经过热处理的活性炭依然对阳离子染料有良好的吸附效果，这说明静电吸附和色散吸附是两种相当的吸附机制[32]。

通过液相沉积的方法可以在活性炭表面引入特定的杂原子和化合物，利用这些物质与吸附质之间的结合作用，增加活性炭的吸附能力。在液相沉积时，浸渍剂的种类是影响活性炭吸附效果的主要因素。针对不同的吸附质，可以采用不同的浸渍剂对活性炭进行处理，以得到良好的吸附效果。

值得注意的是，在对活性炭进行表面官能团的改性时，也伴随着活性炭表面化学性质的变化。其表面积、孔容积以及孔径分布都会有一定的变化，这也会影响活性炭的吸附。所以，在进行表面官能团的改性时，针对不同的吸附条件和吸附质采取不同的改性，要综合考虑物理结构和化学结构双重变化引起的影响[33,34]。

4. 吸附质

活性炭的吸附效果跟吸附质本身的性质有着很大的关联性。通常，在不考虑活性炭自身孔径结构对大分子的"筛滤"作用时，由于大分子物质吸附能较高，所以大分子物质更易被吸附。对于水体中的小分子有机物，分子量大的更易被活性炭吸附。

对于挥发性有机化合物，分子量越大，其去除率就越高，而可提取有机物则恰恰相反，其吸附效果是随着分子量的减小而增强。这是由于挥发性有机化合物的极性较小，而可提取的有机化合物的极性比较大，由于活性炭本身的性质，可以将其看做一个非极性吸附剂，所以更易吸附水中的非极性物质而不易吸附极性物质。而且，吸附质分子大小与活性炭呈一定的比例时，最有利于吸附[35,36]。

易液化或高沸点的气体较易被吸附。混合气体中，纯净状态下易被吸附的气体优先被吸附。一般无机物不易被吸附，但钼酸盐、氯化金、氯化高汞、银盐和碘盐例外。

特劳贝定律指出：水溶液的表面活性与有机溶质的碳原子数成正比。据吉布斯的吸附理论，越是能降低溶液表面张力的物质就越容易被吸附。因此，可得到关于醇类吸附量其顺序递增为：甲醇＜乙醇＜丙醇＜丁醇＜……，脂肪类与醛类也如此。在分子量相近的情况下，烯键结构的存在有利于活性炭吸附；直链有机物比支链有机物更容易被吸附。随着碳链的增长，活性炭的吸附量也相应地增加，乙酸＜丙酸＜丁酸。

5. 应用条件

活性炭的吸附性能不仅仅与上述几个因素直接相关，还与其应用条件有着密不可分的关系。

（1）温度对吸附量的影响[37]　　目前，对于此项尚不能从理论上得出较完满的结论。根据 Langmuir 假设，吸附为动态平衡反应，温度的变化使 K 值增加，说明吸附速度也增大，达到了新的平衡，因此会改变活性炭的吸附量。而饱和吸附量 X_m 的含义是吸附剂表面吸满单分子层时的吸附量，所以 X_m 为一确定的值，不受其他因素影响。一般吸附过程为放热过程，因此温度升高使吸附量减少，吸附能力减弱。但是在实际工作体系中，要根据不同的情况，综合考虑温度的影响。

（2）压力对吸附量的影响　　压力升高，气体吸附量增大，尤其是对于在常压条件下，吸附性较小的气体，压力的增加对于吸附性能有积极的促进作用，这也是变压吸附的理论基础。

（3）吸附质的浓度对吸附量的影响　　就吸附质的性质而言，其溶解度大小、分子极性、分子量大小对吸附性能都有一定影响。对于同一种物质来说，开始时吸附量随着吸附质的浓度增加而增大，成一条直线，然后缓慢增大，达到一定的吸附量后将不再改变。分别对其用弗罗德里希公式和朗格缪尔等温吸附式处理实验数据，其结果基本是一条直线，但不同的有机物与直线的吻合程度会不同。

（4）pH 值对吸附量的影响　　pH 值对不同的吸附质其影响也是不同的。对于非离子型的吸附质，其吸附量与 pH 值没有太大的关系；对于阳离子型的吸附质，其吸附量随着 pH 值的升高而增加；对于阴离子型的吸附质，其吸附量随着 pH 值的升高而减少。同时，溶液的 pH 值也影响活性炭表面含氧官能团对物质的吸附。

（5）活性炭吸附剂的填充密度对吸附量的影响　一般认为高的填充密度更有利于活性炭吸附。

在使用活性炭时，要根据具体的实验设备、实验情况进行综合考虑，权衡这些因素的影响，从而寻找到一个最佳的实验应用条件。

参 考 文 献

[1] Kienle H, Bader E. 活性炭材料及其工业应用 [M]. 魏同成, 译. 北京：中国环境科学出版社, 1990：3-9.

[2] 炭素材料学会. 活性炭基础与应用 [M]. 北京：中国林业出版社, 1984：210.

[3] 沈曾民. 新型碳材料 [M]. 北京：化学工业出版社, 2003：19-23.

[4] 解强, 边炳鑫. 煤的炭化过程控制理论及其在煤基活性炭制备中的应用 [M]. 北京：中国矿业大学出版社, 2002.

[5] [日] 立本英机, 安部郁夫. 活性炭的应用技术：其维持管理及存在问题 [M]. 高尚愚, 译. 南京：东南大学出版社, 2002.

[6] [美] 德尔蒙特 J. 碳纤维和石墨纤维复合材料技术 [M]. 李仍元, 等译. 北京：科学出版社, 1987：50-51.

[7] 白新德, 蔡俊, 尤引娟, 等. 纳米复合材料——石墨层间化合物(GICs) 的结构分析 [J]. 复合材料学报, 1996, 13(3)：53-58.

[8] 张福勤, 黄伯云, 黄启忠, 等. 炭/炭复合材料石墨化度的研究进展 [J]. 矿冶工程, 2000, 20(4)：10-13.

[9] 黄光平, 洪若瑜, 李洪钟, 等. PMMA/石墨导电复合材料的制备与表征 [J]. 化学研究与应用, 2008, 20(7)：848-853.

[10] 安鑫南. 林产化学工艺学 [M]. 北京：中国林业出版社, 2002：412-416.

[11] 孟冠华, 李爱民, 张全兴. 活性炭的表面含氧官能团及其对吸附影响的研究进展 [J]. 离子交换与吸附, 2007, 23(1)：88-94.

[12] Barton S, Evans M J B. Acidic and Basic Sites on the Surface of Porous Carbon [J]. Carbon, 1997, 35(9)：1361-1366.

[13] 范延臻, 王宝贞. 活性炭表面化学 [J]. 煤炭转化, 2000, 23(4)：26-30.

[14] Boehm H P. Surface oxides on carbon and their analysis：a critical assesment [J]. Carbon, 2002, 40：145-149.

[15] 范延臻, 王宝贞. 活性炭表面化学 [J]. 煤炭转化, 2000, 23(4)：26-30.

[16] 王鹏, 张海禄. 表面化学吸附用活性炭的研究进展 [J]. 炭素技术, 2003, 126(3)：23-18.

[17] Garg V, Oliveira L C A, Rios R V R A, et al. Activated Carbon/Iron Oxide Magnetic Composites for the Adsorption of Contaminants in Water [J]. Carbon, 2002, 40(12)：2177-2183.

[18] Menendez J A, Phillips J, Xia B, et al. On The Modification of Chemical Surface Properties of Activated Carbon：In the Search of Carbons with Stable Basic Properties [J]. Langmuir, 1996, 12：4404-4410.

[19] 王志高, 蒋剑春, 邓先伦, 等. 脱色用木质颗粒活性炭的制备研究 [J]. 林产化学与工业, 2005, 25(2)：39-42.

[20] 赵燕, 李建科, 霍树春. 麦芽糖的活性炭脱色研究 [J]. 食品研究与开发, 2008, 29(4)：4-6.

［21］　林英，吕淑霞，代义. 酒糟木糖提取液活性炭脱色工艺的研究 ［J］. 食品开发与机械，2008，(7)：116-119.

［22］　郭瑞霞，李宝华. 活性炭在水处理应用中的研究进展 ［J］. 炭素技术，2006，1(25)：20-24.

［23］　张引枝，郑经堂，王茂章. 多孔炭材料在催化领域中的应用 ［J］. 石油化工，1996，25(6)：438-447.

［24］　章健，马磊，卢春山，等. 竹制活性炭作为催化剂载体的研究 ［J］. 工业催化，2008，16(3)：67-70.

［25］　张春山，邵曼君. 活性炭材料改性及其在环境治理中的应用 ［J］. 过程工程学报，2005，5(2)：223-227.

［26］　朱涉瑶，赵振国. 界面化学基础 ［M］. 北京：化学工业出版社，1996.

［27］　Roop Chand Bansal，Meenakshi Goyal. Activated Carbon Adsorption ［M］. USA：Taylor & Francis Group，LLC，2005.

［28］　［日］石川达雄，安部郁夫. 吸附科学 ［M］. 李国希译. 北京：化学工业出版社，2005.

［29］　赵振国. 吸附作用应用原理 ［M］. 北京：化学工业出版社，2005.

［30］　高德霖. 活性炭的孔隙结构与吸附性能 ［J］. 化学工业与工程，1990，7(3)：48-54.

［31］　Chingombe P，Saha B，Wakeman R J. Surface modification and characterization of a coal-based activated carbon ［J］. Carbon，2005，43：3132-3143.

［32］　Teresa J. Bandosz. Activated Carbon Surfaces in Environment Remediation ［M］. Elsevier Ltd.，2006.

［33］　Haydar S，Ferro-García M A，Rivera-Utrilla J，et al. Adsorption of p-nitrophenol on an activated carbon with different oxidations ［J］. Carbon，2003，41：387-395.

［34］　Chun Yang Yin. Review of modifications of activated carbon for enhancing contaminant uptakes from aqueous solutions ［J］. Separation and Purification Technology，2007，52：403-415.

［35］　Boudou J P，Chehimi M，Broniek E，et al. Adsorption of H_2S or SO_2 on an Activated Carbon Cloth Modified by Ammonia Treatment ［J］. Carbon，2003，41(10)：1999-2007.

［36］　Zhong Z Y，Liu B H，Sun L F，et al. Dispersing and coating of transition metals Co，Fe and Ni on carbon materials ［J］. Chemical Physics Letters，2002，362：135-143.

［37］　贺近恪，李启基. 林产化学工业全书 ［M］. 北京：中国林业出版社，2001.

第二章 化学法制备技术与装备

02 Chapter

通过将各种含碳原料与化学药品均匀地混合（或浸渍）后，在适当的温度下，经历炭化、活化、回收化学药品、漂洗、烘干等过程制备活性炭的一种方法被称为化学药品活化法，简称化学法。磷酸[1]、氯化锌[2]、氢氧化钾[3]、氢氧化钠[4]、硫酸[5]、碳酸钾[6]、多聚磷酸[7]、磷酸酯[8]等都被作为化学活化剂来研究对活性炭性能的影响。这些化学药品有些对原料有侵蚀、水解或脱水作用，有些起氧化作用，以上化学药品对于原料的活化过程，都有一定的促进作用。化学法所用的活化剂最常用的有磷酸、氯化锌和氢氧化钾。

第一节 磷酸法活性炭制备技术与装置

一、原辅材料准备

在国内，磷酸法生产活性炭的原料主要是木屑，针叶材木屑优于阔叶材木屑，杉木屑优于松木屑。新鲜的松木屑含松脂较多，不利于磷酸分子的渗透。如果将松木屑存放一定时间，让松脂挥发成分自行挥发，分解和氧化后再使用更为有利。木屑原料的工艺要求见表 2-1。

表 2-1 木屑的工艺要求

项目	工艺要求
品种	杉木屑、松木屑、各种杂木屑
粒度	0.425~3.35mm
纯度	不含板皮、木块、泥沙和铁屑等
含水率	相对含水率为 15%~20%

随着社会的不断进步以及国际生态文明发展的要求，活性炭在国内外未来的使用量将会不断增加。作为当今中国磷酸法活性炭生产使用的主要原料，木

屑的产量将会无法满足市场的需求。因此，最近十几年，国内外关于活性炭生产适用的原料开发在不断加强，通过研究发现，玉米芯[9]、糠醛渣[9]、海枣核[10]、芦苇叶[11]、可可壳[12]、金合欢万能木材[13]、风车草[14]、棉秆[15]、朝鲜蓟叶[16]、甘蔗渣[17]、葵花籽壳[17]、烟秆[18]等都可以作为磷酸法活性炭生产原料。

工业磷酸是无色透明或略带浅色、稠状液体。熔点 42.35℃。沸点 213℃时(失去 H_2O)，则生成焦磷酸。加热至 300℃变成偏磷酸。相对密度 d 为 181.834。易溶于水，溶于乙醇。其酸性较硫酸、盐酸和硝酸等强酸弱，但较乙酸、硼酸等弱酸强。能刺激皮肤发炎、破坏肌体组织。浓磷酸在瓷器中加热时有侵蚀作用，有吸湿性。

二、制备工艺和活化装置

1. 工艺流程

磷酸法连续式生产粉状活性炭的工艺流程，一般由木屑筛选、木屑干燥、磷酸溶液配制，混合(或浸渍)、炭活化、回收、漂洗(包括酸处理和水洗)、离心脱水、干燥与磨粉等工序组成。另外附设专门的废气处理系统，以回收烟气中的磷酸和硫酸，减少对环境的污染。常用的生产工艺流程见图 2-1。

2. 工艺操作

(1) 木屑的筛选与干燥　为了保证产品的质量和工艺操作稳定，用振动筛或滚筒筛对木屑进行筛选，选取 0.425～3.35mm 的木屑颗粒，除去杂物(如板皮、铁屑、泥砂、石块等)，以免造成堵塞，增加回收、漂洗工序中的负荷，影响产品质量。

筛选后的木屑含水率一般在 45%～60%，需要干燥。北方由于气候干燥，雨水少，一些中小工厂常利用自然风干方法干燥木屑。木屑进行机械干燥时，一般在气流式干燥器中或回转干燥器中进行干燥。

将水分为 45%～60% 的木屑经皮带输送机送入一级圆筒筛，合格粒度的木屑通过螺旋输送绞龙进入气流干燥系统，整个干燥系统的热源来自热风炉，热风炉可以采用废弃枝丫材、板皮、煤、天然气等作为燃料，控制热风温度在 320℃，热风通过布袋除尘器后的引风机进入干燥管中，热风夹带着木屑依次经过三个干燥器后进入旋风分离器，由旋风分离器下来的木屑再经过二级圆筒筛精选得到水分在 15%～20% 的合格粒度的工艺木屑。木屑气流干燥过程中需要根据木屑的含水率大小来调节木屑的加料量，以保证木屑达到工艺要求。木屑气流干燥流程见图 2-2。

(2) 磷酸溶液的配制　磷酸溶液的配制是否符合工艺规定的要求，是关系到磷屑比的一个重要因素。

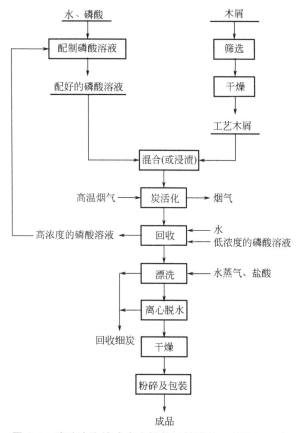

图 2-1　磷酸法连续式生产粉状活性炭的工艺流程示意

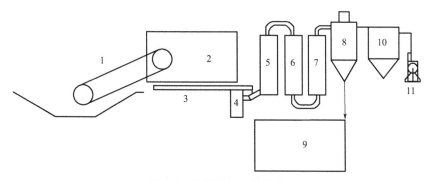

图 2-2　木屑气流干燥流程

1—皮带输送机；2—级圆筒筛；3—螺旋输送绞龙；4—热风炉；5～7—干燥器；
8—旋风分离器；9—二级圆筒筛；10—布袋除尘器；11—引风机

工艺磷酸溶液是将高浓度工业磷酸浓溶液（85％，质量分数）用水稀释至所需浓度，达到工艺要求的波美度。磷酸溶液的波美度与温度有一定的关系，当质量分数一定时，随着温度的升高，波美度会相应地降低。所以对于磷酸溶液的波美度，必须注明溶液的温度。

磷酸溶液的波美度、密度和质量分数的关系见表2-2。

表2-2　磷酸溶液的波美度 °Bé 与密度和质量分数的关系（20℃/4℃）

波美度/°Bé	密度/（g/mL）	质量分数/%	波美度/°Bé	密度/（g/mL）	质量分数/%
0.6	1.0038	1	20.7	1.1655	28
1.3	1.0092	2	22.2	1.1805	30
2.8	1.0200	4	25.8	1.2160	35
4.3	1.0309	6	29.4	1.2540	40
5.8	1.0420	8	32.9	1.2930	45
7.3	1.0532	10	36.4	1.3350	50
8.8	1.0647	12	39.9	1.3790	55
10.3	1.0764	14	43.3	1.4260	60
11.8	1.0884	16	46.7	1.4750	65
13.3	1.1008	18	50.0	1.5260	70
14.8	1.1134	20	53.2	1.5790	75
16.3	1.1263	22	56.2	1.6330	80
17.8	1.1395	24	59.2	1.6890	85
19.2	1.1529	26	62.0	1.7460	90

（3）混合（或浸渍）　混合的目的在于将木屑与磷酸溶液反复搅拌揉压，使混合均匀，加速磷酸分子向木屑生物组织内部的渗透。混合是在混合机中进行的，混合机是用耐酸钢制的半圆形槽，内有一对之字形的搅拌器。除了此方法可以达到浸渍目的外，也可通过其他设备实现，如双螺杆绞龙、回转炉等。

（4）炭活化　炭活化是制取活性炭的一个关键过程。炭活化设备有内热式和外热式回转炉。日本使用外热式较多，中国普遍使用的是内热式回转炉。外热式与内热式回转炉的主要区别在于前者高温气流与物料不直接接触，而是靠炉壁辐射加热物料，这种炉型有利于产品质量的提高，但对制造回转炉的材料有较高要求；后者则是高温烟气流直接加热物料。

国内常用的内热式回转炉结构见图2-3。

回转炉为卧式，筒体用钢板制成，为防止物料与钢板直接接触，同时避免影响产品质量和腐蚀设备，内衬耐火砖。在中部外套大齿轮，借以推动筒体转动。两端各有一对托轮，支承筒体质量。炉头和炉尾均有密封装置，以防止气

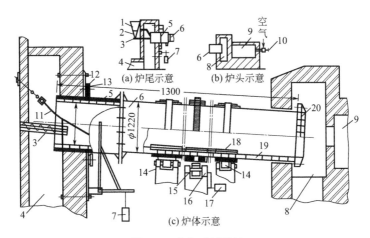

图 2-3　内热式回转炉

1—料斗；2—圆盘加料器；3—螺旋进料器；4—烟道；5—套筒；6—炉体；7—平衡锤；8—出料室；
9—火室；10—喷嘴；11—链条；12—填料；13—压圈；14—托轮；15—齿轮；16—变速箱；
17—马达；18—刮刀；19—耐火砖；20—炉头异形耐火砖

体外逸，污染操作环境。安装时须保持一定的倾斜度(一般为 2°～5°)，使物料能从炉尾向炉头移动。

回转炉为连续操作，炭化和活化设备是同在一个内热式回转炉内。混合后的磷屑料，由圆盘加料器和螺旋送料器送入炉尾。物料借助筒体的转动和倾斜度缓慢地向炉头移动。在炉头设有燃烧室。根据燃烧室的不同，可以燃烧原油、煤气、天然气等产生高温烟气或燃烧煤产生的高温烟气直接进入炉中，由炉头向炉尾流动。由于物料在炉内不断地翻动，可以均匀地进行炭化、活化。高温烟气在炉内与物料逆流直接接触。

活化好的物料称活化料，从炉头落入出料室，并定期取出，送往回收工序。废烟道气由进料端底的烟道进入烟囱。废烟气中含有磷酸等气体，应设法回收，以防止污染环境并有利于降低酸耗。

在炭化和活化时，必须根据活化料的落料情况很好地控制加热温度。温度太高，浪费能源，同时会增加磷酸的耗量，磷酸的蒸气压力随温度的升高而加大。这就说明，加热温度对磷酸蒸发的重要性。因此，在保证活性炭质量的前提下，应尽量降低活化温度，这样磷酸的蒸气压小，酸耗量就低，同时也可以减少对环境的污染。

如果需要停炉时，应先停止进料，继续保持一定的炉温，待炉内物料全部排出后，方可熄火停炉。热炉在未完全冷却之前，每隔数分钟至 20min 转动一次筒体，防止筒体变形。开炉时，先启动转炉，再点火升温，待炉尾温度升至 300℃ 左右，开始加料。

（5）回收　在活化料中，含有大量的磷酸以及在高温条件下形成的磷酸高聚物（主要包括焦磷酸、偏磷酸等），据测定，其含量高达75%左右，因此必须回收，这是降低"酸耗"的关键。同时，在工艺上也要求对活性炭进行后处理，以除去这些磷酸高聚物和杂质。磷酸的回收操作基本上属于萃取范畴。

磷酸是一种非挥发性酸，当将其加热到200～300℃时，失水变为焦磷酸：

$$2H_3PO_4 \longrightarrow H_4P_2O_7 + H_2O（焦磷酸） \tag{2-1}$$

而温度进一步升高至300℃以上时，磷酸失水转化成三聚磷酸：

$$3H_3PO_4 \longrightarrow H_5P_3O_{10} + 2H_2O（三聚磷酸） \tag{2-2}$$

如果温度达到白热化，磷酸失水转化成多聚偏磷酸：

$$4H_3PO_4 \longrightarrow (HPO_3)_4 + 4H_2O（多聚偏磷酸） \tag{2-3}$$

多聚偏磷酸在高温下只会升华而不分解。无论焦磷酸、三聚磷酸或多聚偏磷酸，溶解于水中均转化成正磷酸。制造活性炭的过程中，活化温度较低，只能出现焦磷酸、三聚磷酸或多聚偏磷酸形态。也就是说，在活化的额定温度下（450～500℃），磷酸是不挥发的。

因此回收是向装有活化料的回收桶内加入不同浓度的磷酸溶液。

在反应过程中，要用过热蒸汽充分搅拌。反应完成后静置数分钟，开启真空抽气阀，将回收桶内的磷酸溶液抽入真空桶，然后放入耐酸缸。一般第一次回收的磷酸溶液浓度可达38～39°Be′/60℃，送磷酸溶液的配制工序再用。经过第一次回收后，依次将低浓度的磷酸溶液用泵打入回收桶中，使"酸水"盖过炭面，这样进行多次回收（一般需4～6次），得到浓度高低不同的回收溶液，分别放置在耐酸缸中，供下次回收使用。直至上次留下的各种浓度的"酸水"用完后，再用热水洗涤，洗涤液也收入耐酸缸内。直至洗涤液达到0°Be′/60℃为止。每批活化料的回收时间为1.5～4h。

磷酸溶液在回收、混合的过程中反复使用多次，每次都溶解和积累了一些钙镁盐类。有些金属氧化物与盐酸作用生成可溶性盐类，也溶于磷酸溶液中。随着循环使用次数的增加，杂质也增加。这种磷酸瘠液浑浊浓度较高，用密度计计量时会呈现"假波美度"现象，即不能测得磷酸溶液的真实浓度，若不经处理继续使用这种磷酸溶液，必然发生严重影响产品质量的现象。这种现象在生产中相隔一定时间必然出现，而且周期性出现。以前，这个问题在各厂家都成为一个难题，也有各种处理方法，但必须以不损失原磷酸为原则。

（6）漂洗　漂洗工序一般包括酸处理和水处理两个步骤。漂洗的目的是除去来自原料和加工过程中的各种杂质，使活性炭的氯化物、总铁化物、灰分等含量和pH值都达到规定的指标。

漂洗过程的前期，主要是加盐酸除去铁类化合物等，因此称为酸处理（或叫"煮铁"）；在后期是加碱中和酸、除去氯离子，并用热水反复洗涤，故称水处理。

酸处理后，将桶内酸水放出，湿炭用 60℃ 以上的热水进行漂洗。适当提高溶液温度，可以提高漂洗效果。由于过量的盐酸不容易被水洗净，故要加入适量的碱中和，操作时，边洗边放水，洗至炭中的氯离子含量符合要求为止，并调整桶内水溶液的 pH 值至 7～8。再用活汽加热 15min 左右，将水放出。总的水处理时间约 4～6h。

在漂洗时要注意防止细炭粉的流失，对流失的炭必须进行回收。回收的方法是将漂洗废水放入沉降池中，使带出的炭粉沉降。回收炭经漂洗、干燥等处理可作为混合炭成品。

（7）离心脱水　漂洗后的炭带有很高的水分，为了降低物料水分，减少干燥负荷和热量消耗，必须进行脱水，除去炭中的一些水分。目前，许多活性炭企业已采用板框过滤机进行湿炭脱水，也有使用离心机进行前期脱水处理的。

（8）干燥　干燥的目的是使离心脱水炭的含水率降低到 10% 以下。在这种情况下，活性炭的干燥速度主要取决于炭的内部水分的扩散速度。适合这种条件的干燥设备有隧道窑、回转炉、沸腾炉、流态化炉、强化干燥、气流干燥等。

操作时，要根据炉温控制加料量，防止干炭出现火星。刚出炉的具有一定温度的干燥炭最好装在密闭的容器内，待料冷却后再进入下道工序。

（9）粉碎和包装　干燥后的活性炭的颗粒度不均匀，采用各种类型的粉碎装置磨成细粉，一般要求粉状活性炭的粒度在不影响其最大吸附力和过滤速度的情况下越细越好。目前，生产规模大的厂采用雷蒙磨，加工量大，全程密闭负压运行，自动化程度高，生产环境优良，生产工艺稳定。经过磨粉达到客户所需粒径之后进入混料机，与不同批次磨粉的产品混合均匀后进入包装机进行包装，由于粉状炭较轻，容易产生粉尘，所以包装要求密封，并注意防潮。

3. 从废气中回收磷酸

回转炉法的机械化程度较高，体力劳动强度较小，劳动生产率较高，车间卫生条件较好，但仍然存在废气污染等问题。根据磷酸活化法的特点，在回转炉中会产生大量的含水蒸气、磷酸、焦油等气体和雾沫，它们随烟气带出炉外。为了减小或消除环境污染，必须回收磷酸。

三、活化机理

据相关文献报道，磷酸法制备活性炭的过程中，磷酸与木质纤维素原料的作用机理可分为以下几个方面[19]。

1. 润胀作用

在低于 200℃ 的温度下，磷酸的电离作用能使木质纤维素类原料中的生物高聚物发生润胀、胶溶以至于溶解作用，活化剂渗透到原料内部，溶解纤维素而形成孔隙。与此同时，还会发生一些水解反应和氧化反应，使高分子化合物逐渐解聚，形成一种部分聚合物与磷酸组成的均匀塑性物料。

2. 加速炭活化过程

炭活化需要在一定温度下进行，磷酸药品从根本上改变了木材的热解历程，显著降低活化温度；同时由于磷酸对生物高聚物的润胀作用，它能渗透到原料颗粒内部，使原料受热均匀。因此，浸渍过磷酸的物料升温快而且均匀，不发生局部过热，一般磷酸活化法活化时间均在 0.5～1.5h。

3. 高温下具有催化脱水作用

木质纤维素原料在炭化时生成大量的焦油而降低碳的得率。经磷酸浸渍的物料，由于磷酸具有很强的脱水作用和催化有机化合物的羟基消去作用，因而，杉木屑在高温分解前其中的氢和氧首先发生脱水反应，以水的形式脱除，使更多的碳得以保留，活性炭的得率较高。同时磷酸能抑制焦油的产生，并导致残留的碳有较高程度的芳构化。

4. 氧化作用

磷酸具有氯化锌所没有的氧化性质，它能进一步氧化已形成的炭，起着进一步氧化作用，侵蚀炭体而造孔，形成微孔发达的微晶结构。

5. 芳香缩合作用

纤维素是木材的主要成分之一，在质子的催化作用下发生纤维素的解聚，木质纤维素脱水，芳香环状结构的形成，磷酸盐基团的去除等系列反应。当温度升高时（100～200℃），与酸催化乙醇脱水的机理一样，通过磷酸脱水作用和催化有机化合物的羟基消去作用，使碳材料获得较高程度的芳构化；在较高的温度（>300℃）和无水气氛条件下，磷的氧化物（P_2O_5）能作为路易斯酸，反应形成 C—O—P 缔合结构，获得大量 P—O 网状结构、微孔发达及比表面积高的活性炭。在磷酸盐的位置，H 的存在形成不饱和缔合，从而去除网状炭上的磷酸盐，其机理如图 2-4 和图 2-5 所示[20]。

6. 炭化时起骨架作用

磷酸在炭化时起骨架作用，在原料被炭化时能给新生的碳提供一个骨架，让碳沉积在骨架的上面；新生的碳具有初生的键，对无机元素有吸附力，能使碳与无机磷元素结合在一起。当用酸和水把无机成分溶解洗净之后，碳的表面便暴露出来，成为具有吸附力的活性炭内表面积，这种作用最明显地体现在：活性炭的孔隙总容积总是随着浸渍比的变化而呈规律性的变化。当浸渍比大时，可制得过渡孔较发达的活性炭，浸渍比小时，可制得微孔发达的活性炭。但当温度超过 600℃，磷酸则不再起到活化剂的作用，且由于热收缩使得活性炭表面积和孔容减小。

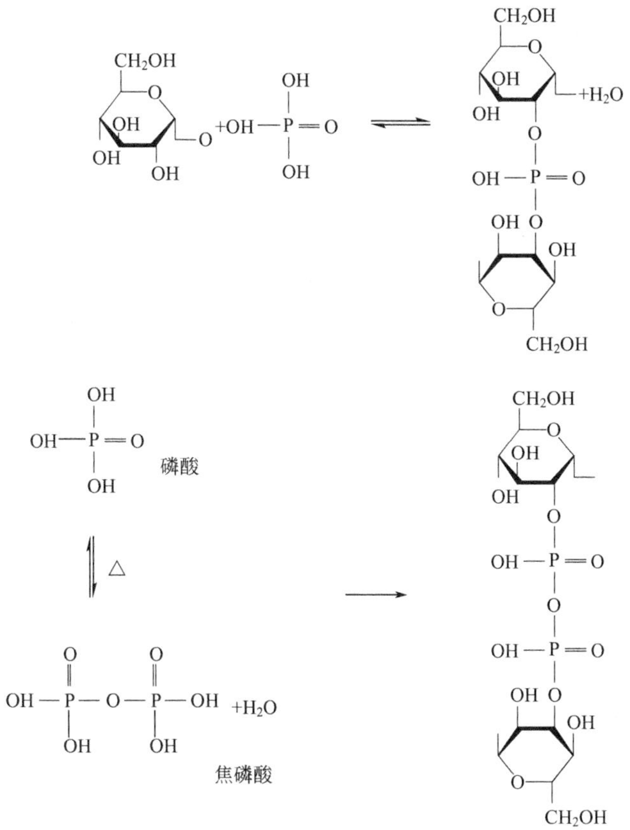

图 2-4 纤维素经磷酸化作用磷酸酯的形成机理（1）

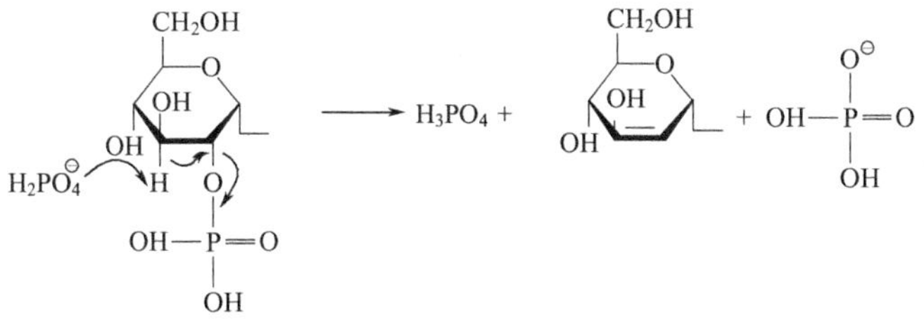

图 2-5 纤维素经磷酸化作用磷酸酯的形成机理（2）

Molina-sabio M[21]等以桃核为原料，研究了磷酸浓度和引入木质纤维素中磷的量与所得活性炭孔容变化和孔径分布的关系，结果表明：①x_p（每克原料中磷的质量）是影响活性炭孔隙度和孔径分布的主要因素，x_p增加，微孔和中孔容积都增加；②磷酸浓度的增加降低了活性炭的产量和体积密度，但是增加了比表面积；③活性炭中的微孔主要是由停留在原料中的磷酸产生的，磷酸的存在阻止了炭化过程中原料的收缩。只有在磷酸浓度很高的时候，活性炭的中孔才有很大的数量，它主要是由原料中木质纤维素的水解和洗涤过程中磷酸部分成分的抽出引起的；④对于磷酸活化法，微孔的形成归因于磷酸与桃核中木质纤维素的结合。由于结合相不仅含有 H_3PO_4，还包含 $H_4P_2O_7$、$H_5P_3O_6$ 和一些别的低含量物质，而这些分子具有不同的直径，它们的含量在一般的热处理温度范围内不变，所以不同的热处理条件所得的微孔分布有近似的恒定性。

Solum M S 等[22]利用核磁共振波谱、傅里叶变换红外光谱等对磷酸法木质基活性炭进行分析，结论如下：①磷酸的加入降低了炭化温度，150℃开始形成微孔，200～450℃主要形成中孔；②磷酸不仅是作为催化剂来催化大分子键的断裂，而且还通过缩聚和环化来参与链的交联，其中主要是通过磷脂键与有机物和生物聚合物碎片进行交联；③木材中的木质素主要参与微孔的形成，纤维素主要参与中孔的形成；④活性炭孔隙分布的改变可以通过改变热处理温度或改变酸与原料之比来实现，但是不管如何改变，高温所形成的主要是中孔。

胡淑宜等[23]研究发现，磷酸活化法在不同的活化温度条件下，活化机理亦有所不同，添加磷酸药品从根本上改变了木材的热解历程。在200℃左右已经完成了炭化阶段；在200～300℃形成稳定的缩聚炭结构；300～600℃宽大的温度区间，在氧的参与下磷酸有选择性地缓慢氧化侵蚀炭体，可以认为是活化作用的主要温度范围，尤其在400℃左右即能制备出得率高、质量好的活性炭；在600℃之后，具有一定耐高温抗氧化能力的磷酸炭结构逐渐气化逸出，炭物质失去磷酸的保护而被烧失，整个热解过程都处于无效热效应的状态中。

四、物料与能耗平衡

按照目前磷酸活化杉木屑生产活性炭的常规工艺，朱芸等[24]以年产1500t糖用粉状活性炭，即以日产5t为基础，通过物料衡算得出，需要合格的含水率为15％的原料木屑13076kg（绝干木屑为11115kg），50％的磷酸溶液质量为37792kg（纯磷酸18896kg），纯磷酸与绝干木屑的浸渍比（质量比）为1.7∶1，可生产出5002kg磷酸活性炭（含水率为10％）。其热量衡算结果显示，原料的干燥过程消耗无烟煤830kg，该过程需要的总热量为14124130kJ，其中热损失706207kJ，热交换器消耗为2421544kJ，向干燥器补充了11702586kJ；原料的炭活化过程消耗原油4307kg（相当于2775kg标准煤的质量），燃料原油燃烧带进热量为174911823kJ，捏合料带进的热量为47056464kJ，活化以后，活化料所带出的热量为110369911kJ，废气带出热量为102850605kJ，热损失为8747314kJ，炭的干燥过程消耗无烟煤731kg，该过程消耗的总热量为

12441170kJ，热损失为 622058kJ。

第二节　氢氧化钾法活性炭制备技术

KOH 活化法是 20 世纪 70 年代兴起的一种制备高比表面积活性炭的活化工艺，与磷酸活化工艺相似，活性炭成品也受到活化温度、活化时间、活化剂的用量等因素的影响。

一、原材料准备及制备工艺

目前，采用 KOH 法生产的活性炭主要的工业化应用是超级电容器领域，采用的主要原料是椰壳。当然，采用其他生物质原料经 KOH 活化后用作超级电容器及其他应用领域的研究开发也较多。

Teo 等[25]将稻壳先使用 NaOH 溶液浸渍 24h，经过滤后再通过烘箱热处理 24h，烘干料在 400℃下炭化 4h 后再次使用 NaOH 溶液常温下浸渍 20min 除去稻壳炭化料中的痕量硅，获得较纯净的稻壳炭化料。按照绝干质量浸渍比为 5∶1(KOH∶稻壳炭化料)将 KOH 与稻壳炭化料混匀，于 850℃活化 1h，获得了 BET 比表面积为 2696m²/g 且总孔容积为 1.496cm³/g 的高性能活性炭。将此碳材料用于超级电容器领域，在 6mol/L KOH 电解液中可获得 147F/g 的比电容和 5.11W·h/kg 的能量密度。研究还认为，此碳材料表现出较低的电阻率主要是因为炭结构中丰富的 C＝C 键和较低的氧含量。

Govind Sethia 等[26]采用 KOH 活化法制备了平均孔径在 0.59nm 高掺氮(22.3%，质量分数)活性炭，并表现出优良的储氢能力，在温度为 77K 和压力为 1bar(1bar＝10⁵Pa)的情况下，可达到 2.94%(质量分数)。通过实验发现，活性炭储氢能力与超微孔(0.5～0.7nm)容积成正相关，但与总比表面积和总孔容不成正相关。

Acosta R 等[27]采用 KOH 来活化废旧轮胎提油后的热解残炭制备活性炭来处理水体中的抗生素类药物四环素。动力学研究数据表明，此类活性炭吸附四环素属于伪二阶动力学模型。制备的活性炭去除四环素的能力优于商业活性炭，吸附能力可达 312mg/g。因此，由废旧轮胎提油残炭制备活性炭产品用于其他领域，可以增加此行业的经济附加值。

Yang 等[28]以开心果壳为原料，利用 KOH 为活化剂，与在 500℃下炭化 2h 的绝干炭化料按照浸渍比为 0.5∶1 混合均匀，在 800℃活化温度下停留 3h，获得了 BET 比表面积为 2259.4m²/g 且总孔容积为 1.10cm³/g 的高性能活性炭，认为过高的活化温度和浸渍比会导致炭结构的垮塌并使微孔向着中孔和大孔转变。

二、活化机理

将原料炭,如木炭、果壳炭、合成树脂炭、石油焦、竹炭等,与数倍炭质量的氢氧化钾或氢氧化钠混合,并在不超过 500℃下脱水,然后再在不高于850℃下煅烧若干时间,冷却后将物料用水洗涤至中性,即可得到活性炭。

关于氢氧化钾活化机理,有相关文献资料[29]给出了如下反应式的解释:

$$2KOH \longrightarrow K_2O + H_2O \tag{2-4}$$

$$C + H_2O \longrightarrow H_2 + CO \tag{2-5}$$

$$CO + H_2O \longrightarrow CO_2 + H_2 \tag{2-6}$$

$$K_2O + CO_2 \longrightarrow K_2CO_3 \tag{2-7}$$

$$K_2O + H_2 \longrightarrow 2K + H_2O \tag{2-8}$$

$$K_2O + C \longrightarrow 2K + CO \tag{2-9}$$

这一观点认为,在 500℃以下发生了氢氧化钾的脱水反应[如式(2-4)]和水煤气反应[如式(2-5)]以及水煤气的转化反应[如式(2-6)],式(2-5)、式(2-6)反应均可以看作是氢氧化钾存在下的催化反应。所产生的 CO_2 几乎都按式(2-7)转变成了碳酸盐。因此,在反应过程中可以观察到主要产生了氢气,而只有很少量的一氧化碳、二氧化碳和甲烷以及焦油状的物质。可以认为,活化过程中消耗掉的碳主要生成了碳酸钾,从而使产物具有很大的比表面积。同时,在 800℃左右活化时,金属钾(沸点 762℃)析出,可以认为由于通过上述式(2-8)、式(2-9)的反应,氢氧化钾被氢或碳还原。所以可以认为,在 800℃左右温度下,金属钾的蒸气不断进入碳原子所构成的层与层之间进行活化。

第三节　氯化锌法活性炭制备技术与装置

本节具体内容可参见参考文献 [30]。

一、原材料准备

木屑是氯化锌法生产活性炭的主要原料,针叶材木屑优于阔叶材木屑,杉木屑优于松木屑。新鲜的松木屑含松脂较多,对浸渍阶段氯化锌渗透进入生物质原料组织内部不利。因此,在活性炭生产中,是将松木屑存放一定时间,让松脂挥发成分自行挥发,分解和氧化后再使用。果核壳类农林加工剩余物也可作为氯化锌法活性炭的生产原料,如油茶壳、椰壳、桃核、核桃壳、油棕榈壳、开心果壳等。木屑原料的工艺要求见表 2-1。

工业氯化锌是白色粉末,相对密度 2.91(25℃),熔点 313℃,沸点

732℃；潮解性强，能从空气中吸收水分而潮解，可作脱水剂；易溶于水，水中溶解度 25℃时为 432g、100℃时为 614g。氯化锌有毒性，它的烟雾和蒸气可以引起鼻膜和呼吸道受伤，固体氯化锌与皮肤接触时，可以引起皮肤溃烂。氯化锌的蒸气压与温度的关系见表 2-3。

表 2-3　氯化锌蒸气分压与温度的关系

温度/℃	蒸气分压/kPa	温度/℃	蒸气分压/kPa
428	0.133	648	26.6
508	1.33	689	53.3
584	8.00	732	101.3
610	13.3		

二、制备工艺

间歇法的平板炉和连续法的回转炉是生产氯化锌法粉状活性炭的主体设备。平板炉法具有设备简单、投资少、上马快等优点，是国内早期氯化锌法活性炭的主体设备。但此法存在手工操作多、劳动强度大、环境污染严重等问题，导致了此法目前已被淘汰。回转炉法具有生产能力大、机械化程度高、产品质量较稳定等优点，是目前国内外氯化锌法活性炭的主体设备，工艺难点在于尾气处理和氯化锌回收方面，国内尚未有成熟的工艺，日本已实现环保排放达标生产。

1. 工艺流程

连续法生产粉状活性炭的工艺流程，一般由木屑筛选和干燥、氯化锌溶液配制、配料（或浸渍）、炭活化、回收、漂洗（包括酸处理和水洗）、脱水、干燥与磨粉等工序组成。另外附设专门的废气处理系统，以回收烟气中的氯化锌和盐酸，减少对环境的污染。常用的生产工艺流程见图 2-6 和图 2-7。

2. 工艺操作

（1）木屑的筛选与干燥　为了保证产品的质量和工艺操作稳定，并降低超细颗粒在后续回收工段过滤流失导致的活化剂的浪费，用振动筛或滚筒筛对木屑进行初步筛选，选取 0.425～3.35mm 的木屑颗粒，除去杂物（如板皮、铁屑、泥砂、石块等），以免造成堵塞，增加回收、漂洗工序中的负荷，影响产品质量。

筛选后的木屑含水率一般在 45%～60%，此时水分过高会影响配料工序段化学活化剂的渗透，因此需要进一步干燥控制工艺需要的水分含量。北方由于气候干燥，雨水少，一些中小工厂常利用自然风干方法干燥木屑。木屑进行机械干燥时，一般在气流式干燥器中或回转干燥器中进行干燥。

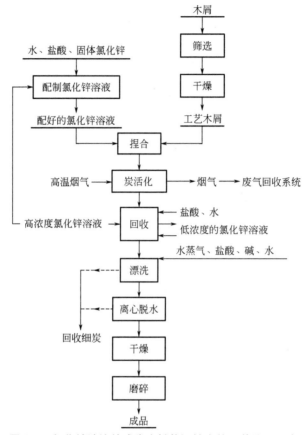

图 2-6 氯化锌法连续式生产粉状活性炭的工艺流程示意

将水分为 45%～60% 的木屑经皮带输送机送入一级圆筒筛，通过螺旋绞龙将合格粒度的木屑输送进入气流干燥系统，热风炉提供整个干燥系统所需的热源，可以采用废弃枝丫材、板皮、煤、天然气等作为热风炉燃料，控制热风温度在 320℃，热风通过布袋除尘器后的引风机进入干燥管中，热风夹带着木屑依次经过三个干燥器后进入旋风分离器，由旋风分离器下来的木屑再经过二级圆筒筛精选得到水分在 15%～20% 的合格粒度的工艺木屑。木屑气流干燥过程中需要根据木屑的含水率大小来调节木屑的加料量或者干燥温度，以保证木屑达到工艺要求。木屑气流干燥流程可参考磷酸法活性炭生产。

（2）氯化锌溶液的配制　为了保证工艺中的锌屑比的稳定性，需要严格控制氯化锌溶液的配制符合工艺规定的要求。

工艺氯化锌溶液是将高浓度工业氯化锌浓溶液用水稀释至工艺浓度溶液，达到工艺要求的波美度，用工业浓盐酸调整 pH 值。氯化锌溶液的波美度与温度有一定的关系，当质量分数一定时，随着温度的升高，波美度会相应地降

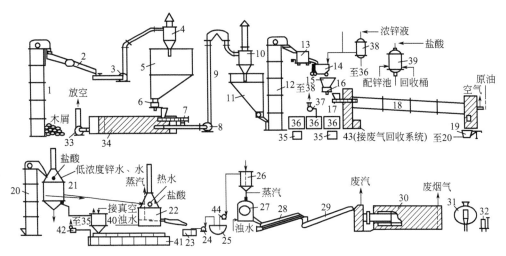

图 2-7　回转炉连续法生产粉状活性炭工艺流程

1—木屑斗式提升机；2—振动筛；3—运送木屑鼓风机；4,10—旋风分离器；5—木屑储仓；
6,16—圆盘加料器；7—螺旋进料器；8—鼓风机；9—气流干燥器；11—干木屑储仓；12—
斗式提升机；13—木屑计量器；14—捏合机；15—料斗；17—螺旋进料器；18—炭、活化
炉；19—活化料车；20—活化料斗式提升机；21—回收桶；22—漂洗桶；23—储炭槽(沟)；
24—1 号砂泵；25—储炭槽；26—搅拌槽；27—卧式离心机；28—刮板输送器；29—皮带输
送器；30—烘干转炉；31—球磨机；32—磅秤；33—排风机；34—热风炉；35—配锌水池；
36—浓锌水池；37—锌水泵；38—浓锌水高位槽；39—盐酸高位槽；40—真空受器；41—梯
度浓度锌水池；42—转送锌水泵；43—烟道；44—2 号砂泵

低。所以对于氯化锌溶液的波美度，必须注明溶液的温度。糖用炭和药用炭对
氯化锌溶液的工艺浓度要求是不同的，氯化锌溶液的波美度($°Be'$)与温度
(℃)的关系见图 2-8。

氯化锌溶液的波美度、密度和质量分数的关系见表 2-4。

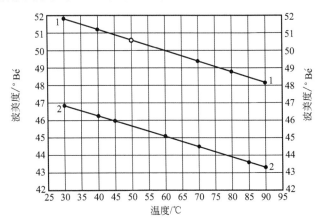

图 2-8　氯化锌溶液的波美度与温度的关系

1—糖用炭；2—药用炭

表 2-4　氯化锌溶液的波美度（°Bé）与密度和质量分数的关系（15.6℃/15.6℃）

波美度 /°Bé	密度 /(g/mL)	质量分数 /%	波美度 /°Bé	密度 /(g/mL)	质量分数 /%
0	1.0000	0	49	1.5104	46.37
1	1.0069	0.76	50	1.5263	47.43
10	1.0741	7.91	51	1.5426	48.48
20	1.1600	16.98	52	1.5591	49.54
30	1.2609	26.90	53	1.5761	50.60
35	1.3182	31.93	54	1.5934	51.65
40	1.3810	36.98	55	1.6111	52.72
41	1.3942	38.02	56	1.6292	53.80
42	1.4078	39.05	57	1.6477	54.38
43	1.4216	40.09	58	1.6667	55.97
44	1.4356	41.12	59	1.6860	57.06
45	1.4500	42.16	60	1.7059	58.15
46	1.4646	43.21	62	1.7470	60.30
47	1.4796	44.26	65	1.8125	63.52
48	1.4948	45.32	70	1.9333	69.36

（3）配料（或浸渍）　配料是将工艺木屑和工艺氯化锌溶液进行混合。混合是为了将木屑与氯化锌溶液反复搅拌揉压，使混合均匀，加速氯化锌溶液向木屑内部的渗透。混合是在混合机中进行的，混合机是用耐酸钢制成的半圆形槽，内有一对之字形的搅拌器。除了此方法可以达到浸渍目的外，也可通过其他设备实现，如双螺杆绞龙、回转炉等。

（4）炭活化　炭活化是制取活性炭的一个关键过程。炭活化设备有内热式和外热式回转炉。日本使用外热式较多，中国普遍使用的是内热式回转炉。外热式与内热式回转炉的主要区别在于前者的高温气流与物料不直接接触，而是靠炉壁辐射加热物料，这种炉型有利于产品质量的提高。但对制造回转炉的材料有较高要求，日本用的是 Fe-Cr 合金材料制作。后者则是高温烟气流直接加热物料。国内常用的内热式回转炉结构可参考磷酸法活性炭生产。

回转炉为卧式，筒体用碳钢钢板制成，为防止物料与钢板直接接触，同时避免影响产品质量和腐蚀设备，需要内衬耐火砖。在中部外套大齿轮，借以推动筒体转动。两端各有一对托轮，支承筒体质量。为防止气体外逸，污染操作环境，炉头和炉尾均安装密封装置。安装时须保持一定的倾斜度（一般为2°～5°），使物料能从炉尾向炉头移动，高温热风由炉头进入，与物料逆流接触达到供热目的。

回转炉为连续操作，炭化和活化设备是同在一个内热式回转炉内。经过配料后，由圆盘加料器和螺旋送料器将混合后的锌屑料送入炉尾。物料借助筒体的转动和倾斜度缓慢地向炉头移动。在炉头设有燃烧室，根据燃烧室的不同，可以燃烧原油、煤气、天然气等产生高温烟气或燃烧煤产生的高温烟气直接进入炉中，由炉头向炉尾流动。由于物料在炉内不断地翻动，可以均匀地进行炭化活化。高温烟气在炉内与物料逆流直接接触。浸渍了化学试剂的木屑在低温炭化过程中容易产生具有黏性的可塑性物料黏附在炉壁上，随着时间的延长会因结块而堵塞炉膛。为了防止堵塞，可以在炉内装有用链条串联好的星形刮刀，让它随着筒体的转动，不停地撞击炉壁，将粘在炉壁上的结块物料刮削下来。

活化好的物料称活化料，从炉头落入出料室，并定期取出，送往回收工序，此时的输送设备不能对活化料产生挤压摩擦作用，使得后续回收工序受阻。废烟道气由进料端底的烟道进入烟囱。废烟气中含有氯化锌、盐酸等气体，必须进行回收，以防止污染环境并有利于降低锌耗。

在炭活化时，必须根据活化料的落料情况很好地控制加热温度。温度太高，浪费能源，同时会增加氯化锌的耗量，氯化锌的蒸气压力随温度的升高而加大，从表2-3中可以看出。氯化锌在508℃时，其蒸气压力为1.33kPa，在610℃时为13.3kPa，在732℃时为101.3kPa，即氯化锌的沸点。这就说明，加热温度对氯化锌蒸发的重要性。因此，在保证活性炭质量的前提下，应尽量降低活化温度，这样氯化锌的蒸气压小，锌耗量就低，同时也可以减少对环境的污染，最终降低生产成本。

（5）回收　在活化料中，含有大量的氯化锌以及在高温和有水蒸气存在的条件下形成的含锌化合物（主要是氧化锌和氢氧化锌），据测定，其含量高达70%～90%，为了降低"锌耗"，必须采取氯化锌回收措施。同时，在工艺上也要求对活性炭进行后处理，以除去这些含锌化合物和杂质。氯化锌的回收操作基本上属于萃取范畴。

氯化锌能溶于水，氢氧化锌、氧化锌与盐酸作用生成氯化锌等，其反应式为：

$$Zn(OH)_2 + 2HCl \longrightarrow ZnCl_2 + 2H_2O \tag{2-10}$$
$$ZnO + 2HCl \longrightarrow ZnCl_2 + H_2O \tag{2-11}$$

因此回收是向装有活化料的回收桶内同时加入不同浓度的氯化锌溶液和少量的工业盐酸。

回收桶是由耐腐蚀钢板制成的圆筒体。桶的壳体内外均用辉绿岩胶泥涂刷。在桶的内侧衬上辉绿岩板，桶的下部有用钢筋和辉绿岩粉浇铸的过滤板。

在反应过程中，要用过热蒸汽充分搅拌。反应完成后静置数分钟，开启真空抽气阀，进行固液分离，将回收桶内的氯化锌溶液抽入真空桶，然后放入耐酸缸。一般第一次回收的氯化锌溶液浓度可达 40～56°Bé/60℃，送氯化锌溶液的配制工序再用。经过第一次回收后，依次将梯度浓度的氯化锌溶液用泵打入回收桶中，使"锌水"盖过炭面，这样进行多次回收(一般需 4～6 次)，得到浓度高低不同的回收溶液，分别放置在耐酸缸中，供下次回收使用。直至上次留下的各种浓度的"锌水"用完后，再用热水洗涤，洗涤液也收入耐酸缸内。直至炭中的氯化锌含量低于 1% 为止。每批活化料的回收时间为 1.5～4h。

经过反复回收、混合使用多次的氯化锌溶液中溶解和积累了一些钙镁盐类。有些金属氧化物与盐酸作用生成可溶性盐类，也溶于氯化锌溶液中，杂质随着循环使用次数的增加而增加。这种氯化锌瘠液浑浊浓度较高，用密度计计量时会呈现"假波美度"现象，即无法获得氯化锌溶液的真实浓度，若不经处理继续使用这种氯化锌溶液，必然发生所得产品质量下降和生产不稳定的现象。这种现象在生产中相隔一定时间必然出现，而且周期性出现。

(6) 漂洗 漂洗工序一般包括酸处理和水处理两个步骤。漂洗的目的是除去来自原料和加工过程中引入活性炭的各种杂质，使活性炭的氯化物、总铁化物、灰分等含量和 pH 值都达到规定的指标。

氯化锌法生产的粉状活性炭多用于液相吸附，对其所含的铁盐和灰分有较严格的要求，如制造葡萄糖、纤维素、柠檬酸等对铁盐都有严格的要求，尤其对纤维素和柠檬酸的质量影响更大。

漂洗主要是先加适量盐酸除去铁类化合物等，因此称为酸处理(或叫"煮铁")；在后续工序中加碱中和酸、除去氯离子，并用热水反复洗涤，故称水处理。

酸处理后，将桶内酸水放出，湿炭用 60℃ 以上的热水进行漂洗。适当提高溶液温度，可以提高漂洗效果。由于过量的盐酸不容易被水洗净，故要加入适量的碱中和，操作时，边洗边放水，洗至炭中的氯离子含量符合要求为止，并调整桶内水溶液的 pH 值至 7～8。再用活汽加热 15min 左右，将水放出。总的水处理时间约 4～6h。

在漂洗时要注意防止细炭粉的流失，对流失的炭必须进行回收。回收的方法是将漂洗废水放入沉降池中，使带出的炭粉沉降。回收炭经漂洗、干燥等处理可作为混合炭成品。

(7) 脱水 漂洗后的炭带有很高的水分，为了降低物料水分，减少干燥负荷和热量消耗，必须进行脱水，除去炭中的一些水分。目前，许多活性炭企业采用的是板框过滤机进行湿炭脱水，也有企业采用离心机进行前期脱水。

(8) 干燥 干燥的目的是使脱水炭的含水率降到客户所需的水分指标。在这种情况下，活性炭的干燥速度主要取决于炭的内部水分的扩散速度。适合这种条件的干燥设备有隧道窑、回转炉、沸腾炉、流态化炉、强化干燥设备、气流干燥设备等。

操作时，要根据炉温控制加料量，防止干炭出现火星。刚出炉的具有一定温度的干燥炭最好装在密闭的容器内，待成品料冷却后再进入下道工序。

（9）粉碎和包装　干燥后的活性炭的颗粒度不均匀，采用各种类型的粉碎装置磨成细粉，一般要求粉状活性炭的粒度在不影响其最大吸附力和过滤速度的情况下越细越好。目前，生产规模大的厂采用雷蒙磨，加工量大，全程密闭负压运行，自动化程度高，生产环境优良，生产工艺稳定。经过磨粉达到客户所需粒径之后进入混料机，在不同批次磨粉的产品混合均匀后进入包装机进行包装。由于粉状炭较轻，容易产生粉尘，所以包装要求密封，并注意防潮。

3. 从废气中回收氯化锌

回转炉法的机械化程度较高，劳动强度低，劳动生产率高，车间卫生条件好，但仍然存在废气污染等问题。根据氯化锌活化法的特点，在回转炉中进行炭活化时会产生大量的水蒸气、氯化锌、氯化氢等气体和雾沫，它们随烟气带出炉外。为了减小或消除环境污染，必须回收氯化锌和盐酸。

三、活化机理

关于化学药品对木屑的炭活化机理目前还不十分清楚，只能根据现象和推论加以说明，下面以氯化锌的活化作用为例，将前人的一些见解、推论概述如下。

1. 氯化锌的润胀作用

木屑等生物质原料中总纤维素含量可达 $60\% \sim 70\%$。在低于 $200℃$ 的温度下，氯化锌的电离作用能使木屑等植物原料中的纤维素发生润胀，并将持续到纤维素分散成胶体状态为止。与此同时还会发生一些低分子化水解反应和氧化反应，使高分子化合物逐渐解聚，形成一部分解聚化合物与氯化锌组成的均匀塑性物料。当用氯化锌和木屑生产颗粒活性炭时，锌屑料在 $150 \sim 200℃$ 下进行预处理，就能得到塑性物料。如果锌屑比较高，物料在 $100℃$ 以下就能塑化。

2. 氯化锌的脱水作用

通过 TG-DTG(热重分析-微商热重分析) 研究可以发现，氯化锌的添加改变了生物质原料在炭活化过程中的反应历程，炭中的氢和氧以水的形式脱除，而不是按通常的热解反应形成各种酸类、醇类、酚类等含碳有机挥发物。同时还能抑制焦油的产生，更多地保留了原料中的碳素，这可以从氯化锌法制活性炭的得率加以证实。

3. 加速炭活化过程

炭活化需要在一定温度下进行，原料炭化和气体活化即使直接加热也是通过烟道气、空气或水蒸气作为热载体的，这些气体的热导率很低，比液态氯化锌的热导率要低十几倍，比固体氯化锌低得更多。此外，由于氯化锌对木屑的润胀作用，它能渗透到原料颗粒内部，使原料受热均匀。因此，浸渍过氯化锌的木屑升温快而且均匀，不发生局部过热，一般氯化锌炭活化时间为 1～3h。

4. 改变了炭化反应历程

木质原料炭化时，除了产生低分子化合物，如乙酸、甲醇及其他酮、醛、酯外，还产生大约占原料 10%～15% 的木焦油，炭化产生的气体呈赤橙色，冷凝后得到黑褐色黏稠液体，其元素组成见表 2-5。

表 2-5　木焦油元素组成

木焦油名称	元素组成/%		
	C	H	O
松根焦油	81.15	8.82	11.03
气化焦油	79.37	5.45	12.18
溶解焦油	52.54	5.29	41.26

由表 2-5 可知，木质原料在炭化时生成大量的焦油而降低碳的得率。浸渍过氯化锌的木屑料炭化时，产生少量的焦油。有人曾把添加或不添加化学药品的杉木屑分别进行炭化，其结果见表 2-6。

表 2-6　杉木屑在添加化学药品进行干馏时产生气体的温度和馏出液的颜色

药品种类	产生气体速度大的温度范围/℃	馏出液的颜色	
不加药品	250～350	赤	橙
加 $CaCl_2$（占木屑重 100%）	250～350	赤	褐
加 $ZnCl_2$（占木屑重 100%）	150～300	淡	黄
加 P_2O_5（占木屑重 100%）	100～280	淡	黄
加 NaOH（占木屑重 100%）	170～350	赤	褐

从表 2-6 可以看出，木屑浸渍 $ZnCl_2$ 和 P_2O_5（H_3PO_4）后，炭化温度大大降低，焦油颜色明显变浅，说明氯化锌改变了木屑的炭化反应历程。它使木屑加热分解主要不是生成碳氢化合物和含氧的有机化合物，或者说把产生的焦油等含氧有机化合物已经很好地分解了。

5. 氯化锌的芳香缩合作用

对氯化锌活化法初期所生成的产物进行分析测定，结果认为一部分原料是在液相炭化而形成了炭的结构，称这种作用为芳香缩合。用木屑或纤维素作原料，以 15％～65％的氯化锌水溶液在 140℃温度下浸渍，然后将溶剂抽出物用紫外吸收光谱法进行分析测定，结果发现有葡萄糖、戊醛糖、糖醛酸和糖酸等一些分子量约为 160～240 的物质。这些物质在更高的温度下（300℃以上）炭化成炭的组成部分。由此推测，木屑原料最初被 $ZnCl_2$ 溶液水解并低分子化。接着催化脱水，并促进中间产物糖醛酸和醛糖缩合成缩醛，受热后进一步芳香环化，这种凝缩类炭在氯化锌溶液中不溶解，而在活化过程中形成炭的乱层微晶结构。还要指出的是，在这期间，氯化锌呈液体状态，具有流动性，当碳分子重排时，不起阻碍作用，并还有利于炭的孔隙结构的形成。

6. 氯化锌的骨架作用

研究者们认为氯化锌在炭化时形成骨架，给新生碳提供沉积的骨架。新生碳具有初生的键，对无机元素有吸引力，能使碳与无机元素牢固地结合在一起，就像用含碳物质烧锅炉一样，吸附在锅炉壁上的炭很难用机械方法除去。当用酸和水把无机成分溶解洗净之后，碳的表面便暴露出来，成为具有吸附力的活性炭内表面积。

四、影响化学药品活化过程的主要因素

影响化学药品活化过程的因素较多，下面以氯化锌法生产活性炭为例来说明其主要影响因素。

1. 原料的影响

（1）木屑树种的影响 实验证明，活性炭的吸附性能与木屑树种有密切的关系，多数情况下，认为杉木屑较松木屑好，松木屑较硬杂木屑好，软杂木屑较硬杂木屑好，材质硬的木屑会影响氯化锌溶液的渗透速度。但通过选择适当的生产条件，采用混合木屑作原料，也可以克服由原料所引起的不利影响，生产出合格的活性炭。

（2）木屑含水率的影响 木屑含水率对炭活化过程没有直接影响，但会影响氯化锌溶液的渗透速度，因而影响氯化锌溶液浸渍的时间。对连续浸渍或混合过程尤为重要。含水率高（在纤维饱和点以上）的木屑不仅会降低氯化锌溶液的渗透速度，而且要降低氯化锌溶液浓度，从而影响炭活化效果。因此，当木屑含水率超过 30％时，浸渍时间要求在 8h 以上，当木屑含水率在纤维饱和点以下时，氯化锌溶液的渗透速度要快一些。木屑含水率在 15％以下时，混合时间短（15min）。木屑含水率还影响其对氯化锌溶液的吸收量。例如，生产颗粒活性炭，必须吸收一定数量的浓度较低的氯化锌溶液，因此要求木屑含水率不超过 5％。当生产糖用活性炭时，必须吸收足够数量的高浓度的氯化锌溶液，如果木屑含水率过高，就会降低氯化锌溶液的浓度，从而影响锌屑比，最终影响活性炭的孔径分布。

（3）木屑颗粒度的影响　当生产粉状活性炭时，木屑颗粒度在 $0.425\sim$ 3.35mm 之间，对产品质量并未发现明显的影响。一般来说，颗粒度小的原料，浸渍效果好，制得的炭吸附性能好。原料木屑颗粒度的均匀性对产品质量的稳定性起到一定的作用。

2. 锌屑比的影响

锌屑比是指无水氯化锌与绝干木屑质量之比，是影响活性炭的孔径分布和孔隙度的主要因素之一。在活化料中，氯化锌占有的体积近似等于它在回收氯化锌之后活性炭所具有的孔隙体积。因此把锌屑比看成是氯化锌法活化程度的近似度量。使用的锌屑比不同，制得的活性炭的性质也不同。A. A. Ceyhan 等[31]通过氯化锌两步法活化制备了野豌豆基活性炭，研究表明，随着野豌豆与氯化锌的浸渍比由 1∶1 增加到 1∶2 时，活性炭的碘吸附值是不断增加的，随着浸渍比继续增大，碘吸附值则开始下降。Miao 等[32]采用大豆秸秆为原料，以氯化锌为活化剂制备了活性炭，指出当氯化锌与大豆秸秆的浸渍比由 1∶1 增加到 3∶1 时，得率由 38.50% 降低到 35.56%，比表面积则先由 1809m²/g 升至 2271m²/g，而后降至 1935m²/g，孔容积由 0.889mL/g 增加到 1.909mL/g，平均孔径由 1.97nm 增加到 3.95nm。可以看出，在一定的浸渍比范围内，氯化锌越多越有利于提高活性炭吸附性能和孔性能。

3. 活化温度的影响

活化温度是指活化时活化料的最高温度，是活性炭孔性能的重要影响因素之一。Saka 等[33]采用氯化锌法活化橡子壳制备活性炭发现，在活化温度分别为 300℃、400℃、500℃和 600℃时，得到活性炭的比表面积分别为 98m²/g、801m²/g、988m²/g 和 1289m²/g。Saygılı 等[34]采用葡萄工业加工剩余物为原料，以氯化锌活化法制备了活性炭，研究表明活化温度由 400℃升到 600℃，比表面积 S_{BET}、总孔隙体积 V_T、中间层次的孔隙体积 V_{mes}、平均孔径 D_p 分别由 819.40m²/g 增加至 1455m²/g，0.556cm³/g 增加至 2.318cm³/g，74.64% 增加至 94.61%，2.71nm 增加至 6.81nm，但微孔容积 V_{mic} 由 25.36% 降低至 5.39%。由以上分析可知，氯化锌法活性炭制备的较佳温度为 600℃，过高的活化温度会导致已经生成的孔塌陷，且氯化锌的挥发量也会增加，不仅造成活化剂的浪费，生成成本提高，还导致严重的环境污染问题。

4. 活化时间的影响

活化时间是指一定的活化温度下的保温时间，是活性炭质量的重要影响因素之一。Saygılı 等[35]采用番茄工业加工剩余物为原料，以氯化锌活化法制备了活性炭，研究表明活化时间由 0.5h 升到 1h，S_{BET}、V_T、V_{mes}、D_p 分别由 522m²/g 增加至 1093m²/g，0.662cm³/g 增加至 1.569cm³/g，71% 增加至 92%，5.02nm 增加至 5.92nm，但随着活化时间的延长，由于已生成孔隙被烧结封闭，导致活性炭的各种性能开始下降，活化时间选择在 1h 较好。Ahmed 等[36]通过氯化锌活化枣核制备了活性炭，结果表明，当活化时间由 0.5h 增加至 3.5h 时，得率由 43% 降低至 29%，在最初的 1.25h 内降低得最快，并在此时达到了最大碘吸附值 837.54mg/g，且在前 1.25h 内是有利于中孔增加的，随着活化时间的增加，中孔开始塌陷变为大孔。

第四节　其他化学活化法

活性炭的应用领域十分广泛，在应用过程中发挥作用的主要是孔结构和表面官能团，所以根据市场的需求有很多科研人员开始关注组合活化法，包括物理-化学法、化学-化学法、微波-化学法等。

一、物理-化学活化法

物理-化学活化法是结合物理法（CO_2、水蒸气法等）与化学法（磷酸、氯化锌、氢氧化钾法等）制备活性炭的一种方法，此类活性炭具有独特孔结构和表面官能团。Dolas 等[37]采用开心果壳与氯化锌前期浸渍后，通过后续的高温 CO_2 活化法制备了 BET 比表面积为 3256m²/g、孔容积为 1.36cm³/g 的高性能活性炭，而采用氯化钠溶液浸渍的开心果壳采用高温 CO_2 活化制备了 BET 比表面积为 3895m²/g、孔容积为 1.86cm³/g 的高性能活性炭。Arami-Niya 等[38]采用油棕榈壳为原料，先采用少量氯化锌或磷酸法活化制备具备初期窄微孔的活性炭，然后采用高温 CO_2 活化制备了甲烷吸附用活性炭。此方法可以使得活性炭的孔结构均匀化分布，有利于甲烷的存储。

二、化学-化学活化法

化学-化学法是指结合两种不同的化学活化剂进行活化制备活性炭的方法。Heidari 等[39]采用赤桉木为原料，先使用磷酸或氯化锌活化制备早期活性炭，然后采用氢氧化钾法进行二次化学活化，制备了具有较高微孔含量（98%）的 CO_2 存储用活性炭。

三、微波-化学活化法

微波-化学法是指以微波加热的方式来提供化学法（磷酸、氯化锌、氢氧化钾等）活化所需热量来制备活性炭的方法。微波加热相比传统加热方式的优点是可以大幅度缩短活化时间，可以控制在 10min 左右。Liu 等[40]以竹子为原料，采用微波加热磷酸活化法制备了比表面积为 1432m²/g、孔容积为 0.696cm³/g 的活性炭产品，得率可达 47.8%。Hesas 等[41]通过微波氯化锌法活化油棕榈壳制备了活性炭，结果表明，微波功率和活化时间分别是炭得率和亚甲基蓝吸附值最重要的影响因素，主要得到微孔型吸附剂。

参 考 文 献

[1] Zhu G Z，Deng X L，Hou M，et al. Comparative study on characterization and adsorption properties of activated carbons by phosphoric acid activation from corncob and its acid and alkaline hydrolysis residues [J]. Fuel Processing Technology，2016，144：255-261.

[2] Hasan S，Fuat G. High surface area mesoporous activated carbon from tomato processing solid waste by zinc chloride activation：process optimization，characterization and dyes adsorption [J]. Journal of Cleaner Production，2016，113：995-1004.

[3] Liu D C，Zhang W L，Haibo Lin H B，et al. A green technology for the preparation of high capacitance rice husk-based activated carbon [J]. Journal of Cleaner Production，2015，12：1-9.

[4] Azharul Islam Md，Tan I A W，Benhouria A，et al. Mesoporous and adsorptive properties of palm date seed activated carbon prepared via sequential hydrothermal carbonization and sodium hydroxide activation [J]. Chemical Engineering Journal，2015，270(11)：187-195.

[5] Karagöz S，Tay T，Ucar S，et al. Activated carbons from waste biomass by sulfuric acid activation and their use on methylene blue adsorption [J]. Bioresource Technology，2008，99(14)：6214-6222.

[6] Okman I，Karagöz S，Tay T，et al. Activated carbons from grape seeds by chemical activation with potassium carbonate and potassium hydroxide [J]. Applied Surface Science，2014，293(3)：138-142.

[7] Cheng C，Zhang J，Mu Y，et al. Preparation and evaluation of activated carbon with different polycondensed phosphorus oxyacids (H_3PO_4，$H_4P_2O_7$，$H_6P_4O_{13}$ and $C_6H_{18}O_{24}P_6$) activation employing mushroom roots as precursor [J]. Journal of Analytical and Applied Pyrolysis，2014，108(7)：41-46.

[8] Liu H，Dai P，Zhang J，et al. Preparation and evaluation of activated carbons from lotus stalk with trimethyl phosphate and tributyl phosphate activation for lead removal [J]. Chemical Engineering Journal，2013，228(208)：425-434.

[9] 汪坤. 玉米芯糠醛渣制备活性炭的研究 [J]. 轻工科技，2010，26(4)：8-9.

[10] Danish M，Hashim R，Ibrahim M N M，et al. Optimized preparation for large surface area activated carbon from date (Phoenix dactylifera L) stone biomass [J]. Biomass Bioenergy，2014，61(1)：167-178.

[11] Xu J Z，Chen L Z，Qu H Q，et al. Preparation and characterization of activated carbon from reedy grass leaves by chemical activation with H_3PO_4 [J]. Applied Surface Science，2014，320：674-680.

[12] Pereira R G，Veloso C M，Silva N M，et al. Preparation of activated carbons from cocoa shells and siriguela seeds using H_3PO_4 and $ZnCl_2$ as activating agents for BSA and α-lactalbumin adsorption [J]. Fuel Processing Technology，2014，126(126)：476-486.

[13] Danish M，Hashim R，Ibrahim M N M，et al. Effect of acidic activating agents on surface area and surface functional groups of activated carbons produced from Acacia mangium wood [J]. Journal of Analytical & Applied Pyrolysis，2013，104(11)：418-425.

[14] Sun Y Y，Yue Q Y，Gao B Y，et al. Comparative study on characterization and adsorption properties of activated carbons with H_3PO_4 and $H_4P_2O_7$ activation employing Cyperus alternifolius as precursor [J]. Chemical Engineering Journal，2012，181-182：790-797.

[15] Girgis B S，Ishak M F. Activated carbon from cotton stalks by impregnation with phosphoric acid [J]. Materials Letters. 1999，39 (2)：107-114.

[16] Benadjemia M，Millière L，Reinert L，et al. Preparation，characterization and Methylene Blue adsorption of phosphoric acid activated carbons from globe artichoke leaves [J]. Fuel & Energy Abstracts，2011，92 (6)：1203-1212.

[17] Liou T H. Development of mesoporous structure and high adsorption capacity of biomass-based activated carbon by phosphoric acid and zinc chloride activation [J]. Chemical Engineering Journal，2010，158 (2)：129-142.

[18] Li W，Peng J H，Zhang L B，et al. Investigations on carbonization processes of plain tobacco stems and H_3PO_4-impregnated tobacco stems used for the preparation of activated carbons with H_3PO_4 activation [J]. Industrial Crops & Products，2008，28 (1)：73-80.

[19] 朱光真. 化学法木质颗粒活性炭的制备工艺与机理及其孔结构研究 [D]. 北京：中国林业科学研究院，2011：10-13.

[20] Jagtoyen M，Derbyshire F. Activated carbons from yellow poplar and white oak by H_3PO_4 activation [J]. Carbon，1998，36(7-8)：1085-1097.

[21] Molina-sabio M，Rodríguez-reinoso F，Caturla F，et al. Porosity in granular carbons activated with phosphoric acid [J]. Carbon，1995，33(8)：1105-1113.

[22] Solum M S，Pugmire R J，Jagtoyen M，et al. Evolution of carbon structure in chemically activated wood [J]. Carbon，1995，33(9)：1247-1254.

[23] 胡淑宜，黄碧中，林启模. 热分析法研究磷酸活化法的热解过程 [J]. 林产化学与工业，1998，18(2)：53-58.

[24] 朱芸，左宋林，孙康，等. 磷酸活化法制备糖用活性炭的物料和热量衡算 [J]. 林业科技开发，2013，27(2)：100-104.

[25] Teo E Y L，Muniandy L，Ng E，et al. High surface area activated carbon from rice husk as a high performance supercapacitor electrode [J]. Electrochimica Acta，2016，192：110-119.

[26] Sethia G，Sayari A. Activated carbon with optimum pore size distribution for hydrogen storage [J]. Carbon，2016，99：289-294.

[27] Acosta R，Fierro V，Yuso A M，et al. Tetracycline adsorption onto activated carbons produced by KOH activation of tyre pyrolysis char [J]. Chemosphere，2016，149：168-176.

[28] Yang T，Lua A C，Characteristics of activated carbons prepared from pistachionut shells by potassium hydroxide activation [J]. Microporous and Mesoporous Materials，2013，63 (1-3)：113-124.

[29] [日] 立本英机，安部郁夫. 活性炭的应用技术——其维持管理及存在的问题 [M]. 高尚愚，译，南京：东南大学出版社，2002：39.

[30] 国家林业局职业技能鉴定指导中心. 木材热解与活性炭生产 [M]. 北京：中国物资出版社，2003，230-282.

[31] Ceyhan A A，Sahin Ö，Saka C，et al. A novel thermal process for activated carbon production from thevetch biomass with air at low temperature by two-stage procedure [J]. Journal of Analyt-

ical and Applied Pyrolysis, 2014, 104 (11): 170-175.

[32] Miao Q Q, Tang Y M, Xu J, et al. Activated carbon prepared from soybean straw for phenol adsorption [J]. Journal of the Taiwan Institute of Chemical Engineers, 2013, 44(3) 458-465.

[33] Saka C. BET, TG-DTG, FT-IR, SEM, iodine number analysis and preparation of activated carbon from acorn shell by chemical activation with $ZnCl_2$ [J]. Journal of Analytical and Applied Pyrolysis, 2015, 95(5): 21-24.

[34] Saygılı H, Güzel F, Önal Y. Conversion of grape industrial processing waste to activated carbon sorbent and its performance in cationic and anionic dyes adsorption [J]. Journal of Cleaner Production, 2015, 93(1): 84-93.

[35] Saygılı H, Güzel F. High surface area mesoporous activated carbon from tomato processing solid waste by zinc chloride activation: process optimization, characterization and dyes adsorption [J]. Journal of Cleaner Production, 2016, 113: 995-1004.

[36] Ahmed M J, Theydan S K. Physical and chemical characteristics of activated carbon prepared by pyrolysis of chemically treated date stones and its ability to adsorb organics [J]. Powder Technology, 2012, 229: 237-245.

[37] Dolas H, Sahin O, Saka C, et al. A new method on producing high surface area activated carbon: The effect of salt on the surface area and the pore size distribution of activated carbon prepared from pistachio shell [J]. Chemical Engineering Journal, 2011, 166(1): 191-197.

[38] Arami-Niya A, Daud W M A W, Mjalli F S. Comparative study of the textural characteristics of oil palm shell activated carbon produced by chemical and physical activation for methane adsorption [J]. Chemical Engineering Research and Design, 2011, 89(6): 657-664.

[39] Heidari A, Younesi H, Rashidi A, et al. Adsorptive removal of CO_2 on highly microporous activated carbons prepared from Eucalyptus camaldulensis wood: Effect of chemical activation [J]. Journal of the Taiwan Institute of Chemical Engineers, 2014, 45: 579-588.

[40] Liu Q S, Zheng T, Wang P, et al. Preparation and characterization of activated carbon from bamboo by microwave-induced phosphoric acid activation [J]. Industrial Crops and Products, 2010, 31: 233-238.

[41] Hesas R H, Arami-Niya A, Daud W M A W, et al. Preparation of granular activated carbon from oil palm shellby microwave-induced chemical activation: Optimisation using surface response methodology [J]. Chemical Engineering Research and Design, 2013, 91: 2447-2456.

第三章 物理法制备技术与装置

第一节 物理法机理简介

物理法通常指气体活化法，是以水蒸气、烟道气（水蒸气、CO_2、N_2等的混合气）、CO_2或空气等作为活化气体，在800～1000℃的高温下与已经过炭化的原材料接触进行活化的过程。在这个过程中，具有氧化性的活化气体在高温下侵蚀炭化料的表面，使炭化料中原有闭塞的孔隙重新开放并进一步扩大，某些结构因选择性氧化而产生新的孔隙，同时焦油和未炭化物等也被除去，最终得到活性炭产品。由于物理法通常采用气体作为活化剂，工艺流程相对简单，产生的废气以CO_2和水蒸气为主，对环境污染小，而且最终得到的活性炭产品比表面积高，孔隙结构发达，应用范围广，因此在活性炭生产厂家中70％以上都采用物理法生产活性炭。下面对物理活化法的机理、工艺流程、装置设备及国内外发展现状等进行具体阐述。

一、原料炭化

物理法制备活性炭需要先将原料在400～600℃下进行炭化处理，使原料中碳元素以外的主要元素（氢、氧等）以气体形式脱除，通过CO_2、CO的形式也可使一部分碳元素释放出去，残留的碳元素则多数以类似石墨的碳微晶形态存在。然而和石墨晶体不同的是，这些碳微晶的排列是杂乱无章的，因此形成了具有活性炭原始形态的结构。但是仅仅经过炭化处理，碳微晶的周围以及碳微晶之间的缝隙仍被热解所产生的焦油或者无定形碳堵塞，因此需要进一步活化处理，除去这些堵塞孔隙的物质才能得到具有发达孔隙结构的活性炭。

二、气体活化法过程简述

在炭化的中间产物进行活化期间，首先是基本碳微晶以外的无定形碳与活化气体反应并以气体形式脱离，使微晶表面逐渐暴露。之后微晶发生活化反应，但活化反应的速率在与碳网平面平行的方向大于垂直碳网平面的方向。有观点认为，在碳微晶边角和有缺陷的位置上的碳原子由于其化合价未被相邻的碳原子饱和，因此化学性质更为活泼，往往更易于与活化剂反应，这些碳原子即构成所谓的"活性点"。这些"活性点"与活化剂反应后以 CO 和 CO_2 等形式逸出，使新的不饱和碳原子又暴露出来继续参与反应，因此微晶外表面的碳元素的脱离与微晶的不均匀气化反应共同形成了新的孔隙结构，这是活化第一阶段，即造孔阶段。随着活化反应的进一步进行，得到的孔隙进一步扩大加宽，或者是相邻微孔之间的孔壁被烧蚀使微孔合并形成中大孔，这是活化的第二阶段，即扩孔阶段。随着活化反应进行到第三阶段，即造孔阶段，尽管会不断产生新的微孔，但由于扩孔效应影响更大，中大孔数目越来越多，因此比表面积及微孔容积仍会逐渐减小[1]。从这种活化方式来看，孔隙的结构与气化损失率密切相关。根据杜比宁（Dubinin）的观点，当气化损失率小于 50％ 的时候将得到以微孔为主的活性炭；气化损失率大于 75％ 时则得到以大孔为主的活性炭；气化损失率介于二者之间时则得到的活性炭兼具微孔和大孔结构[2]。此外也有不少研究表明气体活化过程中活性炭表面的官能团会发生一定的改变。

活化程度的测定方法可通过气化量，即活化期间炭的质量比活化前原料炭的质量减少的百分比表示；另外也可通过活化得率，即活化最后得到的活性炭质量占活化前炭化料质量的百分比来表示。气化量与活化得率之间的关系如下：

$$B = 100 - A \tag{3-1}$$

式中，A 为活化得率，％；B 为气化量，％。

三、水蒸气活化法

水蒸气活化的反应式如下所示：

$$C + H_2O \longrightarrow H_2 + CO \tag{3-2}$$

$$C + 2H_2O \longrightarrow 2H_2 + CO_2 \tag{3-3}$$

由此可见该反应是吸热反应，实际上该反应需要在 800℃ 以上才能进行。炭表面吸附水蒸气之后，水蒸气分解释放出氢气，接着吸附的氧以一氧化碳的形式从炭表面脱离。该反应可能按如下过程进行：

$$C + H_2O \longrightarrow C(H_2O) \tag{3-4}$$

$$C(H_2O) \longrightarrow H_2 + C(O) \tag{3-5}$$

$$C(O) \longrightarrow CO \tag{3-6}$$

$$C + H_2 \longrightarrow C(H_2) \tag{3-7}$$

其中（　）表示结合在炭表面上的状态。

一般认为在这个过程中氢气会有一定的妨碍作用，但一氧化碳不影响反应进行，这可能是因为生成的氢气被炭吸附，堵塞了其中的活性点。同时，生成的 CO 与炭表面上的氧发生反应变成 CO_2 见式(3-8)。此外吸附在炭表面上的水蒸气可按式(3-9) 进一步发生反应：

$$CO+C(O)\longrightarrow CO_2 \tag{3-8}$$

$$CO+H_2O\longrightarrow CO_2+H_2 \tag{3-9}$$

其中一氧化碳与水蒸气的反应速率 r 如式(3-10) 表示：

$$r=\frac{k_1 p_{H_2O}}{1+k_2 p_{H_2}+k_3 p_{H_2}} \tag{3-10}$$

式中，p 为气体分压(大气压)，是由实验得到的常数。目前已知炭材料中所含的金属元素对该反应有较为明显的催化作用，使得反应速率明显加快。

日本学者北川等[3]的研究表明活化温度在 900℃ 以上时，水蒸气在炭化物中扩散速率的影响开始变得显著，不均匀的扩散速率使得活化反应在不同部位也不能均匀地进行，即在一定范围内，活化温度越低则越利于水蒸气充分扩散到孔隙中，对整个炭化物颗粒进行均匀活化。此外如若温度过高则反应速率太大，水蒸气在孔隙入口处即迅速地与碳反应消耗掉，难以扩散至孔隙内部，因此活化便不均匀。

四、二氧化碳活化法

碳与二氧化碳的反应速率比与水蒸气反应的速率慢，而且该反应需要在 800~1100℃ 的较高温度下进行。一般而言多采用主要成分为二氧化碳和水蒸气的烟道气作为活化气体，很少单独使用二氧化碳气体进行活化。已知该反应受一氧化碳和反应混合物中的氢的妨碍。

该反应机理一般有两种观点：

$$C+CO_2\longrightarrow C(O)+CO \tag{3-11}$$

$$C(O)\longrightarrow CO \tag{3-12}$$

$$CO+C\longrightarrow C(CO) \tag{3-13}$$

$$C+CO_2\longrightarrow C(O)+CO \tag{3-14}$$

$$C(O)\longrightarrow CO \tag{3-15}$$

从反应式中可看出观点一认为二氧化碳与碳之间的反应是不可逆反应，生成的一氧化碳将吸附在碳的活性位点上阻碍反应进行，而观点二则认为二氧化碳与碳发生的是可逆反应，一氧化碳浓度增加时可逆反应达到平衡状态，反应即不能继续进行。

该反应的反应速率 r 如式(3-16) 表示：

$$r = \frac{k_1 p_{CO_2}}{1 + k_2 p_{CO} + k_3 p_{CO_2}} \tag{3-16}$$

五、氧气活化法

氧气活化反应式如下：

$$C + O_2 \longrightarrow CO_2 \tag{3-17}$$

$$2C + O_2 \longrightarrow 2CO \tag{3-18}$$

由此可见这两个反应均是放热反应，因此反应之时控制合适的温度极为不易。此外很难避免局部过热，不易得到活化均匀的产品。而且该反应速率非常快，气化不仅生成了孔隙，而且在炭颗粒表面也产生了很大的气化损失，同时采用该法所制得的活性炭表面有非常多的含氧官能团，因此该法在活性炭的生产工艺中极少使用。

六、混合气体活化法

在活性炭的实际生产过程中最常使用的活化气体是以 CO_2、H_2O 和 O_2 为主要成分的烟道气。H_2O 与碳的吸热反应可有效防止碳与 O_2 反应时温度急剧升高而产生局部过热的现象，反过来碳与 O_2 的反应又可以维持活化温度。因此只要混合气体里各成分比例合适，便可以有效地稳定活化温度，使活化反应均匀进行。此外也有观点认为原料中含有不同的活化位点，这些活化位点对于不同的活化气体的反应活性也不一样，有的更易与水蒸气反应，有的更易与 CO_2 反应，因此采用混合气体更有利于制备高性能活性炭。但值得注意的是有研究表明原料中若钾含量较高则会在含氧的混合气体中发生剧烈的燃烧反应而不是活化，这是因为包括钾在内的一些金属化合物对于气体活化有催化加速作用。

七、超临界活化法

超临界水是指气压和温度达到一定值时，因高温而膨胀的水的密度和因高压而被压缩的水蒸气的密度正好相同时的水。此时液态水和气态水没有区别，完全交融在一起，成为一种新的呈现高压高温状态的液体。超临界水具有很强的反应活性和广泛的融合能力。西班牙学者 Salvador 等用超临界状态水（$T_c = 374℃$，$p_c = 22.1MPa$）取代水蒸气对木炭、煤、果壳等原料进行了活化处理，发现超临界水的活化效果优于水蒸气，例如反应速率提升，活化更均匀[4]。然而超临界水与碳反应的动力学、反应选择性及造孔机理等到目前为止均未有深入的研究。蔡琼等以酚醛树脂为原料，对比了超临界水和水蒸气活化效果，实验结果表明超临界水活化利于中孔的大量形成，而水蒸气则利于微孔结构的发展，同时以超临界水为活化剂可在相对较低的温度（650℃）下进行，可保证有较高的比表面积和中孔容积并降低烧蚀率[5,6]。程乐明等以褐煤为原料，采用超临界水活化法制得了中孔比例达 40% 左右的活性炭，而水蒸气活化得到的活性炭中中孔比率为 29.3%，而且作者发现由于超临界水活化法得到的活性炭内部孔结构丰富，使灰分更易于暴露从而被洗脱[7]。Montane 等的研究亦表明相较于水蒸气活化法，超临界水活化可使活化速率加快，烧蚀率降低，并且可以调控活性炭的孔结构[8]。

八、热解活化法

为提高产品得率，降低生产过程中的能源消耗并同时保证产品质量，中国林业科学研究院林产化学工业研究所活性炭研究室开发出了原料热解自活化的新工艺。该工艺的基本原理是在密闭反应容器中，原料在高温下热解产生出大量气体，这些气体即可作为活化反应的气体，同时由于体系的压力增高，椰壳组织细胞内的气体强制逸出时，会对椰壳组织结构产生一定冲击，这种冲击作用可以改善椰壳组织结构，从而促进高温自活化时活性炭微孔的形成与发展。

该工艺与传统工艺制备的活性炭性能比较如表 3-1 所示。

表 3-1　新工艺与通常的活化工艺比较

制备方法	工艺过程		活化时间/h	能耗	活化剂消耗	气、液相污染
热解自活化工艺	椰壳—热解—活性炭	工艺简便	4	低	无活化剂	无气、液污染
物理法工艺	椰壳—炭化—活化—活性炭	工艺复杂	8	高	消耗大量水蒸气、烟道气等气体活化剂	粉尘污染
化学法工艺	椰壳—炭化—粉碎—与活化剂混合—活化—洗涤—活性炭	工艺复杂	6	低	消耗数倍的磷酸、氯化锌、氢氧化钾	气、液相污染大

刘雪梅等以椰壳为原料，采用热解活化法于 900℃下密闭处理 4h 后制备了活性炭，实验结果表明所制的活性炭比表面积为 994m^2/g，微孔容积为 0.43cm^3/g，微孔率达到 85%，平均孔径为 2nm。该活性炭碘吸附值为 1295mg/g，亚甲基蓝吸附值为 135mg/g，亦说明其孔径分布以微孔为主[9]。之后刘雪梅等又进一步延长活化时间至 8h，虽然得率降为 9.4%，但活性炭比表面积达到 1723m^2/g，微孔容积为 0.68cm^3/g，碘吸附值与亚甲基蓝吸附值分别达到了 1628mg/g 和 375mg/g，均优于市售净水用活性炭。作者认为反应机理是在密闭空间中，物料首先发生热解反应生成大量的 CO_2、H_2O、H_2、

CO 等气体，可能由于压力原因，这些气体从原料内部强行逸出将产生一定量的孔隙。同时由于是在密闭空间，这些类似于烟道气的气体可以与炭化料进行活化反应生成发达的孔隙结构，同时密闭空间里原有的空气亦可促进活化反应的进行[10]。

与传统物理或化学活化法相比，这种新工艺非常方便，活化时间只需 4h 左右，而物理和化学活化法均需要 6h 或更长的活化时间，因此该工艺大大缩短了生产周期，提高了效率，节约了能耗，此外该工艺在生产过程中不使用任何化学试剂，降低了环境污染和制备成本，具有非常良好的工业应用前景。

九、其他物理活化法

物理活化法通常指气体活化法，但除了气体活化法以外还有其他物理活化法。例如可采用模版活化法，即在多孔无机物模版内（多为硅溶胶）引入有机聚合物，炭化后使用强酸将模版溶解，从而形成与无机物模板的空间结构相似的多孔碳材料。该方法可制得孔径分布窄、选择吸附性高的中孔活性炭[11]。美国、日本有利用硅凝胶微粒（$75\sim147\mu m$，比表面积 $470m^2/g$，孔径 $4.7nm$）作为模板，制成比表面积 $1100\sim2000m^2/g$，孔径为 $1\sim10nm$，并集中在 $2nm$ 的窄孔径分布的活性碳材料[12,13]。赵家昌等采用了一种硅溶胶模板法与 CO_2 活化法相结合的模板-物理活化法以期提高中孔炭的 BET 表面积，从而提高中孔炭的比电容。实验结果表明所制得的活性炭中孔率可达 81%，比电容量可达 85F/g，作者认为 CO_2 主要是在中大孔内发生造孔反应形成新的微孔，从而提高了中孔碳材料的电化学性能[14]；Kyotani 等以溶胶-凝胶法制得了硅溶胶，并以之为模板，加入聚呋喃甲醛后于 800℃ 下炭化，酸洗后得到了中孔活性碳材料，其比表面积为 $1060m^2/g$，中孔率超过了 60%[13]；Tamai 等亦制得了比表面积达 $1370m^2/g$，中孔率超过 70% 的中孔活性炭[15]。模板法制备活性炭的优点是可以通过改变模板的方法控制活性炭的孔分布，但该方法制备工艺复杂，而且需用酸（由于模板通常是含硅化合物，因此往往需要用到有剧毒的 HF）除去模板，成本较高。

此外当用物理活化法制备活性炭，特别是超级电容活性炭时，加入一定量的金属催化剂等可有效降低反应活化能，降低活化温度，成倍提高反应速率，亦可使孔径分布更为集中，尤其是加入过渡金属如 Fe、Ni、Co 等特别有利于中孔的形成。但反应速率过快也可能导致微孔壁被烧蚀，结构被破坏[16~19]。Tomita 等发现在焦炭上负载 Ni 之后再气化，得到的产物中出现了 10nm 左右的中孔[20]；刘植昌等以沥青球为原料，加入二茂铁之后采用水蒸气于 900℃ 下活化，得到了中孔率达 44%，主要孔径分布在 $3\sim5nm$ 和 $30\sim50nm$ 的中孔活性炭，其对维生素 B_{12} 的吸附容量较不加入二茂铁的对照样品有大幅度提高[21]。

十、活化反应影响因素

1. 不同的活化气体

在相同温度下，不同活化气体与碳反应的速率不尽相同。已有研究表明在 800℃ 和 0.8kPa 条件下，若将 CO_2 与碳反应的速率定为 1，则同样条件下水蒸气与碳的反应速率则为 3，而 O_2 与碳的反应速率则可达到 1×10^5[22,23]。这是因为采用 CO_2 活化时，反应体系中存在的 CO 会在炭的外部阻滞活化反应的进行从而使反应速率较慢，但这种阻滞作用却可以使微孔容积增加，从而使得活化效果较为均匀。由于反应速率的差异，采用空气作为活化气体则将温度控制在 600℃ 左右即可，而若以水蒸气作为活化气体则需要将活化温度提高至 800~950℃ 才可达到较为理想的活化效果。此外，水蒸气易于均匀扩散进入炭化料的内部，使活化反应均匀进行，从而得到比表面积大、吸附能力强的活性炭，而氧则对炭有很大的烧蚀作用，容易发生炭表面氧化，因此一般认为水蒸气的活化效果相对较好。

Molina-sabio 和 Rodríguez-reinoso 等以焦炭为原料，分别采用水蒸气和 CO_2 对其进行了活化实验，结果表明 CO_2 主要起制造微孔的作用，而水蒸气则在活化开始阶段就表现出对微孔的扩孔作用，使得产物的微孔率较低，同时作者认为两种活化气体所得到的产物孔结构的不同是由于表面含氧官能团的不同造成的[24,25]；Zhu 等对比了水蒸气和 CO_2 对无烟煤活化效果的影响，结果亦表明相较 CO_2 而言，水蒸气活化法得到的产物具有更大的比表面积和微孔容积，但原料的烧失率超过 70%，而原料经 CO_2 活化后则产生了很多的超微孔结构[26]；Zhang 等以竹材废料为原料，水蒸气为活化气体制备了比表面积为 $1210\text{m}^2/\text{g}$ 的活性炭，作者认为水蒸气的活化只是使活性炭中的碱性含氧官能团数量增加而并未改变其种类[27]。

2. 活化温度

据研究表明，在不同活化温度下将得到具有不同孔结构的活性炭，若活化温度较低，则以微孔结构为主而且孔径分布较为均匀，这是因为此时孔隙内和颗粒之间的活化剂浓度易于达到动态平衡，从而利于均匀孔隙结构的产生。进一步提高温度时则活化反应速率的升高比扩散作用的升高增加得快，使得气体更容易与碳表面反应而使扩孔作用变得越来越明显，导致中大孔比率明显升高，同时使比表面积和得率显著下降。表 3-2 列出了松木在不同活化温度下制得的活性炭的吸附性能[22]。表 3-3 列出了某厂以水蒸气活化法于不同温度下制得的杏壳活性炭的孔隙结构相关数据。

表 3-2　不同活化温度对松木基活性炭吸附性能的影响

活化气体	温度/℃	吸附量/(g/g)			
		2,4-二氨基偶氮苯	丽春红	苯胺蓝	碘
空气	600	0.34	0.10	0.05	0.36
空气	740	0.16	0.08	0.05	0.40
空气	790	0.15	0.08	0.06	0.42
空气	860	0.14	0.08	0.06	0.42
空气	910	0.13	0.10	0.06	0.40
水蒸气	770	0.37	0.19	0.06	0.60
水蒸气	825	0.37	0.17	0.17	0.60
水蒸气	880	0.36	0.16	0.21	0.62
CO_2	880	0.32	0.12	—	—

表 3-3　不同活化温度对杏壳活性炭孔隙结构的影响

活化温度 /℃	得率 /%	比表面积 /(m²/g)	总孔容积 /(m³/g)	微孔容积 /(m³/g)	中孔容积 /(m³/g)	大孔容积 /(m³/g)	平均孔径 /nm
720~740	74.20	733.22	0.2703	0.25001	—	0.02022	0.52
840~860	38.70	929.44	0.54767	0.37656	0.15233	0.018784	2.36

因此可以通过控制温度来控制活性炭产品的孔隙分布，从而制备具有不同用途的活性炭产品。一般而言，水蒸气活化法的活化温度控制在 800~950℃，烟道气活化的温度控制在 900~950℃，空气活化的温度控制在 600℃ 左右。此外，对于不同的原料，活化温度的影响也有区别。例如有研究发现，以泥炭为原料生产活性炭时，较高的活化温度（1040℃）反而有利于提高微孔含量，低温却有利于中大孔的形成[28]。因此在生产过程中，应根据原料、所制备活性炭的用途以及所采用的活化剂来确定活化温度。

3. 活化时间

在活化条件下，气体活化按照造孔—扩孔步骤进行，即先开始在炭化料内部形成大量的微孔，相邻碳微晶之间原本闭塞的微孔也被打开，从而使活性炭比表面积增大，吸附能力增强，而随着反应的进一步进行，碳微晶层面上的碳开始被消耗，使微孔变大、塌陷，直到相邻微孔之间的孔壁被完全烧蚀形成中大孔结构，导致活性炭比表面积降低。由于反应速率随温度变化而变化，不同原料的活化难易程度也不一样，因此若活化温度较低或者原料活化反应性较差时，活化时间应适当延长，反之亦然。

例如以煤为原料，水蒸气为活化气体，活化温度为 900℃，水蒸气流量为 1.2kg/(kg·h)，实验结果表明活化时间在 2~5h 范围内所得到的活性炭碘吸附值随时间的延长先升高后降低，活化时间为 3h 时可得到具有最大碘吸附容量的活性炭产品。

4. 活化气体流量

活化气体流量增加则反应速率增加，但当活化剂流速达到一定值后，反应速率将为一常数而不再增加。当流速较低时，所制得的活性炭微孔容积大，而流速高时微孔容积反而减小，这是由于高流速使炭的外表面烧蚀产生不均匀活化，从而使微孔容积降低。Manocha 等在以松木为原料制备活性炭的过程中发现水蒸气流量这一因素对活性炭表面化学性质和形貌有十分重要的影响，可以通过控制水蒸气的流量控制孔径和微孔率[29]。

5. 原料中灰分含量

据研究表明，碱金属、铁、铜等氧化物和碳酸盐在水蒸气活化过程中可起到催化作用，因此在活化物料中加入少许此类物质可以加快活化反应速率。例如国内有专利采用 Ca 为催化剂，使水蒸气与碳反应的活化能由 185kJ/mol 下降到 164～169kJ/mol，所得活性炭孔径分布集中于 5～10nm。表 3-4 为几种无机盐在 1000℃下对水蒸气与石墨反应速率的影响[22]。

表 3-4　无机盐对水蒸气与石墨反应速率的影响

处理条件	灰分	相对气化速度
无	0.005	1
0.1mol/L Co(NO_3)$_2$	0.14	27
0.1mol/L Fe(NO_3)$_2$	0.14	32
0.1mol/L Ni(NO_3)$_2$	0.14	18
0.02mol/L NH_4NO_3	0.03	22

注：水蒸气流量为 0.52×10^{-5} mol/s。

另据 Holmes 和 Emmett 的研究表明，原料中所含的无机杂质在活化过程中常促进孔隙由小变大，而且在 0.7～1.0 的相对压力范围内吸附等温线的斜率有所增加，说明中大孔的比率增加了[2]，这与前文提到的金属在活化过程中的催化作用相吻合。

6. 原料炭化温度

炭化料的活化反应活性与其挥发分的含量密切相关，而挥发分的含量又由炭化温度决定。图 3-1 给出了炭化温度对碳与 CO_2 的反应活性，可以看出当炭化温度为 600℃ 左右时所得到的炭化料显示出最高的反应活性，若炭化温度进一步升高则反应活性明显下降。此外还有研究发现碳材料随着加工温度的升高，基本微晶有增大的趋势，生产实践也表明炭化温度升高则活化过程所需的温度也相应提高，但石油焦是例外，因为在较高温度下石油焦容易发生石墨化转变，形成大面积的石墨晶体结构，难以形成丰富的孔隙结构，因此用普通气体活化法很难得到吸附性能优良的活性炭产品。Bouchelta 等以枣核为原料制备活性炭，发现炭化温度高于 700℃之后炭化得率就固定了，因此采用 700℃为最优条件，经过活化后得到了微孔分布均匀的活性炭产物[30]。

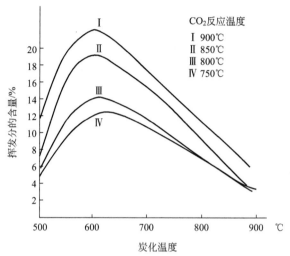

图 3-1   炭化温度对反应活性的影响

7. 原料粒径大小

原料的粒径也是影响活化反应效果的因素之一，因为原料的粒径影响了反应速率和活化均匀度。若原料粒径大，则会导致活化气体不易向内扩散，不仅减慢了反应速率而且造成了里外活化不均匀，而小粒径则易于达到均匀活化。表 3-5 列出了在不同炉膛中粒度与活化质量的关系，表 3-6 列出了大颗粒原料在相同活化条件下表、里吸附性能的差异[22]。

表 3-5   原料粒度与活化质量的关系

炉型	粒度/mm	亚甲基蓝吸附力/（mL/0.1g）
多管炉①	15~45	8.76
	15~25	11.0
	25~35	8
	35~45	6
沸腾炉②	1~3	10.0
	3~6	8
	6~10	5
斯列普炉③	2.5~5	7
	1.6~2.5	8

①火道温度：1100~1200℃；活化剂：水蒸气；活化时间：2h。
②原料：木炭；活化剂：水蒸气；活化温度：820~850℃。
③原料：杏核；活化剂：水蒸气；活化温度：820~860℃。
注：亚甲基蓝溶液浓度为 0.15%。

表 3-6　大粒径原料外部、内部吸附性能差异

原料	亚甲基蓝吸附力/（mL/0.1g）	
	外部	内部
桦木	10.5	9.5
榆木	6.5	4

注：炉型为多管炉，亚甲基蓝溶液浓度为 0.15％。

由此可见，不管何种炉型，原料的粒径对产物性能的影响都不可忽视，因此对原料的粒径分布要求比较均匀，有条件时可适当按不同的粒度范围分别进行活化。

以上只是就单个因素对活化过程的影响进行比较，实际上活化过程是一个复杂的物理化学反应过程，活化的效果往往是由多个因素共同决定的，因此在实际生产过程中必须综合考虑各种因素的影响才能确定最适生产工艺。

第二节　物理法工艺过程及生产装置

一、物理法的基本工艺过程

物理法制造活性炭的基本工艺流程见图 3-2，其中图 3-2（a）是粉状活性炭生产流程，图 3-2（b）是无定形活性炭和成型活性炭生产流程[31]。

由此可看出，物理法活性炭生产工艺大致包括以下主要工段：原料处理工段、活化工段、后处理工段和成品工段。

二、物理法工艺过程及相应生产装置

1. 原料预处理工段

由于制备活性炭的原料种类很多，有木质原料、煤质原料、人造材料和工业废料等，不同原料有不同的物理化学性质，包括不同的粒径、粒径分布和灰分、挥发分含量等，因此针对不同原料也需要进行不同的预处理。

预处理的目的有三个，第一是可以使得原料的外观和粒度较适合炭化、活化设备，并满足使用者对产品的要求；第二是可以除去大部分对活化反应和产品性能不利的杂质；第三是可以尽可能减小原料发生石墨化的趋势，从而有利于得到吸附性能优良的活性炭产品。

为得到合适粒度的原料并除去杂质，可采用破碎、筛分、扬析和除铁等工艺过程，并根据不同原料的特性选用相应的矿石、粮食或者饲料加工设备。以煤作为原料时宜选择特定煤层的原煤或经过洗煤处理的煤。特别需要指出的是

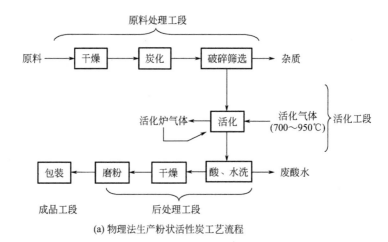

(a) 物理法生产粉状活性炭工艺流程

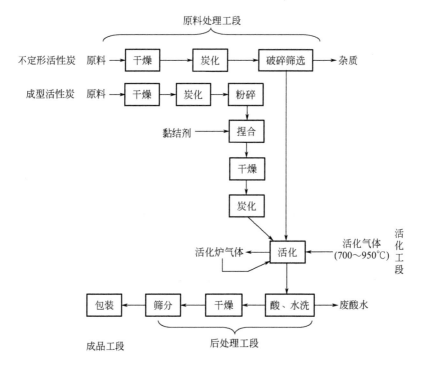

(b) 物理法生产无定形活性炭和成型活性炭工艺流程

图 3-2　物理法生产活性炭工艺流程

原料中杂质的含量可能对活性炭制造中的活化过程和活性炭产品的性能具有决定性的影响，而炭化料的脱灰预处理过程往往可成功将活性炭产品的灰分降低至 0.5% 以下。

此外，之前也已提到原料的炭化操作对活化效果的好坏有不可忽视的作用，这是因为炭化操作可能会影响炭化料中的基本微晶结构从而影响活化效果。前苏联学者杜比宁曾经指出原料中的含氧量对活性炭中的基本微晶排列和大小有重要影响，这也在很大程度上决定了炭化过程的适宜温度。例如，椰壳、木屑等植物基原料和煤基原料含氧量高，在炭化过程中发生石墨化结晶的趋势非常小，因此炭化温度可适当提高，但主要成分为碳、氢，氧含量很少的石油焦则非常容易发生石墨化转变形成大颗粒的结晶，即使在较低的炭化温度（例如 350℃）下也表现出较高的结晶趋势，因此以石油焦为原料往往较难得到性能优良的活性炭产品。

炭化过程的设备主要有流态化炉、回转炉和立式炭化炉等，可针对不同的原料采用不同的炭化装置。例如，木材、竹材等往往选用古老的烧炭窑或土坑堆积烧炭进行炭化处理；木屑、竹屑、细小的破碎果壳等加工废弃物可选用土坑堆积烧炭或流态化炉或回转式炭化炉；果壳炭化则一般采用移动式回转炉或立式移动多槽式炭化炉；外热式干馏釜可适用于几乎所有原料的炭化处理。

在过去很长一段时间内，炭化过程的目的就是除去原料中的挥发分从而得到炭，一般不考虑除了产物炭以外的气相和液相产物的收集和利用。实际上对炭化过程中固、液、气三相产物的收集、加工和应用可大大提高原料的综合利用率，对保护环境、提高经济效益大有裨益。例如可以利用物理活化法所产生的高温气体供给化学活化法所需的热量，从而实现能量循环利用，大大降低生产成本；又例如可以收集木质原料炭化过程中所产生的木醋液用于土壤改良、有机农药、有机化肥、护肤产品等方面市场的开发。因此在近几年，炭化过程中能量和产物的综合利用成为了科学家和企业家的关注热点之一。

2. 活化工段

活化工段是决定活性炭质量和生产成本最重要的工段，需要根据原料的特性采用最适合的设备和活化条件。下面具体介绍各种类型的气体活化方式、相应设备及其优缺点。

（1）焖烧炉活化法　这种方法是将已经过酸洗、水洗并干燥处理的炭化料（通常粒度小于 0.1mm）装入具有一定透气性的活化罐里，再把罐料置于焖烧炉中，通入活化气体进行活化。这种活化方式的特点是炭化料是固定不动的，活化气体从罐壁渗入与炭化料接触进行活化反应，从气-固接触情况来看属于固定床式。所采用的焖烧炉有平顶和拱顶两种样式，结构分别如图 3-3 和图 3-4 所示。据工厂的实际生产经验来看，拱顶式焖烧炉比平顶式可节省燃煤量 20%～40%。

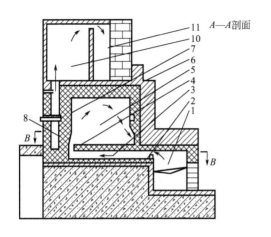

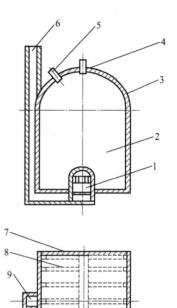

图 3-3　平顶式焖烧炉结构

1—燃烧室；2—火口；3—火道；4—火孔；5—活化室；
6—插板；7—水平烟道；8—垂直烟道；9—炉门；
10—干燥室；11—火墙

图 3-4　拱顶式焖烧炉结构

1—燃烧室兼炉门；2—活化室；3—拱顶；4—蒸
气进口；5—热电偶插口；6—烟囱；7—主地下
烟道；8—横向地下烟道；9—烟气口

在焖烧活化法过程中，活化温度、时间、活化气体中的空气量和活化罐的透气性是活性炭产量和质量的主要影响因素；焖烧炉的火道布置和气体流动情况直接影响能耗。

焖烧炉设备简单，相应投资也少，而且可生产粉状炭，得到的活性炭产品质量也较好，但是它也有能耗高、污染严重、劳动强度大、生产条件差等缺点，因此目前只有个别小型企业仍在使用。

（2）移动床式活化法　这种方法是原料在间歇或连续式移动过程中与活化气体接触从而实现活化，因此它比固定床式活化法活化效果更均匀，所制得的产品质量更好，而且移动床式的设备更便于对活化反应产生的尾气进行回收利用，具有很好的节能效果，因此目前在国内，移动床式活化装置应用最广泛，形式也最多样。下面分别介绍几种最常见的炉膛形式。

① 多管式炉。在多管式炉内，物料可借助自身重力作用随活化过程的

进行自上而下移动。此方法既可生产颗粒活性炭，也可将炭化料粉碎后生产粉状活性炭。活化管由耐火材料制成，炉体内壁由耐火砖砌成，外壁则为普通红砖，内外壁之间由保温层阻隔。按活化炉管横截面形状又可分为矩形炉和圆管炉，分别如图 3-5 和图 3-6 所示，图 3-7 是圆形管式炉活化管的结构。

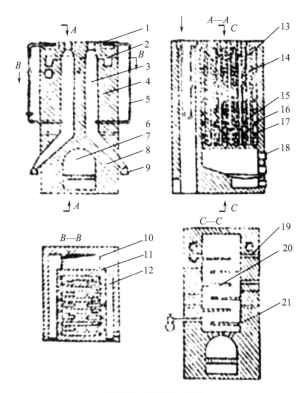

图 3-5 矩形炉结构

1—加料口；2—气体出口管；3—活化管；4—活化炉；5—过热蒸汽管；6—空气进口；7—燃烧室；
8—卸料管；9—卸料口水封；10—垂直烟道；11—水平烟道；12—水平气体通道；
13—气体出口；14—活化管壁；15—过热蒸汽进口；16—空气进口；
17—气体进口；18—炉门；19—扒灰口；20—隔板；21—烟道孔

多管炉活化法设备结构较为简单，较易进行操作且产品质量稳定，还可以将活化产生的可燃尾气引入炉膛燃烧供热，从而大大节省了能源消耗，但这种方法对木炭、果壳炭和煤质成型炭的活化效果较差，物料和活化气体通常是顺流接触(特别是圆形管式炉)，从而影响活化效果，而且活化管容易因为内外及上下的温差而损坏。综上所述，开发逆流式气固接触方式多管炉，设法延长活化管寿命以及对活化尾气的进一步利用均是今后的研究热点。

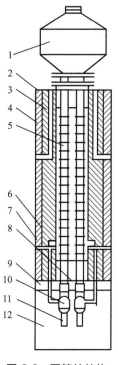

图 3-6　圆管炉结构

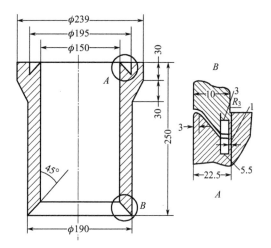

图 3-7　圆形管式炉活化管结构

1—料仓；2—蒸汽过热室；3—内墙；4—外墙；
5—活化管；6—气体管；7—空气通道；8—活
化管底座；9—工字梁；10—气体分离器；
11—冷却器；12—炉脚

　　② 多段炉。多段炉又称为多膛炉，因其内部有耙齿用于搅动炭层，故在活性炭行业内又称其为耙式炉。这是欧美、日本等地的主流活化炉模式，于 1950 年开始应用于活性炭的生产，设备几乎都是由美国 Nichols 公司设计生产的。通常这是一种外热式的移动床反应装置，外壁为钢制圆筒形，内壁由耐火砖砌成，中央为由耐火砖砌成的数段炉床（多为 4～12 段），炉中心有可旋转的耐高温钢轴，在轴两侧有耙臂，臂下有若干耙齿起到搅拌作用。通常第一层床板上耙齿使物料往中心移动，从中心部的开口落入第二层床板，而第二层的耙齿方向与第一层相反，因此物料将被推向外沿落入第三层床板上，依此类推直至底层炉板，由卸料装置卸出从而得到最终产品。

　　多段炉是目前最先进的活化设备，活化温度、活化时间、气体通入量等参数可以较为方便地控制，燃料单耗成本相对较低，运行成本低，而且设备使用寿命较长，但多段炉设备投资大、建造技术要求高，而且物料在炉内有一定程度的磨损、粉化并且存在死角，较不适于生产小颗粒或粉状活性炭。

③ 斯列普炉。斯列普炉（SLEP Furance）原为法国专利，于 20 世纪 50 年代由苏联引入我国。因其活化带的耐火材料砌块形状类似马鞍，又称鞍式炉。这种设备主要由炉本体、两个蓄热室、水封、卸料器、空气和蒸气管系、仪器仪表、烟道烟囱等部分组成，其中炉本体又分为左右两个半炉，先后以水蒸气和烟道气交替进行活化，原料在炉内混合均匀，因此活化质量较好，可生产各种中高级活性炭产品。其结构如图 3-8 和图 3-9 所示。其中图 3-8 是斯列普炉的整体结构示意，图 3-9 是活化蓄热室结构示意。

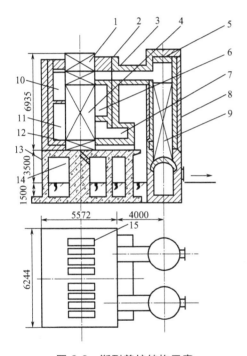

图 3-8 斯列普炉结构示意

1—预热段；2—补充炭化段；3—上近烟道；4—活化段；
5—上连烟道；6—中部烟道；7—燃烧室；8—蓄热室；
9—格子砖层；10—上远烟道；11—下远烟道；12—冷
却段；13—基础；14—下料口；15—加料槽

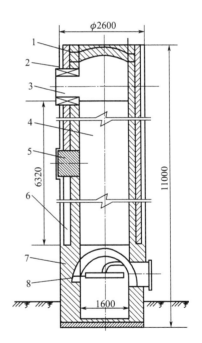

图 3-9 活化蓄热室

1—耐热混凝土拱顶；2—铁壳；3—上连烟道；
4—格子砖层；5—人孔；6—保温层；
7—耐火砖；8—蒸汽出口

斯列普炉的活化炉本体自上而下分为预热带、补充炭化带、活化带和冷却带，炭化料加入后依靠自身重力作用依次经过这 4 个部分。预热带的作用是装入足够的炭化料并使之缓慢升温；补充炭化带的作用是利用高温气流加热耐火砖从而将热量辐射给炭化料使其补充炭化，此时炭化料不与活化气体直接接触；活化带里面炭化料与活化气体直接接触发生活化反应，并且在活化段里炭化料按照"之"字形路线自上而下移动，增加了反应时间；当炭到达冷却带时已完成活化反应，此时不再与活化气体接触，开始缓慢降温从而避免卸出后与空气接触发生燃烧。

在斯列普炉里水蒸气经蓄热室加热后通入炉膛内与炭化料发生活化反应，产生的高温烟道气通入另一半炉膛中与炭化料继续反应，产生的热量由蓄热室储存，流程如图 3-10 所示。通常经过 30min 后活化气体开始反向流动，如此反复循环多次，从而使两个半炉内的炭化料均经过水蒸气和烟道气的交替活化，同时高温烟道气冷却释放的热量又可以供给反向流动之后的水蒸气的加热，从而实现能量的充分高效利用。

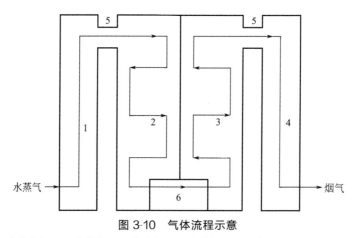

图 3-10　气体流程示意

1—左蓄热室；2—左半炉；3—右半炉；4—右蓄热室；5—上连烟道；6—下连烟道

由于斯列普炉具有水蒸气和烟道气交替活化、炉温稳定、产品质量较好、单台设备产量大且寿命长的优点，因此目前在国内斯列普炉是使用最多的气体活化法炉型，但是它炉体庞大、造价昂贵且修建精度要求高，例如，年产量 500t 的设备需投入 60 万～70 万元，而且修建完成需要一年以上的时间，同时它还有对原料粒度范围要求高、活化周期长、开停炉困难等不足之处。目前国内外科技工作者已对斯列普炉进行了一些改进，例如简化炉内外结构，降低筑炉精度与技术要求，设置余热锅炉从而使水蒸气不需经过蓄热室加热等等方式，以期在保证产品质量的同时最大程度降低投资成本和运行成本。

④ 回转炉活化法。回转炉顾名思义就是这种炉体在活化过程中会回转，因此炉内的原料由于炉体的回转而被强制性地翻转，从而使得气-固接触良好，

得到质量均匀的产品，并且克服了斯列普炉对原料粒度范围要求高的缺点。炉型既有内热式又有外热式，活化气体可以是单独的水蒸气也可以是水蒸气与烟道气混合活化。其装置结构示意如图 3-11 所示。

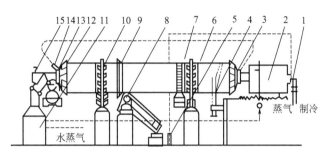

图 3-11 回转活化炉

1—燃烧室燃油雾化喷嘴；2—燃烧室；3—固定炉头；4—卸炭装置；
5—送风机；6—前支承轮；7—回转炉测温装置；8—回转传动装置；
9—回转齿轮；10—后支承轮；11—烟道过热器；12—固定炉尾；
13—加料接管；14—吸风管；15—观测镜

为更严格地控制活化条件从而得到更高质量的活性炭产品，中国林业科学研究院林产化学工业研究所的古可隆教授研制出了一种电加热内外并热式回转炉，炉膛内的活化温度偏差可控制在 ±(2～5)℃，反应尾气又可在炉膛内燃烧供热，从而实现了节约能源、提高产品质量的目的。该设备示意见图 3-12，其与斯列普炉生产的杏壳活性炭的数据对比见表 3-7。

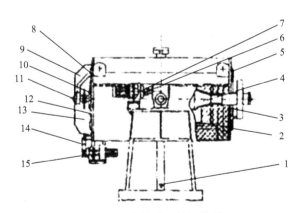

图 3-12 电热式回转活化炉

1—支架和接地；2—电加热元件；3—密封衬；4—回转炉膛；5—密封盖板；6,7—轴向倾斜
动力装置；8—尾部支架；9—尾部外罩；10—尾部固定螺栓；11—尾部底座；
12—托轮；13—传动链条；14—链罩；15—回转动力装置

表 3-7　电热式回转炉与斯列普炉生产数据比较

炉型	活化得率/%	碘吸附值/（mg/g）	亚甲基蓝吸附值/（mL/0.1g）	强度/%	煤消耗量/（t/t）	耗电量/（度/t）
电热式回转炉	63.0	1100	14	98	1.0	3840①
斯列普炉	38.12	1060	13	95	3.45	100

①指试生产中未利用尾气的耗电量。

　　从表 3-7 中可看出虽然采用电热式回转炉生产的活性炭性能及活化得率等有较为明显的优势，但该设备耗电量大，因此在今后的研究中应设法将活化产生的可燃尾气充分利用从而进一步减少能耗。

　　（3）流化床活化法　流化床是将固体原料置于以较高速度流动的气体中，使固体颗粒悬浮于流体中，类似于流体状态的操作装置。由于在其内固体颗粒状如沸腾液体，因此也称为沸腾床。因为固体流态化之后气-固之间可充分接触，因此十分利于活化反应的充分进行，也能有效地缩短活化时间，所得到的产品质量也较好。在活性炭生产中，流化介质为水蒸气或烟道气，原料一般是木屑炭化料、果壳炭、煤等。由于需要能够被一定流速的气流吹起，因此原料粒径通常要求小于 3mm。按照床的结构可分为单层床式、多层床式和多管床式，其中单床式和多管式应用相对较为广泛，其结构分别如图 3-13 和图 3-14所示。

　　流化床的基础理论与实际应用都有广泛的研究。例如有研究表明流化床良

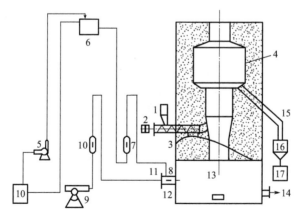

图 3-13　单床式流化活化工艺流程

1—料斗；2—调速电动机；3—螺旋加料器；4—活化炉；5—油泵；6—高位槽；7—油流
量计；8—燃油入口；9—罗茨鼓风机；10—空气流量计；11—空气入口；12—喷嘴；
13—燃烧室；14—蒸气入口；15—溢流管；16,17—储斗

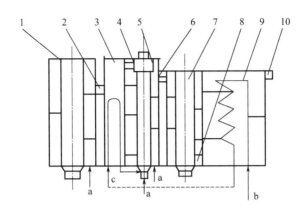

图 3-14 多管式流化活化工艺流程
1—槽式果壳炭化炉；2—炭化尾气出口；3—水蒸气过热室；4—活化尾气出口；5—多管
流化活化床；6—活化加热废弃出口；7—干燥器；8—干燥加热废弃出口；9—废热
锅炉；10—烟囱接口；a—空气入口；b—进水口；c—水蒸气进口

好的气-固接触有利于中孔结构的生成，亦能较固定床显著缩短活化时间，同时有英国国家煤炭局、波兰 Zabrze 研究所、日本东邦化学、日本三井炭素等多家企业及实验室正致力开发流化床制备活性炭工艺并取得了较好的效果[32]。然而流化床仍然有一定的不足之处，例如操作精确度要求高，对于某种固体颗粒，气流速度只能在较窄的范围内变化，而且由于流态化的固体颗粒在活化过程中将受到其他颗粒、活化炉内壁等的碰擦作用产生粉末被吹走，在一定程度上也影响了得率，因此强度低或者价格高的固体原料不适于采用流化床进行活化。

3. 后处理工段

后处理是活性炭生产中产品的精制和均质过程，通常包括酸洗和干燥这两个过程，目的是为了除去活性炭产品中的灰分、铁及重金属含量。一般气体活化法制备的气相吸附用活性炭和废水处理用活性炭可不需进行后处理，但生产对杂质含量要求高的产品则需要进行此过程。

酸洗一般用盐酸，加入量一般是炭质量的 10%～30%，在加入至沸腾且充分搅拌的条件下进行。待样品杂质含量达到质量要求后再进行多次充分水洗以除去盐酸。为保护环境，酸洗中排出的酸雾和酸性废水均需进行中和处理方可排放。

干燥的目的是控制产品的含水量。干燥设备主要有烘房式干燥器、回转干燥炉等。在干燥过程中，尤其是粉炭的干燥过程应重视粉尘的收集，这样既可降低产品损失又可消除粉尘污染。

4. 成品工段

成品工段对颗粒炭产品而言包括筛分和包装两个步骤，对粉炭产品而言包括磨粉和包装两个步骤。在生产粉炭过程中亦应注意加强对粉尘的控制和收集。

三、物理法生产活性炭过程中应注意的问题

前文已提到根据杜比宁的观点，当气化损失率小于50%的时候将得到以微孔为主的活性炭；气化损失率大于75%时则得到以大孔为主的活性炭；气化损失率介于二者之间时则得到的活性炭兼具微孔和大孔结构。一般气体活化法得率为20%~30%，因此原料总利用率只有10%左右，其余部分已随活化反应尾气逸出。因此在保证产品质量的前提下尽可能提高原料利用率是获得最大经济效益的关键。有研究表明在原料炭化还有活化过程中加入一些化学试剂均可提高反应得率，例如，木材炭化过程中加入一定量的磷酸可以使得率由39%提升至45%，纤维素炭化过程中加入一定量的磷酸盐亦可大幅提高炭化得率[22,33]。

此外在气体活化法中，所产生的尾气中含有 CO、H_2 等高热值气体，并且尾气温度也很高。充分利用尾气的热量和其中的可燃气体也是降低成本、实现节能减排、增加经济效益的有效途径。

参 考 文 献

[1] 杨国华. 炭素材料(下册) [M]. 北京：中国物资出版社，1999：299-336.

[2] [捷克] Smisek M. 活性炭. 国营新华化工厂设计研究所译. 1981.

[3] [日] 立本英机，安部郁夫. 活性炭的应用技术——其维持管理及存在的问题 [M]. 高尚愚，译. 南京：东南大学出版社，2002：34.

[4] Salvador F，Sanchez M J，Martin A，et al. Preparation of active carbon from charcoal by activation with supercritical water. European patent No. 98500258. 3，U. S. Patent No. 09/209439，Spain Patent No. 9801552.

[5] 蔡琼，黄正宏，康飞宇. 超临界水和水蒸气活化制备酚醛树脂基活性炭的对比研究 [J]. 新型炭材料，2005，20(2)：122-128.

[6] Cai Q，Huang Z H，Kang F Y，et al. Preparation of activated carbon microspheres from phenolic-resin by supercritical water activation [J]. Carbon，2004，42(4)：775-783.

[7] 程乐明，姜炜，张荣，等. 超临界水活化褐煤制取活性炭 [J]. 新型炭材料，2007，22(3)：264-270.

[8] Montane D，Fierro V，Mareche J F，et al. Activation of biomass-derived charcoal with supercritical water [J]. Microporous and Mesoporous Materials，2009，119：53-59.

[9] 刘雪梅，蒋剑春，孙康，等. 热解活化法制备高吸附性能椰壳活性炭 [J]. 生物质化学工程，2012，46(3)：5-8.

[10] 刘雪梅，蒋剑春，孙康，等. 热解活化法制备微孔发达椰壳活性炭及其吸附性能研究 [J]. 林产

化学与工业，2012，32(2)：126-130.

[11] 魏娜，赵乃勤，贾威. 活性炭的制备及应用新进展 [J]. 材料科学与工程学报，2003，21(5)：777-780.

[12] Kamegawa K，Yoshida K. Preparation and characterization of swelling porous carbon beads [J]. Carbon，1997，35(5)：631-633.

[13] Kyotani T，Kawashima D，Aibara T，et al. Extended abstract，In：23rd biennial conference on carbon，Penn State，Pemisylvania，USA：American Carbon Society，1997：322-323.

[14] 赵家昌，陈思浩，解晶莹. 模板-物理活化法制备高性能中孔炭材料 [J]. 电源技术，2007，31(12)：1000-1003.

[15] Tamai H，Kojima S，Ikeuchi M，et al. Preparation of mesoporous activated carbon fibers and their adsorption properties [J]. Carbon，1997，35(5)：715.

[16] 刘小军，刘朝军，曹远翔，等. 浸渍金属盐二次活化制备中孔沥青基球形活性炭的研究 [J]. 离子交换与吸附，2008，24(4)：289-295.

[17] Shen W Z，Zheng J T，Qin Z F，et al. The effect of temperature on the mesopore development in commercial activated carbon by steam activation in the presence of yttrium and cerium oxides [J]. Colloids and Surfaces a：Physicochemical Eng Aspects，2003，229(1)：55-61.

[18] 刘植昌，凌立成. 铁催化活化制备沥青基球状活性炭中孔形成机理的研究 [J]. 燃料化学学报，2000，28(4)：320-323.

[19] Basova Y V，Edie D D，Badheka P Y，et al. The effect of precursor chemistry and preparation conditions on the formation of pore structure in metal-containing carbon fibers [J]. Carbon，2005，43(7)：1533-1545.

[20] Tomita A，Yuhki Y，Higashiyama K，et al. Control of Pore Structure in carbon [J]. Fuel Soc. Jpn，1985，64：402.

[21] 刘植昌，宋燕，凌立成，等. 二茂铁的添加对沥青基球状活性炭孔径结构及吸附性能的影响 [J]. 炭素，1998，3：34-38.

[22] 南京林产工业学院. 木材热解工艺学 [M]. 北京：中国林业出版社，1983：101-103.

[23] Walker P L，Rusinko F Jr，Austin L G. Gas reactions of carbon [J]. Advances in Catalysis，1959，11：133-221.

[24] Molina-sabio M，González M T，Rodríguez-reinoso F，et al. Effect of steam and carbon dioxide activation in the micropore size distribution of activated carbon [J]. Carbon，1996，34(4)：505-509.

[25] Rodríguez-Reinoso F，Molina-sabio M，Gonzalez M T. The use of steam and CO_2 as activating agents in the preparation of activated carbons [J]. Carbon，1995，33(1)：15-23.

[26] Zhu Y W，Gao J H，Sun Y F，et al. Preparation of activated carbons for SO_2 adsorption by CO_2 and steam activation [J]. Journal of the Taiwan Institute of Chemical Engineers，2012，43(1)：112-119.

[27] Zhang Y J，Xing Z J，Duan Z K，et al. Effects of steam activation on the pore structure and surface chemistry of activated carbon derived from bamboo waste [J]. Applied Surface Science，2014，315：279-286.

[28] Uraki Y，Tamai Y，Ogawa M，et al. Preparation of activated carbon from peat [J]. Bioresources，2008，4(1)：205-213.

［29］ Manocha S M，Hemang P，Manocha L M. Effect of steam activation parameters on characteristics of pine based activated carbon ［J］. Carbon Letters，2010，11(3)：201-205.

［30］ Bouchelta C，Medjram M S，Bertrand O，et al. Preparation and characterization of activated carbon from date stones by physical activation with steam ［J］. Journal of Analytical and Applied Pyrolysis，2008，82(1)：70-77.

［31］ 古可隆，李国君，古政荣. 活性炭 ［M］. 北京：教育科学出版社，2008：104.

［32］ 王伟宁，胡金华. 原煤流化床法制活性炭技术进展 ［J］. 煤炭加工与综合利用，1992，3：40-43.

［33］ 吴新华. 活性炭生产工艺原理与设计 ［M］. 北京：中国林业出版社，1994.

第四章 活性炭的再生技术和设备

活性炭的再生(regeneration) 是将已使用过的活性炭经过一定方式的处理，使其恢复吸附能力的过程。对活性炭进行再生处理可以节约运行成本，减少活性炭资源的浪费，并且还可以回收其所吸附的某些具有利用价值的物质，避免了因丢弃未处理的活性炭而造成二次污染的风险。因此对活性炭进行再生处理无论从环境保护还是经济、资源节约角度来考虑都具有非常重要的意义[1]。活性炭本身具有耐热性、耐酸碱性、耐氧化性，还具有一定的强度[2]，因此再生处理除了应尽量保证活性炭的以上性质以外，还要使再生后活性炭的吸附性能达到原炭的90%以上，同时尽可能降低再生处理过程中炭的机械磨损和破碎，使再生得率达到90%以上[3]。另外，必须考虑再生过程的经济性，以现在广泛使用的加热再生法为例，据报道每天活性炭的使用量大致在100kg以上时，进行再生才有利[4]。因此，再生经济性能方面也是考察活性炭再生的一个重要因素。

作为世界第一活性炭生产和使用大国，中国的活性炭再生水平较为滞后，废弃活性炭多做丢弃或焚烧处理，而近年来美国和日本等发达国家都已开始越来越多地关注活性炭再生新技术的开发，活性炭的再生利用程度已成为反映一个国家活性炭工业水平的重要标志[5]。据估计，全球活性炭公司的活性炭再生能力每年超过10万吨[6]。然而由于活性炭产能的增长以及发展中国家大量低成本活性炭的生产，预计到21世纪中叶，活性炭再生市场将受到不可忽略的冲击作用[7~9]。

活性炭的吸附作用一般可按照吸附机理分为可逆吸附(又称物理吸附)和不可逆吸附(又称化学吸附)[10~12]，在实际应用中经常是两种吸附作用交替混合进行。一般可逆吸附过程发生于气相溶剂回收、脱臭、空气净化等方面，而不可逆吸附过程则常见于处理废水的液相吸附中。针对可逆吸附的再生处理方法主要是通入120℃以上的加热蒸汽，使吸附物质脱除而使活性炭的吸附性能重新恢复。然而由于被吸附各物质的蒸气压、沸点不同，其有效吸附能力都将发生变化，再生条件也应变化[13～15]。为使读者对活性炭再生有明确的认识，特在表 4-1 中列出了典型例子。

表 4-1 被活性炭吸附的溶剂回收典型实例

溶剂名称	空气中的溶剂浓度（质量分数）/%	最初充填的过剩吸附能力（质量分数）/%	有效吸附能力（质量分数）/%	水蒸气消耗量回收溶剂	沸点/℃
丙酮	1.0	20.3	12.5	2.3	56
四氢呋喃	0.5	22.0	9.0	2.0	66
正己烷	0.48	21.3	8.2	3.5	68.7
乙酸乙烷	0.5	27.6	13.6	2.1	77.2
三氯乙烯	0.5	44.6	19.9	1.8	86.7
n-正庚烷	0.12	22.4	5.9	4.3	98
甲苯	0.4	23.3	9.6	3.5	110
甲基异丁酮	0.2	22.0	9.0	3.5	115.9
橡胶用溶剂	0.3	25.7	10.3	3.5	121
三甲苯	0.3	35.6	11.9	3.7	164.7
3,3,3-三甲基环己基乙酸	0.1	36.4	7.9	4.5	206

对于不可逆吸附活性炭，由于活性炭表面官能团已与吸附质发生化学反应，而且吸附质往往挥发性低或无挥发性，因此需要根据吸附质性能的不同采用不同的再生方法，例如高温加热炭化再生法、药剂再生法、催化再生法，等等。

第一节 活性炭再生原理简述

活性炭的吸附过程就是活性炭与吸附质之间的相互作用而形成一定的吸附平衡关系，而活性炭的再生就是采取各种办法破坏原有平衡条件，从而使吸附质从活性炭中离去。主要方式有：①改变吸附质的化学性质，降低吸附质与活性炭表面的亲和力；②用对吸附质亲和力更强的溶剂萃取；③用对活性炭亲和力强于吸附质且相对更易脱除的物质将吸附质置换出来，然后将置换物质脱附，从而使活性炭再生；④用外部加热、升高温度的办法改变平衡条件使吸附质脱除；⑤降低溶剂中溶质浓度（或压力）使吸附质脱附；⑥使吸附物（有机物）分解或氧化而除去[16～20]。

针对可逆气相吸附，通常采用的方法是通入 120℃以上的加热蒸气使吸附质脱除，从而使活性炭恢复吸附力[21~23]；针对有机物的不可逆吸附，实际操作中多采用高温加热处理使吸附质分解为 CO_2、H_2O，从而使活性炭再生；针对无机物的吸附则常采用酸洗方法进行再生处理。在诸多应用领域中，活性炭在水处理中用量最大，但吸附能力最多只利用了其质量的 30%~40%。根据中国目前的水价，以活性炭作为处理药剂成本较高。因此为降低生产成本，使经济效益最大化，对活性炭的再生是必要的。水处理用活性炭最适宜的再生方法为热再生法[24~27]，其原理如图 4-1 所示。

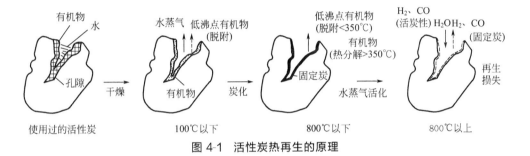

图 4-1　活性炭热再生的原理

一般认为活性炭的加热再生过程主要有以下三个阶段[28~32]。

（1）饱和活性炭的干燥阶段　一般使用过的活性炭含水率约为 50%，而水的比热容大，因此需要整个热再生过程所需热量的 50% 才能使活性炭中的水分和部分低沸点有机物蒸发。此外干燥过程将占用再生炉容积的 1/3 以上。因此，为了降低再生成本，设定适当的干燥条件非常重要。

（2）吸附物质的炭化阶段　将水分和部分低沸点有机物蒸发后进一步升高温度，在 350℃ 之内，其余低沸点有机物便可脱离除去，当温度进一步升高达到 800℃，挥发性低且热稳定性相对较高的有机物则将在吸附状态下分解，最终以固定碳的形式残留于活性炭孔内。值得注意的是炭化阶段的升温速率应控制在一个合理的范围，若升温速率过快则所吸附的有机物将在短时间内大量释放，这些气体的冲击作用将在一定程度上造成颗粒活性炭的强度下降。

（3）炭化有机物的活化阶段　在 800~1000℃ 下，使用水蒸气、二氧化碳、氧气等氧化性气体将炭化过程中部分有机物残留于活性炭孔隙内的固定碳除去，从而重新打开被堵塞的孔隙，使活性炭的吸附能力得到基本恢复：

$$C+O_2 \longrightarrow CO_2 \uparrow \qquad (4\text{-}1)$$

$$C+H_2O \longrightarrow CO \uparrow + H_2 \uparrow \qquad (4\text{-}2)$$

$$C+CO_2 \longrightarrow 2CO \uparrow \qquad (4\text{-}3)$$

水蒸气的活化效果优于二氧化碳，能显著恢复活性炭微孔容积。一般水蒸气用量为饱和炭质量的 80%~100%；氧气的氧化性强，易造成活性炭本体过多消耗，因此较少采用，或者用空气替代。但也有报道指出氧气含量在1%～2%范围内对再生效果影响不大[33]。

　　由于污水成分复杂，因此用于水处理后的活性炭孔隙内往往蓄积了多种金属及金属氧化物。这些金属杂质，尤其是 Fe、Co、Ni、Cu、Mn、Pb 及碱金属等对再生过程中碳的气化反应有明显加速作用，使反应更加剧烈，影响得率的同时也引入了杂质，因此必须洗涤除去。通常可以通过酸洗的方法把蓄积的金属除去。但是，用碱洗及四氯化碳萃取的方法不能除去金属。

　　在活化过程中，需要利用炭化过程中所生成的固定碳与活性炭本身的气化反应速率的差异，有选择地使固定碳气化[34]。图 4-2 为 4 种市售活性炭用过热水蒸气(1atm，即 101.3kPa) 活化时的气化速度。另外，需要严格控制活化过程的最终温度和停留时间，使活性炭的损失在 5%～10%[35]。例如对水处理用煤质活性炭用 900℃的过热水蒸气活化再生时，为了使活性炭的损失低于 5%，必须把滞留时间控制在 8min 以内[36]。此外，为减少活性炭的物理性消耗及粉化，要注意选择合理的气流速度并控制好活性炭的装卸运输环节。

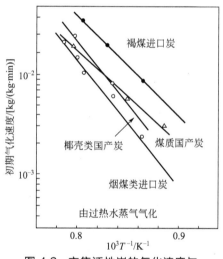

图 4-2　市售活性炭的气化速度与
温度的关系（1 个大气压）

第二节　活性炭热再生技术

　　热再生法是将活性炭在一定的设备中加热，使活性炭中吸附的物质发生解吸或热分解，从而使活性炭吸附性能恢复的方法。根据有机物在加热过程中脱附或分解温度的不同，可将热再生技术分为低温热再生和高温热再生[37]。

（1）低温热再生法　常用于气相吸附用活性炭的再生。这些吸附质通常是如烷烃、烯烃、苯系物等沸点较低的低分子有机物，一般在吸附塔内经 100～200℃蒸汽吹脱即可使饱和炭达到再生的目的。脱附后含有机物的蒸汽可经冷凝后将有机物回收利用。蒸汽吹脱方法除常用于气相吸附活性炭的再生以外，也可用于啤酒、饮料行业工艺用水前级处理的饱和活性炭再生。

（2）高温热再生法　在水处理中，活性炭的吸附对象多为分子较大、挥发性低或无挥发性的有机物，因此蒸汽吹脱法已不适用，只能将饱和活性炭经过850℃左右高温加热，使吸附在活性炭上的有机物炭化分解，进一步活化后达到再生目的。此法具有吸附能力恢复率较高且再生效果稳定的优点。因此这是对用于水处理的活性炭进行再生普遍采用的方法。

Roncken 等用热再生炭从饮用水中分离三氯乙烷，发现吸附效率降低，多次再生后吸附能力丧失的现象[38]。Ferro 和 Moreno 等研究了吸附酚类化合物的热再生炭，发现吸附效率和比表面积都有所降低，其原因可能是酚的热解残留物堵塞了孔隙[39,40]。Ledesma 等也发现用热再生法处理吸附对硝基苯酚饱和的活性炭后可能是由于孔径变大，氮气吸附率降至原炭的 70%[41]。

热再生法是目前工艺最成熟且应用最多的再生方法。它的优点是再生效率高，再生时间短，工艺流程相对较简易而且应用范围广，但也存在再生过程中炭损失较大（一般在 5%～10%），而且再生炭的机械强度也有所下降的不足之处[42]。

近些年来，在对热再生充分认识的基础之上，又有一些新的热再生技术例如高频脉冲再生技术、红外加热再生技术、直流电加热再生技术、弧放电加热再生技术、微波再生技术等应运而生。这些技术与传统的再生技术区别在于所采用的热源有所不同。由于设备以及防护问题，这些新技术目前仍处于试验阶段。

一、活性炭开始再生时间的确定

在一套新的设备开始运转的时候，主要通过监测活性炭处理后出水的杂质浓度是否穿透来决定何时开始对吸附达饱和的活性炭进行再生操作。如果需去除的杂质浓度值接近预定的最大值达一天或两天的时间，例如废水处理工艺中当出水化学需氧量（COD）的浓度达到 10～20mg/L，或者是当柠檬酸溶液精制工艺的滤出液中色素浓度达到 5%，这就说明活性炭吸附已达饱和，应该开始再生处理了[43]。在上升流式接触器中，每一再生周期通常从每一格接触器底部排出 5%～10%的炭；在下降流式接触器中，如果有两个床串联则将第一级接触器的全部活性炭排出再生，之后再通过变化相应的阀门位置使第二级接触器转移到第一级的位置上。此外亦可根据经验进行再生时间的确定，例如可根据每千克炭所吸附的 COD，或者根据处理厂的总水量所需的炭量来确定。所需的炭量取决于出水水质标准以及所达到的预处理量。例如典型的三级处理水需炭量为 20～40lb/kt，二级处理水需炭量为 40～60lb/kt，物理化学处理水需炭量为 150～180lb/kt[44]（1lb＝0.45359kg）。然而上述数字只能作为经验引导，具体的情况应根据不同场合决定，而且即使在同一个工艺过程中也可能因水质、设备运转方面以及其他一些因素变化而有所变化。若投炭量为已知，则可通过处理后水中 COD 浓度和通过炭床的总水量来确定运行中处理单位质量废水所需的炭量。

二、活性炭再生条件

有研究报告指出，热再生过程中的干燥和炭化阶段对活性炭的再生效果影响甚微，而活化阶段的操作条件对再生效果起决定性作用。但是笔者仍然认为干燥和炭化阶段也在一定程度上影响了再生效果，特别是炭化阶段若升温速度过快则对活性炭的活化阶段有非常不利的影响。表 4-2 为实验室回转再生装置所得的再生活性炭的性质状态的变化。

表 4-2　实验室回转再生装置所得的再生活性炭性质状态变化

项目	一次使用后的活性炭 A			一次使用后的活性炭 B		
	干燥	焙烧	活化	干燥	焙烧	活化
表观密度/（g/mL^3）	0.616	0.546	0.493	0.584	0.532	0.502
真密度	1.88	2.13	2.15	1.88	2.07	2.13
微孔容积/mL^3	0.473	0.590	0.633	0.484	0.578	0.613
碘值	529	793	886	673	955	1017
亚甲基蓝吸附值	93	107	133	95	106	105

三、活性炭的再生系统

前文已说明水处理用活性炭经过干燥、炭化（热解）与活化这三个步骤使吸附质转化为固定碳后被除去，从而实现再生的目的。根据实际生产经验，整个再生过程一般需要约 30min，其中前 15min 为干燥时间，在这段时间内炭中的水分或者一部分低沸点有机物将被脱除；之后 5min 是吸附质的炭化（即高温热解）阶段，另有一部分挥发性吸附质在这段时间内亦将逸出；在最后 10min 内被吸附物质产生的固定碳与活化气体反应，使活性炭的孔径重新开放，从而使吸附性能得到恢复。

典型水处理厂粒状活性炭的热再生过程首先是从接触器把呈浆状的失效炭输送到脱水排水箱，经 120℃ 干燥脱水后将其转移至一个有空气的气压控制的燃烧炉中，炉温范围为 815～925℃。在燃烧炉内，被吸附的有机物质和其他杂质被氧化而除去。高温处理完毕后将炭在水中急冷。除用于膨胀上升流式接触器以外，冷却后的再生炭需要进行清洗以便除去微粒，最后借助水力输送至炭使用现场或炭储存罐，洗涤水通常被返回水处理工艺的流程中。再生炉排出的气体需通过后置燃烧器，从而使排出的挥发物完全氧化，避免造成二次污染。每天处理再生炭的量可根据每天需处理的液体量乘以每吨液体的耗炭量进行计算，达到再生装置设计定额时，10%～40%的停炉时间必须予以考虑在内[45]。

再生系统的工艺流程如图 4-3 所示。失效炭以泥浆状排放到位于再生炉顶部的给料罐。每只给料罐可容纳炭浆约 5m³（干炭重约 2000kg），两只罐每次可容纳约 10m³（干炭约 4000kg）。在将失效炭浆投入再生炉之前，必须通过罐侧底部的滤网将水分去掉约 50%，这一过程约需 15min。

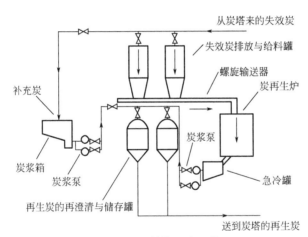

图 4-3 活性炭再生系统

已经过部分脱水的炭将通过螺旋输送器送入再生炉。这种螺旋输送器装有变速传动装置，因此可精确控制再生炉的给料率。炭在炉内通过蒸气加热再生，炭所吸附的杂质受热蒸发或者分解，最终都以气体形式逸出，从而完成整个再生过程。这些废炭再生时所产生的气体将从炉顶排出，并进入后置燃烧器，以便彻底除去其中的有毒成分，避免空气污染。

再生炭从炉底卸入一个小型急冷罐。急冷罐中有两条单独的泵吸水管，每罐都有若干喷水口和连接管线。喷口统筹安装在急冷罐中以便使炭保持流动状态。炭浆由两台工作能力为 10～80L/min 的隔膜式泥浆泵从急冷罐泵送到再生炭储存罐或洗涤罐[46]。最后将炭彻底清洗后，将洗涤罐加压，使浆状的再生炭通过管子压力送到炭塔的顶部。同时，将一定量的新炭加入处理系统以补充再生过程中所损耗的炭。新炭在被放进炭塔之前同样需在洗涤罐内洗涤。

第三节　活性炭酸碱药剂再生

　　活性炭的吸附主要包括可逆吸附(又称物理吸附)和不可逆吸附(又称化学吸附)。化学吸附是指吸附质分子与活性炭表面的官能团发生化学反应形成较为稳定的化学键,因此吸附质与活性炭结合牢固,不易脱除。使用酸碱再生剂的目的就是降低吸附质与活性炭的亲和力,增加吸附质的溶解度从而达到良好的再生效果。酸碱再生法相较于热再生法有许多优点:①可在现场进行,无需卸载、运输、再包装的操作;②由于不经过热解步骤,炭损失几乎没有;③可回收有价值的吸附质;④用适当回收方法可将化学再生剂加以重复使用。

　　酸碱再生法有针对性地选用酸、碱浸洗活性炭(同时辅以加温,搅拌),使之与吸附质反应生成可溶性盐类,从炭表面脱附达到使炭再生的目的。就再生机理而言,一方面酸碱改变了溶液 pH 值,可增大活性炭中被脱除物的溶解度,从而使吸附的物质从炭中脱出;另一方面,酸碱可直接与吸附质发生化学反应,生成易溶于水的盐类。该法特别适用于吸附量受 pH 值影响很大的场合,再生处理后用水将活性炭洗净即可重新投入吸附应用。此法可直接在活性炭吸附装置中进行再生,设备和运行管理均较方便,而且再生效率高,炭损失小。但由于活性炭的物理吸附和化学吸附同时存在,随着再生次数增加,再生炭的吸附率仍会渐次降低。

　　图 4-4 是以 NaOH 为再生剂,对吸附酚类有机物达饱和的活性炭进行再生处理的过程示意[47]。在(美国)米德兰的 Dow 化学公司的工厂里生产(苯)酚,所产生的废水经由由 4 台装炭(重 13.6t)的吸附器组成的系统进行处理。吸附器串联连续工作,两年里进行了一百多个吸附-解吸循环。

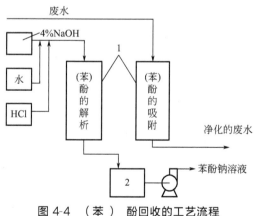

图 4-4　(苯)　酚回收的工艺流程

1—吸附罐;2—(苯)酚钠吸收槽

　　这个过程的主要优点是苯酚钠溶液可直接送到苯酚生产厂进行苯酚的回收处理而不需另外的辅助加工，NaOH 又可重新用于净化循环。

　　用碱处理吸附饱和活性炭的另一个例子是吸附柠檬酸发酵液达饱和的活性炭的再生。当色素在水里形成离子型溶物时，即说明活性炭吸附已达饱和，可开始对活性炭进行再生处理。图 4-5、图 4-6 是使用 NaOH 溶液对饱和柠檬酸炭的再生过程中碱液浓度和再生时间对再生效率的影响。

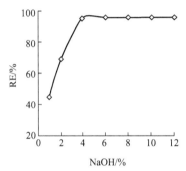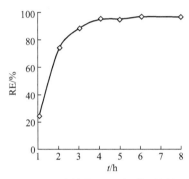

图 4-5　NaOH 溶液浓度对再生效率的影响　　图 4-6　再生效率和再生时间的关系

　　一方面，NaOH 可与一些吸附在活性炭表面上的吸附质，特别是有机酸或者酚类物质发生反应生成极易溶于水的钠盐，从而大大有利于吸附质的脱除；另一方面，NaOH 的存在形成高 pH 值环境，改变了活性炭表面官能团的极性，从而降低了吸附质和活性炭之间的相互作用，有利于吸附质的脱除。由图 4-5 可知，浓度为 4% 的氢氧化钠溶液即可达到接近 100% 的再生效率；由图 4-6 可知再生操作时间进行 4h 即可基本达到再生目的。同时需要注意的是再生过程的温度也是影响再生效率的关键因素之一。一方面，活性炭中有机吸附质的脱附是吸热过程，温度升高，则脱附量加大；另一方面，温度的升高会增强再生剂向活性炭孔隙内部的扩散能力，使接触面积大大增加，脱附量加大。在实际生产中，需结合实际操作来选择不同的再生温度，例如处理柠檬酸脱色工艺中吸附饱和的活性炭以 60~80℃ 为宜[48]。

第四节　活性炭的其他化学再生技术

一、湿式氧化再生法

　　湿式氧化法再生活性炭的过程是：吸附在活性炭表面上的有机污染物在水热环境中脱附，然后从活性炭内部向外部扩散，进入溶液；而氧从气相传输进

入液相，通过产生羟基自由基(·OH) 将脱附出来的有机物氧化。湿式氧化
再生法包括湿式空气氧化再生法和催化湿式氧化法。

1. 湿式空气氧化再生法

湿式空气氧化再生法是指在高温高压下，用氧化剂(氧气或者空气) 将活
性炭上吸附的液相有机物氧化分解成小分子而除去的一种再生方法。该法是
20 世纪 70 年代发展起来的一种新工艺，主要在美国、日本研究和应用较多。
其工艺流程如图 4-7 所示。

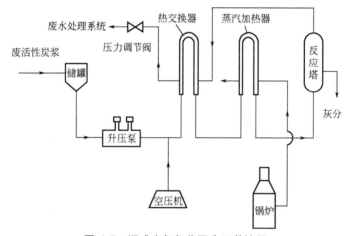

图 4-7 湿式空气氧化再生工艺流程

湿式空气氧化技术要在高温高压的条件下进行，通常采用的温度为 200～
250℃，压力为 3～7MPa，再生时间大多在 60min 以内[49]。该技术具有投资
较少、工艺简单、能耗较低、再生效率高、活性炭损失率低且吸附效能恢复良
好、无二次污染等优点，尤其是对毒性高、生物难降解的吸附质处理效果较
好，通常适用于粉末活性炭的再生。温度和压力需根据吸附质的特性而定，因
为这些因素直接影响炭的得率及其吸附性能的恢复效果。

Ding 等研究了再生温度、再生时间、吸附质的不同等因素对活性炭湿式
氧化再生过程的影响。作者认为在湿式氧化过程中，活性炭表面虽然也会有一
部分被氧化，但对于饱和活性炭而言，氧化反应将会优先针对有机吸附质进
行。另外，在再生过程中，活性炭对吸附质的氧化有一定的催化作用[50]。美
国的 Zimpro 公司于 20 世纪 70 年代在威斯康星州罗斯谢尔德的一个污水处理
厂进行了 50 多天的该项技术的生产试验，取得了良好的效果[51]。

2. 催化湿式氧化法

根据前文描述，湿式氧化法条件较为苛刻。有研究表明通过在反应塔中加
入某些高效催化剂可有效提高再生效率，这便是催化湿式氧化再生法。

催化湿式氧化法亦具有催化快速、能耗相对较低、二次污染小等优点。但是，此法用于粉末活性炭的再生时，时间的延长加强了活性炭表面的氧化程度，使其孔隙被氧化物堵塞而出现再生效率下降的现象。

二、臭氧氧化再生法

臭氧氧化再生法是用强氧化剂臭氧将活性炭所吸附的有机物进行氧化分解，从而实现活性炭再生的方法。臭氧再生的装置如图 4-8 所示，将放电反应器中间做成活性炭的吸附床。废水通过活性炭吸附床时有机物即被吸附。当活性炭吸附饱和需要再生时，炭床外面的放电反应器就以空气流制造臭氧，随冲洗水将臭氧带入活性炭床实现再生[52]。

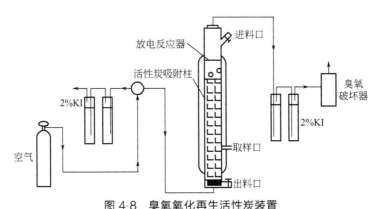

图 4-8 臭氧氧化再生活性炭装置

三、电化学再生法

电化学再生法是一种新型活性炭再生技术，也是目前活性炭再生领域的研究热点之一[53]。电化学再生的工作原理如同电解池的电解，即在电解质存在的条件下使吸附质脱附并氧化，从而使活性炭得以再生。该方法将活性炭填充在两个主电极之间，在电解液中，通以直流电场，活性炭在电场作用下极化，一端呈阳性，另一端呈阴性，从而形成微电解槽，在活性炭的阴极部位和阳极部位可分别发生还原反应和氧化反应，大部分吸附在活性炭上的有机物将因此而分解，其余少部分将因电泳力的作用而发生脱附，其工艺流程如图 4-9 所示。厦门大学化学工程系张会平、傅志鸿等研究分析认为，活性炭的电化学再生过程中包括电脱附、NaOH 再生、NaClO 化学氧化等过程。实验结果表明，电化学法再生活性炭效率可达到 90%[54]。此外，还有研究表明再生位置、电解质 NaCl 浓度、再生电流和再生时间对再生效果都有不同程度的影响。

与传统再生法相比，电化学法能耗低，再生效率较高，可避免二次污染，而且再生均匀，所需电解质价格较低，操作简单，是今后值得大力开发的新型再生方法。

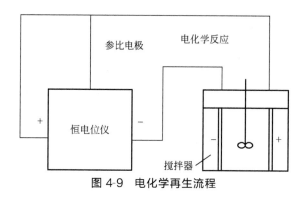

图 4-9   电化学再生流程

四、溶剂再生法

溶剂再生法的原理是利用活性炭、溶剂与吸附质三者之间的相平衡关系，通过改变温度、溶剂 pH 值等条件，破坏原有吸附平衡从而使吸附质从活性炭上脱附。根据所用溶剂类别可分为无机溶剂再生法和有机溶剂再生法。前者用无机酸（H_2SO_4、HCl 等）或碱（NaOH 等）作为再生溶剂；后者用苯、丙酮及甲醇等有机溶剂萃取活性炭内部的有机吸附质，此工艺流程如图 4-10 所示。张果金和周永璋等利用一种新型有机再生溶剂对印染废水处理中的活性炭进行再生，获得较好效果。

溶剂再生法一般适用于可逆吸附，例如用于处理高浓度、低沸点有机废水吸附的活性炭。它的针对性较强，往往一种溶剂只对某些特定类别的污染物具

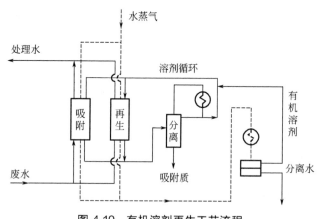

图 4-10   有机溶剂再生工艺流程

有较好的脱附效果，因此其应用范围相对较窄。溶剂再生法的优点是吸附质易于回收，活性炭损失较少，但是亦存在容易造成二次污染、分离困难等缺点。

厦门大学叶李艺等研究了苯酚和对氯苯酚水溶液在活性炭上的吸附平衡关系、溶液 pH 值对活性炭吸附性能的影响以及苯酚在固定床上的吸附和脱附动力学，同时探讨了吸附苯酚后活性炭的碱再生工艺过程，以及多次再生对再生效率的影响，碱性溶剂再生活性炭的初步规律[55]。

表 4-3 列出了活性炭吸附了 10 种有机物中的 1 种后，用 9 种溶剂对其进行再生的效果。由表中数据可知，在 9 种溶剂中，N,N-二甲基甲酰胺（DMF）再生率最高。同时也给出了作为表示溶剂性质的经济性参数给予体数（DN）和接受体数（AN）。为了提高再生率，采用给予体数大、接受体数少的溶剂为好。

表 4-3　9 种溶剂对活性炭吸附的 10 种物质的再生率

| 溶剂 | 再生率（q/q_0） | | | | | | | | | | DN | AN |
	A	B	C	D	E	F	G	H	I	J		
乙醇	0.58	0.48	0.60	0.68	0.48	0.42	0.99	0.70	0.58	1.01	20.0	37.1
DMF	0.77	0.61	0.78	0.82	0.88	0.94	1.02	1.19	0.78	0.94	26.6	16.0
2,4-二噁烷	0.62	0.58	0.17	0.75	0.09	0.04	1.01	0.77	—	0.94	14.8	10.8
丙酮	0.63	0.55	0.26	0.70	0.21	0.26	—	—	—		17.0	12.5
DMA	0.65	0.51	0.26	0.73	0.73	0.82	—	—	—		27.0	13.6
甲醇	0.65	0.46	0.43	0.70	0.50	0.49	—	—	—		19.0	41.3
苯	0.64	0.53	0.00	0.75	0.06	0.01	—	—	—		0.1	8.2
四氢呋喃	0.63	0.48	0.16	0.68	0.16	0.09	—	—	—		20.0	8.0
三乙胺	0.46	0.48	0.19	0.54	0.06	—	0.88	0.74		0.72	61.0	—

注：DMF 为 N,N-二甲基甲酰胺，DMA 为 N,N-二甲基乙酰胺，DN 为给予体，AN 为接受体，A 为对甲氧基甲酚，B 为苯胺，C 为苯磺酸，D 为苯酚，E 为二号橙，F 为蒽醌-2-磺酸钠，G 为硝基苯，H 为对甲氧基苯甲醇，I 为木质素，J 为化工厂废水。

第五节　活性炭的其他再生方法

目前，除了加热再生法和化学再生法以外，研究较多的再生法还有以下几种。

一、生物再生法[56]

生物再生法是利用微生物，一般是用经过驯化培养的菌种将吸附在活性炭上的有机污染物质氧化降解为 CO_2 和 H_2O，从而使失活活性炭得到再生的方法。该方法综合了物理吸附的高效性能和生物处理的经济性，充分利用了活性炭的物理吸附作用和在其表面负载的微生物的生物降解作用。目前生物再生法主要用于污水处理，包括粉状炭的好氧再生和粒状炭的厌氧再生。该方法工艺流程见图 4-11。

　　该法工艺操作简单，投资和运行的费用相对来说较低，但有机物在水相中氧化速度缓慢、再生时间较长、吸附容量的恢复程度有限。菌种需要所处理水质和水温条件可满足其正常生活，而且所处理吸附质应是菌种易于分解的有机物质，因此生物再生法受限条件较多，应用范围也相对较窄。

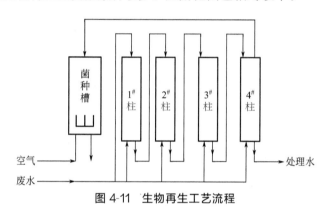

图 4-11　生物再生工艺流程

二、光催化再生法

　　光催化再生法的原理是利用一定波长范围的光，在某种催化剂存在的条件下，通过光化学反应将吸附质氧化分解，从而使饱和活性炭的吸附性能得到恢复。在水溶液中，光催化剂如锐钛矿型 TiO_2 等表面受光子激发将产生高反应活性的羟基自由基，可将大部分有机物及部分无机污染物氧化降解，最终生成 CO_2、H_2O 等无害或低毒物。目前用于研究的催化剂以 TiO_2 为主，经太阳光照即具有高反应活性。此法主要是在颗粒活性炭上负载锐钛矿型 TiO_2 光催化剂，使 TiO_2 的光催化性能和活性炭的吸附性能结合起来。由于活性炭的吸附作用，其表面污染物浓度高，因此有利于光催化反应的快速进行，从而将污染物原位降解，达到使活性炭再生的目的。

　　但是活性炭的使用环境很复杂，在使用过程中可能会因某些较为复杂的因素（例如高温和某些基团的积累）造成光催化剂因"中毒"而失效，所以研究人员开展了很多关于光催化失活的研究。光催化再生型活性炭在其吸附达到饱和后直接经紫外光照射甚至日光辐射即可实现原位再生，不需要其他操作，能耗低，而且再生工艺简单，设备操作容易，生产规模可以随意控制。因此对光催化再生的研究具有重要意义。但该方法耗时长，而且可能由于活性炭自身强烈吸光作用影响光催化效率，抑或是由于光催化剂堵塞了活性炭的孔隙影响了污染物富集等原因，目前光催化再生处理效果依然有待提高。

Ameena 等用 TiO_2 光催化再生处理印染废水的活性炭，可使有机污染物有效地分解为 H_2O 和 CO_2。研究表明光催化再生与印染废水的浓度、pH 值以及其他盐类和无机物有关，光催化再生主要是通过以光催化剂作为降解中心，使活性炭内外吸附质出现的浓度差而不断进行的[57]。

三、超临界流体再生法

超临界流体（SCF）是指温度和压力都处于临界点以上的液体。很多在常温常压下溶解度极低的物质在亚临界或是超临界溶剂中却具有极强的溶解力，并且当溶剂在超临界状态下时，压力的微小改变可造成溶解度数量级的改变[58]。利用这种性质，可将超临界流体作为萃取剂，通过调节操作压力来实现溶质的分离，即超临界流体萃取技术（SFE）。将超临界流体萃取技术用于活性炭的再生是利用 SCF 作为溶剂将吸附在活性炭上的有机污染物溶解于 SCF 之中，根据流体性质对于温度和压力的依赖，将有机物与 SCF 有效分离，达到再生的目的。这是 20 世纪 70 年代末开始发展的一项新技术，再生过程可间歇操作也可连续操作。

通过理论分析与实验结果，已证明 SCF 再生方法在以下几个方面优于传统的活性炭再生方法[59]：①再生温度较低；②不改变吸附质的化学性质和活性炭的原有结构，既便于回收吸附质又可使活性炭无损耗；③可连续化操作；④SCF 再生设备占地面积小、操作周期短，并且可以大大节约能源。但是同样存在以下问题：①可采用 SCF 再生的有机物种类十分有限，限制了该技术的广泛应用；②由于超临界流体仅限于 CO_2，使得活性炭再生过程受到限制；③SCF 再生理论研究方面，包括热力学和动力学等尚缺乏必要的数据，有待进一步深入研究；④SCF 再生仅限于实验研究，中试和工业规模研究亟待进行，以推进该技术实际应用的进程。

同济大学的陈皓等对工业废水中的典型污染物苯进行了超临界 CO_2 萃取再生活性炭研究，考察了温度、压力、CO_2 流速、活性炭粒度、循环再生次数等因素对再生效率和再生速率的影响。结果表明超临界二氧化碳对于活性炭中的苯再生效果良好[60]。

四、微波辐射再生法

微波是指波长在 1mm～1m，频率在 300MHz～300GHz 范围内的电磁辐射，介于远红外和无线电波之间。微波对被照物有很强的穿透力，可对反应物起深层加热作用。因此可以利用微波辐射产生高温使活性炭上的有机污染物脱除，从而使活性炭恢复其吸附能力，这一方法称为微波辐射再生法。微波可使有机污染物克服范德华力，开始发生脱附反应，之后能量进一步聚集，在致热和非致热效应共同作用下，一部分有机污染物燃烧分解，以 CO_2 形式逸出，另一部分则原位分解形成固定碳。

微波辐射再生法的效率主要取决于微波功率、辐射时间、活性炭吸附量等因素。微波辐射过程使在活性炭孔隙中吸附的有机污染物急剧分解、挥发，产生较大的蒸汽压，爆炸性逸出，从而形成多孔结构，不仅使吸附的有机污染物有效分解，还可使再生的活性炭具有良好吸附能力。与传统的活性炭再生法相比，微波辐射再生法的优越性主要为：①加热均匀，无需中间媒体，而且微波场中无温度梯度存在，故热效率高；②加热速度快，只需常规方法 1/100～1/10 的时间即可完成，节能高效；③选择性加热；④再生效率高，能生成微孔发达的活性炭。

东南大学傅大放等以再生炭碘吸附值的变化为评价标准，研究吸附了十二烷基苯磺酸钠的活性炭微波再生条件，通过正交试验探讨了活性炭再生效率与微波功率、微波辐射时间、活性炭的吸附量等因素的关系。试验中的最佳再生效率出现在功率为 HI(W)，辐射时间约为 80s 时。同时作者还发现对再生后碘值恢复影响最大的是微波的功率，其次是辐射时间，活性炭的吸附量影响相对较小[61]。

五、超声波再生法

超声波是指频率在 16kHz 以上的声波，在溶液中以一种球面波的形式传递。在水溶液中，由于超声波的作用产生了高能的"空化泡"。"空化泡"在溶液中不断长大，爆裂成小气泡，产生的高压冲击波作用于吸附剂表面，使有机污染物质通过热分解和氧化作用得到有效的脱除，即为超声波再生法，是 20世纪 90 年代发展起来的一项新技术。影响再生效率的主要因素有时间、活性炭粒径、吸附质类型等。

超声波再生法最大的优点是只在局部施加能量即可达到再生的目的，能耗小，工艺设备简单，炭损耗低、自耗水量少，且可回收有用物质。但超声波对不同吸附质的解吸率不同，如果用于同时吸附多种物质的活性炭的再生则可能会造成某些物质的累积，所以此法适用于吸附质是单一物质的活性炭的再生。此外，超声再生不会改变被吸附物质的结构与形态，因而用于活性炭浓缩、富集、回收有用物质的再生是十分有利的。

研究表明超声波再生后排出液的温度仅较再生之前增加 2～3℃。每升活性炭采用功率为 50W 的超声发生器处理 120min，相当于 $1m^3$ 活性炭再生时耗电 100kW·h；每一轮再生处理后活性炭损耗仅为干燥质量的 0.6～0.8，耗水量为活性炭体积的 10 倍。兰州铁道学院王三反进行了超声波再生法的试验，结果表明超声再生具有能耗小、工艺及设备简单、活性炭损失小、可回收有用物质等特点[62]。宁平等采用微波辐射法对载硫活性炭进行再生实验，考察了微波功率、载气量、活性炭量、再生时间以及再生次数等因素的影响。实验结果表明在微波功率 700W、载气流量 0.3L/min 条件下，对 8g 的饱和活性炭进行 3min 的再生处理后 SO_2 产品气浓度可达 90％以上[63]。

第六节　工业性再生装置种类及其特点

　　工业上对于吸附饱和的活性炭的再生方法通常有使用酸、碱的药品再生法以及在高温下利用水煤气进行活化反应的高温热再生两种。药品再生法曾经作为医药品的脱色精制及发酵液脱色专用活性炭的再生方法，但由于再生过程中将产生大量废水，必须同时增加中和、生物处理等废水处理装置，因此这种方法的实施在对排水水质要求严格的地区有一定的困难；在高温热再生法中，由于吸附在活性炭上的有机物质被加热分解，若直接排放将造成空气污染。但如果通过使用二次燃烧室等必要的对策，则能够成为环保性能卓越的装置。

　　化学法再生一般都在原炭柱内进行，不需专用再生设备，本节中对工业上广泛使用的热再生装置进行叙述。

　　20 世纪 70 年代中期，对活性炭热再生装置的技术开发取得了突破性进展，多种再生炉在各个领域中得到了广泛应用。目前国内外使用较多的再生炉型有回转炉、多层炉、移动层炉、流态化炉等，其中回转炉与多层炉适用于大规模再生处理，其设备结构、工艺控制都与颗粒活性炭制造工艺中的活化炉相似，而流态化炉再生设备是近年来出现的。

1. 回转炉

　　回转炉的最大特征是物料容易从炉中全部卸出，因此专业进行活性炭再生的企业为了承担不同种类活性炭的再生作业，大多采用回转设备炉进行再生。回转炉炉膛有一段式和两段式两种形式，加热方式则有内热式、外热式和内外兼热式三种。其中内热式虽然可制造大型设备，一次性处理量大，但其结构不密封，而且难以控制高温烟道气流量、温度等参数，使得活性炭的燃烧损失非常大；外热式回转炉由于是从炉体外侧加热，为了将热量传递给活性炭，炉体只能采用耐热金属板制成，因此制造大型设备工艺较为困难，但是小型外热式回转炉完全可以满足日生产量为 300kg 这样小规模生产的需要。

　　整个再生系统主要由特殊耐热不锈钢筒体、炉体、给料出料装置、机械传动部分、保温部分和控制系统等构成。它的优点是既可用作再生炉亦可用作活化炉，对物料适应性强，设备故障低，连续进出料的特点使其处理量大，再生产品质量均匀稳定，而且自动化程度高，易于操作控制。但由于活性炭在炉内先随着回转上升，到达某一位置后将跌落，增加了炭之间的摩擦碰撞，因此经回转炉处理后活性炭的粉化损失相当多，随着再生气体排出炉体外的粉化炭量也多。虽然外热式回转炉之间多少有一些差异，但在整个吸附、再生系统中的再生损失为 7%～9%，1kg 活性炭的总能耗约 33440kJ。图 4-12 是一种外热式回转炉的结构。

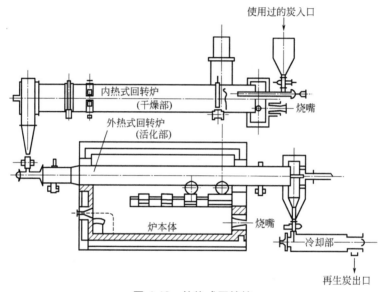

图 4-12　外热式回转炉

　　活性炭在回转炉内的滞留时间可以通过回转速度来调节。对于外热式回转炉而言，由于耐热金属的原因，温度的调节范围比较窄。对于内热式回转炉，由于受炉内再生气体的组成与流速的限制，通入的水蒸气量也有一定的限制。因此，关于活性炭性能的恢复状况问题要根据回转炉的实际情况，用改变加料量等方法进行调节。

　　为了防止再生尾气的二次污染，必须对尾气进行一定的处理。虽然原则上要根据活性炭上所吸附的有机物质的种类来决定处理方式，但一般由于尾气中可能造成大气污染的主要成分为吸附质自身或者是吸附质分解所产生的焦油等以及粉化的活性炭，因此采用设置二次燃烧室的方法即可将这些污染成分除去90%以上。除设置二次燃烧室以外，也有设置湿式洗涤器来除去烟尘的方法，但是当烟气中含有某些含氮有机物的时候即难以将气味除去。在对尾气的处理中重点要考虑吸附物质分解、燃烧时生成的 SO_x 及 NO_x 等问题，同时二次燃烧室应具有良好的保温功能，以便让烟尘及臭气达到完全燃烧。

2. 多层炉

多层炉又称立式多段炉，或称多层耙式炉(图 4-13)。此设备于 1963 年开发成功，并已广泛应用于各国活性炭企业，尤其是美国、日本等发达国家。20世纪 70 年代初，多层炉是日本用于废水处理用活性炭再生的首选设备，美国的活性炭再生装置也几乎都是多层炉。多层炉的特征是可以长时间稳定而连续运转，往往可连续运转一年左右，而且能长时间在 25％～100％ 的广范围负荷范围内稳定运转[64]。一旦多层炉开始运转并达到稳定状态后，在运转方面则几乎不需再另外花费劳动力。虽然为预防事故，仍需进行必要的日常运转管理，例如需定时对温度、燃烧器的燃烧情况等进行监测，但是诸如操作阀门及操作燃烧器等调整工作则几乎不需进行。

活性炭的再生损失是活性炭再生炉必然存在的问题。能够对价格昂贵的活性炭进行高效、高回收率、无污染的再生是再生炉设备不断研制开发的目标和动力。通常引起活性炭再生损失的原因有三种：①活性炭在移送过程中的粉化损失；②委托再生时出现的装卸搬运损失；③热再生所造成的燃烧损失。再生损失量的多少决定了每年需要补充活性炭数量的多少。为尽可能降低再生炭损失，除了考虑设备及再生条件之外，对再生系统中的活性炭的性质也要进行充分研究。在再生系统中，包括粉化损失、装卸搬运损失及炭烧损失在内的活性

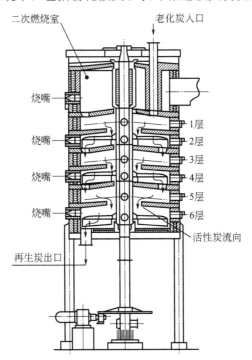

图 4-13 多段再生炉再生装置的基本流程

炭再生损失最大为 5%，而在吸附负荷少的场合则低于 3%。

在再生过程中，通过控制回转速度可任意调节物料在炉内的滞留时间，因此可根据再生对象的不同调节合适的滞留时间，使活性炭性能达到 100% 的恢复，但是在工业化应用中需考虑经济效益，因此再生的首要目的是控制性能恢复率在一定范围内，保证再生效果的同时使再生系统的经济效益最大化。根据经验数据，在活化过程中 1kg 活性炭约消耗蒸汽量 1kg，消耗热能 20900kJ。

多层炉进行再生作业时，烟气中除了燃烧器产生的 CO_2、H_2O 等以外，还含有有机物质分解产生的焦油、活性炭破碎产生的粉尘、SO_x、NO_x 及其他含氮臭气等物质，因此必须要通过设置二次燃烧室使烟尘、废气等完全燃烧，防止产生二次污染。可将二次燃烧室作为多层炉的一部分置于最上层，或者设置在多层炉的外面，通过烟道与炉体相连。由于吸附的物质分解生成的焦油状物质具有黏性，所以二次燃烧室与再生炉最好实现一体化。

3. 移动层炉

移动层炉又称立式移动再生炉，分为内热式和外热式两种炉型，分别如图 4-14 和图 4-15 所示。活性炭通过锥形料斗加入直立套管的内外管之间，内外管壁上都有通气孔。再生气体从内管经过通气孔与活性炭接触，之后再通过外管的通气孔排入燃烧室内。充填在内外管之间的活性炭，在向下移动的过程中不断与再生气体接触，最终完成再生过程。燃烧室内设有烧嘴，可将再生过程中所产生的有机物质进行燃烧处理。活性炭在移动层再生炉中的移动速度缓慢，没有像流态化炉及回转炉那样的剧烈运动，因此因炭颗粒之间摩擦碰撞而粉化的损失相对较小，通常再生损耗率约 5%。这种炉型具有构造简单、操作方便的优点，总能耗为 1kg 活性炭约 29260kJ；缺点是吸附各种污染物质的活性炭以及水分会对套管产生一定的腐蚀作用，而且物料碎屑可能附着在管壁上难以处理。我国自行研制的盘式炉也属于移动层式，该设备占地面积小，而且在活性炭与活化气体低速接触的情况下也能实现有效地再生，特别是在日处理量为 400kg 以下时设备费用较便宜。

移动层炉的最大特点是通过活性炭在套管之间长时间的移动，受到内管渗入的再生气体与燃烧室产生的热量的共同作用而进行缓慢的再生，因此处理时间往往需要 4~6h[65]。活性炭性能的恢复状况与处理温度、再生气体的种类及处理时间有关，因此可对这些因素进行控制从而在保证再生效率的同时使经济效益最大化。从再生条件而言，移动层炉的温度可调节范围比较大，易进行间歇操作，但是需要注意的是通常高温再生炉都是连续运转的，间歇性操作将缩短设备的使用寿命。

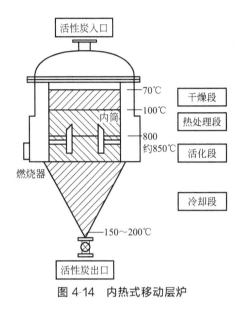

图 4-14　内热式移动层炉

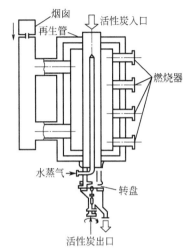

图 4-15　外热式移动层炉

外管的外侧为再生炉炉体，炉体上设置若干烧嘴，因此可以说该炉型自带二次燃烧室。由于再生时活性炭的移动缓慢，活性炭粉化率很低，因此只需将吸附质热解生成的焦油等产物进行燃烧处理即可。

4. 流态化炉

流态化再生炉按加热方式分为内燃式和外燃式两种，两种炉膛均有一段式或多段式。流态化炉再生活性炭时，活性炭在炉内呈流动态，与再生气体充分接触，因此热量利用充分，再生效率高，并可进行连续操作。夜间停工后为防止温度下降可将再生炉密封，使第二天点火时温度仍为 600℃ 左右。流态化炉按生产模式分为间歇式与连续式两种，其中连续式炉的热再生效率更高。由于在流态化炉中活性炭在高温气体中呈流动态，炭颗粒之间以及炭颗粒与炉壁之间的相互摩擦碰撞使粉化损失很大。通过控制活性炭在流态化炉内的滞留时间、再生温度及水蒸气供给能量等参数即可控制再生效率。一般炭再生损失率为 7%～10%，总能耗 1kg 活性炭 57700～192000kcal。

图 4-16 是一种内燃式流动床炉的再生流程。这种形式的再生炉既可用于颗粒活性炭的再生，亦可用于粉状活性炭的再生。在实际再生过程中，由于活性炭的种类、粒度分布及吸附量的不同，其流态化的条件也不同。因此，停留时间和控制操作都不容易掌握。此外如果不能严格控制活化气体的组成和温度等参数则将使再生炭的得率和性能下降。采用此形式难于进行大型再生条件的设计，但小型设备可取得较好的效果。

流动层炉的二次燃烧室有以下两种形式：①与炉体构成一个整体；②另外

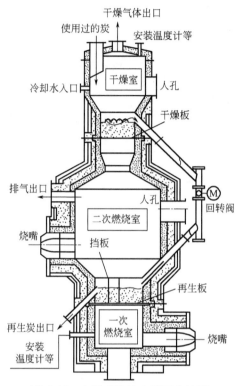

图 4-16   内燃式流动床炉再生流程

单独设置。对烟尘及 SO_x 等的处理方法与多层炉相同，但由于再生炉内部的粉化损失多，对于由此造成的烟尘最好采用湿式洗涤器处理之类的对策。

在活性炭再生过程中，需要从多方面因素考虑从而选择最适合的装置，使再生效率和经济性都达到最高。以水处理用炭系统为例，需要考虑的因素是处理水量、处理前水质及处理后水质，所使用活性炭的种类、用量、再生量等。另外，还需从运输系统等多方面综合考虑。

表 4-4 是水处理用活性炭的再生装置一年内的运行数据资料，处理对象为水体中的 COD，吸附塔是移动层式吸附塔，再生炉为 5 层的多层再生炉。该设备每周运行日期为周一到周五，在周六和周日两天吸附塔保持原状停止，而多层炉处于保温运转状态。从表中数据可以得出，即使在这样连续不断的运转状况下，年平均再生损失只有 0.2%。

表 4-4   多层炉的运行资料

项目	2月	4月	6月	8月	10月	12月	平均
每日再生量/kg	1300	1400	1500	1400	1600	1500	1450

续表

	项目	2月	4月	6月	8月	10月	12月	平均
炉温/℃	第二层炉膛	800	760	770	750	860	800	800
	第四层炉膛	900	850	860	860	900	900	880
每月燃烧用量/L〔燃烧单耗（每吨再生炭）/L〕		12500〔480〕	12100〔410〕	11500〔380〕	11100〔380〕	12700〔360〕	12500〔400〕	12100〔400〕
每月补充炭量/kg〔占再生炭的比率/%〕		7000〔2.6〕	1280〔4.3〕	540〔1.8〕	450〔1.8〕	1080〔3.1〕	660〔2.1〕	790〔2.6〕

第七节　活性炭再生的评价

一般我们可从以下几个物理化学指标评定再生活性炭性能：①装填密度（bulk density）；②表观密度（apparent density）；③孔结构（孔径孔容）；④碘吸附值（碘值）；⑤亚甲基蓝吸附值（亚蓝值）。

其中①装填密度往往在再生现场即可直接测定，而②～⑤等参数通常只能在实验室里进行。图 4-17、图 4-18 显示再生损失和再生时间和再生温度的关系。

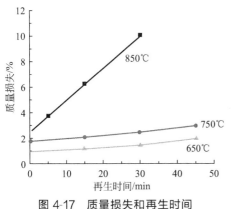

图 4-17　质量损失和再生时间

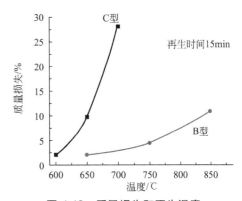

图 4-18　质量损失和再生温度

活性炭的再生效果还可用再生炭的吸附容量和新炭吸附容量的比值来表示。以 X 表示再生效率，以 c 表示溶液浓度，计算式如下：

$$X = \frac{V_1(c_原 - c_1)/m_1}{V_2(c_原 - c_0)/m_2}$$

（4-4）

式中，$c_原$ 为溶液原始浓度；c_0 为新活性炭处理溶液后的剩余浓度；c_1 为再生活性炭处理后的溶液剩余浓度；V_1 和 V_2 分别为再生炭吸附溶液体积和新炭吸附溶液体积；m_1 和 m_2 分别为再生炭和新炭的使用量。值得注意的是为使测试结果准确，应尽量保证单位体积废水所使用的活性炭量相同。

活性炭的吸附能力曾经作为评价再生效率的主要指标。但由于反复的再生处理将影响活性炭的机械强度，其氧化程度也将逐渐加深，因此当再生炭重新投入使用时都还需对这些性能指标进行测试。所以应综合考虑包括以上各项在内的总体效果来评定再生活性炭的再生效果，而不能只考虑吸附能力的恢复。表 4-5 列出了流动床再生炉和内热式移动床再生炉对活性炭再生处理的结果。

表 4-5　再生活性炭的试验结果

项目	得率（质量分数）（以新炭为基准）/%	堆积密度 /（g/cm³）	碘吸附值 /（mg/gAC）	亚甲基蓝脱色力 /（mg/g）
流动床再生炉				
700℃ × N₂ × 20min	115.0	0.639	750	109
750℃ × STM × 40min	110.0	0.603	810	112
800℃ × N₂ × 20min	114.4	0.640	700	113
800℃ × STM × 10min	111.3	0.604	790	125
800℃ × STM × 20min	108.6	0.598	790	129
800℃ × STM × 40min	105.9	0.584	850	137
850℃ × STM × 10min	108.9	0.597	810	131
850℃ × STM × 20min	104.0	0.572	860	139
800℃ × STM × 40min	95.5	0.532	930	147
移动床再生炉				
720℃		0.573	910	138
740℃		0.564	860	140
760℃		0.584	870	141
780℃		0.581	840	143

注：STM 表示水蒸气。

第八节　再生的经济性

活性炭的再生费用与再生生产中的设备规模关系密切，生产规模越大则单位再生费用越低，据统计委托再生费用通常为使用新活性炭的一半。图 4-19 为我国某厂污水处理活性炭再生时，再生活性炭用量与成本的关系曲线。由图可见处理量越大则单位质量活性炭再生成本越低。亦有资料表明日本鼓励用炭量超过 700kg/d 的水处理厂增设再生炉以节约成本。

表 4-6 列出了日本活性炭再生的设备
费用和再生成本的对比关系，以供参考。
作为吸附、再生系统，需要计算设备费与
再生成本。表 4-6 中是既有吸附塔对委托
再生与自行再生两种场合进行对比的结
果。增加再生成本的最大因素是再生损
失，当用泥浆泵输送活性炭时其数值非常
大，此处是使用压力输送系统进行计算
的。此外，为简明地说明问题，对比中所
使用的再生量有每天 500kg 与 2000kg 两

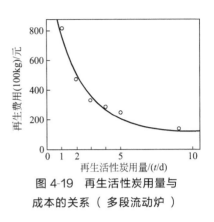

图 4-19　再生活性炭用量与
成本的关系（多段流动炉）

种，前者一般称作委托再生与自行再生的分界数量，后者是一般性的再生
数量。

由表 4-6 可见当设备每年运转 300 天时，即使日再生处理量仅为 500kg，
自行再生可节约 3000 万日元。扣除维修费及设备折旧费，若干年后便可回收
投资。当每日再生量达到 2000kg 时，自行再生与委托再生的差额可高达 1.2
亿日元。实际运转中为尽可能降低成本，都是尽可能地减少蒸汽、燃料用量及
再生损失，因此自行再生的成本还可进一步降低，与委托再生的差额更大。因
此当每日再生量达到 500kg 时亦可研究自行再生的问题，而当每日再生量达
到 1000kg 以上时则基本应该计划自行再生。

表 4-6　设备费与再生成本对比关系

项目		每日再生 500kg		每日再生 2000kg	
名称	再生 1kg 活性炭的消耗量	每日用量	每日金额/日元	每日用量	每日金额/日元
水蒸气	1kg	500kg	4000	2000kg	16000
燃料	0.55L	275L	11000	1100L	44000
电	随炉型而异	70kW·h	1400	100kW·h	2000
水	0.01t	5t	1000	100t	4000
再生损失　5%		—	12500	—	50000
自己再生成本总金额		—	29900	—	116000
委托再生成本（每千克活性炭 200～300 日元）		每日 125000～150000 日元 差额：每日 100000 日元		每日 500000～600000 日元 差额：每日 400000 日元	

注：1. 水、电、气单价：水蒸气（每千克）8 日元，燃料（每升）40 日元，电（每千瓦时）20 日元，
水（每吨）200 日元。

2. 活性炭价格（每千克）：新炭 500 日元，委托再生费（每千克）为 250～300 日元。

吸附剂的再生在很大程度上决定了吸附系统的经济性能。再生操作与吸附
操作同样重要，甚至在某些场合下更加重要，例如，药品等有价值的吸附质的

回收。高温热再生法是国内再生工厂的主要方法；酸碱再生法和溶剂再生法是已成功应用于活性炭工业的再生技术；而生物再生法、超临界萃取再生法、电化学再生法、催化和湿式氧化再生法和光催化再生法虽然具有良好的应用前景，但由于工艺条件苛刻、操作费用高等原因目前仅处于实验室研究阶段，其广泛应用仍受到较大的限制。

参 考 文 献

[1] 刘守新，王岩，郑文超. 活性炭再生技术研究进展 [J]. 东北林业大学学报，2001，29(3)：61-63.

[2] 张颖，李光明，陈玲，等. 活性炭再生技术的发展 [J]. 化学世界，2001，8：441-444.

[3] 秦玉春，王海涛，朱海哲. 活性炭的再生方法 [J]. 炭素技术，2001，117(6)：29-31.

[4] 张会平，钟辉，叶李艺. 不同化学方法再生活性炭的对比研究 [J]. 化工进展，1999，(5)：31-35.

[5] 张会平，叶李艺，傅志鸿等. 活性炭的电化学再生技术研究 [J]. 化工进展，2001，20(10)：17-20.

[6] 傅大放，邹宗柏，曹鹏. 活性炭的微波辐照再生试验 [J]. 中国给水排水，1997，13(5)：7-9.

[7] 陈皓，向阳，赵建夫. 超临界二氧化碳萃取再生活性炭技术研究进展 [J]. 上海环境科学，1997，16(2)：26-28.

[8] 刘勇弟，高勇，袁渭康. 超临界流体活性炭再生技术 [J]. 化工进展，1999，(1)：47-49.

[9] 姚宏，马放，李圭白，等. 臭氧-生物活性炭工艺深度处理石化废水 [J]. 中国给水排水，2003，19(6)：39-41.

[10] 童少平，魏红，刘维屏. 臭氧氧化法再生活性炭的研究 [J]. 工业水处理，2005，25(2)：31-33.

[11] 张会平，傅志鸿，叶李艺，等. 活性炭的电化学再生机理 [J]. 厦门大学学报，2000，29(1)：79-53.

[12] 唐玉霖，王三反，洪雷. 电化学法再生颗粒活性炭的研究 [J]. 净水技术，2007，26(2)：50-53.

[13] 张正勇，彭金辉，张利波，等. 废活性炭微波加热法再生研究进展 [J]. 化学工业与工程技术，2008，29(1)：25-29.

[14] 胡晓洪，徐廷国，安太成，等. 负载纳米 TiO_2 活性炭的原位电催化再生研究 [J]. 中国给水排水，2007，23(3)：70-73.

[15] San Miguel G，Lambert S D，Graham N J D. The regeneration of field-spent granular activated carbons [J]. Water Research，2001，35(11)：2740-2748.

[16] Liu X，Quan X，BO L，et al. Simultaneous pentachlorophenol decomposition and granular activated carbon regeneration assisted by microwave irradiation [J]. Carbon，2004，42(2)：415-422.

[17] Quan X，Liu X T，Bo L L，et al. Regeneration of acid orange 7-exhausted granular activated carbons with microwave irradiation [J]. Water Research，2004，38(20)：4484-4490.

[18] 卜龙利，王晓昌，陆露. 活性炭的微波净化与再生及其吸附性能研究 [J]. 西安建筑科技大学学报，2008，40(3)：413-417.

[19] 翁元声. 活性炭再生及新技术研究 [J]. 给水排水，2004，30(1)：86-91.

[20] Sabio E，Gonzalez E，Gonzalez J F，et al. Thermal regeneration of activated carbon saturated with p-nitrophenol [J]. Carbon，2004，42(11)：2285-2293.

[21] Marquess G，Nell D. Electric furnace for continuously heating and regenerating spent activated

carbon [P]. United States，4455282. 1984.

[22]　San M G，Lambert S D，Graham N J. The regeneration of field-spent granular-activated carbons [J]. Water Research，2001，35(11)：2740-2748.

[23]　张会平，钟辉等. 不同化学方法再生活性炭的对比研究 [J]. 化工进展，1999，5：31-36.

[24]　郑文轩，吴胜举. 水处理活性炭的超声波再生技术 [J]. 水处理技术，2008，8(34)：79-81.

[25]　巩宗强，胡筱敏，徐新阳. 应用活性炭再生含多环芳烃植物油的可行性及性能评价 [J]. 环境污染与防治，2008，10(30)：5-9.

[26]　刘天成，宁平，王亚明等. 微波再生载硫活性炭的动力学研究 [J]. 云南民族大学学报(自然科学版)，2007，2(16)：175-178.

[27]　李惠民，邓兵杰，李晨曦. 几种活性炭再生方法的特点 [J]. 四川化工，2006，5(9)：44-48.

[28]　吴慧英，施周，陈积义，等. 微波辐射再生载苯酚活性炭的实验研究 [J]. 环境科学研究，2008，6(21)：201-206.

[29]　孙康，蒋剑春，邓先伦，等. 柠檬酸用颗粒活性炭化学法再生的研究 [J]. 林业科学，2005，3(25)：93-97.

[30]　林冠烽，牟大庆，程捷，等. 活性炭再生技术研究进展 [J]. 林业科学，2008，2(44)：150-155.

[31]　张颖，李光明，陈玲，等. 活性炭再生技术的发展 [J]. 化学世界，2001，8：441-446.

[32]　唐志红，朱文魁，马蓉，等. 活性炭再生技术 [J]. 煤化工，2004，1：43-47.

[33]　连明磊，冯权莉，宁平. 活性炭吸附-微波再生技术研究进展 [J]. 贵州化工，2007，1(32)：4-8.

[34]　韩永忠，偌伟艳，陈金龙，等. 活性炭微波辅助溶剂再生研究 [J]. 环境科学与技术，2006，8(29)：25-29.

[35]　司崇殿，郭庆杰. 活性炭活化机理与再生研究进展 [J]. 中国粉体技术，2008，5(14)：48-53.

[36]　杜尔登，张玉先，沈亚辉. 活性炭电热原位再生技术研究 [J]. 给水排水，2008，10(34)：28-34.

[37]　吴亦. 活性炭的再生方法 [J]. 化工生产与技术，2005，1(12)：20-25.

[38]　卜龙利，王晓昌，陆露. 活性炭的微波净化与再生及其吸附性能研究 [J]. 西安建筑科技大学学报(自然科学版)，2008，3(40)：413-418.

[39]　张会平，傅志鸿，叶李艺，等. 活性炭的电化学再生机理 [J]. 厦门大学学报(自然科学版)，2000，1(39)：79-84.

[40]　胡晓洪，徐廷国，安太成，等. 负载纳米 TiO_2 活性炭的原位电催化再生研究 [J]. 中国给水排水，2007，3(23)：70-74.

[41]　Ledesma B，Román S，Álvarez-Murillo A，et al. Cyclic adsorption/thermal regeneration of activated carbons [J]. Journal of Analytical and Applied Pyrolysis，2014，106：112-117.

[42]　张正勇，彭金辉，张利波，等. 废活性炭微波加热法再生研究进展 [J]. 化学工业与工程技术，2008，1(29)：25-30.

[43]　彭金辉，杨显万. 微波能技术新应用 [M]. 昆明：云南科技出版社，1997.

[44]　彭金辉. 微波加热再生味精厂中废活性炭 [J]. 林产化学与工业，1998，2(18)：89-90.

[45]　孙作达，孙丽欣. 高频电磁波(微波) 再生活性炭方法研究 [J]. 哈尔滨商业大学学报(自然科学版)，2002，18(5)：541-543.

[46]　马祥元. 提锌后乙酸乙烯合成用废催化剂的再生工艺研究 [D]. 昆明：昆明理工大学，2006.

[47]　Jones D A，Lelyveld T P. Microwave heating applications in environmental engineering-a review

[J]. Resources conservation and recycling，2002，34：75-90.

[48] 时运铭，段书德. 木质粉状活性炭的微波加热再生研究 [J]. 河北化工，2002，6：31-32.

[49] 韦朝海，侯轶. 难降解毒性有机污染物废水高级氧化技术 [J]. 环境保护，1998，11：29-31.

[50] Ku H S，Siores E，Taube A. Productivity improvement through the use of industrial microwave technologies [J]. Comput Ind Eng，2002，42：281-290.

[51] 唐玉林，王三反，洪磊. 电化学法再生颗粒活性炭的研究 [J]. 净水技术，2007，2(27)：37-41.

[52] Chiang P C，Chang E F. Comparison of chemical and thermal regeneration of aromatic compounds on exhausted activated carbon [J]. Water science technology，1997，35(7)：279-285.

[53] 童少平，魏红，刘维屏. 臭氧氧化法再生活性炭的研究 [J]. 工业水处理，2005，2(25)：47-50.

[54] 张会平，傅志鸿，等. 活性炭的电化学再生机理 [J]. 厦门大学学报，2000，39(1).

[55] 刘存礼. 臭氧化法水处理工艺学 [M]. 北京：清华大学出版社，1987.

[56] 刘辉. 全流程生物氧化技术处理微污染原水 [M]. 北京：化学工业出版社，2003.

[57] 张膨义，祝万鹏. 臭氧水处理技术的进展 [J]. 环境污染治理技术与设备，1995，3(6)：18-24.

[58] 朱自强. 超临界技术——原理和应用 [M]. 北京：化学工业出版社，2000.

[59] 陈皓，向阳，赵建夫. 超临界二氧化碳萃取再生活性炭技术研究进展 [J]. 上海环境科学，1997，16(12)：26-28.

[60] 陈岳松，陈玲，赵建福. 湿式氧化再生活性炭研究进展 [J]. 上海环境科学，1998，17(9)：5-7.

[61] 凯利 H，巴德 E. 活性炭及其工业应用 [M]. 魏同城，译. 北京：中国环境科学出版社，1990.

[62] Zimmermann. New waste disposal process [J]. Chem Eng，1998，65(8)：187-193.

[63] 宁平，陈玉保，彭金辉，等. 载硫活性炭微波辐射解析研究 [J]. 林产化学与工业，2004，24(3)，65-68.

[64] Gitchel G B，Meidl J A. Characteristics of active carbon regenerated by wet oxidation [J]. Alche Symp Ser，1988，76：51-59.

[65] Lahaye J. The chemistry of carbon surfaces [J]. Fuel，1998，77(6)：543-547.

第五章　活性炭在液相中的应用

05 Chapter

公元前 200 年，曼捷尔记载了活性炭用于过滤水并将其存放于阳光下的铜器中；之后，欧洲有钱人家的住房里，将水保存在里层炭化的木器里，可以实现水长时间保存。20 世纪，活性炭生产开始进入工业规模；1927 年，芝加哥用活性炭与砂质过滤器配合，成功防止了氯代酚苯对饮用水的污染，这成为了活性炭史上的一个里程碑。之后，活性炭的应用不断拓展，开始用于溶液脱色、油脂净化、糖浆澄清、医药试剂净化以及酒类净化等行业中，成为了国民经济中不可或缺的重要材料。本章主要讲述活性炭在水处理、食品工业以及制药工业中的应用。

第一节　影响活性炭液相吸附的主要因素

研究表明，活性炭这种多孔材料其表面是非极性的，而水分子属于极性溶剂。所以，活性炭用于吸附水溶液中的有机物是最理想的状态[1~4]。

通常来讲，活性炭（特例除外）对溶质的吸附遵循特劳伯规则。该规则认为，在同一溶液中，表面张力小的成分会被优先吸附。在多元系统中，溶解度小的成分容易被吸附，极性小的成分容易被吸附；同一物质在溶解度小的溶剂中优先被吸附；同一族化合物，分子量大的成分易被吸附。

活性炭在液相中应用，涉及液相多元系统中溶质的分离、提取和纯化。尽管特劳伯规则的理论表述并不十分令人信服，但就大多数使用场合还是很适应的。活性炭的微孔发达，以至某些大分子化合物无法进入微孔时，特劳伯规则就无法适用，这在实际应用时是经常碰到的，也说明在实际应用时对活性炭品种的选择是非常重要的[5,6]。

活性炭在液相中的应用，应考虑的因素很多，主要有活性炭添加量、温度、时间、酸碱度、作业方式等[7,8]。

一、活性炭添加量

添加量是影响活性炭液相吸附性能的一个重要因素。增大活性炭的添加量，有助于增加吸附活性位、提高吸附效果，但是也会增加吸附过程中的吸附阻力。因此，要确定合理的添加量，最大限度地发挥活性炭的吸附性能，达到理想的吸附效果。

最佳添加量可以通过实验研究确定，但实践证明，生产过程中的实际使用量通常比实验室获得的添加量要少，原因尚不明确，需要进一步研究。因此，对于活性炭添加量的确定，通常是根据实践经验来确定。由于每次使用的工况不一样，且每批活性炭的性能也不同，这就需要构建一个实验研究和实践使用之间的比例关系，同时辅以操作者的成熟经验。一般来说，在添加炭样 5～10min 后进行取样观察，判断是否正确[9]。

二、时间

脱色或精制所需的时间，受许多因素影响，如炭的粒度、炭的用量、液体温度和黏度等，一般需要 10～60min[10,11]。炭越细或用炭量越多则时间越短，当液体黏度大或用炭量很少时则时间就长些。对给定的色素和给定的活性炭种类，在同一条件下，随着时间的延长，单位质量的活性炭对色素的吸附变化并不大。表 5-1 为三种色素在溶液的平衡浓度为 0.1mmol/L 时，在 25℃ 时，活性炭对色素的吸附量随时间变化的情况。

表 5-1　时间对活性炭吸附性能的影响

种类	色　素	吸附量/（mmol/g）		
		5min	10min	60min
1	亚甲基蓝	0.82	0.82	0.83
2			0.44	0.46
3		0.63	0.66	0.70
1	孔雀绿	0.95	1.04	1.07
2			0.27	0.30
3		0.59		0.81
1	茜素红	1.21	1.25	1.25
2			0.55	0.60
3			0.52	0.59

所有的活性炭其吸附速率都是不相同的，因此，为求生产效率，生产车间的脱色作业时间应由实验室或车间操作经验确定。

三、温度

诸多研究表明，活性炭在液相中的吸附过程是放热的，降低温度有利于吸附性能的提高。但是，在液相中，升高温度可以有助于促进液相分子的活度和扩散，增强其在活性炭孔隙结构中的吸附。在实际应用过程中，温度的确定不仅考虑上述因素，还需要兼顾液体自身特性，比如黏度大的液体需要通过提高温度来增加其流动性，对于某些熔点高的物质也需要确保温度高于熔点，而热敏性差的物质就需要考虑温度对其有效成分的影响。总之，温度对于活性炭应用的影响，不仅需要考虑吸附性能也需要考虑应用状况，无法通过温度变化来提高其吸附量，也难以规定统一的操作温度，需要视情况而定。表 5-2 中的数据亦可资参考。三种色素的吸附量随温度变化的情况（时间为 60min）。

表 5-2 温度对活性炭吸附性能的影响

种类	色 素	吸附量/（mmol/g）	
		25℃	80℃
1		0.83	0.85
2	亚甲基蓝	0.37	0.39
3		0.46	0.56
1		1.07	1.08
2	孔雀绿	0.45	0.53
3		0.30	0.42
1		1.25	1.15
2	茜素红	0.60	0.55
3		0.56	0.66

四、酸碱度

pH 值对活性炭液相吸附有着显著的影响，尤其是用于色素吸附。由于天然色素很多都是酸性色素，也有少量碱性色素，所以通过选择合适的 pH 值可以增加活性炭对色素的吸附性能。活性炭对一些物质的吸附均随介质 pH 值的变化而变化，包括水溶液和非水溶液。以下是 pH 值的变化对脱色性能的影响。

当平衡浓度为 0.1g/L 时每克活性炭吸附苯胺量随溶液 pH 值变化的情况如表 5-3 所示。

表 5-3 溶液 pH 值的变化对活性炭吸附苯胺的影响

溶液的 pH 值	1.0	2.0	3.0	4.0	5.0	6.0	7.0	8.0
吸附量/（g/g）	0.038	0.040	0.050	0.060	0.115	0.147	0.150	0.160

活性炭的 pH 值的变化对椰子油脱色率的影响如表 5-4 所示。

表 5-4　活性炭的 pH 值对椰子油脱色率的影响

活性炭的 pH 值	2.5	4.0	4.5	6.0	7.0	8.5
脱色率/%	66	64	62	60	55	55

五、作业方式

活性炭在液相吸附中的应用工艺主要有间歇式工业和连续式工艺,工艺的选择需要根据物料性质和使用状况来决定。使用粉炭脱色多是间歇作业,粉炭用水调和后用泵抽到脱色缸,脱色后的溶液通过各种形式的滤器过滤,滤饼再经洗涤。使用颗粒状活性炭多是连续式作业,活性炭装填脱色塔,脱色塔由多个塔串联组成,连续脱色,分步再生。好多工厂采用两步法,即色素负荷大、溶液杂质多的情况下先用粉炭脱色,滤液再经颗粒炭脱色精制。

随着技术的不断发展,目前使用较多的是双阶段法。该方法是将已用过一次的脱色活性炭重新用在色素负荷重的溶液,然后投入新炭再脱色一次,此而经过使用的炭重新用于粗品脱色。某些溶液在脱色后要经蒸发浓缩,蒸发浓缩前后都要经脱色处理。

第二节　活性炭在制药工业中的应用

活性炭在制药业的应用相当广泛,无论是化学合成药、生物制剂、维生素、激素还是针剂、大输液等都可找到它的存在,而且活性炭还渗透到医疗制品或直接用于医疗药品[12,13]。

化学合成药典型的例子是乙酰胺基苯酚(商品药名扑热息痛),这种药在我国产量很大,每年要消耗几千吨粉状活性炭。合成扑热息痛是从对硝基苯酚开始,经还原成对氨基苯酚,以乙酸酰化成乙酸氨基苯酚。合成生成的扑热息痛粗品是暗灰色的,必须再溶于水经活性炭脱色后重结晶。脱色时要加粗品质量 5%～10% 的活性炭,大多数液相脱色时活性炭加量一般都不超过 3%。

化学合成药的种类很多,脱色功能也不尽相同。有的是合成最终产物的粗品精制,有的是合成原料单体的精制,活性炭的使用条件都应根据实际情况在实验室确定。有的脱色对象其有效成分价格昂贵,更应考虑有效成分被炭吸附带走,因此,炭的选择更显重要,因为质优适用的炭可减少投炭量,这样不但降低精制成本,更可减少有效成分因吸留而流失。

一、维生素

1. 维生素 A

利用活性炭能吸附胡萝卜素的性质，可将维生素 A 从胡萝卜素中分离出来。也可利用活性炭将维生素 A 和维生素 D 分离，将从鱼肝油制得的浓缩物溶解在庚烷里，并通过活性炭吸附柱过滤，然后，以新鲜庚烷洗提吸附物，则维生素 D 首先被洗脱，其次为维生素 A。

2. 维生素 B_1（硫胺素）

维生素 B_1 对维持人体正常的糖代谢具有重要的作用，也是抗神经炎的因素。将酵母用水抽提，加入中性乙酸铅使一些杂质沉淀，过滤后滤液用氢氧化钡处理使胶质沉淀出来，过量的氢氧化钡用硫酸除去，溶液中的其他杂质用硫酸汞除去，并将活性炭加入滤液吸附硫胺素，最后用 0.1mol/L 盐酸的 50％乙醇溶液来洗涤硫胺素。近年来也合成了结构和维生素 B_1 相似的呋喃硫胺，又称"新 B_1"。

3. 维生素 B_3

维生素 B_3，也称为烟酸或维生素 PP，是人体必需的 13 种维生素之一，对于维持神经系统健康和脑机能的正常运作有着重要的作用。活性炭对维生素 B_3 有着较强的吸附能力，吸附量可达 100mg/g；同时也具备良好的缓释性能，在较长的时间内药物缓释平稳，从而实现长效的治疗目的。

4. 维生素 C

维生素 C，即抗坏血酸，易被氧化成为去氢抗坏血酸，是一种强还原剂。工业上由山梨醇为原料制造，但粗品要经活性炭脱色后再结晶。维生素 C 粗液的脱色是一个很重要的程序，说它重要是因为维生素 C 太容易被氧化转化成去氢抗坏血酸，降低成品的品质。而这一转化程度又往往与炭的类型关系密切，所以对炭的选择就显得特别关键，因活性炭本身是促使转化的催化剂，例如含氮元素的炭具有很强的氧化能力，而只有含氧官能团的炭才具有还原性。另外，脱色时介质的氛围也很关键，在溶液中脱色时充氮或使用硫化钠、硫代硫酸钠浸渍活性炭也可减弱抗坏血酸的氧化。也有将活性炭制成湿炭使用，因活性炭浸水后可以将炭孔隙中的空气排走。但最好还是选择一种称为"抗氧化活性炭"的制品。除了炭的性能外，炭中含有的杂质也很关键，特别是含铁要很低，最好是 100mg/kg 以下。近年在开发使用颗粒活性炭装填吸附塔进行连续脱色。

5. 维生素 D

维生素 D，为类固醇类衍生物，有五种化合物，存在于部分天然食物中，具有抗佝偻病的作用。利用活性炭（椰壳活性炭）将维生素 D 从自溶酵母中吸附出,然后再用乙酸将维生素 D 洗涤出来。

6. 维生素 E

维生素 E,是一种脂溶性维生素,溶于脂肪和乙醇等有机溶剂中,能够改善血液循环、促进性激素分泌。维生素 E 存在于芝麻油中,在用活性炭对芝麻油进行脱色处理的时候,会吸附部分维生素 E。采用活性炭处理芝麻油时,维生素 E 的损失最小,损失量约为 5%。

7. 维生素 G

维生素 G,又叫核黄素,是体内黄酶类辅基的组成部分,缺乏时会影响机体生物氧化和新陈代谢。应用吸附剂从乳清中制备维生素 G 的浓缩物。乳清中的维生素,先在低温下用白土吸附,然后用热水洗涤出来。洗涤液中的维生素用活性炭吸附聚集,然后用乙醇-苯混合液解吸,之后蒸去乙醇和苯而得到维生素 G。

8. 维生素 H

维生素 H,是水溶性的维生素,是脂肪和蛋白质正常代谢不可缺少的物质,维持人体生长、发育和健康。利用活性炭从米糠中获得增浓 $60\sim90$ 倍的维生素 H(后来证明其为维生素 B_6 和维生素 B_5 的混合物)。这个过程之所以获得成功,是依赖于预先的几个步骤。经酸化的米糠提取液用白土来吸附维生素 B_1,滤液经中和后加以蒸干,进而用无水乙醇来萃取此固体干物质,萃取物利用水稀释后使用活性炭来吸附其中的维生素 H。最后再用正丁醇或其他适当的溶剂将活性炭上的维生素 H 洗涤出来。

二、抗生素

1. 青霉素

青霉素是抗生素的一种,具有抗菌杀菌的作用。早期提取青霉素的方法主要是采用活性炭吸附,然后使用有机溶剂洗提。

将青霉素菌种接种在灭菌的适当肉汁培养基内,在无菌条件下经 $70\sim80h$ 的发酵,当发酵完成后将肉汁过滤,此肉汁中含青霉素百万分之三十左右,冷却到可操作的最低温度,以防止青霉素被破坏。然后加入足量的活性炭来吸附青霉素。此混合料搅拌 10min 后过滤,炭滤饼用适当的溶剂洗涤青霉素。洗涤时,应先将炭滤饼从滤机上取下,然后与溶剂混合搅拌 20min 过滤,这样效果好些。可用真空蒸馏法将丙酮分离,所得之青霉素浓缩液冷却至 0℃并酸化至 pH=2,再溶于某些有机溶剂中,例如乙酸乙酯、醇、醚、戊酸乙酯、环己烷、三氯甲烷等。将含有青霉素的有机溶剂与稀碳酸氢钠溶液混合,形成的青霉素钠盐溶于水相,经与有机溶剂分离后,在冷冻和高真空下去水。

活性炭也用于青霉素生产中的过滤环节。使用活性炭过滤,能够保证青霉素的透过率在 50％以上，满足生产要求。在生产过程中，活性炭粒度越小，过滤速度越慢，透光率越好；反之，透光率越差。研究表明，200 目以上的活性炭，青霉素过滤后透光率＞50％，同时为了保证滤速，200～280 目的活性炭最为适宜。

2. 链霉素

1943 年，美国科学家塞尔曼·A·瓦克斯曼从链霉菌中提取获得了链霉菌。该菌是一种从灰链霉菌培养液中提取的抗生素，属于氨基糖苷碱性化合物，易溶于水，不溶于大多数有机溶剂。活性炭在链霉菌的生产过程中主要起到脱色的作用。纯净的淡灰链丝菌接种在无菌培养基上，保持无菌条件下与空气在 25～30℃下接触发酵数天。将此培养肉汁过滤，滤液调节酸度至 pH＝7，然后加入活性炭。活性炭的添加量影响脱色过程，应该严格控制，添加量不够吸附不完全，但添加量太多则降低洗涤产量。过滤将炭与溶液分离，用乙醇洗涤炭饼，以除去吸留于炭上的杂质，然后用已经酸化过的甲醇将链霉素从炭上洗涤下来(在酸性环境活性炭无法吸附链霉素)。将此洗涤液中和后严格控制条件，采用真空蒸发得到纯度为 25％～30％的粗品。最后利用活性炭在 pH＝2 时不吸附链霉素而可吸附杂质的特性来精制，再利用活性炭在 pH＝7 时可吸附链霉素的特性，将它分离出来，炭上的链霉素用酸度调节到 pH＝2.5 的稀丙酮洗涤出来，经浓缩析出纯品。

三、去致热原

凡不经人和动物肠胃吸收的药物，而采用静脉灌注或皮下注射的药物，其水溶液消毒灭菌显然是极重要的。药液中虽然不存在微生物，但仍不能用作注射液，这是由于在消毒时溶液中的细菌形成了某种副产物，某些细菌还产生耐热性的物质，这些物质总称为热原(pyrogen)。当注射液(针剂或大输液)中含有热原时，注射到动物体内在 15min～8h 内即发生一系列生理反应，其特征是发热、发抖又伴随着体温降低，还可能发生恶心、呕吐、头痛和蛋白尿等。

普通蒸馏水中可能存在大量的致热原，如采用蒸馏法去除致热原，则需要特殊设计的蒸馏装置。但只要在水中加入很少的粉状活性炭(如 0.1％) 接触数分钟就可除去致热原。要滤去活性炭要有专门的滤器，既要保证固态物完全滤去又要有灭菌要求。

当加入右旋糖等药物于经过专门制备的水中时，还能导入致热原。因此不能采用蒸馏法净化而必须应用活性炭吸附。然而有些药物会被活性炭吸附而使有效成分降低，因此要考虑这一因素而适当加大投药量，以抵消被吸附的药物量。很奇怪，颗粒活性炭是无效的，只有粉状活性炭才适用。对此类活性炭，除了吸附性能外，很重要的是对炭的精度要求很高，也就是在炭的生产过程对炭本身的精制很重要，否则会将杂质带入注射液中。再者，此类炭应选择以木质材料为原料，经炭化和高温水蒸气活化制取，并经仔细酸洗除杂质而成。化学法活化的活性炭产品，一是残留的化学剂不易洗净，二是由于活化温度较低，炭中残留未完全炭化的有机高聚物，一旦药物偏碱性，则该类成分溶解的可能性加大，还是慎用为佳。

四、激素

1. 胰岛素

活性炭可用于胰岛素的提纯。将初步净化过的胰岛素溶液调节酸度至 pH＝2.5，之后用活性炭处理 12h，过滤，用水洗涤活性炭滤饼。然后用含 5％乙酸的 60％乙醇溶液处理，洗脱去除杂质。之后，活性炭滤饼于室温下用含 12％苯甲酸的 60％乙醇溶液浸提数小时，以洗提其中被吸附的胰岛素。滤液中的乙醇用蒸发方法除去，再以乙醚萃取浓缩液中的苯甲酸。而溶液中尚留有的少量乙醚采用蒸发方法除去。最后获得胰岛素结晶体。

2. 肾上腺皮质激素

在制备肾上腺皮质激素过程中，活性炭主要用于吸附该激素。用丙酮提取肾上腺并于 35～45℃真空下除去丙酮后，使用氢氧化钠调节 pH 值至 7，然后加入活性炭。为了除去活性炭上存在的其他杂质，使用稀碱液来洗涤去除含酚基杂质，乙醇洗涤去除类酯化合物，之后用盐酸来洗提肾上腺激素。

有报道显示，在动物切除掉肾上腺之后，通过喂食吸附有肾上腺皮质激素的活性炭，由于激素能够在肠胃中被洗提下来，从而可以保持动物正常的健康状况。

3. 雌激素

环境雌激素由于对水生生物的生长影响重大，逐渐成为了学者关注的焦点。活性炭是去除水中环境雌激素的有效措施。采用颗粒活性炭，可以快速高效地吸附水中的雌激素，去除率可达 80％以上。但是由于活性炭选择吸附性相对较差，所以对于污水中的雌激素吸附容量会降低，疏水性是影响活性炭在液相中吸附性能重要的因素。

4. 垂体后叶催产激素

将垂体后叶粉的提取液调节 pH 值至 11，然后用白土去除杂质，之后使用活性炭吸附溶液中的活性成分，再用乙酸提取该激素，就可以实现垂体后叶催产激素的富集。

五、活性炭直接用于医疗

1. 外用

活性炭具有除臭和防腐的作用，当伤口使用石膏模型或者是绷带的时候很容易发生臭脓，通过在石膏中掺加 5%～12% 的活性炭可以消除这种臭味。粉状活性炭通常被封入布袋制作成为绷带，用于化脓、溃疡等伤口或者是其他分泌物伤口的临床治疗中。在该类活性炭的使用过程中，由于盐分会改变石膏的凝固性质，所以活性炭需要不含盐分[14~16]。

目前将粉状活性炭与不影响吸附性能的胶料涂在布上成为活性炭布的技术已很成熟，所以，利用这活性炭布包在石膏模料外面就可以防止令人厌恶的臭味。也可以将活性炭布做出各种适合人体形态的外套，将伤口化脓正在治疗的部位像穿衣裤一样完全套起来，则效果更佳。外科病房中在发出恶臭病员的周围，也可采用抽风机将周围臭气吸出通过一个颗粒活性炭缸，臭味即被活性炭吸附，出风无臭。尤其是现今病房往往启用空调，无法开窗的情况下更显其重要性。

2. 内服

明代时期，我国就开始利用木炭治疗胃肠道疾病；20 世纪，活性炭逐渐取代木炭。活性炭在临床医疗中的应用主要有口服清除药物中毒、血液灌流治疗严重中毒、肠胃灌洗促进毒物排出以及辅助进行恶性肿瘤的手术等。

(1) 口服清除药物中毒　洗胃是抢救中毒的主要手段而被广泛使用。但是美国临床独立医学会指出，洗胃不应该作为中毒治疗的常规方法。研究表明，洗胃对于清除毒物的差别较大，并且随时间消失；同时对于过量服药患者的临床治疗也并无有益效果，还会产生严重的并发症风险。随着催吐和洗胃的负面报告和询证研究，口服活性炭成为减少毒物吸收的有效手段。研究表明，面对中毒指征，尽快服用活性炭，在服毒的 30～60min 后服用活性炭其可集合 45%～60% 的毒素；每服毒 1g 应使用活性炭 10g 进行吸收。单剂量活性炭的治疗一般没有不良反应，此外还可以多剂量服用活性炭。

(2) 血液灌流治疗严重中毒　血液灌流是公认的治疗药物中毒、挽救生命的有效方法，主要是通过灌流液中的吸附剂的吸附作用清除溶解于血液中的毒物。常用的吸附剂主要有树脂和活性炭。活性炭对无畸形、疏水性分子吸附能力强，而树脂对亲脂性和带有疏水基团的物质吸附性强。

(3) 肠胃灌洗促进毒物排出　活性炭用于肠胃灌洗的机制主要是利用活性炭的吸附作用来清除毒物，同时没有肝肾功能和造血功能的损失，尤其适用于安眠药类中毒的清除。与传统洗胃术相比，更有利于去除毒物、阻止毒物吸收，从而减少毒物对重要器官的损害，防止并发症的发生。有报道显示，采用活性炭肠胃灌洗，按照服药量 1∶1 的剂量给予活性炭，之后用 250mL 20% 的甘露醇进行导泄。

（4）辅助进行恶性肿瘤手术和介入治疗　活性炭具有良好的淋巴趋向性和吸附性，吸附抗癌药物，实现缓释功能。活性炭吸附抗癌药物，不仅能够定向分布于淋巴周围长时间维持较高浓度，还能够将淋巴结染黑指导淋巴结清楚手术。由于活性炭具有淋巴趋向性、缓释性和局部滞留性，毒副作用小，临床应用前景逐渐广阔。动物实验表明，活性炭吸附不同的抗癌药物，比如阿柔比星、丝裂霉素、博来霉素等，其毒性远小于抗癌药物水溶液剂型。

随着技术的进步和研究的深入，活性炭新的临床应用也逐渐增多，比如全麻手术中采用活性炭在紧闭环路中过滤用以吸附多余滞留的麻醉气体、用于肝脏肾脏障碍治疗以及癌症跟踪治疗等[17~21]。

第三节　活性炭在食品工业中的应用

一、蔗糖

我国是世界第四大产糖国，每年的食糖总产量约为 1300t。澄清工艺是制糖生产的第一环节，也是关键环节，对于提高产品质量和糖分回收具有重要作用。吸附脱色是一种重要的澄清工艺。在活性炭未出现时，主要是用骨炭来处理。骨炭是由牛骨干燥破碎后，于 600~850℃ 下隔绝空气干馏制得，收率为 65% 左右。由于骨炭的灰分含量大，含碳量低，脱色效果比较差。之后逐渐被活性炭所取代。

从 20 世纪初成功制造活性炭开始，首先进入应用领域的是蔗糖脱色精制。蔗液的精制有许多步骤。首先以石灰来澄清，再浓缩结晶出初步精制的糖，称粗糖，纯度约 96%。经洗涤的结晶再溶解在水中，成为 50%~60% 的糖液。再下一个步骤就是澄清，主要是加入石灰使糖液成微碱性，再用磷酸中和，生成的磷酸钙可吸附杂质，用过滤法除去，然后用活性炭脱色[22,23]。

我国蔗糖盛产于华南地区，其生产方法很少采用由红糖加工精制成白糖，所以没有大量使用骨炭或活性炭。糖厂都采用二氧化硫漂白，将色素还原，这就有可能在以后同空气接触的过程中，颜色会泛黄。但大部分的有色胶体都能被所形成的亚硫酸钙吸附除去。不过当糖色重时，以活性炭脱色还是很必要的，并还有脱臭作用。而二氧化硫漂白，既不环保又对人体有危害，应加以改进。

利用活性炭脱色时，糖液的 pH 值至关重要。偏酸性时易引起糖的转化，但脱色效果好，因此控制 pH＝7 为佳。糖液稀有利脱色，但使以后的蒸发负荷加大，一般控制浓度在 50% 左右。温度 70～80℃。一个应引起注意的问题是活性炭在脱色过程会使 pH 值下降，也就是说会使转化糖增加，因此应随时检测糖液的 pH 值[24]。

从 20 世纪 50～60 年代开始，美洲国家纷纷采用颗粒活性炭连续脱色，使大规模、连续化脱色成为可能，经脱色失效的活性炭还可再生回用。脱色装置除了常规的吸附塔外，日本于 1963 年还创建了一种脉冲吸附塔，称为国产 1 号装置(设在原新日本制糖股份公司的扇桥工厂)。糖液由脉冲塔下部进入，经与塔内的颗粒活性炭脉冲接触后由塔顶排出。塔最下部位的吸附色素负荷最重的活性炭每日定时排出，同时新炭(或经再生的炭) 与排出炭等量从塔顶加入。活性炭的放出和填进在几分钟内完成作业。卸出的废炭经洗涤后热风干燥到水分达 45% 送入再生炉再生。

二、葡萄糖

目前，全世界用于葡萄糖脱色的活性炭达到数万吨，活性炭是葡萄糖工业发展过程中不可或缺的材料。活性炭在葡萄糖液脱色净化过程中起着关键的作用，主要是去除高分子和低分子色素，这些颜色一部分是由原料中来，一部分是制造过程所形成的。

玉米淀粉采用盐酸或酶的水解转化成单糖，这就是所谓的酸法或酶法[25,26]。酸法的糖液的颜色要比酶法的深，用炭量要多些。用活性炭处理，除了脱色外，还要减少蛋白质、戊羟甲基糖醛(5-hydroxy methyl fur-fural，HMF)、发泡物质和铁质等，其中 HMF 如不有效地除去，则成品葡萄糖在储存过程或远洋运输过程中会发黄。因此，HMF 被认为是一种潜伏色素，要除去 HMF 这种低分子物质。HMF，属于低分子物质，应采用微孔发达的活性炭；而色素，其分子均较大，因此要使用大孔或过渡孔发达的活性炭。

化学法，比如磷酸法或氯化锌法，制备得到的活性炭，含有丰富的过渡孔，适用于色素的脱除。所以，在脱色工艺中，化学法制备的活性炭具有良好的应用效果。但是该类炭对于像 HMF 这种小分子物质的吸附能力较差。实践证明，采用高温水蒸气活化的所谓物理法活性炭，含有大量的微孔，对 HMF 有较高的亲和力。

三、乳酸

乳酸的学名为 α-羟基丙酸，是一种重要的有机酸，广泛应用于食品、医药、日化、生物降解材料等领域。发酵法是工业上生产乳酸的主要方法，在酸性条件下菌类的作用会停止，故加入碳酸钙或氢氧化钙来中和所生成的乳酸，反应实际上生成的是乳酸钙。当发酵完成后，加热至 90℃ 使溶液中的朊类沉淀出来，并过滤分离。

乳酸钙可转化成其他乳酸盐或乳酸，也可用多种方法净化，活性炭就是其中一种。将乳酸钙经过滤除去朊类后加入活性炭脱色，然后过滤分离活性炭，调节溶液呈弱酸性，使用活性炭再次处理。经处理后的溶液浓度缩至 15°Bé 并冷却使乳酸钙结晶出来。之后将结晶溶于 65℃ 水中，用活性炭处理。

生产乳酸钠时，由于乳酸铵溶液中所含的杂质（如钙盐和硫酸盐等）不利于其结晶，所以可以利用活性炭去除杂质，过滤，之后浓缩到 60%～75% 结晶析出，通过过滤去除，之后稀释到 50%。

乳酸产品是由乳酸钙同硫酸作用产生，反应生成的硫酸钙经过滤除去，所得乳酸在加热条件下用活性炭脱色除杂，然后再经离子交换树脂吸附交换以除去一些金属离子。此外，还存在一些不溶于乙醚的杂质，可能是残留未发酵完全的糖类或中间产物，可通过分子蒸馏或膜分离去除而净化之。

四、柠檬酸

柠檬酸是重要的有机酸，易溶于水，在食品行业、化妆行业等领域具有重要的用途。柠檬酸的生产分为发酵和提取两部分。在生产工艺中，活性炭的作用是除去胶质、蛋白质和脱色。柠檬酸液中的色素有罗维邦红色素和黄色素，活性炭对红色素有较好的去除效果，而对黄色素却很难去除。因此，当使用市售普通活性炭时，经脱色处理后的柠檬酸往往残留黄色素而影响结晶色品。近年国内研究成功能易于去除黄色素的专用活性炭。但当将柠檬酸制成柠檬酸钠时，则应选用另外的专用活性炭处理[27,28]。

五、味精

味精，学名谷氨酸钠，问世将近百年。20 世纪 20 年代，吴蕴初先生在上海首创天厨味精厂，是我国制造味精的先驱者。起初，因味精价格贵，使用量不大，产量较小。随着人们生活水平的提高，味精工业迎来了发展期。20 世纪 80 年代，我国味精工业快速发展，并逐渐成为食品行业中一个重要的分支。

味精脱色工艺是味精生产过程中一个重要的环节，采用活性炭脱色是常用的脱色方法。以麸筋为原料，经水解得到谷氨酸，经氢氧化钠中和并经活性炭脱色除杂，最后获得白色谷氨酸钠结晶。味精料液的浓度、含量、温度、酸碱度以及脱色时间都影响活性炭的脱色效果，实践表明，同一品质的活性炭对不同料液其脱色净化效果也不同。活性炭在吸附过程中，可以采取单次吸附法也可以采取多次吸附法。单次吸附法按照设定的投炭量一次性投料，这种方法简单，但是需求料液质量好且稳定，适用于使用变晶工艺生产的麸酸。多次吸附法是将设定的投炭量分为两次或三次投料，第一次投料最佳时间是料液 pH 值为 5.9～6.0，投入 50％的活性炭进行脱色，之后根据麸酸的特性再将剩余的活性炭投入。多次吸附法不仅有助于避免活性炭的浪费，还能够提高脱色、过滤的效果[29]。

从 20 世纪 70 年代后期开始，国内出现用颗粒活性炭装填吸附塔进行连续脱色精制，所用的是杏核为原料采用高温水蒸气活化的无定形颗粒。首先在广州味精厂运转，由于效果明显，此后逐步得到推广应用。也有将粉炭和颗粒活性炭组合使用，先用粉炭脱色，再经颗粒炭精制。

六、食用油脂

油脂的主要成分是脂肪酸甘油酯，也含有少量的游离脂肪酸和其他杂质。杂质的种类和数量受油脂原料影响，因此油脂的精制方法就各不相同。杂质是动植物在生命过程中新陈代谢的产物，对其生命活动具有重要意义，尤其是抗氧性杂质，能够防止油脂氧化酸败。油脂精制，除去有害成分、保留有益成分。通常精制方法有三个步骤，即中和、脱色、除臭。中和一般是使用氢氧化钠去除游离脂肪酸，亦有除去蛋白质和胶状物的功能，并使杂色降低。要使油品成为淡色，则要做进一步的处理。处理方法可通过化学剂的作用，但普通使用的是利用吸附剂。活性白土和活性炭等都是油脂工业不可缺少的吸附剂。白土主要起脱色作用，活性炭主要是脱臭、除气味和脱色[30～32]。

对活性炭类型的选择也很重要，不同活化方法所制得的活性炭产品其性能迥异、适应不同油品的脱色，使用前先进行试验为好。活性炭的 pH 值应控制在 5～8 之间，碱性太大或酸性太大可使油品发生不良变化。

1. 椰子油

椰子油呈现的杂色和存在的杂质，使用活性炭可发挥良好的精制作用，无需与其他材料混合使用。对于一般的椰子油，活性炭的添加量小于 1％就可以获得良好的精制效果；但是对于品质不好的粗油，则需要增加活性炭的添加量。活性炭种类的选择至关重要，不同活性炭品种对于脱色、去杂质的效果影响显著。

2. 棉籽油

棉籽油成分复杂，含有棉酚、多种糖类、树脂、叶黄素、叶绿素等，所以需要联合使用白土和活性炭从而达到满意的处理效果。活性炭与白土的比例一般为 1∶(4～5)，根据油品的质量而定。白土可以除去黄色素，活性炭去除红色和绿色，两者优势互补。活性炭还可消除因使用白土带来的泥土味，并且也可除去很微量的物质，诸如皂素、磷脂、胶质等。在棉籽油处理过程中，不宜使用酸性白土，因它易于分解油类，并具有促进氧化的作用。

3. 花生油

一般的花生油，品质相对较好，只需要活性炭脱色即可达到效果。如果是暗深色的花生油，则需要联合使用白土和活性炭来达到良好效果。

4. 大豆油

大豆油既可供食用，也可用在油漆上。当供作食用时，除了使用活性炭与白土较高比值的吸附剂外，其他与处理棉籽油的方法相似，特别是当油品的绿色很深时就更当如此。活性炭可去除成品油中能产生不良气味的物质。

5. 橄榄油

橄榄油由于其压榨工艺和提取工艺的不同，品质也不同。优质的橄榄油特别是从第一次压榨得到的橄榄油是不需要脱色的。质次的橄榄油可用白土和活性炭混合处理。而用二硫化碳提取法制得橄榄油往往带有深绿色，可用白土和活性炭混合吸附剂处理改善，使其成为金黄色产品。

6. 玉米油

玉米油可用白土和活性炭混合物处理，但活性炭占的比例需比其他的油少些。有人认为应在部分真空及 80℃或更低些的温度下处理。

七、酒类

活性炭处理酒的功能，主要是去除杂色(指白酒)、不良杂质和促使陈化(酯化)。木炭或骨炭用于酒处理在欧洲已有很久的历史，现今均已被活性炭所取代。在应用过程中，活性炭要先制成稀浆状，缓慢地加入和混合，避免大量的空气进入。活性炭的加入量根据不同的酒类都应有严格的控制，否则会使酒中天然的香味消失，失去了某些酒独有的特色。某种酒应该加入多少活性炭要经过试验确定，并应严格选择炭种。

制造啤酒时，在加入酒花前，用活性炭处理尚未发酵的浸汁，可以降低其中蛋白质的含量，并能改良其保持泡沫的性质以及熟啤酒的香味。如用活性炭处理带苦味的浸汁则更有效。发酵后用活性炭处理，可改善啤酒特有的香味和发泡起沫的性质，也可加速啤酒的陈化。

随着技术的发展，在酒类处理中，已经形成了专用活性炭品种，如酒精处理专用活性炭、浓香型曲酒处理专用活性炭、清香型酒类处理专用活性炭、瓜渣酒处理专用活性炭等。专用活性炭品种的开发和应用不仅丰富了活性炭产品线，也有助于提高其应用性能。

第四节　活性炭在水处理中的应用

健康意识的增强和工业的发展，使得水处理成为了关乎人民健康和社会和谐发展的一个重要领域。水处理分为上水处理和下水处理。上水通常指生活用水、工业用水、纯水等经过人工处理后使用的。由于上水处理的目标涉及饮用，因此对活性炭的吸附性能要求相对较低而对活性炭本身的安全性能要求较高。下水通常指生活污水、工业污水，水中的污染物大致分为无机污染物和有机污染物两类。无机污染物主要是重金属，如铬、铅、汞等以及氰化物和放射性物质。有机污染物主要指耗氧有机物（BOD、COD）、酚类有机物、含磷和氮有机物。下水处理用活性炭需要具备良好的吸附性能，同时要根据处理污染物的不同，选用不同的活性炭。

一、上水的活性炭处理[33]

1. 自来水厂的深度处理

20 世纪 60 年代以前，臭氧氧化法被当做与加氯消毒相应的一种消毒方法。水厂采用氯消毒时，氯与水中有机物会形成三氯甲烷，带来危害；用臭氧氧化法时，臭氧量不足时会出现对人体有害的诱变剂和致癌物。国际上较普遍采用臭氧技术，广泛应用此技术的当属法国。投加臭氧的位置有两种，一种是在滤池之后，主要作消毒剂使用；另一种是在原水中投加一次，在普通滤池之后活性炭滤池之前再加一次。第一次投加作为消毒剂用，第二次投加起生物活性炭的作用。

由于臭氧法和加氯消毒存在一定的问题以及对饮用水水质的要求提高，自来水厂的处理工艺在常规水处理基础上向深度处理发展。活性炭因其强吸附性能而应用于自来水的深度处理，很多国家的水厂都采用了此项工艺，例如：法国 Mery Snoisee 水厂、法国莫桑水厂、英国低色度水慢滤池工艺水厂、瑞士苏黎世水厂、德国的 Mulheim-Ruhr 水厂等工艺流程中都有活性炭处理工序。

我国水厂逐步开始应用臭氧与活性炭滤池联合使用的生物活性炭法。臭氧与活性炭联合应用工艺，不仅能够去除水中有机物、降低 UV 吸附值和总有机碳（total organic carbon，TOC）、氯含量化学需氧量（chemical oxygen demand，COD），还可以降低水中三氯甲烷前体、铁、锰、酚等含量，使 Ames试验为阳性的水分呈阴性。生物活性炭法是当前去除水中有机物的方法中较为有效的一种深度处理方法，但因其耗电量较大而使其应用受到限制。

活性炭用于处理水臭问题的例子很多。1978 年美国环境保护局（EPA）曾建议美国的所有城市，当供水人口大于 75000 人时，给水处理系统都须使用颗粒活性炭。美国环保委员会为了保护饮水不被苯、甲苯、氯仿等有机物所污染，曾投资 150 万美元建了两座活性炭吸附装置，每个吸附塔一次填装颗粒活性炭 9t，每天可处理饮水 100 万加仑(1 加仑＝3.785L)。

用于自来水处理的活性炭主要分为颗粒活性炭和粉状活性炭。

粉状活性炭有如下几种投加方式：可在沉淀以前投加或者紧接在进入快滤池之前投加，都必须使活性炭有足够长的接触时间；也有分别由两个或更多的投加点投加；也有使用流化床装置。在较大的装置中，可用尘埃控制干加系统投加活性炭，也可用水加炭的炭浆投加。投加量控制在 5～50mg/L。粉状活性炭的使用通常是一次性的，虽然粉炭便宜，但如消耗大，考虑到经济效益和环保问题，也有必要回收利用。

粒炭的使用日渐增多，其再生损耗不超过 5%。但也有使用强度差、便宜的粒炭，用过的废炭有可能重新加工成为粉炭。粒炭以装在净化工序之后为佳，其好处是：一些有机物质已由混凝和沉淀(澄清)工艺去除，减轻了活性炭的负担，延长了操作寿命；降低活性炭被颗粒状杂质和混凝剂絮体的堵塞程度。

2. 去除卤代甲烷

饮水中使用氯杀菌处理时带来了微量的卤化烃，尤其是三卤甲烷(THM)。氯仿是由氯和地面水中的天然有机物组成，如腐殖质和灰黄霉素类反应而成。研究表明水中含有 10mg/L 的有机物如单宁酸、腐殖酸、葡萄糖、香草酸、棓酸会与 10mg/L 的氯发生氯化反应，生成约 90% 的氯仿。水中存在的卤代甲烷必须引起重视。美国曾对 30 个大城市和 11590 个城镇的给水进行调查，指出饮用经氯化消毒后的地面水，可能对人体健康造成潜在的危险。国内研究发现，长期饮用加氯消毒的水的人比不饮用加氯消毒的水的人，死于消化和泌尿系统癌症的危险性更大。

活性炭可去除三卤甲烷，曾用粒状炭试验，在 pH=7，温度 24℃，接触 24h 后，对氯仿的吸附量为 16.5μg/g。对三溴甲烷的吸附量为 185.0μg/g。

3. 饮用水的净化

随着水源污染的程度不断加大，质量不断下降，引起了世界各国的密切关注，饮用水质标准也随之不断地进行修改和增订。吕锡武、严煦世在 1986 年的《生活饮用水卫生标准》(GB 5749—1985) 的基础上提出"优质饮用水水质准则"建议稿，水质指标有 52 项，其中 34 项为 GB 5749—1985 中的项目，增加的项目有：1,2-二氯乙烷、1,2-二氯乙烯、四氯乙烯、三氯乙烯、五氯酚、2,4,6-三氯酚、艾氏剂-狄氏剂、氯丹、七氯和七氯氧化物、六氯苯、林丹、甲氧 DDT、炭氯仿萃取(CCE) 和致突变试验(Ames 和 SOS 试验) 以及两项口味指标(二氧化碳和温度)，并指出至少有 26 种元素是人体所必需，其中 11

种是主要元素，15 种是微量元素。

高质量的饮用水有益于人类的健康，实现饮用水的高质量必须采用先进的水质深度处理技术。目前，由于饮用水总量有限，如果将采用高成本获得的饮用水不分用途和不分水质的使用，成本较高。所以，结合城市自来水使用分配的实际情况，采用合理的解决方法：城市水厂继续以常规工艺提供满足一般用途的自来水，居民用户另行采用小型、高效，且能去除致癌、致突变、致畸等污染物的净化装置，以自来水为原料做更深度的加工，保证饮用水的高质量。这样既确保了居民的健康，又在居民经济承受能力范围之内。

活性炭可作为净化饮用水的手段之一，其优点有：对三氯甲烷、农药、异臭味、有机物去除有特效；对细菌、氯、镁、沉淀物能部分去除；对钙、铁、钾等人体有用元素不去除；降低色度；成本不大。在饮用水的处理方法中，一般情况下，离子交换树脂是无法与活性炭相媲美的，如果要达到一定程度的有机物标准时，活性炭和大孔型阴离子交换树脂的联用技术是非常有效的。

4. 管道供应可生饮自来水

管道自来水一般不宜直接生饮。管道自来水水质要符合国家饮用水标准，达到欧盟水质要求，其生产要经过四关：一过微滤关(微滤的孔隙为 100nm)，二过活性炭关，三过超滤关(超滤孔隙为 10nm)，部分还要四过纳滤关(纳滤孔隙只有 1nm)。经过处理后，除去微粒或大于数百纳米的细菌、寄生虫、微生物等，而小分子量的矿物质等对人体有利的物质得以保留。这样去除了自来水中的有害污染物，保留了人体所需的铁、钙、锰、锌等。

5. 臭氧-活性炭消毒法

在自来水消毒过程中，使用氯可能出现痕量氯仿和其他三卤甲烷等副产品，这些物质具有致癌性。从消毒处理的观点出发，通常有两种办法：一是采用其他消毒剂，如不会产生三卤甲烷的二氧化氯、臭氧等；二是把水通过粒状活性炭滤池进行吸附，从而减少三卤甲烷母体作用的有机污染物含量；三是应用臭氧氧化和生物活性炭联用的工艺，效果也很好。

水处理中用臭氧来杀菌消毒，改善色度、味觉和嗅觉，氧化有机物，加强难降解有机物和天然有机物等的生物降解性，改善絮凝效果等，但存在着臭氧利用率不高，成本高和与有机物反应有较强的选择性等问题，其直接应用有一定的局限性。以活性炭为催化剂，协同臭氧结合使用，有很多好处，例如：

① 在活性炭吸附前加臭氧，可以将一些大分子有机污染物氧化为易被活性炭吸附的小分子；

② 臭氧通过活性炭滤床，使活性炭上所吸附的有机物氧化分解，起活性炭脱附再生作用；

③ 比单独用臭氧法处理水，更能降低臭氧的耗用量；

④ 既能去除有机污染物含量，又能去除细菌和病毒。

国外许多国家和我国哈尔滨化工区地下水、抚顺洋河水源和天津红旗毛纺厂都采用臭氧-活性炭法，效果良好。

6. 活性炭吸附-生物膜处理法

活性炭吸附-生物膜处理法主要是利用活性炭能够富集有机物并选择性吸附水中的溶解氧，在适宜的条件下使活性炭表面生成好氧微生物，将活性炭的吸附作用和微生物的分解作用结合起来发挥二者的协同作用，提高水处理效果、延长使用寿命、降低使用成本。美国罗卡威城采用曝气和颗粒状活性炭结合的方法能够有效地除去水中的有机化合物；美国 Cyanmid 公司在三级处理水时使用颗粒活性炭；美国环保署关于饮用水标准的 64 项有机污染物指标中，有 51 项将活性炭列为最有效的技术。

二、下水的活性炭处理[33]

1. 含汞废水

1953 年发生在日本的水俣病事件，就是含甲基汞工业废气污染水体，使水俣湾大批居民发生神经性中毒的公害大事，汞害为人们所关注。

活性炭上引入聚硫脲有利于提高对汞的吸附能力。将椰壳炭吸附聚胺和二硫化碳后，继续反应，可获得固定有聚硫脲的活性炭。当相对分子质量为 1800 的聚胺在活性炭上的固定率为 11.8％时，该活性炭对汞吸附能力最佳，超过 11.8％时，对汞吸附能力急剧下降，因为固定率越高，活性炭的比表面积就急剧下降。

某厂含汞废水经硫化钠沉淀，以石灰调整 pH 值，加硫酸亚铁作混凝剂处理后，含汞量为 1～3mg/L，远高于 0.05mg/L 的允许排放标准。如果再以活性炭处理，采用两个 40m³ 静态间歇吸附池，装 1m 厚的活性炭，交换工作。使进吸附池的废水近满，以压缩空气搅拌 30min 后，静置 2h，该厂每天废水量约 1～2m³，经活性炭处理后的出水含汞量符合排放标准。

粉状活性炭可以用于处理低浓度的含汞废水，为我国生产水银温度计工厂所采用，通过饱和炭加热升华、冷凝回收汞。

载有盐酸的活性炭，最好其微孔半径＜80nm，用＜30％的水蒸气活化。适用于去除液相碳氢化合物中含有的汞或汞的化合物。

活性炭吸附水溶液中的二价汞与 pH 值成反比。pH 值在酸性范围时，活性炭对汞的吸附较高。pH 值从 9 降到酸性范围时，去汞多达两倍。

活性炭去汞效率与活性炭性质和活化工艺有关。由木材、椰子壳和煤通过蒸汽法活化制造的活性炭从 pH 值低于 5 的溶液中去汞量高，如 pH 值提高，去汞量降低；由木材通过氯化锌法活化制造的活性炭去汞量较高，甚至在提高

pH 值大于 5 时仍有较高的去汞量。

活性炭去汞效率与溶液中加入添加剂有关。加入鞣酸或乙二胺四乙酸（ethylene diamine tetraacetic acid，EDTA）螯合剂少到 0.02mg/L 就可使吸附汞从 10% 增至 30%，依溶液的 pH 值和炭的用量而定，其中鞣酸的效果更好；加入硝酸则低效；加入钙离子也能提高汞的吸附量，钙离子浓度从 50mg/L 增加到 200mg/L 时，汞的吸附量增加 10%～20%；当钙离子和鞣酸同时存在时，使用较少的活性炭，去汞量几乎增加一倍；以金属硫化物浸渍处理的活性炭选择吸附汞也非常有效。

2. 含铬废水

铬是电镀中应用较多的金属原料，在电镀废水中含有大量的六价铬。活性炭有发达的微孔和巨大的比表面积，吸附能力强，可以有效地吸附废水中的铬离子。同时，活性炭表面存在着丰富的含氧官能团，比如羟基、羧基等，可以对铬离子发生化学吸附。活性炭处理含铬废水的过程是活性炭对废水中铬离子物理吸附、化学吸附等作用的结果。研究表明，当溶液中的铬离子浓度为 50mg/L、pH＝3、吸附时间 1.5h 时，活性炭对废水中的铬离子吸附效果最佳。活性炭处理含铬废水，处理后的水可以达到国家排放标准。

3. 含钒废水

活性炭能吸附溶液中的四价钒离子和五价钒离子，溶液的 pH 值和活性炭表面性质对其吸附有一定影响。四价或五价钒离子的被吸附在一定 pH 值范围内都因 pH 值增加而增加，在 pH 值范围 2.5～3 之间达到最大，此后降低；氧化处理后的活性炭对钒离子有较大的吸附率，从偏钒酸钠溶液中以氧化改性的粉状活性炭吸附钒，可从含量 50mg/L 的溶液中去除 90% 的钒。

当使用较大量的活性炭或较长吸附时间时，活性炭的吸附率有所提高，即溶液中更多的钒被吸附。例如：以 0.5g C/100mL 和 5.0g C/100mL，同样吸附时间 3h 比较，溶液中钒的残留百分比：前者约 40%，后者约 9%。再以 5.0g C/100mL 的吸附时间 1h 和 3h 比较溶液中钒的残留量百分比：前者约 22%，后者约 9%。

有人对水中痕量钒用活性炭进行预富集，研究了水中痕量钒的吸附和解吸条件以及活性炭对钒的吸附容量。50mg 活性炭可对 500mL 的水中 80μg 以内的钒进行定量回收，回收率在 93%～104% 之间。本法对合成海水样品痕量钒量进行分析测试，结果满意。

4. 含磷废水

废水中含有机磷农药，如对硫磷、甲基对硫磷等，可用活性炭吸附。达到吸附饱和的活性炭可用蒸汽再生。马拉硫磷、磷酰胺、敌百虫及敌敌畏等有机磷化合物，可先用活性炭吸附，再用硫酸铝及氯化铁进行混凝沉淀去除。对生产甲基异柳磷、增效磷的废水采用活性污泥法的处理过程中，投入粒径为 $0.4～0.6\mu m$ 的活性炭，投配率为 20%，提高 COD 的去除率。

5. 含氟废水

摄取含有氟化物的水对健康影响的课题科技工作者已进行过很广泛的研究。饮用水中添加适量的氟化物有利于人的身体健康，而且有助于防止牙齿腐蚀。但是，如果水中氟化物的含量过高也会导致饮用者生成牙斑。环保者则认为水中的氟化物会污染环境。去除饮用水中过量的氟化物可使用化学沉积、离子交换树脂、反渗透、电渗析和活性铝土吸附等方法，其中以活性铝土吸附最为常用。浸铝炭是一种新型吸附剂，它是将活性炭的大表面积性能和铝对氟化物高吸附容量相结合，以此获得的浸渍炭比普通活性炭大 3～5 倍的吸附效率，达到饮用水氟化物的标准含量。

浸铝炭的制造：首先，将活性炭浸渍在硝酸铝溶液中，溶液的最佳 pH 值是 3.5（在 pH 值低于 3.0 时，活性炭没有吸附铝，在 pH 值高于 4.0 时，因铝沉淀不可能浸渍）。待浸渍一定时间后，将浸渍炭在氮气中煅烧一定时间，最佳煅烧温度为 300℃，煅烧温度明显改变浸铝炭的氟化物的吸附容量。

6. 含氰废水

在工业生产中，化学纤维生产、金银湿法提取、炼焦、电镀、合成氨等行业均会使用氰化物，产生含氰废水。活性炭在处理黄金生产中尾矿库含氰溢流水的应用中取得了良好的效果。黑龙江省铁力木材干馏厂用煤木混合配比压条后生产的黄金用活性炭，其载金量优于其他原料生产的活性炭，经黄金炭处理后含氰废水基本上符合排放标准。黄金炭在乌拉嘎金矿成功地进行了工业规模应用。

所用黄金炭质量标准指标是：

粒度 φ：1.5～2.5mm，L：4～11mm；

碘值 800～1000mg/g；

强度≥85%；

干燥减量≤10%；

堆积密度 0.4～0.6g/cm³；

水容量≥60；

pH 值 7。

1989 年，在日处理尾矿库含氰废水 2000m³ 条件下，经过近 150d 运转后，取出 1.2t 载金炭，经焚烧、熔炼后得到 518.27g 黄金锭，经计算平均每吨黄金炭可回收黄金 456.9g，黄金炭的应用创造了很大的社会和经济效益。通过活性炭处理过的尾矿库含氰废水含氰量符合排放标准，六个月的检测数据范围：吸附前氰的浓度为 0.72～1.9mg/L，吸附后氰的浓度为 0.03～

0.08mg/L。

活性炭去除废水中氰化物的吸附容量只有活性炭质量的1%。我国某厂采用空气催化氧化法处理氰化镀镉废水时，氰和镉的去除率均达99%以上。

北京机电研究院将活性炭渗浸铜氧化物用于处理氰化镀铜合金废水，出水总氰和游离氰的含量均可达国家规定的排放标准。达到吸附饱和的活性炭可以通过次氯酸钠和硫酸铵来再生，再生液再经过加碱、加热去氨转化为氧化铜，重新使用。

7. 含烃废水

关于对含烃类(苯、甲苯、二甲苯等) 废水的处理，单独使用活性炭就能极易去除。如果结合曝气，再用活性炭处理，去除效果会更好。

对活性炭表面进行相应的改性处理可以增加活性炭的吸附性能，提高对水中苯、甲苯、二甲苯、苯乙烯的去除效率。例如在活性炭上负载环氧氯丙烷和四乙五胺；也可先将溴与活性炭制得溴化活性炭，再与二乙三胺作用，使活性炭表面含有胺或季铵盐基团，以此改性了的活性炭处理含有表面活性剂的乳化的废轮油废水时，在50h 内，可将其油含量由 80～120mg/L 降到 20～30mg/L。

8. 含多氯联苯废水

1963 年日本九州市生产米糠油使用的多氯联苯，污染了水和食物，发生了几千人中毒的米糠油事件。

粉状或粒状活性炭均可以处理含多氯联苯的废水，吸附饱和的活性炭可以热再生法再生，或用苯淋洗，以萃取法回收。如用 200g 活性炭，已吸附 0.1%的多氯联苯，用 400mL 苯在 50℃加热 3～5h，即可去除 95%～98%的多氯联苯且出水中尚含的多氯联苯可在 1μg/L 以下，符合排放标准，国外工业性装置已有应用。

9. 含卤烃废水

含二氯乙烷的废水，可以用活性炭柱吸附，饱和后用蒸汽再生，蒸汽冷凝后分层去水，常可定量地回收二氯乙烷。例如，可用活性炭吸附处理含二氯乙烷(500mg/L) 的废水，以 12L/h 的滤速通过 12L 活性炭，饱和后，在 200℃下用 0.2MPa 的蒸汽再生 2h，蒸汽冷凝后将冷凝液分层可回收 0.8～1.2kg 的二氯乙烷。

含四氯乙烯 50～100mg/L 的干洗废水，可用活性炭吸附，吸附容量为5～9g/kg；含四氯乙烯浓度为 150mg/L 时，用活性炭吸附，回收率为 98%；含四氯乙烯 171～178mg/L 及 1,1,1-三氯乙烷 545～597mg/L 的废水，可用椰壳活性炭吸附处理，吸附容量为 0.34g/g 和 0.31g/g。

含氯苯 100～150mg/L 的废水，不宜用生化法处理，因在活性污泥曝气时，氯苯极易解吸而散到空气中，应采用活性炭处理。当氯苯浓度较高时，先以二氯甲烷萃取，使氯苯浓度降低到 2～3mg/L，然后用 1m 长活性炭柱，以 5m/h 的速度通过 1kg，活性炭可去除 2.73kg 的氯苯。

因为二氯甲烷沸点很低，是易挥发液体，因此含二氯甲烷的废水，先经蒸馏处理，再用活性炭吸附，可以减轻活性炭的负担。在生物颗粒活性炭流动床反应器中二氯甲烷可有效地降解。有连续操作资料，二氯甲烷的生物降解速度为 40kg/(m³·d) 以上，工艺废水中二氯甲烷量为＜1mg/L。

10. 含有机氯杀虫剂废水

有机氯杀虫剂(organochlorine insecticide) 一般分为以苯为合成原料的氯化苯类和不以苯为原料的氯化亚甲基萘制剂两大类。前者有滴滴涕(二二三)、六氯化苯、六六六(六氯环己烷)、林丹(丙体六六六) 等；后者有氯丹、七氯化茚、狄氏剂、异狄氏剂、艾氏剂、异艾氏剂、毒杀芬、碳氯特灵等。如存在原水中，都可用活性炭有效地去除，使处理后的水对鱼类无毒。

当原水中林丹经活性炭处理后，其含量从原来的 0.5mg/L 降低到 0.02mg/L。当原水中林丹的含量为 40～110μg/L，用臭氧及砂滤处理的效果，都比不上用活性炭处理的效果。

11. 含醛废水

目前含有大量甲醛废水的处理方法，主要采用生物化学法(厌氧、好氧法)，但由于该法的占地面积大、设备多、运行时间长、费用高、处理不彻底等而不适合少量甲醛废水的处理。酚醛树脂厂排出的甲醛废水，严重污染环境，常在碱性溶液中用活性炭吸附去除。为了提高吸附能力，活性炭可用芳伯胺预处理。例如含 360mg/L 的甲醛废水，在 pH＝9 通过 2g 含有 0.4g 邻苯二胺的活性炭，流速为 0.83mL/min，可得无甲醛废水，吸附饱和的活性炭可用 0.05mol/L 的硫酸再生。

含糠醛废水可用活性炭吸附，饱和的活性炭在 180～200℃，0.09～0.12MPa 的惰性气体及水蒸气的混合物中将糠醛从活性炭中吹出回收，活性炭回用。

12. 含酮废水

含苯乙酮、羟基丙酮、甲乙酮、丙酮肟等的废水均可用活性炭吸附处理。含丙酮废水，例如用异丙苯法制造丙酮的工厂废水，可在 pH≥9 的条件下以活性炭去除其中的丙酮等杂质，在较大的温度范围内去除其 COD。如用两性化合物氧化铝、氧化镁制成的吸附剂处理废水中的丙酮比用活性炭效果好，因为活性炭是一种非极性吸附剂，而丙酮是极性短链的含氧化合物。用啤酒厂渣滓以氢氧化钾活化法制成的活性炭有更高的比表面积，对苯和丙酮有更大的吸附量。

13. 含有机酸废水

活性炭对有机酸具有良好的吸附性能，能吸附各种脂肪酸、芳香酸、氨基酸及其取代衍生物。含微量乙酸的废水可用活性炭吸附处理，饱和活性炭可用加热法再生回收乙酸。为了获得更佳的处理效果，可将活性炭吸附法和氧化法联用，处理含主要污染物乙酸的废水。总有机碳（total organic carbon，TOC）值为 120mg/L，可加入 5g/L 活性炭和 3400mg/L 的过氧化氢，然后用氢氧化钠调整为 pH 值 8.6，在 35℃ 下以 400r/min 的速度搅拌，搅拌时间分别为 20min、60min 及 90min，TOC 的去除率分别为 35%、84% 及 90%。

含乙酸及苯酚的食盐溶液，可用活性炭吸附回收。吸附饱和的活性炭可用氢氧化钠溶液淋洗加以再生，精制后的食盐溶液可生产氯气及烧碱。连续蒸馏制备糠醛的废水可用活性炭处理，吸附后可减压回收乙酸。

含邻苯二甲酸、硝基对苯二甲酸、硝基苯甲酸及若味酸等的废水（例如生产对苯二酸的废水），可用活性炭精制。

废水中如果含有 10g/L 的溶解性芳香酸时，可用 16～25g/L 的活性炭处理，能降低 60%～75% 的废水污染。

草酸存在于木浆、精制糖、精制橄榄油等工厂的生产废水中，对人体、水产、植物有害，并使土壤中的钙沉淀为草酸钙。含草酸的废水中，在活性炭催化作用下溶解的草酸被氧氧化分解。

从泥煤制得的含较多微孔和中孔的活性炭具有最高催化活性。活性炭经热处理可提高催化活性。

有机物如苯酚和对苯二酚被活性炭吸附后，会迟缓催化活性。溶液中存在硝酸钾会降低活性炭的催化活性。

反应率在给定的 pH 值下，不受草酸浓度的影响。

反应率在给定浓度下，当 pH 值 2.6 时为最高。

14. 含甲醇废水

活性炭对甲醇有一定的吸附性能，但是吸附量不大，适用于处理含甲醇量较低的废水。活性炭用于处理含甲醇废水，可将混合液的 COD 从 40mg/L 降至 12mg/L 以下，对甲醇的去除率达到 93.15%～100%，出水的水质可以达到锅炉脱盐水系统进水的水质要求。

15. 含酯废水

含氟乙酸甲酯或氟乙酸乙酯的废水可用活性炭吸附处理。含有邻苯二甲酸二异辛酯的废水用硫酸铝处理可去除 80%～90%，如果同时加入 20mg/L 的活性炭可提高去除率。但加入活性炭对邻苯二甲酸二丁酯并无提高去除率的作用。

16. 含酚废水

酚及其衍生物是工业废水中常见的高毒性、难降解的有机物，含酚废水来自焦化厂（尤其是低温土法炼焦）、煤气厂、石油化工厂、绝缘材料厂等工业部门以及石油裂解制乙烯、合成苯酚、聚酰胺纤维、合成染料、有机农药和酚醛树脂生产过程。例如生产焦炭、煤气所产生的废水含酚浓度高达 2000～12000mg/L。酚基化合物是含酚废水中的主要成分，如甲酚、二甲酚、硝基甲酚和苯酚等。国内外含酚废水的处理方法主要包括吸附法、萃取法、氧化法以及生物技术。

处理含酚和乙酸钠的废盐水时，先调整溶液酸碱度至 pH=7，然后以活性炭处理去酚，对出水再调整酸碱度至 pH=3，使乙酸钠变为乙酸，然后用活性炭进行吸附，去除乙酸，吸附的酚和乙酸均可用氢氧化钠回收。

利用活性炭处理生产杀虫剂的废水中的酚，可以使其浓度从 100mg/L 降低到 1mg/L。

邻甲酚、间甲酚、对甲酚等比苯酚更易被活性炭所吸附，而且随着烷基链的长度和个数的增加，其吸附容量也增大。

用 0.25g/100mL 的活性炭处理浓度为 100mg/L 的邻苯基苯酚，去除率达99.6%。用 500mg 活性炭处理 200mL 浓度为 10mg/L 2,4,6-三硝基苯酚（苦味酸）的废水，搅拌 2min，去除率可达 100%。

废水中的硝基酚也可用活性炭吸附。含二硝基丁基酚的废水可用活性炭吸附去除，在 pH<1.0 时，去除率可达 99% 以上，出水浓度可达 0.1～5.0mg/L。

废水中的对氯酚、2,4-二氯酚、3,4-二氯酚、2,5-二氯酚和 2,6-二氯酚，都可用活性炭吸附，饱和后可用 5% 碱液以热法再生。

煤化工工厂的废水含有大量甲基酚、乙基酚和二甲基酚等酚类化合物，这些化合物对生物、人体有很多有害影响，因此去除这些化合物是控制水污染的组成部分，活性炭的吸附因不同的酚而异，烷基取代酚比酚会更强烈地被吸附，并且吸附性随烷基链的增长而增加。其吸附性与烷基的位置无关，但是随取代基数目的增加而显著增大。吸附性的增减随着酚的溶解度的变化而变化，烷基的取代使酚的极性减少，分子量增大，溶解度降低，吸附性增加。

活性炭的表面积和含氧的表面结构对酚的吸附有一定的影响。酸性基团的存在减少酚的吸附，羰基中氧的存在增强酚的吸附，因为有氢键的形成。为了提高活性炭对废水的去酚率，则需要选择具有大表面积和低酸性氧的活性炭，高温制造的活性炭是可取的。

以活性炭固定床，可用 18% 的氯化钠溶液去除苯酚及乙酸，处理的盐水可用来生产氯和烧碱，吸附的苯酚可用氢氧化钠解吸。

采用活性炭厌氧流化床处理含酚废水，可得到高达 99.9% 的去酚率和 96.4% 的 COD_{Cr} 去除率，因为活性炭对酚类的吸附作用与生物降解作用结合起来，发挥了两方面的活性，载体流态化也解决了气液分离及介质堵塞问题。用碳酸钾化学活化的煤矸石制得的活性炭，BET 比表面积达 $1236m^2/g$，孔体积 $0.679cm^3/g$，表面是疏水性的，对水溶液中酚类污染物有良好的吸附性能。活性炭对含苯酚的废水处理是一种实用的方法，优点是无另外的废物和毒物，无二次污染，又可以有效地再生。研究进口活性炭的饱和吸附容量等性能，提出生产专用脱苯酚的工艺条件及参数。在生产用于医药、染料等工业的对氨基苯酚过程中，会有大量高浓度有机废水，可以采用 Fenton 试剂法降解，此法具有反应迅速、温度和压力等反应条件缓和的特点，但其缺点是利用率偏低，成本较高，还需加入均相催化剂，易引起二次污染。

采用活性炭与双氧水协同作用（活性炭作催化剂，双氧水作氧化剂），对降解含有对氨基苯酚废水有良好的效果：在 $H_2O_2/COD=1.0$，活性炭$/H_2O_2=0.5$，pH=2 的条件下，降解反应可在 180min 内结束，对氨基苯酚的去除率达 74.0%，与 Fenton 试剂法相比较，COD 去除率提高 1.75 倍。

处理含酚废水，以活性炭作催化剂，用湿空气催化氧化酚是有前途的方法。与 γ-氧化铝上的氧化铜为催化剂作对比，经十天运作，用活性炭催化氧化酚的活性要高 10 倍。

以用过的茶叶制成的活性炭可从废水中吸附去除苯酚、磷甲酚、间甲酚、对硝基苯酚、对氯苯酚、2,4-二硝基苯酚、2,4-二氯苯酚，并按以上序次增加吸附量。

17. 含硝基类废水

含硝基苯废水是公认的高难度处理废水，迄今为止未有可行性的、运行良好的工程化系统。各种试用过的技术，有的成本过高，有的只能停留在试验阶段。如活性面吸附法，活性碳材料消耗量大、成本高，再生后吸附能力急剧下降。

臭氧/活性炭氧化对硝基苯的去除效果比单独使用臭氧氧化、活性炭吸附要好得多。pH 值对臭氧/活性炭氧化去除硝基苯的影响很明显，合适的 pH 值范围是中性偏酸性。臭氧/改性活性炭氧化的去除效果更佳。

在炸药三硝基甲苯（trinitrotoluene，TNT）生产中主要废水是黄水、红水和装药操作中的粉红水。

黄水呈酸性，95% 为 TNT，其余为二硝基甲苯（DNT）、三硝基苯甲酸、二硝酸甲酚、三硝基苯等。黄水在 TNT 生产时可以部分循环使用，其余部分用活性炭吸附后按环保规定标准排放。

红水呈弱碱性，所含的有机物主要是α-TNT和二硝基甲苯磺酸钠。毒性比TNT大，在阳光下毒性不减，是严禁排放的废水，目前较为可行的处理办法是采用焚烧炉销毁。对于浓的红水，可直接与重油或煤气燃料一起喷入焚烧炉内燃烧；对于稀的红水，先利用焚烧炉高温烟道气的余热进行蒸浓，然后与燃料一起焚烧。

粉红水呈中性，开始呈浅黄色，受阳光照射后变成粉红色，照射时间延长，可变成红棕色，最后变成棕黑色。所含有机物有α-TNT、DNT、不对称TNT、三硝基甲醛等，其中红色固体尚未鉴定。

三、活性炭水处理中的应用实例

1. 活性炭净水

活性炭在水处理领域的应用已经有70年左右的历史。美国首次使用粉末状活性炭去除氯酚产生的异味，之后活性炭逐渐成为了水处理过程中去味、除色、除臭的有效措施之一。大量研究表明，活性炭对水中的二氯苯酚、三氯苯酚、农药中的有机物以及消毒副产物二氯乙酸和三氯乙酸等都有很好的吸附效果，其净化作用已经得到公认。

美国在20世纪80年代初，每年用于水处理的活性炭为$2.5×10^4$ t，并且逐年增加。我国在20世纪60年末开始关注水污染防治，且在近些年来逐步重视，相关科研机构开展了大量的研究工作并取得了大量的成果，同时也开展了相关的实践应用工作。1975年，甘肃白银金属有限公司建成了日处理能力为$3×10^4$ m³的颗粒活性炭净水装置，用于净化石油化工污染的地面水，目前仍在使用；1985年北京建成供水$1.7×10^5$ m³/h的水厂。目前，在上海浦东自来水厂、安亭自来水厂应用活性炭做深度处理，自来水水质达到直接应用的标准；首钢采用活性炭处理焦化高浓度污水，处理后水质达到排放的标准。

（1）饮用水处理　在某饮用水净化工程中，活性炭的添加量为10mg/L，不同投加点原水处理效果见表5-5。

表5-5　饮用水活性炭处理结果

取样点	原水色度/倍	滤后色度/倍	色度去除率/%	原水嗅和味/级	滤后嗅和味/级	原水COD/（mg/L）	滤后COD/（mg/L）	COD去除率/%
混合池	10.30	6.39	37.9	2.00	1.00	3.72	2.80	24.7
滤池前	14.00	12.70		2.00	0.33			
溢流井	12.25	7.80	36.3	1.00	0	4.02	2.72	32.3
提升泵站吸水管	12.00	7.00	41.70	2.00	0	4.62	2.80	39.4

由表 5-5 可以看出,活性炭不仅能够去除水中的有机物,还可以改善水质,处理后的水透明无色。活性炭的去除净化效率与活性炭添加量和投加点有关,需要综合考虑其经济效益和去除效果。通常,活性炭的添加量为 30mg/L,投加点设置于加药混凝前 30min 位置更有利于净化、提高水质。

(2) 工业废水　活性炭用于处理废水能够有效地保证出水水质的稳定。同时,与其他方法联合使用可以有效地提高净化效果,出水甚至可以达到饮用水标准。比如处理焦化废水时,使用质量浓度为 3g/L 的活性炭吸附之后,再用 1.5g/L 的 H_2O_2 和 0.4g/L 的 Fe^{2+} 进行催化处理,COD 去除率达到 96.3%;对含活性艳红的废水处理,COD 去除率可达 98.74%。

半岛环保科技公司在上海某化工厂进行了以活性炭为载体的电催化氧化法处理有机污水,结果如表 5-6 所示。

表 5-6　水质分析

项目	进水	出水	检测方法
COD/(mg/L)	71	32	HJ 828—2017
氯化物/(mg/L)	5176	1524	GB/T 11896—1989
pH 值	8.1	9.1	GB/T 6920—1986
电导率/(μS/cm)	12850	6390	GB/T 5750—1985
石油类/(mg/L)	14.66	0.23	HJ 637—2012
总硬度/(mg/L)	170	110	GB/T 5750—1985
总碱度/(mg/L)	452	230	GB/T 15451—2006
TDS/(mg/L)	10456	9736	GB/T 5750—1985

活性炭作载体进行电催化处理有机污水,对石油类、总碱度、COD 等有明显的净化去除效果。用于电催化氧化的活性炭,无需再生,只需要每年补充 15%~20% 的活性炭便可以实现该工艺的连续运行。

2. 臭氧-生物活性炭净水[34]

(1) 臭氧-生物活性炭净水原理　臭氧-生物活性炭工艺是将臭氧化学氧化、臭氧灭菌消毒、活性炭物理化学吸附、生物降解四种技术结合为一体的工艺。即在传统水处理工艺的基础上,以预臭氧氧化代替预氯化,生物活性炭滤池设在快滤池之后。首先,使水中的有机物及其他还原性物质在预氧化作用下初步氧化分解,以减轻生物活性炭滤池的有机负荷,同时臭氧能将水中难以生物降解的有机物氧化断链、开环,将大分子有机物氧化为小分子有机物,提高原水中有机物的可生化性和可吸附性,从而降低活性炭床的有机负荷,延长活性炭的使用寿命。另外，由于臭氧在水中自行分解为氧，活性炭柱进水含有较高浓度的溶解氧，为好氧微生物提供了很好的氧环境，而且活性炭表面吸附的有机物又为好氧微生物提供了养料，有机物因被转化为二氧化碳等而被去除，从而在一定程度上使活性炭再生，即大大地延长了活性炭的使用寿命和再生周期。

经过臭氧处理后进行活性炭处理主要有以下三个好处：①破坏水中残余臭氧，一般发生在最初炭层的几厘米处；②通过吸附去除化合物或臭氧副产物；③通过活性炭表面细菌的生物活动降解物质。实验研究表明，在活性炭处理过程中，同时发生快速吸附、慢速吸附和生物作用。臭氧-生物活性炭工艺运行之初，活性炭具有最大的吸附容量，起主导作用的是快速吸附，既可以吸附小分子物质，也可以吸附非生物降解的大分子有机物。随着过滤器吸附能力饱和运转时间的增长，大量的有机物积累在活性炭表面，活性炭的吸附容量逐渐减少，吸附速率也随之下降，以慢速吸附为主，与此同时生物活动也开始，并逐步达到生物吸附平衡。大约要运行 5～20d 的时间，活性炭表面才会出现明显的生物活性。

在臭氧-生物活性炭法进行水处理的过程中臭氧与生物活性炭两者的作用是互补的。臭氧与有机物的最主要反应是破坏炭化物的双键产生酮和醛，这些产物是管网系统内细菌的养料，如果在处理过程中没有去除这些养料，细菌就会在管网中迅速滋生。为了避免这种现象，应采用适当的生物处理，如活性炭或慢滤池，利用滤料表面的细菌将这类化合物降解去除；也可以在处理厂出水前投加少量氧化剂，如 Cl_2、ClO_2 等，如果没有活性炭这种生物过滤器，就必须增加这类氧化剂的投加量。但绝大部分可溶有机物被活性炭上的生物去除后，则大大减少了这类氧化剂的投加量，这也同时降低了新的气味和色度污染问题。可根据检测管网的细菌量来不断调整臭氧的投加量，使加氯量降低 50%。

（2）国内外应用实例

① 德国慕尼黑多奈自来水厂。多奈水厂是从莱茵河下游取的地表水，多年来一直沿用折点氯化法处理，用常规水处理工艺进行处理，但出水水质中的总有机氯化物和三卤甲烷的含量还很高，最高时分别达到 $200\mu g/L$ 和$25\mu g/L$，去除效果不是很理想。1978 年多奈水厂水处理新流程（见图 5-1）投入使用，

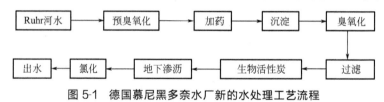

图 5-1 德国慕尼黑多奈水厂新的水处理工艺流程

新旧处理装置运行参数见表 5-7。

表 5-7　多奈水厂新、旧水处理工艺对比

处理阶段	旧处理工艺	新处理工艺
预氯化或预臭氧化/（mg/L）	10~50（Cl_2）	1.0（O_3）
混凝剂投量/（mg/L）	3~4	4~6
电耗（解触池）/（kW/m^3）	0.1	2.5
混合时间/min	0.5	0.5
絮凝剂［Ca（OH）$_2$］/（mg/L）	5~15	5~15
沉淀时间/h	1.5	1.5
臭氧氧化（O_3）/（mg/L）	—	2.0
臭氧化时间/min	—	5
砂滤池滤速/（m/h）	10.7	10.7
活性炭滤池滤速/（m/h）	22	18
活性炭滤池炭层高/m	2	2
地下传送时间/h	12~50	12~50
安全投氯量/（mg/L）	0.4~0.8	0.2~0.3

实践证明，水中溶解性有机碳在采用新的水处理工艺流程后，比原来水处理工艺减少 50%，而且因预氯化工艺被取代，水中无有机氯化物产生，活性炭再生周期从原来 2~4 个月延长到 2 年以上。此外，出水中氨氮含量显著降低。

② 大庆石化总厂。为保证该地区饮用水水质达标，大庆石化总厂对饮用水进行了深度处理技术的研究与试验，开发臭氧-生物活性炭处理工艺。经过一年多研究试验工作，取得了令人满意的结果，确定了滤后水-臭氧-生物活性炭-石英砂过滤-出水的工艺流程，并于 1995 年采用饮用水处理新工艺流程的大庆化肥厂水厂投产；处理规模 800m^3/h，1996 年同样采用新工艺流程的大庆龙凤净水厂和大庆乙烯净水厂投产。这三套饮用水深度处理工艺流程基本相同，图 5-2 示出大庆化肥厂生活水处理系统工艺流程。

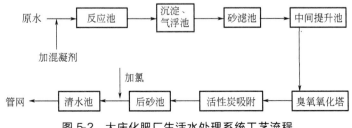

图 5-2　大庆化肥厂生活水处理系统工艺流程

多年来大庆三个水厂运行状况良好，臭氧-生物活性炭工艺可将水中 COD_{Mn} 由常规工艺处理后原水的 4～6mg/L 降低到 0.5～2.0mg/L，小于设计指标 2.5mg/L 的要求。同时，通过采用工程菌活化活性炭技术，水温在0～4℃时 COD_{Mn} 有时超标的问题得到了解决。出水浊度和煮沸浊度分别降到0～1.0NTU 和 1～2 NTU，很大程度上改善了水质。对原水进行色质联机检测，发现水中有机物含量达 120 种，并确认其中 5 种有机物为美国环保局规定的重点污染物，另有 30 种为潜在的有毒物质。而经臭氧-生物活性炭工艺处理后，再氯化消毒，发现出水中只含有 6 种有机化合物，且无毒害作用，其中检不出三氯甲烷和四氯化碳，说明水质经臭氧-生物活性炭工艺深度处理后得到很大改善。对水厂最后出水水质分析结果表明，水质指标均达到世界卫生组织和一些发达国家的饮用水水质指标，并达到我国"国家城市供水 2000 年技术规划"第一类水质要求指标的水平。

3. 生物活性炭水处理应用实例[35]

(1) 印染废水　印染废水水量大、有机污染物含量高(COD 为 1000～10mg/L)、色度深(500～500000 倍)、水质变化大，是难处理的工业废水之一。Walker G M 等研究了生物活性炭搅拌池反应器对印染废水的处理效果，并对生物砂床＋单纯活性炭、BAC(生物活性炭)、生物砂床、单纯活性炭吸附及单纯生物降解等工艺进行了平行对比实验。试验结果见表 5-8。结果表明，5 种处理方法均能起到脱色作用，但是过了初始阶段，生物活性炭对染料的去除率明显高于其他方法。

表 5-8　不同工艺对染料废水中染料的去除速率　　单位：mg/h

方　　法	Vo (TB4R)	Vo (TB2R)	Vo (TO3G)
纯生物法	0.918	0.240	0.558
生物砂床	1.633	0.394	0.625
单纯活性炭	5.281	5.400	10.442
BAC	8.297	6.090	12.580
生物砂床＋单纯活性炭	6.914	5.794	12.067

注：Vo 为染料去除速率；TB4R 为酸性蓝，TB2R 为酸性红，TO3G 为酸性橘黄。

(2) 制药废水　制药废水一直是废水处理中的难题，其含有机物种类多、浓度高、色度深、固体悬浮物质浓度高、组分复杂，且含有许多难降解物质和抑制细菌生长的抗生素。比利时 Gent 大学研究的生物活性炭过滤器系统(BACOF) 在处理制药废水上取得了良好的效果，制药厂废水经生化处理后，若再经 BACOF 工艺处理，则出水对鱼类无毒害作用。伯斯市某制药厂废水经

BACOF 处理后的效果见表 5-9。

表 5-9 BACOF 工艺对制药厂废水的处理效果

项　　目	进水/（mg/L）	出水/（mg/L）	去除率/%
COD	74.6	20.7	72.3
BOD	11.1	2	82
有机氯	5.9	2.6	55.9
NH_4^+-N	3	0	100
NO_3^--N	2.3	6.8	—
TSS	36.5	2.6	92.9

注：进水 pH=7.8；出水 pH=7.2。

Bonné P A C 等采用活性炭生物膜（BACF）法与反渗透法组合处理含杀虫剂的污染水，对杀虫剂的去除效率高达 99.5%，且 O_3-BACF 的作用明显减轻了反渗透膜的污染问题，处理效果优良且稳定。Vahala R 等研究了臭氧-双级活性炭法，结果表明其对废水中可同化有机碳（AOC）的处理效果更好（出水 AOC<10μg/L）。

参 考 文 献

[1] Przepiorski J. Enhanced adsorption of phenol from water by ammonia-treated activated carbon [J]. Hazardous Materials，2006，B135：453-456.

[2] Villacañas F，Pereira M F，José J M，et al. Adsorption of simple aromatic compounds on activated carbon [J]. Colloid and Interface Science，2006，（293）：128-136.

[3] Tomaszewska M，Mozia S. Removal of Organic Matter from Water by PAC/UF System [J]. Water Res，2002，36（16）：4137-4143.

[4] 王爱平，刘中华. 活性炭水处理技术及在中国的应用前景 [J]. 昆明理工大学学报，2002，27（6）：48-51.

[5] 高德霖. 活性炭的孔隙结构与吸附性能 [J]. 化学工业与工程，1990，7（3）：48-54.

[6] 高尚愚，周建斌，左宋林，等. 碘值、亚甲基蓝及焦糖脱色力与活性炭孔隙结构的关系 [J]. 南京林业大学学报，1998，22（4）：23-27.

[7] 刘惠宾，赖其法，金承涛. 活性炭对鱼蛋白水解液脱色效果的探讨 [J]. 食品科学，1998，19（7）：18-21.

[8] 王文岭，陈秀兰，冉延红，等. 活性炭对桃胶水解液的脱色研究 [J]. 食品科技，2006，10：104-106.

[9] 高尚愚，安部郁夫. 表面改性活性炭材料对苯酚及苯磺酸吸附的研究 [J]. 林产化学与工业，1994，24（3）：29-34.

[10] 陈凤婷，李诗敏，曾汉民. 几种植物基活性炭材料的表面结构与吸附性能比较——（Ⅱ）表面化学结构与吸附性能研究 [J]. 离子交换与吸附，2004，20（4）：340-347.

[11] Abdel-Halim S H，Shehata A M A，El-Shahat M F. Removal of Lead Ions from Industrial Waste Water by Different Types of Natural Materials [J]. Water Res，2003，37(7)：1678-1683.

[12] 应红，马渝. 活性炭血液灌流抢救急性中毒有机磷农药中毒疗效分析 [J]. 第三军医大学学报，2003，16(12)：1543-1543.

[13] 朱茂华. 胃内注入活性炭联合重复洗胃抢救中毒有机磷中毒的探讨 [J]. 现代中西医结合杂志，2005，14(7)：882-882.

[14] 苑鑫，何跃盅，孙成文，等. 活性炭血液灌流对有机磷农药中毒敌敌畏和解毒药阿托品的作用 [J]. 中华急诊医学杂志，2005，14(4)：279-281.

[15] 陈雁君，高知义，张建萍，等. 包膜活性炭血液灌流清除甲胺磷的实验研究 [J]. 中国血液净化，2006，5(12)：839-841.

[16] 杨力. 活性炭血液灌流术在急性重度中毒抢救中的应用 [J]. 中国煤炭工业医学杂志，1998，1(5)：456-457.

[17] 马昌义，彭克军，杜一平，等. 炭吸附法治疗重型破伤风的临床与实验研究 [J]. 海南医学，2005，16(12)：137-138

[18] 马昌义，彭克军，杜一平，等. 炭吸附法清除破伤风毒素的动物实验研究 [J]. 海南医学，2006，17(3)：101.

[19] 马昌义，彭克军，杜一平，等. 炭肾清除血液中破伤风毒素效能的实验探讨 [J]. 中华肾病杂志，2005，24(12)：751-751.

[20] 卢凤琦，曹宗顺，白大同. 甲壳素包膜活性炭对巴比妥药物的吸附 [J]. 中国医院药学杂志，1993，28(8)：495-496.

[21] 陈天笑. 多次服用活性炭治疗地高辛中毒 [J]. 中国医院药学杂志，1987，7(7)：324-324.

[22] 汪建明，赵征，翟金侠，等. 活性炭对蔗糖热聚合产物的脱色 [J]. 天津轻工业学院学报，2001，1：28-31.

[23] 王立升，郭鑫，刘力恒，等. 医药级蔗糖制备工艺研究 [J]. 食品科技，2008，7：148-150.

[24] 韦异，栗晖，张英，等. 三氯蔗糖的脱色方法研究 [J]. 食品科技，2002，8：29-32.

[25] 王建一，林松毅，张旺，等. 玉米葡萄糖全糖粉制备过程中的糖化及脱色技术研究 [J]. 食品科学，2008，29(10)：263-266.

[26] 方风琴，李金伟，王迪. 药用炭对乳酸左氧氟沙星葡萄糖注射液含量的影响 [J]. 中国新药杂志，2002，11(8)：623-624.

[27] 邓先伦，蒋剑春，刘汉超，等. 活性炭对柠檬酸及其盐溶液中色素的吸附机理和应用研究 [J]. 林产化学与工业，2002，22(1)：55-58.

[28] 孙康，蒋剑春，邓先伦，等. 柠檬酸用颗粒活性炭化学法再生的研究 [J]. 林产化学与工业，2005，25(3)：93-96.

[29] 李晓红，熊英莹，刘世斌，等. 煤质活性炭用于味精脱色的可行性研究 [J]. 浙江化工，2008，39(9)：27-31.

[30] 张军，岑新光，解强，等. 废食用油活性炭脱色工艺的研究 [J]. 环境工程学报，2008，2(5)：716-720.

[31] Pandey R A，Sanyal P B，Chattopadhyay N，et al. Treatment and reuse of wastes of a vegetable oil refinery resources [J]. Conservation and Recycling，2003，37：101-117.

[32] Zhang Y，Dub M A，McLean D D，et al. Biodiesel production from waste cooking oil：1. Process de-

sign and technological assessment [J]. Bioresource Technology，2003，89：1-16.

［33］ 郏其庚. 活性炭的应用 [M]. 上海：华东理工大学出版社，2002.

［34］ 左社强，唐志坚，张平. 臭氧-生物活性炭饮用水处理技术及其应用前景 [J]. 能源工程，2003：33-36.

［35］ 张宝安，张宏伟，张雪花，等. 生物活性炭技术在水处理中的研究应用进展 [J]. 工业水处理，2008，28(7)：6-8.

第六章　活性炭在气相中的应用

18 世纪末，谢勒和方塔纳科学证明了木炭对有机气体具有吸附能力；第一次世界大战时，德军向英法联军使用了化学武器，军事科学家发明了防护氯气毒害的武器——活性炭。这不仅促进了气相吸附用活性炭的工业生产，而且通过各种金属盐类浸渍活性炭来分解有毒气体的研究，开创了活性炭作为催化剂或催化剂载体的研究[1]。到了 1917 年，交战双方的防毒面具里都已装上了活性炭，毒气对交战士兵的危害程度大大降低了，活性炭因为能高效防止遭受毒气侵害而被广泛运用于战争中。随后，活性炭又从战争进入普通百姓的生活中。

活性炭的应用范围不断扩大。时至今日，活性炭不但在国防、制药、化工、电子、环境保护及能源储存等方面获得了广泛应用，而且作为家用净水剂、食品、饮料、冰箱除臭剂、防臭鞋垫和香烟过滤嘴等制品的核心材料，已经和人们的生活建立了密切的关系[2]。本章主要讲述活性炭在气相吸附领域的应用。

第一节　工业气体分离精制过程中的应用

一、工业气体的精制分离方法

精制是在含有多种成分的气体或液体中，用活性炭吸附除去不需要的杂质成分，以提高产品价值的操作；分离是将几种成分组成的气体或液体，利用活性炭的吸附作用分离成不同成分或成分组合的操作。

气体分离精制技术从 21 世纪初开始发展，目前已广泛应用。如空气分离以制取氧、氮、氩及稀有气体；合成氨池放气分离回收氢、氩及其他稀有气体；天然气分离提取氦气；焦炉气及水煤气分离获得氢或氢氮混合气等。科学技术的发展对气体分离技术不断提出新的要求，如经济合理地提供各种纯度的气体，综合利用工业废气以及进一步提纯中间产品等。常用的分离精制方法有：薄膜渗透法、吸收法、分凝法、精馏分离法、吸附法[2]。

（1）薄膜渗透法　是利用混合气体中各组分对有机聚合膜的渗透性差别而使混合气体分离的方法。这种分离过程不需要发生相态的变化，不需要高温或深冷，并且设备简单、占地面积小、操作方便。一般认为气体通过聚合膜的渗透过程主要分以下三步[3]：①气体以分子状态在膜表面溶解；②气体分子在膜的内部向自由能降低的方向扩散；③气体分子在膜的另一表面解析或蒸发。薄膜渗透法的应用有：从天然气中提氦，是目前世界上膜分离应用研究较多的一个领域；分离空气制富氧，具有装置简单、操作方便等优点。

（2）吸收法　是用适当的液体溶剂来处理气体混合物，使其中一个或几个组分溶解于溶剂中，从而达到分离的目的。这种方法称为吸收法。在吸收过程中，我们称被溶解的气体组分为溶质（或吸收质），所用的液体溶剂为吸收剂，不被溶解的气体为惰性气体。气体与液体接触，则气体溶解在液体中。在气液两相经过相当长时间接触后，达到平衡，气体溶解过程终止。这时单位量液体所溶解的气体量叫平衡溶解度。它的数值通常由实验测定。气体的平衡溶解度还受温度的影响，温度上升，气体的溶解度将显著下降，因此控制吸收操作的温度是非常重要的。对于吸收剂的选择，常遵循以下几点：①对于被吸收的气体具有较大的溶解度；②选择性能好；③具有蒸气压低，不发泡，冰点低的特性；④腐蚀性小，尽可能无毒，不易燃烧，黏度较低，化学稳定性好；⑤价廉，容易得到。

（3）分凝法　亦称部分冷凝法，它是根据混合气体中各组分冷凝温度的不同，当混合气体冷却到某一温度后，高沸点组分凝结成液体，而低沸点组分仍然为气体，这时将气体和液体分离也就将混合气中组分分离。天然气、石油气、焦炉气以及合成氨池放气都是多组分混合气[3]。实现它们的分离往往需要在若干个分离级中分阶段进行，在每一级中组分摩尔分数将发生显著变化，如图 6-1 所示，多组分气体混合物当被冷却到某一温度水平时，进入分离器，将已冷凝组分分离出去，然后再进入下一级冷凝器，继续降温并分凝。

（4）精馏分离法　气体混合物冷凝为液体后成为均匀的溶液，虽然各组分均能挥发，但有的组分易挥发，有的组分难挥发，在溶液部分气化时，气相中含有易挥发组分将比液相中的多，使

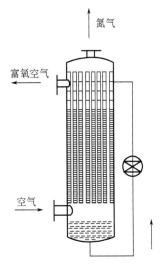

图 6-1　分离器装置

原来的混合液达到某种程度的分离；而当混合气体部分冷凝时，冷凝液中所含的难挥发组分将比气相中的多，也能达到一定程度的分离。虽然这种分离是不完全的，与所要求的纯度相差很多，但可利用上述方法反复进行，使能逐步达到所要求的纯度。这种分离气体的方法称为精馏。在工业中，用精馏方法分离液体混合物的应用是很广泛的，如石油炼制中，将原油分为汽油、煤油、柴油等一系列产品。精馏方法特别适宜于被分离组分沸点相近的情况，因为用这种分离方法通常是大规模生产中最经济的。

（5）吸附法　依靠各组分在固体中吸附能力的差异而实现气体混合物的吸附分离[4]。用来吸附可吸附组分的固体物质称为吸附剂，被吸附的组分称为吸附质，不被吸附剂吸附的气体叫惰性气体。吸附剂需要具备以下特点：对吸附质有高的吸附能力；有高的选择性；有足够的机械强度；化学性质稳定；供应量大；能多次再生；价格低廉。目前主要使用的吸附剂有：活性炭、硅胶、活性氧化铝、沸石分子筛[5]。表 6-1 列举一些常用吸附剂的特性。

表 6-1　常用吸附剂的特性

吸附剂性能	球型硅胶		活性氧化铝	活性炭	沸石分子筛
	细孔	粗孔			4A　5A　13X
堆密度①	670	450	780~850	400~540	500~800
视密度②	1.2~1.3	—	1.5~1.7	0.7~0.9	0.9~1.2
真密度③	2.1~2.3	—	2.6~3.3	1.6~2.1	2~2.5
空隙率	43	50	44~50	44~52	—
孔隙率	24	30	40~50	50~60	47　47　50
孔径	25~40	80~100	72	12~32	4.8　5.5　10
粒度	2.5~7	4~8	3~6	1~7	3~5
比表面积	500~600	100~300	300	800~1050	800, 700~800, 800~1000
热导率	0.198	0.198	0.13	0.14	0.589
比热容	1	1	0.879	0.837	0.879
再生温度	453~473		533	378~393	423~573
机械强度	94~98	80~95	95	—	>90
pH 值	—	7~9	—	—	9~11.5

①堆密度：即包括孔隙和粒间空隙体积在内的单位体积质量。
②视密度：包括孔隙的单位体积质量。
③真密度：去除孔隙和粒间空隙体积的单位体积质量。

综合上述几种分离精制工业气体的方法，从经济效益、成本、设备和其效果来看，吸附法已经成功地应用于工业，工艺路线也比较成熟。

二、活性炭在工业气体分离精制中的应用

　　吸附法用于气体混合物的分离和精制已成为一个重要的分离方法，从图 6-2 可看出其迅猛发展。图 6-2 中描述了 1970～1990 全世界每年有关通过吸附进行气体分离的专利[6]。这一发展的两个主要因素是：①多种具有不同孔结构和表面化学性质的微孔吸附剂可供工业使用(沸石、活性炭、氧化铝、硅胶、聚合物吸附剂等)，它们可从流动混合物中选择吸附特种组分；②按照变压吸附(PSA)和变温吸附(TSA)的类别，及一定的分离需求，用现成的吸附剂可设计许多不同的工艺方案。因有多种吸附剂可供选择以及其在革新性分离过程设计中的应用，这一技术已发展得非常通用和灵活。

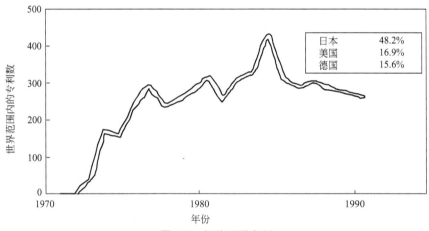

图 6-2　气体吸附专利

　　活性炭是一种新型材料，从工业化至今已经在工业中得到较为广泛的应用：有机废水处理、无机废水处理、有机溶剂回收、空气净化、水果保鲜以及气体分离等，这里就其在气体精制分离应用方面加以叙述。活性炭在气体分离精制中的主要应用，具体见表 6-2。

表 6-2　活性炭在气体分离精制工业化中的主要应用

目的	过程
痕量杂质的去除	TSA
溶剂蒸气的去除与回收	TSA、PSA
气体分离	PSA
从生物气体中分离 CO_2 和 CH_4	PSA
从烟道中分离 CO_2	PSA
从蒸气、甲烷重整气、焦炉气、乙烯尾气回收氢气与 CO_2	PSA

1. 应用实例

（1）痕量杂质的去除 利用变温吸附法可以去除痕量杂质。变温吸附法（temperature swing adsorption，TSA）或变温变压吸附法（简称为 PTSA）[7] 是根据待分离组分在不同温度下的吸附容量差异实现分离。由于采用温度涨落的循环操作，低温下被吸附的强吸附组分在高温下得以脱附，吸附剂得以再生，冷却后可再次于低温下吸附强吸附组分。填充活性炭的吸附柱经常在室温时被用来从空气或其他工业气体中选择吸附除去痕量或低浓度的有机杂质、溶剂蒸气、有臭味的化合物，可容易地生成杂质含量低于 10×10^{-6} 的洁净流出液，被吸附的杂质通过加热吸附柱和用惰性气体或蒸气逆吹解吸。图 6-3 为从惰性气体（B）中除去痕量杂质（A）的传统三柱变温吸附流程示意图。一部分经纯化的惰性气体被用来连续地冷却与加热其中的两个柱子，同时，第三个柱子从新添气中吸附杂质 A。

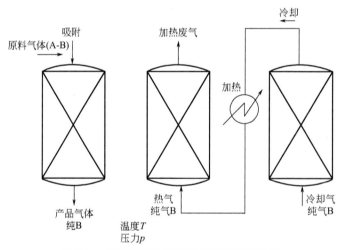

图 6-3 用变温吸附除去痕量杂质流程示意

因具有相对憎水性，活性炭对这类吸附特别优良，即使原料气湿度很大，活性炭对杂质亦具有很大的吸附容量。例如，工业上使用大量的有机溶剂，相当剂量的溶剂蒸气污染了被水蒸气饱和了的排出气。

（2）变压吸附制 H_2 变压吸附（pressure swing adsorption，PSA）法精制或分离是根据恒定温度下混合气体中不同组分在吸附剂上吸附容量或吸附速率的差异以及不同压力下组分在吸附剂上的吸附容量的差异而实现的[8]。普通的制 H_2 法是用水蒸气催化重整天然气或粗汽油。由联合炭公司开发的多柱变压吸附过程可由这种原始蒸气生产纯度高达 99.999% 的 H_2，H_2 的回收率达 75%～85%。图 6-4 为采用九个平行吸附柱制备 H_2 的工艺流程示意[9]。变压吸附过程含 11 个连续的步骤，包括：①原料气压力下的吸附，②四个顺流降压过程，③逆流降压，④用纯 H_2 逆流驱气，⑤四个逆流加压过程。

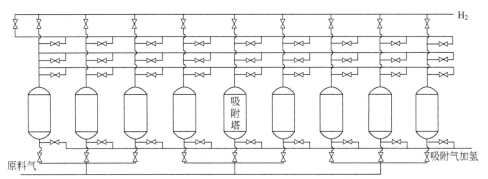

图 6-4 用变压吸附从蒸气-甲烷重整气中生产高纯度 H_2 的示意

（3）去除空气中痕量 VOC 通常，空气中痕量烃杂质经加热或催化燃烧方法氧化为 CO_2 和 H_2O 而除去，这需要大量的燃料。通过吸附-反应（SR）循环过程可使净化空气所需的能量大幅度地降低。图 6-5 给出了这一流程的示意图。该体系包括两个平行的吸附柱，内部填充经物理混合的活性炭与氧化性催化剂，吸附柱含有列管换热器，从而吸附剂-催化剂混合物可被间接加热。典型的 SR 循环包括：①室温下活性炭吸附痕量烃直至杂质穿透为止，②通过间接或直接加热吸附剂-催化剂混合物到 423K 对烃进行在位氧化，③对吸附剂-催化剂混合物进行直接或间接冷却至室温，并排出燃烧产物。仅对吸附容器和它的内部物质加热至反应温度，就可使脱除和降解烃所需的能量大幅度降低。表 6-3 比较了氯乙烯含量为 260mg/L 的 1MMSCFD 的空气经 SR 循环净化到

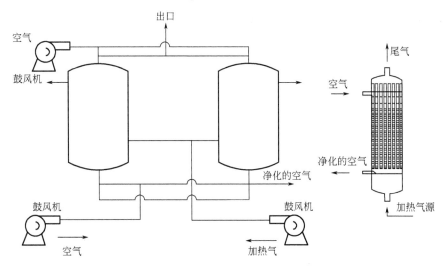

图 6-5 通过 SR 过程从空气中除去痕量杂质的流程示意

1mg/L 时的性能与 600K 时使用标准氧化催化剂的性能。该例中的吸附剂-催化剂体系是含 1.5%（质量分数）$PdCl_2$ 的 RB 炭。从表 6-3 中可知用 SR 过程可使所需能量减少一个数量级。

表 6-3　SR 过程中能量的节省

类别	SR 过程	催化燃烧
能量/（MM BTU/h）	0.012	0.47
吸附剂-催化剂	5700	800

（4）精制氢气　活性炭难以吸附氢气。因此，精制时是用活性炭从原料气体中吸附氢以外的气体，把未吸附的氢气作为产品取出[10]。吸附槽的结构是下部充填除去水的氧化铝，中部是沸石，最上部是活性炭。标准吸附周期是 5min。

在羰基合成气体的场合，反应副产物尽管微量，但在反应过程中成为阻碍反应的物质，作为吸附剂保护床的形态设置的预期处理装置活性炭槽，将吸附除去这种反应副产物，所以，结果能够提高反应得率和催化剂的寿命。

（5）精制氦气　氦气与上述的氢气一样是难以被活性炭吸附的气体，因此，氦气的精制也是用活性炭从原料气体中吸附氦气以外的气体后，把未吸附的气体作为产品收集起来。氦气是稀有气体，价格很贵。氦气精制主要应用于吸附除去氦气在循环使用过程中以杂质形态而混入的空气，提高再次循环使用的纯度。通常含在原气体中的空气量为 5%～10%，用压力回转吸附装置将空气含量降低到 $10×10^{-6}$ 以下，吸附槽至少有 2 个，吸附周期为 5min，由于要避开高压气体管理法，吸附压力多数小于 $10kg/cm$。

2. 活性炭压力回转吸附法分离气体

压力回转吸附法分离气体是通过在比较短的周期时间内，将压力下吸附与减压下吸附再生操作反复进行来实现吸附成分与易吸附成分的分离操作。

（1）氮气的压力回转吸附　氮气的压力回转吸附是从原料空气中吸附除去氧气、二氧化碳及水分而获得氮气产品的分离过程，常使用分子筛活性炭。该法是利用不同气体向分子筛活性炭的吸附速度差异进行分离的[10]，工艺流程见图 6-6。在相同的压力下，氮气、氩气、氧气的平衡吸附量差别并不大，但与分子筛活性炭的吸附速度相差 40 倍左右。因此，通过采用适当的吸附时间的方法，便能进行高度分离。现在，在压力回转吸附装置中，吸附时间为 1～2min 的场合，使用吸附速度大的和短周期型分子活性炭有利，在重视得率的场合，使用吸附小的长周期型分子筛活性炭有利。此外，吸附速度及平衡吸附量都受温度的影响较大，可以分别在寒冷地区使用前一种分子筛活性炭，在温暖的地方使用后一种分子筛。

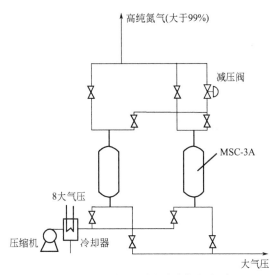

图 6-6　压力回转吸附法分离氮气的流程

随着分子筛活性炭性能的提高，使用得比较普遍的是简单装置的第一种方式，压力回转吸附中，最简单的是两塔切换装置，均压工序也是上下同时进行均压。再生产是在均压后的减压进行，此时把一部分产品氮气作为载气的形式逆流具有一定的效果，逆流量有最佳价值，10％左右经济性好，再生后，接在均压后面的是用供给的原料气体升压[11]。在制造高纯度氮气时，用产品氮气将均压时在塔内出口一侧生产的不纯气体回流压入入口侧，是一种升压的有效方法。作为一种廉价而又容易操作、方便的氮气发生装置，它的用途已经确立，并逐渐普及。

（2）二氧化碳气体分离　　二氧化碳排放量大，是造成地球变暖的一种气体。通常使用的除去、回收二氧化碳气体的方法是氨气吸收等方法。正在研究操作简单的压力回转吸附法在回收各种排气中二氧化碳气体方面的应用[12]。

作为所使用的吸附剂，正在研究的活性炭、分子筛活性炭、分子沸石和硅胶等。现在已经在压力回转吸附装置中实际使用的是活性炭或沸石，两者都是通过平衡吸附分离机能分离二氧化碳。活性炭与分子筛沸石比较，从平衡吸附特性来看，下列三种场合使用活性炭更加有利：二氧化碳气体浓度大；温度低；水分含量大。从吸附方面的特征来看，活性炭压力回转吸附法的吸附压力越大、效果越好；而加压对分子沸石的效果却不大，在常压下吸附就足够了[7]。分子筛与活性炭相比，平衡吸附量较小，但具有与活性炭同样的其他性质。

火力发电站的锅炉排气等大量产生的化石燃料的燃烧排气，二氧化碳气体的浓度稍低，为 15％左右，用活性炭、沸石的压力回转吸附法分离二氧化碳还处于研究性阶段。回收二氧化碳的利用方法，或者用于生物工程进行固定、储存、在深海中等方面的研究工作，正在进行之中。二氧化碳的这些利用技术确立以后，二氧化碳压力回转吸附法在治理环境的二氧化碳问题上，将大显身手。

三、其他气体的来源与处理

随着工业化程度的不断提高，人为产生的空气污染物所占空气总污染物的比例在不断增加，对人类自身健康的危害在不断增大。目前，排放空气污染物最多的工业部门有：石油与化学工业、冶金工业、电力工业、建筑材料工业等[1]。下面就工业排放的主要有害气体污染物 NO_x、SO_2、P、CO、卤代烃、挥发性有机物(简称为 VOC) 等的吸附分离治理前景和可行性简要分析如下。

1. 工业废气中的 NO_x 脱除

硝酸生产过程中要排放大量的硝酸尾气，其中含有 NO_x，危害极大。我国现有硝酸生产工厂 50 多家，硝酸尾气中 NO_x 的浓度一般为(500～5000)mg/L，每年排入大气的 NO_x(以 NO_2 计)约为 6 万吨。如果能回收这些NO_x，不仅控制了对环境的污染，同时可以增产硝酸，降低生产成本[13]。

目前西南化工研究院已开展了硝酸尾气的吸附法回收治理工业性试验研究工作，研究表明，净化气中 NO_x 浓度可控制在低于 0.02％，对应尾气中NO_x 浓度从 0.04％～0.8％，回收气中 NO_x 浓度变化范围可从 0.8％～5％，可以返回系统生产硝酸。

对石灰窑气等废气中氮氧化物的脱除技术，西南化工研究设计院已开发成功，并申报国家专利。对烟道气中氮氧化物的脱除，根据烟道气组成采用 TSA 法与其他化学技术处理法可有效控制氮氧化物的排放量。

2. 提纯一氧化碳

我国每年生产黄磷 40×10^4 t，生产过程中每生产 1t 黄磷会产生 $2500 m^3$ 尾气，每年产生的尾气量达 $10 \times 10^8 m^3$，其主要成分为一氧化碳(85％～90％)，CO 是一种易燃易爆有毒的气体，又是一种重要的碳化工原料。尾气中含有的P、S、As、F 等及其化合物的有毒组分未经处理排放到大气中将严重污染环境，易使催化剂中毒，所以有效处理黄磷尾气具有非常重要的意义。近年来，国内外在净化黄磷尾气和开发黄磷尾气领域已开展了较多工作，其中西南化工研究院开展了尾气处理的动态吸附研究实验，取得了可循环操作的 TSA 净化流程，并结合自己的 CO 提纯专有技术，已转让一套采用吸附法从黄磷尾气净化并提纯 CO 的工业装置。

3. 二氧化硫的控制

硫氧化物主要是二氧化硫，它是大气中数量最大、分布最广、影响最严重的环境污染物之一[14]。目前控制的主要方法有：高烟囱稀释法、采用低硫燃料、排放废气脱硫等，近年在采用干法（吸附剂吸附法）、湿法脱硫技术领域开展了较多研究，工业化应用已很成熟。吸附法脱除废气中的 SO_2 又分为物理吸附法和化学吸附法，物理吸附时被选择性吸收的 SO_2 可通过升温或降压解吸出来，化学吸附时吸附剂同时起催化作用，被吸附的 SO_2 被废气中的氧氧化成 SO_3，后者再与水生成硫酸。目前，国内关于采用吸附法净化 SO_2 的报道多为实验研究报告。

4. 含三氯乙烯、三氯乙烷等卤代烃的排放废气净化

含卤代烃的废气净化目前较为成熟的技术是溶剂吸收或吸附法处理，如：①彩色显像管生产线清洗阴罩时挥发的三氯乙烷气体刺激人体黏膜，长期接触能使运动神经系统受损，无论从环境保护还是降低生产成本来看都必须回收利用[15]。航天总公司四院四十二所成功开发了应用活性碳纤维回收三氯乙烷，避免了环境污染，使用效果良好。②在工业上应用很广的三氯乙烯，是对人体和环境都有较大危害的有毒污染物，含三氯乙烯工业废气排放前必须脱除其中超标含量的 TCE，应用吸附法可有效控制排放尾气中三氯乙烯含量并回收其中的三氯乙烯，西南化工研究院在这方面开展了较多实验研究，并取得了良好的实验效果。

5. 含高沸点有机物的尾气净化

目前，采用吸附法净化、回收排放尾气中的有机组分的工业应用是比较成功的，采用的通常流程为 TSA 或 PTSA 流程，既可有效脱除有机污染物又可回收有用组分。根据大量实验研究，西南化工研究院在已开发的多套 PSA 装置的预处理装置中，成功地采用 TSA、PTSA 技术很好地解决含高沸点有机物的尾气净化，如苯、萘等的脱除。

6. 排放气中一氧化碳的脱除

CO 是一种易燃易爆有毒的气体，未经处理排放到大气中将严重污染环境，所以严格控制排放气中 CO 含量是非常有意义的。目前，国内北京大学开发的 13X 分子筛载体的 Cu（Ⅰ）吸附剂、南京化工大学开发的稀土复合铜（Ⅰ）吸附剂都是很好的 CO 吸附剂。实验表明，采用 PSA 或 TSA 技术脱除 CO 是一种有效的手段，排放气中的 CO 可控制在 1mg/L 以内。

7. 含氟排放废气的净化

含氟（主要为 HF 和 SiF_4）废气数量虽然不如硫氧化物和氮氧化物大，但其毒性较大，对人体的危害比 SO_2 大 20 倍，因此工业生产排放气必须控制含氟化合物的排放量。目前，HF 回收通常生产冰晶石，尽管从理论上可采用吸

附法结合其他化学法处理含氟废气，但目前国内应用 PTSA 回收含氟排放废气的工业装置尚未见报道。

8. 从富含甲烷气源中浓缩、回收甲烷

矿井瓦斯是在采煤过程中产生的，瓦斯气中含有 25%～45% 的甲烷及其他一些组分，其热值仅 2500kcal/m³（1kcal＝4.186kJ）左右，难以利用，通常排入大气，以致污染环境[15]。我国每年约有 $30×10^8$ m³ 瓦斯放空。因此有效利用矿井瓦斯已成为一个热门课题。西南化工研究设计院开始采用 PSA 技术从矿井瓦斯中浓缩甲烷的实验研究，可以把甲烷浓度从 20% 提高到 50%～95%，浓缩后的富甲烷气热值明显提高，可以作为优质燃料和化工原料。

9. 工业二氧化碳排放的控制

近年来，由于 CO_2 排放量增加（每年以二氧化碳形式放入大气中的碳约为 50 亿吨），大气中二氧化碳已从工业污染时代的 270mg/L 上升到近 500mg/L，大量二氧化碳在大气中的积聚引发全球的温室效应已经引起了人类的重视。从含 CO_2 浓度较高的排放废气中回收 CO_2 既解决了环境问题，又回收了有用组分，减少了资源浪费。通过提纯，产品二氧化碳的纯度可达 99.5%～99.99%，指标均可达到或超过二氧化碳食品添加剂国家标准（GB 1886.228—2016）。

10. PSA 富氧处理城市垃圾废气

随着城市化建设规模的不断扩大，城市每天产生的垃圾量急剧增加，目前主要采用空气燃烧的方式处理人类的生活垃圾，每天通过燃烧垃圾产生的大量含 VOC 有毒废气给环境造成极大的污染；如采用 PSA 技术从空气富集氧气（氧纯度可达到 93%）替代空气处理城市垃圾，则大大降低了有毒废气的排放量。

四、展望

高效的气体精制分离技术，具有重要的作用，不仅有利于节省资源，还有助于通过吸附剂的研究来提高应用效果和扩展应用领域。随着分离技术的研究深入，活性炭在工业气体精制和分离领域必将发挥越来越重要的作用。

第二节　有毒有害气体的净化处理

一、概述

1. 空气污染物

由于人类活动或自然过程，排放到大气中的物质，对人类环境产生不利影

响，统称空气污染物。空气的污染源可分为两类：自然污染——例如火山排出的，油田、煤田逸出的，动植物腐败放出的污染物；人力污染——例如生活和生产活动产生的污染物。

空气污染物主要有以下 4 类

（1）气态污染物

① 含硫化合物：硫化氢、二氧化硫、三氧化硫、硫酸、硫酸盐等；

② 含氮化合物：氨、氧化亚氮、一氧化氮、二氧化氮、四氧化二氮、亚硝酸盐、亚硝胺等；

③ 含氯化合物：多氯酰苯、二噁英等；

④ 碳氧化物：一氧化碳、二氧化碳等；

⑤ 碳氢化合物：烷烃、烯烃、芳香烃(苯、多环芳烃、芘)、含氧烃(醛、酮)等；

⑥ 卤素化合物：氟化氢、氯化氢等。

（2）放射性物质

① 氡；

② 由核电站事故和核武器试验造成的放射性尘埃引起的大气污染：如放射性同位素^{131}I、^{137}Cs、^{239}Pu 和 ^{90}Sr 等。

（3）粉尘燃烧过程产生的二氧化硅、氧化铝、氧化铁等污染物，可分为两类：一类是粒径大于 $10\mu m$ 的降尘，一类是粒径小于 $10\mu m$ 的飘尘。

（4）综合性的空气污染物

① 光化学烟雾，是排放在空气中的一氧化碳、碳氢化合物、氧化氮等受日光照射，发生复杂反应，形成的二次污染物，含有如乙醛、过氧化乙酰硝酸酯、臭氧等强烈刺激性烟雾；

② 酸雨，是空气中二氧化硫及氮氧化合物转变为硫酸、硝酸，形成酸雾或被飘尘吸附，与降雨一起落下后称为酸雨，酸雨的 pH<5.6。

2. 空气污染物的治理

室外空气的净化，很早就引起人们注意；近 30 年来对室内空气的质量，开始重视。据研究，室内空气的污染源有：建筑材料如砖、墙纸、油漆；燃气、烧煤等的燃烧；油炸、熏烤类的烹饪；吸烟的烟雾；某些化妆品。室内散发出来的污染物种类很多、数量不少；美国 EPA 称，挥发性有机物浓度在室内常比在室外高出几倍；近年有研究表明，空调系统常因换气不佳，严重污染了室内空气。

空气污染的治理中，活性炭吸附法或催化法使用普遍。废气与具有大表面的多孔性的活性炭接触，废气中的污染物被吸附，使其与气体混合物分离而起净化作用。用于气体吸附的活性炭是颗粒状的，微孔结构较发达，采用固定吸附床或流动吸附床。用活性炭除去有害气体与其他方法相比，有下列特征：

① 吸附气体的种类多；

② 多数情况下对于混合气体也有效；

③ 受水蒸气和二氧化碳的影响不大；

④ 吸附速度快；

⑤ 可以设计成携带式、移动式装置；

⑥ 活性炭可以再生；

⑦ 废弃时，活性炭本身的污染小。

就活性炭以外的吸附剂来看，硅胶、活性氧化铝对于具有碱性或者极性强的分子结构的气体显示出亲和性，并很容易受到由于它们对水蒸气强烈地吸附而形成的妨碍，所以对所有的有机气体的吸附力都很弱。沸石对于多种分子，按分子大小显示出不同的吸附亲和力，而具有分子筛作用，这种作用由于水蒸气而受到很大妨碍。磺化煤对于氨、胺等碱性气体，碱石灰对于盐酸等酸性气体各有吸附力，但这两种吸附剂不具有多孔性，气体吸收速度缓慢等，各都具有特异性的吸附力。与这些吸附剂相比，活性炭可以说是用途最广的一种吸附剂。

活性炭是用途最广的一种吸附剂，吸附流程有以下三种形式。

（1）间歇式流程　常用单个吸附器。应用于废气间歇排放、排气量较小、排气浓度较低的情况。吸附饱和后需要再生。当间歇排气的间隔时间大于再生所用的时间，可在吸附器内再生；当间歇排气时间小于再生所用时间时，可将吸附器内的活性炭更换，将失效活性炭集中再生。

（2）半连续式流程　由两台并联组成。最普遍应用的流程，既可用于处理间歇排气，又可用于连续排气。其中一台吸附器进行吸附，另一台吸附器进行再生。

（3）连续式流程　由连续操作的流化床吸附器、移动床吸附器等组成，处理连续排出废气，不断有用过的活性炭移出床外再生，并不断有新鲜的活性炭或再生的活性炭补充到床内。

用活性炭吸附气体中的污染物，一般要避免高温，因为吸附量随温度上升而下降；要避免高湿度，因为高湿度会降低吸附量；要避免高含尘量，因为焦油类尘雾会堵塞活性炭细孔、降低吸附，应采取过滤等预处理。

二、应用实例

1. 治理含二氧化硫废气

空气中的二氧化硫是污染空气的最大有害成分，是形成酸雨的主要因素。1997 年我国工业系统排放二氧化硫有害废气高达 1882 万吨。燃烧燃料和工业生产排放的二氧化硫废气可分为两类：有色冶炼厂等排放的高浓度废气，都以接触氧化法回收硫酸；火电厂等锅炉烟气量大、浓度低，大都为 0.1%～0.5%，如不予治理排放，严重污染空气。

烟气脱硫技术有两百多种，目前火电厂应用的仅约十种，最常用的有湿式石灰石-石膏工艺、喷雾干燥工艺、炉内喷钙扣炉后增湿工艺、循环流化床工艺等。应用活性炭治理工艺也在不断开发，已有较成熟的工业应用。活性炭对烟气中的二氧化硫吸附，在低温（20～100℃）主要是物理吸附；在中温（100～160℃）主要是化学吸附，活性炭表面对二氧化硫和氧的反应具有催化作用，生成三氧化硫，从而与水生成硫酸；在高温（>250℃）几乎全是化学吸附。活性炭吸附二氧化硫而生成硫酸，回取、浓缩成 70% 硫酸，再可制磷肥。

国外烟气脱硫的吸附床型有多种：例如日立工艺用固定床，Westvco 工艺用沸腾床，住友 BF 工艺用移动床，其中以移动床工艺较为成熟，这种方法在再生时产生大量稀硫酸，产出高浓度的二氧化硫，可通过现有的成熟工艺转变为硫黄或浓硫酸等化工产品，变害为利，是一种除尘和脱硫率高的不产生二次污染的技术；松木坪电厂采用活性炭吸附塔，入口二氧化硫浓度 3200mL/m，效率>90%，100g 活性炭吸附量>12.3g。脱除废气中的二氧化硫也可应用装填活性炭的滴流反应器。影响反应器性能的主要操作参数是气体空速、床层温度、操作周期、液体喷淋时间占整个周期的百分比以及喷淋液中的硫酸浓度。在较低的床层温度下，升高温度有利于二氧化硫的脱除，而在较高温度下由于气体溶解度的下降和床层过快失水，使温度的影响不显著。

活性炭浸渍含碘物作为催化剂，用于烟气脱硫的优点是：反应过程中的碘能将二氧化硫催化氧化为硫酸，碘还原为碘化氢，碘化氢在活性炭上氧化为碘，从而循环反应，大大提高了活性炭对二氧化硫的吸附量。炭表面形成了活性中心，从而促进催化氧化的进行。通过测定不同时间活性炭上三氧化硫的蓄积量的研究，发现整个过程可分为两个不同反应机理的阶段，在三氧化硫蓄积量小的情况下，三氧化硫对二氧化硫和氧的吸附不产生影响；在三氧化硫蓄积量达到一定程度后，则成为一种阻抑物。

2. 治理含氮氧化物废气

氮氧化物（NO_x）种类很多，最主要的是一氧化氮和二氧化氮，也是形成酸雨和光化学烟雾前体的污染物。污染源来自燃料的燃烧、机动车和硝酸氮肥等化工厂。大部分燃烧方式中排放物的主要成分为 NO，占 NO_x 总量的 90% 以上。

烟气中脱除氮氧化物，即烟气脱氮或烟气脱硝的方法很多，可分为催化还原法、液体吸收法和吸附法。吸附法中常用的吸附剂是活性炭，活性炭对低浓度氮氧化物具有较高的吸附 NO_2 能力和使 NO 成为 NO_2 的氧化能力；也有特殊的活性炭，有使 NO_x 成为 NO 的还原能力。活性炭的吸附量比分子筛或硅胶的大。不过活性炭在 300℃ 以上有自燃的可能，值得注意。活性炭净化氮氧化物的工艺是：将 NO_x 废气通入活性炭固定床被吸附，净化后尾气排空，活性炭用碱液处理再生，并从亚硝酸钠中回收硝酸钠。也有将硝酸吸收塔尾气以活性炭吸附，用水或稀硝酸喷淋，回收硝酸，有费用较省和体积较小的优点。

同一反应器内同时脱硝、脱硫的技术，目前国内外尚处于开发和研究阶段。1976～1984 年日本住友重机械株式会社研究成功活性炭脱硫、硫硝技术，1985 年有人用活性炭对氮氧化物和硫氧化物进行同时脱除，脱硫效率较高，脱氮效率却很低。迄今，国内外未有在常温下能同时脱除这两种气体的理想吸附剂。对活性炭来说，最重要的问题，是要研究出脱硫、硫氮性能高、耐磨强度大、着火点高、成本低的专用活性炭。由活性炭、氢氧化钙、硫酸钙、含水氢氧化钾和无机黏结剂组成的蜂窝状结构的吸附剂，适用于脱除烟囱中排出的氮氧化物和硫氧化物。

3. 治理含硫化氢废气

污染空气的硫化氢主要来自天然气净化、石油精炼、煤气和炼焦工厂和化工厂以及含硫废物的微生物分解。治理方法有：氧化铁法、乙醇胺法、对苯二酚法、氨水吸收苦味酸催化法和活性炭催化氧化法等，其中活性炭催化氧化法操作简便，为普遍所采用。

有用有机溶剂萃取或用蒸气蒸馏办法回收元素硫，也有用硫化铵水溶液提取。硫化氢氧化物生成元素硫，但也可能发生副反应，生成二氧化硫，因此，有必要选择反应条件和采用促进剂避免或减少这些副反应。当含硫化氢的气体混合物中，氧含量从 1∶1 提高到 1∶6 时，硫化氢的氧化率从 25% 提高到 30%。当活性炭量增大，硫化氢的氧化率会提高到 90% 以上。当温度在 120℃ 时，氧化速度很快，并随温度升高而增加速度。活性炭床温度应少于 60℃ 为妥。因反应热效应大，不宜用本法处理硫化氢浓度大于 $900g/m^3$ 的废气。一般活性炭含有相当多的化学吸附氧，将活性炭进行除气处理后排去吸附氧，从而使活性部位化学吸附硫。当活性炭的活性部位由于吸附氧、硫而被堵塞时氧化效率大为降低，明显说明：活性炭的活性部位与催化活性有关。活性炭的表面积与催化活性无关。因为脱气处理的活性炭，虽然与未脱气处理的活性炭有大致相同的表面积，却是更有效的催化剂。活性炭通过酸洗处理，会去掉一些能促进硫化氢氧化铁或钠等杂质，从而降低了活性炭的催化活性。添加促进剂会提高活性部位的效率，并减少生成硫酸的副反应。

4. 治理含一氧化碳废气

一般来说，活性炭有很好的吸附能力，但对一氧化碳的净化效果很差。研究发现，通过浸渍铜盐和氯化锡能够有效地提高活性炭吸附一氧化碳的性能。

近年发现光催化技术可用于难处理污染物的治理。国内外研究成果显示，活性炭与纳米二氧化钛结合可增强催化净化性能。将二氧化钛通过浸渍的方法负载于活性炭表面，在紫外光的照射下，能够增强其光催化作用，增强净化性能。由于被吸附的污染物被光催化氧化降解后活性炭并未吸附等量的污染物，通过不断原位再生而获得更多的吸附容量，从而增强活性炭吸附净化性能。

5. 治理含砷废气

炼铜厂煅烧含硫的黄铜矿或辉铜矿时，逸出大量二氧化硫，以此制造硫酸；同时铜矿还含有砷。经煅烧生成三氧化二砷，会引起制硫酸的催化剂五氧化二钒的中毒，而且砷进入大气造成污染。

针对炼铜时的砷害和硫害，曾经用过湿法脱砷，此法既易使砷进入水中，造成二次污染，又易使硫酸冲淡。近年使用活性炭法，先用活性炭吸附脱砷，继以活性炭脱硫或以接触法制造硫酸。活性炭吸附的砷用热空气解吸回收，然后再生活性炭，反复使用，尾气脱砷后延长制酸的催化剂寿命，提高硫酸的得率。

6. 治理含汞废气

汞污染已经引起人们的重视。汞的污染源有：含汞矿物开采冶炼，氯化汞、甘汞、雷汞等化合物的生产厂，水银法氯碱厂，水钼温度计厂，汞灯厂。对于含汞废气除了高锰酸钾溶液、次氯酸钠溶液、热浓硫酸、软锰矿硫酸悬浮液、碘化钾溶液等进行吸收的方法外，还有活性炭吸附法。该法是先将活性炭吸附易与汞反应的氯气，当含汞废气通过这预处理的活性炭时，汞与活性炭上的氯反应生成氯化汞附着在活性炭表面，从而将废气中的汞去除。

经过化学处理的活性炭，可净化空气或载气中的汞蒸气，例如：

① 饱和吸附氯气的活性炭可催化汞蒸气和氯气成为氯化汞。

② 浸渍碘化钾和硫酸铜混合溶液的活性炭所产生的碘化铜和汞蒸气形成碘化汞铜沉淀。

③ 载有硫黄的活性炭可与汞蒸气生成硫化汞沉淀。

有从模拟的和实际的烟道气中去除汞的研究，认为活性炭能去除元素汞和一氯化汞，其吸附效力取决于：汞的类型、烟道气的组成、吸附温度。

7. 治理含碳氮化合物废气

碳氮化合物的污染源有：石油化工的生产过程；使用有机溶剂的工厂；汽车、轮船、飞机油类的燃烧等，不仅对人体有害，有的还有致癌和致突变作用，而且在日光下，会和氮氧化物造成二次污染的光化学烟雾。含碳氮化合物的废气，常用净化方法有窑、炉直接燃烧，有火炬燃烧、催化燃烧以及活性炭吸附。用颗粒活性炭净化废气，大都联合固定床吸附器。

用活性炭可从一种烃类或石油类中分离出聚合烃类。对空气中七种有机物甲苯、丙酮、乙醇、乙氰、乙酸乙酯、氯乙烯、乙酸，以不同原料如椰子、橄榄和枣子制成的活性炭分别做吸附测试，均有良好的吸附力，而以橄榄为原料的活性炭为最佳。分子筛有筛选一定大小分子的作用，原由 Saran 脂制成；现在也可从煤，经适当方法处理，再经均匀活化而得到活性炭，两个平行的平面层间距约为 50nm，可筛选性地吸附 50nm 以下的分子。

碳氟化合物蒸气中如含有全氟异丁烯也可用活性炭去除。

8. 治理含"三苯" 废气

"三苯" 是指苯、甲苯和二甲苯三种有毒、易燃、与空气混合能爆炸的芳香烃。其废气常出现在制鞋、油漆、印刷等行业，例如福建福清市鞋用胶水中"三苯" 溶剂年用量曾在 1000t 以上。

活性炭用于"三苯" 废气吸附净化，有三种工艺：

一是活性炭吸附脱附回收。活性炭吸附一定量污染物后，用水蒸气进行脱附，并进行冷凝分离，回收溶剂。该工艺适合处理单一组分废气，但投资较大，不适于小厂使用。

二是活性炭吸附催化燃烧。活性炭吸附污染物后，用热风解吸，解吸下来的污染物采取催化燃烧。该工艺适合处理大风量有机废气，无二次污染，自动控制能力高。但由于活性炭层厚，容易因为热量堆积引发自燃，安全性差。

三是活性炭分散吸附、集中再生。适用于废气排放点多、面广、规模小、资金少的厂家。吸附器结构设计是关键，该设备外形是环形，占地面积小，主要是考虑到颗粒活性炭层厚度、气流分布、阻力处理能力、活性炭的装卸更换。再生全过程是在活化炉内预热、脱附、煅烧活化和炉内废气燃烧及冷却出料。这种活性炭净化废气装置已有许多小型厂投入使用。

活性炭吸附法工艺过程包括：活性炭吸附废气中的"三苯" 溶剂；吸附饱和后的活性炭脱附和溶剂回收；活性炭活化再生。用活性炭回收苯类溶剂，一般在常温下吸附，以蒸汽在 110℃ 以下解吸，冷凝分离回收。例如，天津石油化纤厂回收对二甲苯，西安石棉制品厂回收汽油和苯。合成纤维厂的废气中有对苯二甲酸二甲酯装置的氧化尾气主要含对二甲苯，采用活性炭立式吸附器，将氧化尾气通过后经冷却分离，回收对二甲苯。活性炭饱和后用热空气再生。脱附的有机物送入焚烧炉焚燃，效果好，成本高。

9. 治理含二噁英废气

二噁英是一类化合物，包括多氯代二丙苯二噁英和多氯代二丙苯二呋喃，现又将多氯联苯并入，共有两百多种，都是毒性很大的物质。

应用活性炭净化是个好办法，将含有二噁英的燃烧尾气通过活性炭柱吸附，可达排放标准。用过的废炭经高温再生再用，吸附的二噁英高温分解为二氧化碳和水分，少量氯或氯化物以水喷淋。有一种去除二噁英的设备，为活性炭加料器、圆筒接触器和旋风分离器所组成。成本低、效率高。新近有个方法，将温度 400～500℃的烧炉排出气体，直接送到有催化剂的反应塔，塔内装有一定功率的紫外线灯管，排出气体通过催化反应，会迅速分解二噁英。二噁英不仅存在于废气中，还存在于填埋场滤液中，都可应用活性炭来吸附。

10. 治理恶臭

恶臭是空气中的异味物质刺激嗅觉器官而引起不愉快和损害生活环境的污染物，污染源来自含硫等烃类化合物，常出现在饲料厂、皮革厂、纸浆厂、化工厂、垃圾污水处理厂、水产加工厂、农场等。通常把正常勉强能感觉到的臭味浓度称为嗅觉的阈值，臭味灵敏度因人而异，与臭味阈值的资料常不相同。一股臭味强度以嗅觉阈值分为六级。

我国在《恶臭污染物排放标准》（GB 14554—1993）中对八种恶臭污染物规定了一项最大排放限值：氨、二甲胺、硫化氢、甲硫醇、甲硫醚、二甲二硫、二硫化碳、苯乙烯。

恶臭的治理方法因臭气性质而异，有用水、酸或碱的吸收法，有直接燃烧脱臭法或催化燃烧脱臭法，有活性炭脱臭法。对低浓度的恶臭气体的处理，通常采用活性炭脱臭法，效果良好。活性炭品种型号的选择，应经实验室试验其吸附能力、吸附速度、机械强度、再生难易、价格高低而定。针对恶臭的性质，可以对活性炭进行定向处理，提高其使用效果；吸附温度控制在 40℃以下为宜，以利提高吸附效果。

将活性炭和活性氢化铝、二氧化硅、沸石和（或）重金属，再加黏结剂组成的制品，可有效地除去空气中臭味、细菌和真菌孢子，适用于冰箱、冷冻器等。将 0.1%～20%铁、铬、镍、钴、锰、锌、铜、镁的氧化物和（或）钙载在 100 份的活性炭上，经水蒸气的气氛下加热处理，再以有机黏结剂成型。这种蜂窝状活性炭具有高的催化氧化活性和低的压力损耗，适用于作冰箱、厕所和空气净化器中的防臭剂，可迅速去除低浓度的甲硫醇或三甲胺等臭味物质。蜂窝状活性炭也可用于处理空气中臭气的过滤器，通过颗粒活性炭和酚醛树脂黏结剂制成的吸附剂在多层床中的过滤作用，密闭室内或厕所里的臭味可有效地脱除。将活性炭层夹入两片透气片中成为三明治式结构的除臭片。透气片之一以阳离子去臭剂浸渍，透气片之二以阴离子去臭剂浸渍，除臭效率更大。以旋转混合装置将有臭气的空气与活性炭、吸附剂接触，再以微波辐射装置处理用过的废炭，会有臭氧的催化分解装置处理被吸附杂质。

11. 治理放射性气体和蒸气

随着我国核能工业的发展，排放的放射性气体对环境污染引起人们的重视，放射性污染治理成为研究的热点之一。

（1）碘化物 在原子反应堆的放射性蜕变过程中，主要排出两种碘的同位素：[131]I(半衰期 8.04d) 和[133]I(半衰期 21h)，含碘的气体经燃料电池薄膜中的裂缝逸出，并首先污染热载体的第一回路。当状态失调时，这些放射性的碘化物可落入反应堆的锅炉中，但这些碘化物不应该落入室外空气中。因此，原子能发电站应安装为清除这些杂质所需的相应过滤系统。除单质碘外，在防悬浮微粒过滤器上还可收集部分杂质，可分离出甲基碘。如果在细孔活性炭上，甚至可从湿空气中很容易地清除单质碘蒸气，而甲基碘却恰恰相反，它具有较高的蒸气压力，以致用吸附方法都不可能获得较为满意的净化效果。表 6-4 所示的为甲基碘蒸气压力随温度变化的关系[16]。

表 6-4　甲基碘蒸气压力随温度变化的关系

温度/℃	-45.8	-24.2	-7.0	25.2	42.4
甲基碘蒸气压力/kPa	1.3	5.3	13.3	53.3	100

为了净化空气进行了大量研究，其中以活性炭为过滤吸附材料的研究应用也较广。活性炭容易清除单质碘蒸气，而甲基碘因具有较高蒸气压力，难以吸附。因此利用浸渍活性炭在同位素交换或化学结合过程予以净化是当前较为满意的解决办法。

同位素交换利用的是没有放射性和不挥发的无机碘化物浸渍的活性炭，在放射性甲基碘于炭料层中短暂的停留时间内，在吸附剂上发生碘同位素的交换，因此由于无放射性碘的大量过剩，所以可达到良好的交换效率。

过滤装置是在相对湿度为 99%～100% 条件下，能保证净化程度大于 99% 的、炭层长度不小于 20cm 矩形截面的、特殊结构的过滤器。为了预先防止放射性炭尘埃的放出，悬浮微粒过滤器可设置在用活性炭制成的过滤器之后。在原子能发电站中空气不断的经过活性炭过滤器而循环。因为在这种情况下，浸渍活性炭的吸附能力由于吸收了在过滤器操作期间内必须严格控制的有机蒸气而有所降低。

化学结合是在利用叔胺浸渍的活性炭时，甲基碘可与其化合而生成季铵盐，它与其他胺相比具有较小的挥发性和较强的碱性而显得特别有效。然而胺易挥发，并降低活性炭的燃点温度，因此，像这样的浸渍组成在许多国家均不使用。

上海活性炭厂经筛选以 2% TEDA(三亚乙基二胺) 和 2% KI 浸渍的油棕炭制成专用活性炭，与复旦大学和上海原子核研究所合作研究应用，结果说明该浸渍活性炭可用作核电站中除碘过滤器的吸附材料。

(2) 放射性稀有气体　水反应堆废气中含有极少量的长衰期的同位素氪，主要是含短衰期的同位素氙和氪。在吸附剂上长时间以大浓度保留这些稀有气体是不可能的。然而，如果在装有活性炭的一个吸附器中的持留时间与同位素的半衰期相比较是相当长的话，那么在活性炭上可积聚着由这些稀有气体短衰期的同位素所生成的固体产物。为了保证相当长的持留时间，可以用几个吸附器构成的系统。废空气应当利用干燥剂或者冷凝法进一步进行精细的干燥，为的是消除水分对吸附能力较差的稀有气体在吸附过程产生的不良影响。在这一系统中运行，主要是采用成型的细孔活性炭。

长衰期同位素氪，在废空气中仅有极少量，平常的净化装置是不可能回收的。为此目的，研究了一种特殊的过程，在该过程中是利用活性焦炭作吸附剂，为实现净化所加的空气流在并联设备中的一个设备先净化直到放空；而在第二个设备中，大量的放射性稀有气体可利用空气流动方向同向被抽空，并在抽气时从吸附层中析出的少量含氪气体被送至第二个吸附器。大量的放射性稀有气体可利用抽空和以少量水蒸气置换而从炭层中除去。水冷凝之后，氪可以很高的浓度而析出。抽空过的反应堆加入空气，重新调至正压。由于 ^{235}U、^{135}Xe 物的积聚会降低反应堆效率，废气必须处理，可收集起来储藏越过衰变期，也可用厚层活性炭过滤，在炭层中衰变，使气体中污染物明显减少，然后排入大气。

第三节 挥发性有机溶剂的吸附回收利用技术

有机溶剂在工业生产中被广泛使用，比如在橡胶、塑料、纺织、印刷、油漆、军工等领域。有机溶剂在产品生产中主要用于溶解某些物质，但需要在产品成型之后去除掉，因此就会产生大量有机废气[17]。有机废气大量无节制排放，不仅推高生产成本，也会污染环境、引发事故。所以，回收并利用有机废气，不但能够保证安全生产，净化环境，同时也会降低生产成本，是化工生产中重要的一环。

一、溶剂回收的概要

1. 溶剂气体的排出源

在石油化学工业、印刷业、合成树脂工业、橡胶工业等行业中，往往使用比较有限的几种溶剂，下面所援引的是在各种工业部门所利用的典型溶剂，这些溶剂均可在活性炭上回收。

薄膜和薄片生产：乙醚，丙酮，丁酮，醇，四氢呋喃，二氯甲烷；

印刷行业：甲苯，苯，三氯乙烯，己烷；

金属除油：三氯乙烯，三氯乙烷，过氯乙烯；

橡胶工业：汽油，苯，甲苯；

人造丝和黏胶丝生产：二硫化碳；

化学试剂的净化：过氯乙烯，含氟烃类；

人造革和人造纤维的生产：醇，酮，己烷，甲苯，醚，甲酰替二甲胺；

胶和黏合剂的生产：汽油，己烷，甲苯。

除此之外，很多工业生产中也涉及溶剂的使用，但是由于研究相对较少，本书中不做详细的阐述。

2. 溶剂回收的方法

有机废气回收方法需要根据其成分和排放公式来进行选择。目前，有机废气处理方法主要有吸收法、冷凝法、膜分离法和吸附法等。现有的处理方法各有其自身适用的范围和优缺点，在实际工程设计、应用时需综合考虑有机废气体系的特征、处理要求、经济性等因素，做出最适宜的选择，其应用前提是生产设备简单、运行成本低、生产操作稳定等。在实际应用中也可联合应用两种或多种方法，取得更好的处理效果和经济效益。

吸收法[18]是用适宜的溶液或溶剂吸收有害气体实现回收和分离。此法适用面广，并可获得有用产品，但净化效率不高，吸收液需要处理。

冷凝法是根据物质在不同温度下具有不同的饱和蒸汽压，通过降低工业生产排出的废气的温度，使一些有害气体或蒸气态的物质冷凝成液体而分离出的方法。冷凝法一般用作吸附或化学转化等处理技术的前处理，冷却温度越低，有害气体去除程度越高。冷凝法有一次冷凝法和多次冷凝法。冷凝法设备简单，操作方便，可得到较纯的产品，且不引起二次污染，但用于去除低浓度有害气体则不经济。

膜分离法[16]是利用膜的选择性和膜微孔的毛细管冷凝作用将废气中的有机溶剂富集分离的方法，是近年来开发出来的新技术。由于其流程简单、能耗低、无二次污染等特点，针对高分子膜和无机膜在回收有机溶剂方面的应用均有研究。但由于高分子膜耐温和耐有机溶剂性能较差，且渗透率低，处理量小，而选择性差和渗透率低限制了无机膜在工业中的应用。从已有研究来看[19]，采用无机多孔膜回收空气中的有机溶剂是具有应用前景的，提高分离效率是首先要解决的问题。

吸附法是指用多孔性的固体吸附有害气体。吸附剂有一定的吸附容量，吸附达到饱和时，可用加热、减压等方法使吸附剂再生。吸附法主要用于低浓度、低温度、低湿度有机废气的净化与回收，具有去除效率高、净化彻底、能耗较低、工艺成熟、易于推广、实用性强、经济效益高的特点，而且吸附工艺对环境造成的影响较小，不会引起二次污染。常用的吸附剂有活性炭、硅胶、离子交换树脂等。在处理有机废气的工艺中，吸附法应用极为广泛。

二、用活性炭吸附的溶剂回收

活性炭有大量细孔，比表面积大，对废气的吸附容量较大，而对水分的吸附量小，因此最适用于有机废气净化，且当活性炭吸附达到饱和时，可用水蒸气再生，回收有用成分。活性炭吸附法对低浓度溶剂并且对几乎所有溶剂都能进行有效的处理。特别是低浓度溶剂的活性炭吸附法中，可以比较容易地净化到 mg/kg 程度。这种倾向，在以防治公害为目的的回收中，显示出活性炭吸附法的优越性。

1. 活性炭溶剂回收原理

溶剂回收，是旨在通过一定的回收工艺将有机废气回收并可以重复应用到生产中，减少大气污染、降低生产成本。活性炭吸附法用于溶剂回收，是通过将有机溶剂蒸气通入活性炭吸附塔中，利用活性炭优良的吸附性能吸附并脱除有机蒸气、净化空气。吸附饱和的活性炭，可以采用水蒸气进行再生，再生后的活性炭可以循环使用。

活性炭溶剂回收技术适合于溶剂蒸气浓度为 $1\sim20g/cm$ 的气体回收溶剂，而且其回收效率大于 90%；溶剂蒸气浓度与空气混合物的浓度能够保持低于爆炸下限，所以生产比较安全；活性炭回收溶剂成本低，工艺简单，适用范围广。

2. 回收溶剂技术对活性炭的质量要求

活性炭用于溶剂吸附回收，需要循环使用，所以要求活性炭具有良好的化学稳定性、耐磨性、吸附容量以及较小的床层阻力。目前我国溶剂回收用活性炭已大量生产，其中煤基溶剂回收用活性炭生产主要集中在我国西北宁夏回族自治区及周边地区，年生产能力已超过 8 万吨，产品主要质量指标见表 6-5。与球形活性炭相比，柱状活性炭存在床层阻力大、气固接触面积小等问题，国外开发生产球形活性炭用于溶剂回收，显著提高溶剂回收效率。但国内活性炭生产企业，由于没有解决球形活性炭的强度问题，所以没有大规模的生产。

表 6-5　煤基柱状溶剂回收活性炭主要质量指标

直径/mm	堆密度/（g/L）	灰分/%	CCl₄吸附值/%	碘值/（mg/g）
1.5~5	380~520	4~14	60~90	900~1050

除用于溶剂回收的煤基活性炭外，各种常用的溶剂回收用活性炭的性质见表 6-6。

表 6-6　常用的各种溶剂回收用活性炭的性质

项目	成型颗粒状	破碎炭	粉末炭	纤维状炭	球形炭
制造原料	煤、石油系、木材、果壳、果核	煤、木材	煤、木材、果壳、果核	合成纤维、石油系、煤沥青等	煤、石油系

续表

项目	成型颗粒状	破碎炭	粉末炭	纤维状炭	球形炭
真密度/（g/mL）	2.0~2.2		0.9~2.2	2.0~2.2	1.9~2.1
充填密度/（g/mL）	0.35~0.60	0.35~0.60	0.15~0.60	0.03~0.10	0.50~0.65
床层空隙率/%	33~45	33~45	45~75	90~98	33~42
孔容积/（cm³/g）	0.5~1.1		0.5~1.2	0.4~1.0	
表面积/（m²/g）	700~1500	700~1500	700~1600	1000	800~1200
平均孔径/nm	1.2~3.0	1.5~3.0	1.5~3.0	0.3~4.5	1.5~2.5
热导率/[kJ/（m·h·K）]	0.42~0.84				
比热容/[kJ/（kg·K）]	0.84~1.05				

3. 溶剂回收装置的操作规程

活性炭溶剂回收过程主要由以下 4 个基本阶段构成。

（1）吸附　吸附过程可持续到从炭层到吸附区出口，使之达到极限的放空浓度。这样来选择吸附器的尺寸和物流速度，到放空前，炭层的操作时间与操作周期相吻合（例如：8h 白天操作，夜晚进行再生）。然而，在很多情况下是临近放空时就必须转换到第二个吸附器（并联设备），转换过程最好利用浓度传感器控制的自动控制系统。

（2）解吸　吸附饱和的活性炭是在 120~140℃利用水蒸气进行再生；对于高沸点溶剂，则需要提高蒸汽温度。解吸时，可以使用萃取洗提部分溶剂，直到炭层的终温。对于容易分解的溶剂，解吸过程需要谨慎。有些需要在炭层中增加加热装置，这样可以减少蒸汽用量，增加冷凝液的浓度。使用的蒸汽，一部分用于解吸，一部分用于洗脱。而对于湿活性炭来说，用于解吸和用于洗脱的量会有不同，因为解吸活性炭吸附的水需要大量的能量。

因此，在从具有较高相对湿度的空气中回收溶剂时或者在利用湿蒸汽作为解吸剂时，装有炭层的吸附器的生产能力会有所降低。因此蒸汽耗量与被提取的溶剂量之比，仅在评价解吸程度时才有意义。通常从经济观点出发，解吸过程可在达到一定残余容量的条件下中止；在二次回收循环中，应考虑到原始吸附能力的降低。在大多数情况下，以蒸汽来解吸 30~40min 也已足够了，但却极少见到用 60min 的情况；在某种程度上，这是与所用蒸汽的湿度有关。

（3）干燥　在以蒸汽置换解吸过程结束时，活性炭的孔隙和炭料颗粒的间隙均被水蒸气所饱和。这就大大降低了在二次循环中，大量溶剂的吸附。因此，炭层应当干燥，这通常以热空气和干蒸气来实现。因为在设备的死角和炭料颗粒间的空间内仍有残留溶剂，尽管已被解吸，但还没有从吸附器中逸出，所以在干燥时应进行短时间的溶剂排空(几秒钟，最长也不过 1～2min)。溶剂放空的尾气可利用设备结构改进措施来实现回收(封闭空气回路，多级吸附装置)。为实现深度回收必须注意从炭层中排出全部剩余的湿气。在有剩余湿气体存在的情况下，潮湿的炭显示出影响排空量的趋势；这对易挥发溶剂的回收来说是特别突出的。

(4) 冷却　在干燥之后，是炭料层的冷却阶段，至少要冷却到 40℃。溶剂与热炭的接触可导致裂解或氧化的放热反应，在极限的情况下，这些放热反应可引起炭料层的局部过热和自燃。冷空气的耗量与吸附器结构的关系是 1t 活性炭需耗用 50～200m³ 冷空气。

4. 吸附设备

溶剂回收通常应用小容量固定床吸附器，在大多数情况下均是立式圆筒形过滤器。炭料层高度多为 50～100cm，更高的炭层则不常见。活性炭料层常常堆积在由石英砾石或者其他陶瓷材料构成的支撑层之上。这种一来可形成活性炭与置于设备底部的金属丝网或多孔筛网直接接触，从而使被净化的空气能较为均匀地分配。这样支撑层具有蓄热器的功能，它可在水蒸气再生的过程中使其加热，而后又把热量传给空气，再传热使炭层干燥。众所周知，惰性陶瓷球同时可作为不固定的罗底织物层的支承层的设备。

常用柱形活性炭颗粒作填料，因为由于这种形状可以使之建立没有通路形成的密实层。在大多数情况下，被净化气体的流向是自下而上。为了快速吸附蒸气(例如氯代烃类)，物流的线速度约为 50cm/s，而对于吸附其他溶剂的蒸气，则其线速度约为 30cm/s。在回收极易挥发的溶剂时，可降低物流速度，同时需要转移空气流中的热量，热量的转移通常是借助于在炭料中配置冷却蛇管来实现。

某些溶剂在同热的或者潮湿的活性炭接触的情况下，会发生局部分解。例如在用水蒸气再生时，如含氯烃类可分解出盐酸，醚类可被水解，而丙酮、丁酮或者甲基异丁基酮这样的酮类可生成乙酸、二乙酰或者其他的裂解产物。在这些场合必须利用优质钢制成的设备或是由陶瓷砌成的或者用合成涂料涂层的吸附器。如果空气中含有腐蚀组分，需在吸附之前去除掉。

5. 回收装置的计划

(1) 基本装置工艺　图 6-7 是溶剂回收装置的基本工艺具代表性的一例。

吸附装置按活性炭的种类、性质、装填方法等不同而有不同的操作性。因此，在要求回收有充分的经济效果及防治公害机能的场合，对吸附装置要详细研究。

为了决定溶剂回收方法，至少要正确了解下列三项数据：

① 被处理的气体量、湿度、温度、溶剂成分以及溶剂浓度等原始气体条件；

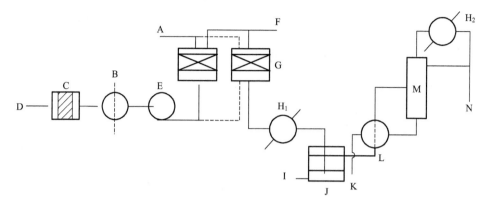

图 6-7　溶剂回收装置的基本工艺

A—处理排气；B—气体冷却器；C—过滤器；D—含溶剂的气体；E—风机；F—解析用水蒸气；

G—活性炭填充塔，H_1，H_2—冷凝器；I—排水；J—分离器；K—回收溶剂 B；L—换热器；

M—蒸馏塔；N—产品溶剂 A

② 必须要达到的回收效率或者净化率；

③ 最终产品的纯度或者溶剂产品的条件。

气体条件是为了决定回收装置的容量，它可以由发生源的推测计算或者根据实测来求得。

回收效率分为装置效率和综合效率。一般地，在溶剂回收装置中很容易得到 99% 以上的装置效率，但是在综合效率中要确保 95% 都很困难。这是由于在发生源的溶剂气体被吸引至装置的吸引效率（管道效率）以及溶剂会残留于产品中等原因所致。

在通常的发生源中，溶剂气体的吸引效率的例子如表 6-7 所示。

表 6-7　管道效率

发生源的构造（例）	管道效率/%
全密闭系统（过程排气等）	85~98
密闭系统（带式烘干机等）	75~85
半密闭系统（印刷机等）	60~80
开放系统（印刷、薄板轧辊等）	35~65

在这里需要注意的是，管道效率的改变，往往会引起回收溶剂组成的变化。特别是在多成分的且沸点范围宽的混合溶剂中，这种倾向更大。图 6-8 是黏结剂涂布工程中发生的溶剂回收所得到的组成变化示例。这里所示的是 18 个溶剂成分中的三个代表成分。

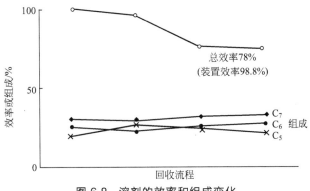

图 6-8 溶剂的效率和组成变化

从捏合机等原料溶剂混合机到蒸发点的组成变化最显著。这个特征被认为是在溶剂处理中因自然蒸发而导致低沸点成分的降低，以及固体残留在制品中而导致高沸点成分的降低所致。

在吸附装置的计划中，还有一个重要项目，是对于将装置作为防治公害时其处理排气浓度的正确理解。至今为止，很多文献叙述了吸附层出口浓度的推测计算法，但是这些计算都是以在单一成分下无水分等被吸附质共存，并且是在稳定条件下为基础的。因此，在实际装置中的适用是很困难的，也不能期待数据的一致性。

有研究者从实际装置和模拟工厂的 100 多个条件试验结果得到了下面的关系，即在通常的吸附装置回收操作中：

① 自吸附层出来的排气浓度受活性炭的操作负荷所支配；

② 在新鲜活性炭上的平衡吸附率和原始溶剂气体浓度之比，与排气浓度的关系(如图 6-9 所示）是大致的直线关系。

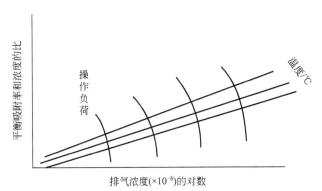

图 6-9 排气浓度和操作条件的关系 （ 层高、溶剂浓度一定时 ）

这个关系在排气浓度的报测幅度为±20％时，准确率高达90％或者90％以上，与实际装置相一致。但是当活性炭层高为300mm以下时，这个关系很快消失。准确知道排气浓度，不仅成为了解性能的手段，而且也成为了解活性炭吸附状态的手段。

（2）原始气体处理　代表性的原始气体处理有下面四方面：

① 除尘、除湿（或者加湿）；

② 加热、冷却；

③ 除去妨碍吸附的物质；

④ 防爆措施及其他。

众所周知，在活性炭的物理吸附中，依溶剂的种类、操作条件、有无共存成分等，产生吸附率的差别。特别是对省略了干燥冷却操作的吸附装置来说，原始气体处理的作用很大。

由于活性炭的水分吸附以及在有水分共存时的溶剂吸附能力，具有图6-9例子那样的特征，所以气体中的水分状况是影响原始气体处理的重要因素。

从图6-10中可以明显地看出，用于一般溶剂回收的活性炭，在相对湿度55％以上或者残留水分为0.15g/g以上时，会迅速降低对溶剂的吸附力。另一方面，当活性炭表面附着水分多时，与水分吸附量无关，溶剂吸附产生困难。因此必须充分考虑吸附时活性炭的干燥效果。

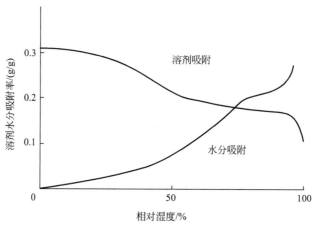

图6-10　水分共存下的溶剂吸附剂（亲水性溶剂）

原始气体处理的第二点是温度的调整。一般在处理非极性、较高沸点的甲苯、二甲苯等溶剂情况下，温度对活性炭吸附的影响较小。但是在己烷、丙酮等低沸点溶剂中，温度对活性炭吸附的影响却非常大。特别在规定排气浓度仅mg/L级别的吸附装置中，必须按操作负荷设定最适宜的温度。一般来说，气体温度的设定，需要从吸附的温度支配、干燥效果两方面考虑。

第三点是除去对活性炭的吸附力有不良影响的成分以及做好包括防爆等措施。除去对活性炭的吸附力有不良影响的成分主要是除去高沸点成分、树脂等，做好包括防爆等的措施包括调节在四氢呋喃（THF）、二氧杂环己烷等中的氧分压。

（3）吸附现象

① 吸附力。在活性炭上溶剂的吸附能力，根据朗格缪尔吸附等温式等可以得知。在上述那样的吸附装置中，由于残留水分和溶剂成分残留对吸附的影响，活性炭的吸附能力会降低，因此，对活性炭的平衡吸附量，往往采用35％～40％的值作为操作负荷。图 6-11 为残留吸附和操作负荷模型。

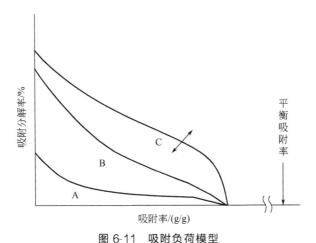

图 6-11　吸附负荷模型

A—溶剂的残留吸附；B—水分的残留；C—溶剂操作负荷

② 吸附操作条件。由于活性炭填充层的操作条件依活性炭的种类，特别是吸附细孔的比表面积、孔径分布以及填充层高度、填装方法、原始气体条件等不同而异，所以不能根据单一条件来讨论。但是，作为一个实例，将效率为98％的操作条件示于表 6-8。

表 6-8　活性炭吸附装置操作条件示例

使用的活性炭	活性炭层高/mm	300～700
	粒径/目	4～6
	填充密度/（kg/m³）	380～420
	BET 比表面积/（m²/g）	1100～1500
	孔径（50%径）/nm	1.8～2.2
	苯吸附率/（g/g）	0.30～0.35

续表

吸附条件	气流方向	上向流
	气体线速度/（m/s）	0.40～0.55
	吸附塔入口气体温度/℃	30～50
	吸附塔入口气体湿度/（相对湿度）/%	约40
	吸附负荷/（g/g）	约0.20

在这里，气体的线速度是使吸附装置有可能小型化的重要因素，同时，对干燥等工艺也是重要的因素。但是随着线速度增大，会产生由于压力损失增加、活性炭颗粒本身的局部运动或涡流现象而产生的不相宜情况，故存在一定的上限。

③ 多成分吸附。当多种溶剂共存时，活性炭会产生置换吸附或者选择性吸附现象，因此显示出比单一成分复杂得多的吸附行为。特别是在共存成分的极性、沸点范围等不同的场合，即使微量存在也影响显著。用于多成分吸附的活性炭的平衡吸附率，可以通过采用朗格缪尔扩张式，计算同族烃类等的比较准确的吸附率。

但不同族的溶剂系列的吸附率计算仅用扩张式，较难得到可靠的结果，此时可采用波拉尼（Polanyi）等所提倡的导入吸附质量系数的计算方法或者根据实验测定的方法来得到。作为实例之一，甲苯和MEK（甲基·乙基甲酮）两成分的吸附率试验结果如图6-12所示。

从这个试验结果可知，电子计算机算出的吸附质量系数大致在0.40～0.55之间。

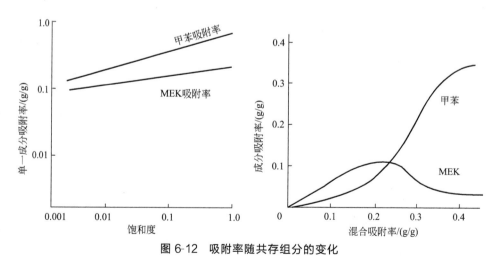

图6-12　吸附率随共存组分的变化

在数种溶剂中发现活性炭的变质是用活性炭吸附回收溶剂时存在的问题之一。这个现象在卤代烃、酯、酮等的含氧、卤素、氮的溶剂中可以见到。这些物质一般会生成酸或者低级化合物而导致回收率下降、杂质的混入、装置材料的腐蚀等。但是反应分解的程度都是微量的。这些现象都受吸附条件，活性炭品种，特别是所含杂质以及基于活化条件的细孔结构所支配。在 MEK 中的吸附温度和分解率的倾向如图 6-13 所示。温度是分解的重要因素，但也不能忽视金属氧化物的含量、操作负荷、蒸汽条件。

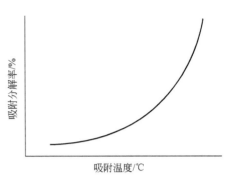

图 6-13　MEK 的吸附分解率的典型倾向

　　在 MEK 等比较富于反应的溶剂吸附中，反应率依溶剂分子的吸附状态不同而大不相同，活性炭表面的动态是反应的最大因素的可能性很大。因比，如果抑制一部分微孔，活性炭总吸附力几乎不降低，却可以控制其分解。活性炭的催化作用不应轻视，但可以根据基本计划，选择大致可以忽视催化作用的操作条件。

　　（4）溶剂回收中的几个问题　下面几个问题目前并未成为影响装置运转的因素，但被认为是今后要加以进一步改进、研究的问题。

　　① 装置材料的选择。用于吸附塔的设备材料，由于与活性炭接触，表现出与通常的腐蚀状态显著不同的腐蚀现象。特别是随着腐蚀性物质的吸附、浓缩，在吸附塔的下层，往往呈现出在其他类型中从未见到过的激烈腐蚀状态。

　　这种倾向，即使在一般所谓高级材料中也有同样现象，所以有必要考虑部分材质性能的提高措施、表面处理、活性炭保持法等，以期待通过这些措施保证所有装置材料能长期应用。

　　② 初期穿透。对省略了干燥、冷却操作的吸附装置，在刚解吸后一瞬间往往有高浓度气体被排出。这种现象，从吸附条件以及排气浓度变化来判断，据推测是由于吸附条件不适当而引起原始气体溶剂的通过，以及由残留在细孔内的溶剂所激起的逐出现象所致。这种倾向，根据溶剂品种、活性炭层高不同，排出状态也不同。

　　在刚解吸后进行部分干燥，并通过冷凝器而使气体流回吸附塔中，或者在解吸后期用高温空气置换处理气体等方法，可以作为初期穿透的对策。

　　③ 活性炭的吸附能力下降。在特定的气体条件下，在长期使用的活性炭中，偶尔会看到活性炭吸附能力下降。这是由任何对活性炭亲和力强的有害物质造成的，例如原始气体中的微量高级脂肪酸、高沸点酯、高分子物质等造成的，同时大气污染也是其中一个原因。在这种情况下，用通常的水蒸气解吸不能恢复活性炭的吸附能力，必须用第三种物质萃取洗涤。用适当的方法处理原

始气体，也是一种有效的方法。

④ 回收溶剂的再利用。直接回收的溶剂，往往含有在该温度下的平衡溶解水分。这个现象在采用水蒸气解吸法的场合，是所有溶剂回收装置的共同点。因此，对于杜绝水分的产品，在使用回收溶剂时必须预先进行脱水、蒸馏等提纯操作。在所含的杂质当中也可能含有微量金属，根据其用途，应对这些杂质组成进行充分研究以后再加以利用。在实践中，对溶剂进行回收的活性炭，特别应关注其吸附性能和脱附性能之间的平衡，最好能根据溶剂分子的尺寸对活性炭的孔径分布进行合理设计和调整，使其对溶剂的有效工作容量（饱和吸附量与可脱附量之间的差值）最大化；当活性炭仅用于溶剂浓缩，之后进行溶剂无害化处理（多采用焚烧或催化燃烧）时，虽然脱附性能亦应被关注，但要求会大大低于回收时的情况。

三、活性炭回收溶剂技术在我国的应用

我国已在诸多行业如印刷、油漆、橡胶、火炸药、胶片、石棉制品、造纸和合成纤维等成功应用活性炭溶剂回收技术，取得显著的社会效益和环保效益。例如杭州新华造纸厂采用活性炭回收技术后，降低溶剂消耗约 60%，年获纯利润约 70 万元，同时周边大气环境显著改善[6]；北京铅笔厂、钢琴厂等单位采用国内新开发的活性炭溶剂回收技术后，工作环境中的大气质量显著改善，大气中苯、甲苯等有害物质的含量从每立方米几百毫克降低为几十毫克，净化效率达 90%[8]；据资料介绍，国内某化纤厂采用活性炭溶剂回收技术，回收二硫化碳，回收率接近 90%，减少了大气污染，显著改善了工作环境，并降低了生产成本。目前我国已有许多行业采用活性炭溶剂回收技术，回收十几种溶剂，有效减少了大气污染，并降低了生产成本，我国采用活性炭溶剂回收的行业和回收的溶剂详见表 6-9。

表 6-9 活性炭回收溶剂技术在我国的应用范围

应用范围	回收的溶剂
火炸药生产	乙醇、乙醚、丙酮
印刷和油墨	二甲苯、甲苯、苯、乙醇、粗汽油
干洗、金属脱脂	汽油、苯、四氟乙烯
合成纤维生产	乙醚、乙醇、丙酮、二硫化碳
橡胶工业	汽油、苯、甲苯
赛璐珞	乙醇
胶片生产	乙醚、乙醇、丙酮、二氯甲烷
油漆生产	苯、甲苯、二甲苯
箔材生产	乙醚、乙醇、丙酮、二氯甲烷

科技的发展和全球工业化进程的推进，溶剂在各个行业的使用越来越广泛。比如合成树脂、合成纤维、印刷业使用大量芳香族溶剂以及醇类和酯类溶剂，精密仪器制造中用到的氯烃类溶剂、摄影胶片制造用的二氯甲烷等，这些溶剂的使用在给工业化生产带来有益效果的同时也带来了环境问题。因此，防止溶剂蒸发、回收和无害化处理溶剂，无论从环境保护还是节约能源的角度来看，都将会是必须和必要的。

第四节　室内用活性炭的功能和应用

据统计，人类约有70％的时间在室内度过。比起室外空气污染，室内环境污染对健康的危害更为直接，危害程度更大。20世纪70年代出现的"病态建筑物综合征"、"军团病"等病症经研究发现与室内空气有关，之后研究发现肺癌和哮喘也与室内空气污染有关，甚至新生儿畸形、智力低下等问题主要原因也是室内空气污染。这些研究结果使得人们越来越重视室内环境污染。有关部门评估了室内空气污染的结果，显示我国每年由室内污染引起的超额死亡数已达十余万人，并且在逐年增加[20]。目前，室内空气污染的治理方法主要有吸附法、化学喷涂法、光催化氧化法等，其中活性炭吸附法由于其治理效果好、使用方便、成本低等优点而广泛应用。

一、室内污染源种类、危害及来源

室内空气污染物种类繁多，主要有生物性污染物(细菌)、化学性污染物(甲醛、甲苯、苯等挥发性有机物)、放射性污染物(氡及其子体)。这些污染物来源广泛，但是浓度较低，属于低浓度污染物[21]。活性炭用于室内污染物治理主要是针对化学性污染物。

1. 甲醛污染

甲醛(formaldehyde)，一种室温下无色具有强烈刺激性气味的气体，易溶于水以及乙醇、乙醚等有机溶剂，其40％的水溶液称为"福尔马林"，是医药行业普遍采用的消毒剂。甲醛还是重要的工业原料和试剂，主要用作合成树脂、燃料、药品、试剂和多种化工产品，如脲醛树脂、三聚氰胺甲醛、氨基甲醛树脂、酚醛树脂等。

室内甲醛主要来源于以下几个方面：

① 用作室内装饰的胶合板；

② 用人造板制作的家具；

③ 含甲醛的装饰材料如墙布、贴墙纸、化纤地毯、泡沫塑料等；

④ 燃烧后会释放甲醛的材料如香烟及有机物。

科学研究表明，甲醛对生物具有毒性。通过吸入染毒的方法来观察甲醛对小鼠免疫系统的影响，发现甲醛使得小鼠的免疫器官发生量变，并引起小鼠 T 淋巴细胞数目明显减少，而高剂量的甲醛（$\geqslant$5mg/mL）可引起抗体形成细胞明显减少，甲醛对小鼠的体液免疫、细胞免疫以及巨噬细胞吞噬功能均有明显的抑制作用。由此可见甲醛影响并降低动物的免疫力[22]。

毒理学研究表明，甲醛对人体健康有负面影响，当人体接触的甲醛达到一定浓度时，便会产生一定的不适反应，具体情况见表 6-10[23]。甲醛主要通过呼吸道进入人体，并在人体内快速代谢。甲醛及其代谢物还可与氨基酸、蛋白质、核酸等形成不稳定化合物，转移至肾、肝和造血组织发挥作用，影响机体功能[24]。报道显示，暴露在甲醛中的人群肿瘤死亡率显著高于非暴露的人群[25]。

表 6-10　甲醛对人体的危害

浓度/（mg/m³）	对人体的影响
0.06~0.07	使人感到臭味
0.12~0.25	50%的人闻到臭味，黏膜受刺激
1.5~6.0	眼睛、器官受刺激，打喷嚏、咳嗽，起催眠作用
>12	上述刺激加强，呼吸困难
>60	引发肺炎、肺水肿，导致死亡

2. 苯及其同系物污染

苯系物是室内外普遍存在的挥发性有机污染物。1993 年，世界卫生组织及国际癌症研究机构确定苯为致癌物。苯引起白细胞减少、血小板减少、贫血或全血细胞减少，严重的发生再生障碍性贫血（再障），甚至白血病等；苯、甲苯、二甲苯对人的中枢神经系统及血液系统具有毒害作用。室内空气中低浓度的苯系物，会刺激皮肤黏膜，使人感到全身不适、头昏、恶心。长期吸入较高浓度的苯类气体，会出现头痛、头晕、失眠及记忆力衰退现象，并导致血液系统疾病；吸入高浓度的苯类物质会使人昏迷，甚至死亡[26]。

室内苯及同系物主要来源于以下几个方面：

① 机动车尾气；

② 某些工业源；

③ 建筑装饰材料黏合剂、油漆、涂料和防水材料的溶剂或稀释剂；

④ 油漆、涂料、人造板及胶水中均含有。

3. 氨气污染

氨气是一种无色，具有强烈刺激性臭味的气体。长期接触过量氨气，可能出现皮肤色素沉积或手指溃疡症状；短期内吸入大量氨气，可出现流泪、咽痛、咳嗽、胸闷，并可伴有头昏、恶心乏力等，严重者可发生肺水肿或引起心脏停搏和呼吸停止，对口、鼻及上呼吸道有很强的刺激作用。

室内氨气来源于以下几个方面：

① 建筑施工中使用的混凝土添加剂，特别是冬季施工过程中；

② 在混凝土墙体中加入尿素和氨水为主要原料的混凝土防冻剂；

③ 室内装饰材料，如油漆中的添加剂和增白剂；

④ 人造板加工成型过程中使用的甲醛和尿素合成的黏合剂。

随着温度、湿度的升高，这些外加剂便迅速释放出来，造成氨浓度升高。

4. 氮氧化物污染

氮氧化物是大气中常见的污染物之一，通常是指一氧化氮和二氧化氮，常以 NO_x 表示。氮氧化物难溶于水，对眼睛和呼吸道的刺激作用较小，而易于侵入呼吸道深部细支气管和肺泡。长期吸入低浓度的 NO_x 可引起肺泡表面活性物质过氧化，损害细支气管的纤毛上皮细胞和肺泡细胞，破坏肺泡组织的胶原纤维，并可发生肺气肿和肺水肿，另外其对中枢神经系统的损害也比较明显，对心、肝、肾及造血组织均有影响，慢性毒作用表现为神经衰弱综合征。室内氮氧化物主要来源有机动车辆的尾气和燃料的燃烧。

5. 碳氧化物污染

二氧化碳是一种无色无味的气体，在低浓度时，对呼吸中枢有一定的兴奋作用，高浓度时能抑制呼吸中枢，严重时还有麻痹作用，甚至可以引起缺氧死亡。一氧化碳也是一种无色的气体，长期接触低浓度的一氧化碳对神经系统和心血管系统有一定的损害，在高浓度时能引起急性中毒，若得不到及时的救治则很快死亡，关于这方面的报道可是屡见不鲜。

室内碳氧化物主要来源于以下几个方面：

① 机动车辆的尾气；

② 各种燃料燃烧不完全；

③ 人体的新陈代谢和其他动植物的新陈代谢。

6. 烹调油烟污染

烹调油烟带来的室内污染也不可忽视。研究表明，烹调油烟的成分极为复杂，组分至少有300多种，主要有脂肪酸、烷烃、烯烃、醛、酮、醇、酯等芳香化合物和杂环化合物，其中至少有数十种危害人体。烹调油烟对人体气道有较强的刺激作用，使气道收缩，呼吸阻力增加，使吸入者出现呛咳、胸闷、气短等症状，另外还具有遗传毒性、致突变毒性和潜在的致癌危险性，是引发肺癌、鼻咽癌和食道癌的一个重要因素。

7. 氡气污染

氡气是一种无色无味但能溶于水和一些溶剂的气体，也是自然界中唯一的天然放射性惰性气体，长期呼吸高氡浓度的气体会对人的呼吸系统，特别是对肺部造成辐射损伤，从而使肺癌的发病率大大增加。另外，还会对人体内的造血器官、神经系统、生殖系统和消化系统造成伤害。目前，氡已被世界卫生组织列为 19 种重要致癌物质之一。

室内氡气来源于以下几个方面：

① 居室下面的土壤；

② 房屋使用的建筑材料；

③ 采自地质深层的日常饮用水、矿泉水、煤以及天然气等。

二、常用室内空气处理方法

室内低浓度有害气体和臭气的处理有以下几种方式。

1. 开窗通风法

只能散发气体而不能吸附气体；当夏季开空调，冬季保暖等不能开窗时，人们仍然能够受到有害气体的侵袭。

2. 植物去除法

有的绿色植物只能吸收二氧化碳，释放出氧气，并不能吸收有害气体。有些家庭装修完摆放几盆绿色植物，经过一段时间，植物死了，人们误以为吸收了有害气体，其实是被有害气体毒死，并没有真正的吸收。

3. 化学喷除法

有的是用气味遮盖，不但消除不了有害气体还会造成二次污染；有的是同部分有害气体产生了化学反应，但产生的产物是否对人体有害无从考证，另一方面，有害气体的种类很多，成分不同，化学喷剂不可能与所有的有害气体产生化学反应。

4. 吸附法

吸附法是最成熟的方法，活性炭是常用的吸附剂，它本身是一种微孔结构，类似黑洞效应，把有害气体分子吸进去，能较为彻底、长效地使空气净化，达到治理目的；其寿命由室内环境中气体浓度、空气流速、活性炭量及吸附效率等决定。

5. 光催化氧化降解法

光催化氧化降解是利用半导体二氧化钛的光催化氧化特性，在光源照射下降解挥发性有机物为二氧化碳和水的一种污染物治理方法。将二氧化钛负载于活性炭表面，发挥活性炭的物理吸附和二氧化钛的光催化作用的协同效应，能够有效地提高降解性能；同时，通过掺杂其他金属，实现可见光下的催化降解。

三、活性炭吸附原理

活性炭在制备过程中，由于活化剂（水蒸气、氢氧化钾、磷酸等）侵蚀活化作用，产生大量的孔隙结构，这些孔隙结构的形成，增加了活性炭的比表面积，使其具备巨大的吸附能力。活性炭的吸附能力不但与其孔隙结构有关，还与其表面化学性质——表面的化学官能团、表面杂原子和化合物有关。不同的表面官能团、杂原子和化合物对不同的吸附质有明显的吸附差别。在活化过程中，活性炭的表面会形成大量的羟基、羧基、羰基等含氧表面配合物，不同种类的含氧基团是活性炭的活性位，它们能使活性炭表面呈现微弱的酸性、碱性、氧化性、还原性、亲水性和疏水性等。这些构成了活性炭性能的多样性，同时影响活性炭与活性组分的结合能力。一般而言，活性炭表面含氧官能团中的酸性化合物越丰富，吸附极性化合物的效率越高；而碱性化合物较多的活性炭易吸附极性较弱的或非极性的物质。

为了增强活性炭的吸附能力，常常对其进行改性处理。通过化学氧化、还原以及负载等改性方法可使活性炭表面的化学性质发生改变，增加酸碱基团的相对含量可选择吸附极性不同的物质，或通过增加特定的表面杂原子或化合物来增强对特定吸附质的吸附。

四、活性炭的特殊功能及室内应用

1. 特殊功能

① 利用活性炭物理吸附与化学吸附的协同作用，经过孔径调节工艺，使其具备与室内有害气体分子大小相匹配的孔隙结构，完全吸附有害气体而不是遮盖或淡化气味，从根本上彻底清除室内污染。

② 活性炭能够对室内所有有害气体分子进行吸附，同时具有调节催化等性能，能够有效地吸附形成空气中各种有害气体与气味的苯系物、卤代烷烃、醛、酮、酸等有机物成分及空气中的浮游细菌，杀灭霉菌、大肠杆菌、金黄色葡萄球菌、脓菌等致病菌，抑制流行性病原的传播，具有去毒、吸味、除臭、去湿、防霉、杀菌、净化等综合功能，如表 6-11 所示。

③ 室内环保专家指出：装饰装修所造成的室内污染，其污染源挥发甲醛、苯、甲苯、氨气、氡等是一个缓慢释放过程，甚至将会持续 3～15 年，开窗通风法、化学喷除法、花卉去除法等只是迅速遮盖或驱散已挥发的有害气体，而不能根本去除缓慢释放有害气体，而活性炭的吸附过程是一个长效稳定过程，基本与有害气体的释放过程相吻合，从而达到完全去除的效果。

④ 活性炭是选用优质绿色环保的果壳为原料，在加工时没有添加任何化学成分，对人体无毒副作用，同时又可避免喷剂等对家具造成的褪色、潮湿等

二次污染，完全是自然生态下的物理吸附，是一种真正高品质的绿色环保产品。

⑤ 利用活性炭本身的分子运动规律，经特殊工艺处理，在使用 20 天左右后，在高温下暴晒 3～5h，利用高温使被吸附到活性炭孔隙中的有害气体分子产生运动而释放，将活性炭再度净化而达到反复利用却不影响效果的目的，可反复使用 3～6 个月，在密封条件下可达到 5～10 年不变质。

⑥ 易操作：使用方便，可随意摆放，不受空间、地点限制，不需辅助设备、无能耗[14]。

表 6-11　活性炭室内使用功能

使用场所	具体功效
居室、家具	有效吸附新装居室及新购家具中的甲醛、苯、甲苯、二甲苯、氨气及氡等毒害气体，快速消除装修异味，均匀调节空间湿度
衣橱、书柜	去味、除湿、防霉蛀
鞋柜、鞋内	除臭、去湿、杀菌
冰箱	除异味，抑菌杀菌，保持食物新鲜
汽车	吸附车内有害气体，去异味、烟味
卫生间	除臭杀菌，净化空气，消除污染
地板	去味除湿，防霉防虫，避免地板变形
鱼缸、泳池	水质净化，消除异味
空调、电脑	辐射气体的吸附与隔离
办公、宾馆及娱乐场所	吸附有害气体，净化空间

2. 活性炭用法用量

① 将 50g 活性炭包装成一小包，直接放于居室、橱、柜、抽屉、冰箱、卫生间、汽车和其他需要净化场所的任意位置即可。

② 新装居室按每平方米一包(100g) 的用量使用，衣柜、抽屉等每单独空间摆放一包即可，日常防护可根据室内空气污染程度适当酌减用量。

③ 铺地板时将小包直接铺于下方或撕开小包将活性炭直接撒于地板下方。

④ 将小包放于鞋内后用塑料袋密封，除臭去湿效果会更佳。

⑤ 使用 20 天左右，在高温下暴晒 3～5h，可恢复活性继续使用，能反复使用 3～6 个月。

3. 与其他产品对比

（1）与市场上其他炭类产品相比　目前市场上其他炭类产品主要有竹炭和炭雕工艺品，炭雕工艺品碘吸附值仅为 650mg/g 左右，竹炭类产品碘吸附值 500～700mg/g，而果壳类活性炭碘值可达到 1000～1200mg/g，吸附能力是炭雕和竹炭的近两倍。炭雕的价格昂贵，一个直径 22cm 的圆盘市场售价两千多元，大众消费者难以承受，一个直径 22cm 的炭雕圆盘放在一个 20m² 的房间中，它只能吸附运动到其周围的有害气体，对距离较远的有害气体没有吸附作用；竹炭没有果壳活性炭孔隙及比表面积发达，1g 竹炭的比表面积仅为 300m²/g，而 1g 果壳类活性炭的比表面积能够达到 3000m²/g，果壳活性炭的比表面积是竹炭的 10 倍，所以同样质量的果壳活性炭可容纳的有害气体的数量是竹炭和炭雕的 10 倍。

（2）与光催化剂类产品比较 光催化剂类产品分为家电类和喷涂类两种类型，家电类的光催化剂空气净化器，价格昂贵，每台净化器市场售价 1000～3000 元，适用面积只有 20m² 左右，还必须在通电的情况下才能发挥作用，耗费电能；喷涂类的光催化剂价格也较贵，喷涂时受到许多条件的限制，使用也不方便；关键是此类产品的技术性和使用效果正在遭到许多专家和使用者的质疑。而利用活性炭的吸附性能进行吸附有害气体，既经济又方便。

（3）与市场其他化学类、生物类产品的比较 此类产品使用时具有一定的条件限制，会造成二次污染，如甲醛捕捉剂只能除甲醛，对苯、氨气等其他有害物质没有作用，局限性较大，生物酶是否真能吃掉所有的有害气体，专家质疑。同时这类产品作用时间较短，也许在很短的时间内能将释放出来的有害气体反应、中和了，但甲醛等有害气体的释放是一个缓慢、长期的过程，此类产品是不能保持这么长久的效果的；而果壳活性炭类产品具有无污染、无副作用、效果持久明显等特点，可以根据需要进行包装组合，在使用时不受空间、地点等限制，且有长效、方便的特点。

目前，市场上纷繁复杂的技术从原理上主要分为两大类：物理吸附和化学去除。活性炭吸附属于前者，臭氧发生器、光催化剂、植物提取液等都属于后者。活性炭吸附技术利用炭的吸收异味、吸附有害气体的原理，很早以前就开始使用，一战时期的防毒面具及非典时期的活性炭口罩都是其神奇效果的力证，技术比较成熟、稳定，而且成本低廉，无毒副作用，对苯等挥发性有机物的吸附效果很好，不会产生二次污染。近年来，活性炭经过改良提高了对甲醛等气体的吸附能力。可以说利用活性炭进行物理吸附是目前应用最广泛、最成熟、效果最可靠、吸收物质种类最多的一种方法。

4. 活性炭产品用于室内空气净化

（1）活性炭过滤器 采用颗粒活性炭或其他化学吸附材料，用于清除空气中的有毒、有害气体和异味。炭筒吸附能力强、性能可靠、安装与维护方便、运行费用低，适用于工业通风系统和舒适性中央空调。活性炭过滤器和空气调节设备及换气设备同时设置，可作以下几方面的处理：①将污染外气吸入室内时的处理；②将污染气体由室内排出室外时的处理；③室内发生的污染气体的处理(再循环方式)。上述中的任何一个处理过程,在活性炭过滤器的前方都必须设置高效灰尘过滤器,以免活性炭过滤器因覆盖灰尘而失效。活性炭过滤器的过滤效果因处理对象、浓度、温度等条件不同而异。

　　炭筒组合:炭筒安装在特制的框架上,若干炭筒组成一个过滤单元,再由若干单元拼装成活性炭过滤段。

　　维护:炭筒的金属壳体可以重复使用,用户可自行更换活性炭,也可以将活性炭再生后反复使用。这种设计大大降低了用户的运行费用。

　　再生:为延长炭筒的使用时间、降低运行费用,普通活性炭可以再生。再生的方法有水蒸气蒸熏、阳光暴晒等。

　　吸附材料:柱状活性炭颗粒,对于普通炭难以吸附的化学污染物,需要使用改性炭。

　　特制化学吸附材料:通过特殊工艺将化学催化剂、特制载体材料、高锰酸钾及其他核心吸附材料按一定比例复合制成的一种化学空气过滤器吸附材料。根据不同场合及废气物的含量,本吸附材料可以单独使用,也可与改性活性炭颗粒材料按比例混合使用。通过化学反应,可以有效去除 H_2S、SO_2 等有毒、有害气体及各种异味。

　　表 6-12 是在 8ft×12ft×8ft(1ft=0.3048m) 高的两个同样构造的实验室内发生同量的臭气物质,其中一个实验室用活性炭过滤器脱臭,与另一个实验室的臭气等级的变动相比较的数据。可以明显看到用活性炭脱臭的效果很显著,强度指数减小 1~2。

表 6-12　活性炭过滤器对于吸烟臭的效果

空气净化器运转经过的时间/min	无空气净化器时的吸烟臭强度	有空气净化器时的吸烟臭强度
12.5	3.8	2.9
17.5	3.6	2.9
22.5	4.1	2.1
27.5	3.2	1.9
32.5	3.1	1.0

注:1. 臭气强度的观测值,是 6~8 个观测者的平均值。

　　2. 空气净化器的再循环风量 1.2m³/min,实验室气体体积 21.8m³。

　　在 10.5m² 的密闭室内安装风柜,在回风口处安装活性炭过滤装置,送风口距地面 1.65m。用超声雾化器喷入适量的氨气或大肠杆菌悬液,在室内设置三个采样点,用纳氏比色法测定氨的浓度;用平面皿沉降法采细菌样本,置于 37℃ 环境中培养 24h,计算菌落数[27],测试结果见表 6-13(i=22℃,RH=55%,p=1020kPa)。

表 6-13　氨浓度与细菌数量的变化

开机时间	氨浓度/（mg/m³）	去除率/%	细菌菌落数（1m³）/个	去除率/%
开机前	4.80	—	2669	—
30min	1.65	65.6	1727	35.3
1h	0.65	87.3	785	70.6
2h	—	—	424	84.6

由表 6-13 可知，在开机 30min 后，就有很明显的去除氨和细菌的效果，开机时间越长，室内氨气和细菌量越少，保障了人们身体健康。

（2）微粒状活性炭薄膜用于室内空气净化滤器　随着空气净化器的普及，希望能够提高它的性能，特别是希望能够有立即能达到净化效果的即效性空气净化器。为了满足这种要求，作为必需的空气净化滤器的特性，要能进行大风量的处理，空气净化滤器的压力损失要小，且吸附气体的速度要快。减小粒径可以提高活性炭的吸附速度，但是当粒径小于 $500\mu m$ 时，操作性能非常差，同时压力损失也变大，普通活性炭填充方式不能使用。作为操作性能卓越的空气净化滤器材料而开发出来的微粒状活性炭薄膜，是将吸附速度和压力损失在高水平上统一起来的可以作为空气净化滤器使用的产物。作为微粒状活性炭的粒径，可以根据使用目的，在粒径范围 $100\sim500\mu m$ 的活性炭中任意选择；单位面积薄膜中的活性炭质量，可以根据使用目的，在 $50\sim300g/m^2$ 范围内任意设定。薄膜中的活性炭含量可高达 80% 的程度。如此成型而成的薄膜厚度为 $0.3\sim2mm$，能进行褶皱成型加工，这是能够同时满足压力损失小、吸附速度快两个矛盾的性质并能加工成空气净化滤器的一个关键。微粒状活性炭薄膜经过折皱加工，能够很容易地折叠形成空气净化滤器的开口面积 20～30 倍程度的面积；能够把通过微粒状活性炭薄膜的线速度减少至空气净化滤器的面上风速的 1/30～1/20。使用微粒状活性炭薄膜时，与除尘薄膜滤材积层而成的除尘脱臭复合薄膜，通过褶皱能够很容易地制造除尘机能与脱臭机能一体化的空气净化滤器。不仅降低成本，而且能有效地利用空气净化滤器的容积，同时还能提高除尘机能与脱臭机能。

（3）新型室内空气净化器　新型室内空气净化器基本原理见图 6-14。由纤维过滤层和活性炭-纳米 TiO_2 复合光催化净化层组成。其中，纤维过滤层与一般空气过滤器的功能相似，主要用于去除室内空气中的固体颗粒污染物及附着于其上的微生物，活性炭-纳米 TiO_2 复合光催化净化层用于去除挥发性有机物。所谓活性炭-纳米 TiO_2 复合光催化净化体，也即利用吸附剂活性炭与光催化剂纳米 TiO_2 复合的方法，首先在支承体表面上黏结活性炭形成吸附层，然后再将纳米 TiO_2 负载在活性炭粉末颗粒上形成最外层的光催化层，从而最终

形成纳米 TiO_2 涂附在活性炭表面的薄壳型结构[28~30]。由于通过光催化氧化反应，有机物可被分解为 CO_2 和 H_2O，因而，支承体材料应具有较强的耐水性。另外，由于净化器直接安装于室内，为了避免噪声过大，所配风机的压头不可能太高，故要求空气经过净化材料时阻力不要太大。基于上述原因，采用一种新型的波纹纸板制作支承体，这种波纹纸板采用特种高分子材料与木浆纤维分子空间交联，并用高耐水材料胶结而成。支承体由一块块波纹纸板互相黏合而成，每相邻两块纸板的波纹错开一定角度，以增大被净化空气与净化体的接触面积，同时使空气在其中有良好的流动性。这种净化体独特的结构及复合方式使其具有以下特点：①合理的支承体几何形状，使其有较大的净化比表面积和较低的空气过流阻力损失；②由于光催化剂 TiO_2 处于最外层，使得紫外光在没有遮挡的情况下直接作用在 TiO_2 光催化剂上，实现了较高的光利用率；③借助活性炭的吸附作用，对空气中极低浓度的污染物进行快速的吸附净化和表面富集，加快了光催化降解反应的速率，抑制了中间产物的释放，提高了污染物完全氧化的速率；④TiO_2 的光催化作用促使被活性炭吸附的污染物向 TiO_2 表面迁移，从而实现了活性炭的原位再生。

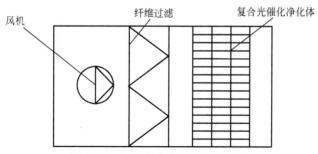

图 6-14   新型室内空气净化器原理

这种新型室内空气净化器具有以下特点：①净化效果好。由于采用活性炭-纳米 TiO_2 复合光催化技术净化挥发性有机污染物，因而净化效果得以显著改善；②连续工作时间长。由于光催化净化层具有原位再生能力，因此无需更换，用户只需在一个月左右清洗一次纤维过滤网即可，使用起来非常方便；③噪声小。由于光催化净化体的空气流通阻力很小，因此，配用风机的压头很小，噪声较原有产品几乎不会增加。

（4）改性活性炭吸附室内甲醛   改性活性炭用于吸附甲醛气体的主要方法如下：①活性炭原料放在氯化锌溶液中浸泡、烘干后，在氮气气氛中活化，得到的活性炭中亲水基团 O—H、C═O 和 C—O 明显增加，此种活性炭吸附甲醛量比普通活性炭高达 1~2 倍[31]。②用氧化剂将活性炭表面氧化，常用的氧化剂是 30% 双氧水和 65% 硝酸。其中，用 30% 双氧水氧化的活性碳纤维表面极性基团明显增加，吸附甲醛效果好于用 65％硝酸氧化的活性碳纤维[32]。这可能是因为 30％双氧水的氧化性较小，在增加表面极性基团的同时把纤维的轴向纹理和沟槽等结构保存下来。③在氮气气氛中热处理活性炭。热处理后的活性炭的比表面积略有下降，微孔更加集中，含氧官能团羰基和羧基变化不大，而呈碱性的酚羟基明显下降而使活性炭表面碱性基团降低[33]。实验证明，经 450℃恒温 0.5h 氮气热处理的活性炭对甲醛去除效果最好[34]。但此种方法处理复杂，成本较高。④碳酸钠和亚硫酸氢钠溶液改性活性炭。碳酸钠可以改变活性炭的酸碱性和氧化性，激发其内表面能量；亚硫酸氢钠可以与甲醛反应生成 α-羟基磺酸钠。活性炭分别在饱和的碳酸钠和亚硫酸钠溶液中浸泡 1h后，在 70～80℃下干燥 2～4h，即完成活性炭改性。其甲醛去除率可保持在60％以上[35]。

（5）活性碳纤维在净化室内空气中的应用　活性碳纤维（ACF）具有优良的吸附性能，若再根据室内空气污染物的种类对其进行适当的化学改性，活性碳纤维在净化室内空气中的应用效果则更佳，其应用列举如下[36]。

① 空气净化网。采用 ACF 对网状基材进行静电植绒，可用于空调机、空气净化器的带高效吸附功能的空气净化网块。这种新型网块克服了粒状活性炭粉（GAC）喷涂对低浓度介质难以吸附及难以再生使用等缺点，是 GAC 空气净化网块理想的升级换代产品。

以氨气为除臭对象，将渔网状 GAC 过滤网和 ACF 过滤网进行了对比试验。

试验方法：将一定量的氨气注入 800mm×800mm×800mm 的密封检测箱内，在检测箱内分别放入 ACF 过滤网和 GAC 过滤网，开启循环风机，经 6h循环后，由 100mL 气体采样器采样，用氨气浓度检测管测定氨气的浓度，其结果如表 6-14 所示。

表 6-14　ACF 过滤网与 GAC 过滤网除臭（氨气）性能的对比试验

品种	初始浓度	循环时间	残留浓度	去除率	去除率下降率
ACF 过滤网	$1.3×10^{-4}$	6h	$1.8×10^{-5}$	86.15％	1.8％
GAC 过滤网	$1.3×10^{-4}$	6h	$5.0×10^{-5}$	61.53％	几乎不能再生

从试验结果可以看出，ACF 过滤网氨气去除率较 GAC 过滤网高，且再生性能明显优于 GAC 过滤网。

② 吸附功能性纺织品。利用活性碳纤维的高效吸附性能和吸附的广谱性，通过静电植绒工艺，将活性碳纤维短绒植在纺织品基材上，制成活性碳纤维静电植绒纺织品，用此可制成除臭、除味、遮光窗帘，用于室内、办公场所以及用做车内空气净化用品。

③ 净化空气遮光板。净化空气遮光板是通过静电植绒的方法,将活性碳纤维植在覆有纳米级 TiO_2 光催化剂物质玻璃纤维网状基材上,将该网状材料安装在汽车的遮光板上,利用汽车空调产生的空气流动,使活性碳纤维吸附和除去有害气体,空气得以净化。

(6) ACF 表面改性在室内空气品质方面的应用 ACF 表面存在少量亲水性和含氧的官能团,极大地影响其吸附性能。通过对 ACF 表面简单的氧化(气相氧化或液相氧化)、氨化(800℃以下 ACF 与 NH_3 反应)、氢化、碱化或高温(800~1000℃)处理后,可以改变其表面含氧、含氮官能团数量以及亲疏水性基团,便可增加对不同酸碱性气体的吸附能力,这对室内空气品质方面应用广泛。

ACF 通过本体或表面掺杂不同的金属粒子达到不同的改性目的。为赋予 ACF 抗菌功能,目前主要的措施是载银。银的杀菌机理比较流行的观点是接触杀菌,当银与细菌等接触时,微量的银渗透到细菌体内,与细菌体内的蛋白质发生作用,其新陈代谢受阻以达到抗菌目的。载银 ACF 中 Ag 的含量主要通过 Ag 的含量、Ag 的颗粒大小、分散情况和抗菌性能来表征。狭小空间的恶臭污染的治理由于其嗅觉阈值比较小,分布比较分散,而成为室内空气治理的难题。通过负载金属盐类,改造 ACF 的纳米孔体系的微表面结构,可以增加对恶臭物质的亲和性,而且还可以促进其催化转化。通过 Cu 溶液浸渍方法,制备高性能的消臭材料。在 2.5% 弱酸性 $Cu(Ac)_2$ 溶液中,浸渍处理得到的 Cu_2-ACF 的 Cu 的负载量比较大,而且分散性比较好。在 Cu_2-ACF 的制备过程中,碳石墨微晶遭到一定的破坏,纳米孔体系有一定的损失,表面微结构发生了变化,Cu_2-ACF 的微孔体系表面均匀分散着超细的 $Cu(Ac)_2$ 微粒。

活性碳纤维在吸附挥发性有机物方面效果也很明显。当含 VOCs 的气态混合物与 ACF 接触时,利用表面存在这未平衡的分子吸引力或化学键力,把混合气体中 VOCs 组分吸附在 ACF 表面。

众所周知,氮氧化物和一氧化碳气体是大气污染的主要物质,它们会引起光化学烟雾的形成,还会直接与生物体的血红朊结合而引起中毒。某些特殊室内空气中氮氧化物和一氧化碳气体含量超标,吸附除去或催化转化氮氧化物和一氧化碳是重要的治理手段。中山大学材料所使用负载铜-钴的活性碳纤维催化还原 NO(NH_3 为还原剂) 已经取得较好的效果。同时,中山大学材料科学研究所符若文等采用浸渍法制备了钯和铜化合物为主的系列金属基活性碳纤维,用气相色谱等手段对所制金属基活性碳纤维对 NO 和 CO 的吸附和催化性能进行研究。实验结果表明:负载二价钯的活性碳纤维对 CO 有突出的吸附能力,随着钯载负量增大,样品对 CO 的吸附容量增加,动态吸附穿透时间延长。采用铜/钯混合物负载比用单组分钯可提高对 CO 的动态吸附效率，节省钯的用量。经 400℃ 热处理的负载钯活性碳纤维在 300℃ 以上的催化温度对 CO/NO 混合气体有很高的催化转化率，在合适条件下达 100％。

在脱除 NO$_x$ 方面，由于 NO 的临界温度为 180K，所以在室温下，它是超临界气体；而 NO$_2$ 的沸点是 294K，所以很少的微孔物质可以吸附 NO$_x$。Kaneko K 等在活性碳纤维上负载 α-FeOOH、β-FeOOH 或以 H$_2$SO$_4$ 氧化改性有效地提高了材料对 NO 等无机气体的吸附。天津大学傅志强等以 VACF 为载体沉积了超细氢氧化铁制备的 VACF/α-FeOOH 复合碳吸附材料，通过大量的性能试验结果表明，VACF/α-FeOOH 对低浓度的 NO$_2$ 气体吸附速度快，吸附容量大，吸附效率高，连续吸附 NO$_2$ 气体达 47h 才穿透，穿透容量是VACF 的 3 倍，而且吸附效率高达 99.4％。在 NO$_2$ 气体浓度超标的车间、实验室等场所使用该种吸附材料，能大量降低 NO$_2$ 浓度，达到净化空气的目的。中山大学材料科学研究所陆耘等在铜系和镍系 ACF 催化剂研究的基础上，进一步研究了铜-钴复合型 ACF 催化剂对 NO 的催化还原作用，系统研究了复合催化剂的制备方法、反应条件等对催化剂活性的影响，实验结果表明，Cu(NO$_3$)$_2$-Co(NO$_3$)$_2$-ACF 复合催化剂中两种组分有协同效应，它比单组分催化剂不仅具有更高的催化还原 NO 活性，NO 转化率可高达 94％，且温度适应范围广，催化剂寿命长。

第五节　活性炭在储能技术中的应用

储能技术已被视为电网运行过程中"采—发—输—配—用—储"六大环节中的重要组成部分。系统中引入储能环节后，可以有效地实现需求和管理，消除昼夜间峰谷差，平滑负荷，不仅可以更有效地利用电力设备，降低供电成本，还可以促进可再生能源的应用，也可作为提高系统运行稳定性、调整频率、补偿负荷波动的一种手段。储能技术的应用必将在传统的电力系统设计、规划、调度、控制等方面带来重大变革。

近几十年来，储能技术的研究和发展一直受到各国能源、交通、电力、电信等部门的重视。电能可以转换为化学能、势能、动能、电磁能等形态存储，按照其具体方式可分为物理、电磁、电化学和相变储能四大类型。其中物理储能包括抽水蓄能、压缩空气储能和飞轮储能；电磁储能包括超导、超级电容和高能密度电容储能；电化学储能包括铅酸、镍氢、镍镉、锂离子、钠硫等电池储能；相变储能包括冰蓄冷储能等。各种储能技术在能量和功率密度等方面有着明显区别，表 6-15 显示了不同应用场合对能量和功率密度的要求。

表 6-15　储能技术研究及应用现状

储能类型		典型功率额定	典型能量额定	应用方向
机械储能	抽水储能	100~2000MW	4~10h	日负荷调节，频率控制和系统备用
	CASE	100~300MW	6~20h	调峰发电场，系统备用电源
	Micro-CASE	10~50MW	1~4h	调峰
	飞轮储能	5kW~1.5MW	15s~15min	调峰，频率控制，UPS，电能质量调节
电磁储能	SMES	10kW~1MW	5s~5min	UPS，电能质量调节，输配电系统稳定性
	电容器	1~100kW	1s~1min	电能质量调节，输配电系统稳定性
	超电容器			（与FACTS结合）
电化学储能	铅酸电池	1kW~50MW	1min~3h	电能质量，可靠性，频率控制，备用电源，黑启动，UPS
	先进电池技术	千瓦至兆瓦级	1min~数小时	各种应用
	液体电池	100kW~100MW	1~20h	电能质量，可靠性，备用电源，削峰，能量管理，再生能源集成

　　扬水储能、压缩空气储能及大型超导储能主要用于发电厂调峰，即将夜间（用电低谷）时的电力储存，在用电高峰时供电，稳定电网，平衡负载。各种化学储能技术，主要用于终端电网和与太阳能发电、风能发电配套，是一种高效的储能技术。从技术发展水平看，扬水储能和压缩空气储能技术已经实用化。对于化学储能技术，铅酸电池、小型二次电池早已普遍实用化，氧化还原液流储能电池已经达到了商业演示运行水平，而超导储能和飞轮储能技术离应用还有相当大的距离。太阳能、风能发电系统的功率规模多在百千瓦至兆瓦级。作为与其配套的储能系统，氧化还原液电池由于有成本低、效率高、寿命长的优势，市场前景较为广阔。从适用化的角度考虑，氧化还原液流储能电池的研究将主要集中在高性能、低成本、耐久性好的离子交换膜材料，电极材料及高浓度、高导电性、高稳定性的电解液方面。

　　活性炭是多孔炭的代表，具有各种各样的形态，如粉末状、颗粒状、纤维状等。活性炭是使无微细孔结构的碳材料进行活化处理，从而赋予碳材料发达的微细孔，由此使活性碳材料有了更大的比表面积。这种材料通常用于吸附剂，下面我们就活性炭在储氢和电化学方面的应用做一个介绍。

一、活性炭的储氢技术

1. 吸附原理

吸附是物质在相的界面上浓度发生变化的现象。物质在表面层的浓度，大于内部浓度的吸附称为正吸附；反之，表面层的浓度小于内部的吸附称为负吸附。已被吸附的原子或分子，返回到气相中的现象称为解吸或脱附。

吸附作用仅仅发生在两相交界面上，它是一种表面现象。一切固体都具有不同程度的将周围介质的分子、原子或离子吸附到自己表面上的能力。固体表面之所以能够吸附其他介质，就是因为固体表面具有过剩的能量，即表面自由焓。吸附其他物质是朝向降低表面自由焓的方向进行的，它是一个自发过程。

在物理吸附过程中，吸附剂与吸附质表面之间的力是范德华力。当吸附质和吸附剂分子间距大于二者零位能的分子间距时，范德华力发生作用，使吸附质分子落入吸附剂分子的浅位阱 q_p 处，放出吸附热，发生物理吸附。

发生化学吸附时，被吸附分子与吸附剂表面原子发生化学作用，这是生成表面配合物的过程。当一个正常的不作表面运动的气体分子和固体吸附剂发生碰撞时，如果所发生的是非弹性碰撞，则气相和固相均发生不可察觉的变化。化学变化的起因是非弹性碰撞和俘获。气相分子向固相转移能量，是导致非弹性碰撞的直接原因，而固体表面势阱的存在是非弹性碰撞存在的先决条件。当气态分子与表面碰撞损失的能量超过某一个临界值之后，分子将没有能力爬出表面势阱而被俘获。被俘获的分子就在固体表面进行一系列变化，如表面迁移、表面重构、吸附态的转变等，从而发生化学吸附。在化学吸附中，吸附质和吸附剂之间产生离子键、共价键等化学键。它们比范德华力大一个或两个数量级。因此，吸附质分析必须克服浅位阱 q_p 和深位阱 q_c 之间的位垒 E_a，也就是化学吸附的活化能，然后进入深位阱 q_c。此时吸附反应将能放出较大的化学热而产生化学吸附[37]。

物理吸附的特点是，吸附作用比较小，吸附热小，可以对多层吸附质产生作用。化学吸附的特点恰恰相反，它的吸附作用强，吸附热大，吸附具有选择性，需要克服活化能。一般只吸附单层，吸附和解析的速度比较慢。

2. 吸附技术应用于氢能源储存

氢能源在宇航事业中的应用已有相当长的历史，且其使用效果相当显著[38]。从二次大战末期的开发研究，20 世纪 50 年代航天飞机上的使用，60 年代在火箭发动机中的成熟经验，直至近年来在航天飞机和未来轨道飞机与民航机中的推广应用，充分显示出它强大的活力。

氢位于元素周期表之首，它质量最小，在常温下为无色、无味的气体，且储量丰富、发热值高、燃烧性能好、点燃快、燃烧产物无污染，被看作未来理想的洁净能源，受到各国政府和科学家的高度重视。由于氢气极易着火、爆炸，因此要想有效利用氢能源，解决氢能的储存和运输就成为开发利用氢能的核心技术。在航天领域中应用的氢，都是在高压下液化储存，这样不仅费用昂贵，而且非常不安全，因此研制在较低温度和压力下，方便、高效地储存和释放氢能的材料是科学工作者一直追求的目标。

氢气的存储可分为物理和化学两种方法[39]。物理法有液氢存储、高压氢气存储、活性炭吸附存储、纳米碳存储。化学法主要有金属氢化物吸附存储、无机物存储等。

相比而言，液化储氢能耗较大。而金属氢化物单位质量的储氢能力较低，新型吸附剂如碳纳米技术的难点，在于选用合适的催化剂[40]。此外，优化碳纳米的制造方法和降低成本，都是尚未解决的问题。

3. 活性炭储氢

木材炭化获得多孔炭或活性炭，很久以来被人们用于制药和净化，而随着第一次世界大战的爆发，出现了对防毒面具的需求，活性炭的气体分离能力和储气能力开始得到高度重视。最初人们采用普通活性炭吸附储氢，活性炭是经活化的多孔、有大内表面积和孔容积，以碳素为主要构成元素的具有高表面活性的炭。活性炭具有像石墨晶粒却无规则排列的微晶，在活化过程中微晶间产生了形状不同、大小不一的孔隙，这些孔隙特别是小于 20nm 的微孔，提供了巨大的表面积，微孔的孔隙容积一般为 $0.25\sim0.9mL/g$，孔隙数量约为每克 1020 个，全部微孔表面积约为 $500\sim1500m^2/g$。微孔是决定活性炭吸附性能高低的重要因素。在低温吸附系统中活性炭作为吸附剂，其优点是尺寸、质量适中，但由于活性炭的孔径分布宽，微孔容积小，为维持氢的物理吸附要求的条件较苛刻，即使在低温下储氢量也很低，不到1%，室温下更低。因此，活性炭作为储氢材料的应用受到限制。

后来人们采用比表面积更大，孔径更小、更均匀的超级活性炭（比表面积约在 $2000m^2/g$ 以上）作为储存燃料气体的主要载体，用比表面积高达 $3000m^2/g$ 的超级活性炭储氢，在 77K、3MPa 条件下可吸氢 5%[41]。氢在超级活性炭上的吸附量，随压力升高而显著增加，压力越高氢存储容量越大。

氢气在活性炭上的吸附是一种物理过程。温度恒定时，加压吸附，减压脱附。从实测吸附等温线看，脱附线与吸附线重合，没有滞留效应。即在给定的压力区间内，增压时的吸氢量与减压时的放氢量相等。吸氢与放氢仅仅取决于压力的变化。

储氢碳材料主要有单壁纳米碳管（SWNT）、多壁纳米碳管（MWNT）、碳纳米纤维（CNF）、碳纳米石墨、高比表面积活性炭、活性碳纤维（ACF）和纳米石墨等。目前研究的重点是 MWNT、CNF 和高比表面积活性炭等碳材料的储氢。

(1) 碳材料储氢的研究现状

① 高比表面积活性炭储氢。活性炭储氢主要利用碳对氢气分子的吸附作用储氢。普通活性炭的储氢密度很低，即使在低温下也不到 1%（质量分数）。超级活性炭储氢始于 20 世纪 70 年代末，是在中低温（77～273K）、中高压（1～10MPa）下利用超高比表面积的活性炭作吸附剂的吸附储氢技术。与其他储氢技术相比，超级活性炭储氢具有经济、储氢量高、解吸快、循环使用寿命长和容易实现规模化生产等优点，是一种很具潜力的储氢方法[42]。周理[43]用比表面积高达 $3000m^2/g$ 的超级活性炭储氢，在 $-196℃$、3MPa 下储氢密度为 5%（质量分数），但随着温度的升高，储氢密度降低，室温 6MPa 下的储氢密度仅 0.4%（质量分数）。

② 碳纳米纤维储氢。碳纳米纤维具有非常高的储氢密度，白朔等[44]用流动催化法制备的碳纳米纤维（直径约 100nm）在室温下的储氢密度为 10%（质量分数）。

③ 碳纳米管储氢。由于纳米材料研究热潮的带动，以纳米碳材料进行储氢成为研究的热点。碳质储氢材料主要有碳纳米纤维和碳纳米管等几种，均具有优良的储氢性能。国内外对碳纳米管储氢做了大量的研究，成会明等[45]测得在 10MPa 下单壁碳纳米管的储氢密度为 4.2%（质量分数），Y. Ye 等[46]报道在 $-293℃$、12MPa 下碳纳米管的储氢密度为 8%（质量分数），P. Chen 等[47]报道在 380℃、常压下碳纳米管的储氢密度达 20.0%（质量分数）。

④ 纳米石墨储氢。纳米石墨储氢近年来也取得了较大的进展，S. Orimo 等[48]在 1MPa 氢气气氛中用机械球磨法制备的纳米石墨粉，储氢密度随球磨时间的延长而增加，当球磨 80h 后，氢浓度可达 7.4%（质量分数），热分析（TDS）出现了 2 个峰，解吸温度在 377～677℃。文潮等[49]用炸药爆轰法制备了纳米石墨粉，其结构为六方结构，纳米晶平均粒度为 1.86～2.61nm，比表面积为 500～650m²/g，在 12MPa 压力条件下，储氢密度仅为 0.33%～0.37%（质量分数）。

(2) 碳材料储氢机理的研究

① 碳纳米管储氢机理。碳纳米管储氢机理研究主要包括氢气在碳纳米管内的吸附性质、氢在碳纳米管中的存在状态、表面势和碳纳米管直径对储氢密度的影响。氢气在常温下的吸附温度和压强都远高于氢气的临界温度和临界压力（$T_c = -240℃$，$P_c = 1.28kPa$），是一种超临界状态的吸附。根据吸附势理论，在纳米孔中由于分子力场的相互叠加形成宽而深的势阱，即使压力非常低，吸附质氢气分子也很容易进入势阱中，并以分子簇的形式存在，在强大的

分子场的作用下，吸附态氢气的性质已与本体大不相同。程锦荣[50]用巨正则系统蒙特卡罗法计算得出单壁碳纳米管的管径在 4.0~5.0nm 时管内氢分子平均数密度达最大值。Darkrim F 等[51]进行 Monto-Carlo 模拟的结果为 1.957nm 的单壁碳纳米管的储氢性能最佳，碳纳米管间的排列对材料的整体吸附有较大影响。Lee S M 等[52]运用密度函数计算表明(10，10) 单壁碳纳米管中平均每个碳原子能吸附 1 个氢气分子。Wang Q 等[53]以 Crowell-Brown 势模拟 C—H 作用，发现最佳管间距与温度有关，25℃时为 0.6nm，－196℃时为 0.9nm，(18，18) 单壁碳纳米管在－196℃下管间隙的储氢密度多达储氢总量的 14%（质量分数），(9，9) 碳纳米管由于管径小(1.22nm) 导致量子效应，管间隙的储氢量极少。

② 碳纳米纤维储氢机理。毛宗强等[54]认为碳纳米纤维具有高储氢密度的原因可能是：碳纳米纤维具有很高的比表面积，大量的氢气被吸附在碳纳米纤维表面，并为氢气进入碳纳米纤维提供了主要通道；碳纳米纤维的层间距远远大于氢气分子的动力学直径(0.289nm)，大量氢气可进入碳纳米纤维的层面之间；碳纳米纤维有中空管，可以像碳纳米管一样具有毛细作用，氢气可凝结在中空管中，从而使碳纳米纤维具有超级储氢能力。

③ 高比表面积活性炭的储氢机理。周理等[55]认为高比表面积活性炭储氢是利用其巨大的表面积与氢分子之间的范德华作用力来实现的，是典型的超临界气体吸附。一方面氢气的吸附量与碳材料的表面积成正比；另一方面氢气的吸附量随着温度的升高而呈指数规律降低。

综上所述，储氢用碳纳米材料的制备工艺复杂，实验所用样品量少，受温度和压强等实验条件的影响重复性差，所得结论差别甚大。近十几年来，国内外投入巨额资金开展研究，但尚没有取得人们所期望的结果，且存在生产成本高、吸氢速度慢等缺点。

二、活性炭与电化学

碳质材料从基本结构上可分为晶态碳和无定形碳。晶态碳有 3 种晶状体：金刚石四面体结构、石墨层型结构和 C_{60} 球烯结构。无定形碳则为这 3 种基本微晶结构的杂合体。基本微晶结构的不同决定了碳质材料的电性能差异很大。活性炭基碳质材料以其多孔性及比电阻小且不随温度、湿度、电压、电流波动而变化，具有充放电性能稳定及能在广泛的温度范围内使用等优良特性而越来越受到电子专家的青睐，主要作为制备体积小、容量大的电子元件的电极材料。当活性炭与电解液接触时，就会在界面形成双电层，从而构成电荷存储场所。一般说来，活性炭的比表面积越大，形成的双电层就越多，能储存的能量就越大。实际上，由于活性炭比表面积与其结构有密切的关系，作为储能用的活性碳材料，其表面积一般为 $1000 \sim 3000 m^2/g$。就双电层电容器的制造来说，寻找合适的活性碳材料成为至关重要的步骤。虽然我国是一个活性炭生产和出口大国，但由于对双电层电容器的认识和研究刚刚起步，能够用于双电层电容器电极材料的厂家非常少。

双电层电容器所用电解质的不同，对多孔碳质电极材料孔隙结构的要求不尽相同。然而有一点是相同的，即适合于该电解质分子大小孔的孔容积越大，堆积密度越大，能量密度也就越大。这就需要开发比表面积大、充填密度也大的活性炭[56]。

由于碳材料的比表面积、孔径分布、材料的电导率以及表面状态是影响超级电容器性能的重要指标，因此碳材料的研究目标是制备具有高比表面积、合理孔径分布和较小内阻的电极材料。多种碳材料用于超级电容器，如活性炭、碳纤维、碳纳米管和炭气凝胶。

1. 活性炭

活性炭也是双电层电容器（EDLC）使用最多的电极材料，早在 1954 年就有了以活性炭用于 EDLC 电极获得的专利[57]。

一般认为，活性炭的比表面积越大，其比容就越高，通常认为用大比表面积的电极材料来获得高比容量。因为 EDLC 主要靠电解液进入活性炭的孔隙形成双电层存储电荷，一般认为水溶液中碳材料中 2nm 的孔对形成双电层比较有利，如小于 2nm 以下的孔则很少有双电层形成；对非水电解液则该孔径为 5nm，因为孔径过小时电解质溶液很难进入并浸润这些微孔。因此这些微孔所对应的表面积就成为无效表面积，所以需要对活性炭的孔径和比表面选择一个最佳范围值，用以提高中孔的含量，充分利用有效表面积，从而增大电极的比容。

自 20 世纪 70 年代以来，人们为了获得高比容量的 AC 电极材料进行了大量的工作，目前用氢氧化钾溶液活化的 AC 电极比容量最高可达 400F/g[58]。张宝宏等[59]采用 Co+ 真空浸渍、碱性处理的方法对 AC 电极进行了修饰，结果表明修饰后的 AC 电极比容量提高了 26.80%，电容器经 1000 次循环，电容量仍保持在 91% 以上，且该电容器漏电电流较小，其原因是 Co 修饰后的 AC 不仅产生双电层电容，还产生氧化还原反应的法拉第准电容，是 Co 和 AC 协同作用的结果。邓梅根等的实验表明，用比表面积为 $2000 m^2/g$、孔径在 $2 \sim 20 nm$ 的活性炭在水系和非水电解质中获得 280F/g 和 120F/g 的比容，这是目前活性碳材料所能达到的最大比容[60]。

2. 炭凝胶

炭凝胶（carbon aerogel）是一种质轻、比表面积大、中孔发达、导电性好、电化学性能稳定的碳材料，具有结构可控性，在制备过程中调整原料配比、反应温度和凝胶化时间可有效地控制产物的结构、密度、比表面积、胶粒的大小、孔径分布等。孔隙率高达 80% 以上，网络胶体颗粒尺寸为 3~20nm，属中孔纳米级碳材料，比表面积为 400~1100m²/g，密度范围为 0.03~0.80g/cm³，电导率为 10~25S/cm，它可以克服使用活性炭粉末和纤维作 EDLC 电极时存在的内接触电阻大，使比表面积得到充分利用。制备一般分为三步，即有机凝胶的形成、超临界干燥和炭化过程。其中有机凝胶的形成主要是得到适合的空间网络状结构的凝胶。

3. 玻璃碳

玻璃碳(glass-like carbon，简称 GC) 的结构模型含有闭壳的微孔，电导率高、力学性能好，但透气率低。文越华等[61]认为若想将玻璃碳的全部闭孔打开，使其整体呈纳米级的开孔结构。则比表面积将有很大的提高，有望成为较理想的高功率电容电极碳材料。文越华等提出了新型的纳米孔玻璃碳制备方法是以酚醛树脂为原料，加入固化剂在 250℃ 以下固化交联，调节固化温度以形成具有一定的交联度而又保持较高挥发分的固化物。然后研磨成粉，适当加压成型使压制体的颗粒之间留有一定的孔隙，炭化时挥发分易于扩散排出，应力作用大为减弱。因此，可快速升温进一步固化和炭化，并可使活化气体能够渗入体相，活化反应物也能扩散出来，从而制备出整体均被活化的纳米孔玻璃碳，用作电化学电容器的电极材料性能良好。

4. 竹炭基活性炭

刘洪波等[62]探讨了竹炭基高比表面积活性炭作 EDLC 电极的充放电特性及其比电容与各种因素的关系。对炭化温度、碱/炭比、活化温度、活性炭收率与性能的影响及比电容与比表面和孔结构的关系、EDLC 的充放电特性进行了实验研究，研究结果表明：控制适宜的炭化、活化工艺条件可得双电极比电容达 55F/g 的竹炭基高比表面活性炭。由它组装的 EDLC 具有良好的充放电性能和循环性能。但是内阻过高，大电流下充放电时电容量下降过大。其特点：具有容量大、体积小、充放电简单快速、使用温度范围宽、电压保持性好、充放电次数不受限制等[63]。

5. 碳纳米管

碳纳米管是由石墨的碳原子层卷曲而成，是由单层或多层石墨卷成的无缝管状壳层结构，具有很大的比表面积，管径在 0.4~100nm 范围内。碳纳米管用于 EDLC 电极材料具有比活性炭高很多的比表面利用率。有报道显示基于碳纳米管薄膜电极的比表面积为 430m²/g 时比容达到 45F/g，理论上在清洁石墨表面的双电容量为 20μF/cm²，以此推算碳纳米管电极的电容量达到理论 EDLC 的 57%。而活性炭电极 2nm 以下的孔对 EDLC 基本上没有贡献，从而限制了其电容量，所以对碳纳米管来说，由于孔隙形成，其孔径在 2~5nm 之间，全部属于中孔范围，从而具有很高的比表面积利用率。虽然目前生产的碳纳米管的比表面积比活性炭低，但其电容量指标已经接近甚至超出了活性炭。最重要的是碳纳米管的一个典型特征是它的中空结构。如果在制备碳纳米管时将内径控制在 2～5nm 并且使管壁薄就可满足电解质溶液浸润纳米碳管内腔，EDLC 电容量将明显提高。另一研究表明在相同的电解液中，碳纳米管电极的等效串联，电阻明显小于活性炭电极。质量分数为 30％的硫酸作为电解液时，使用碳纳米管电极时的电容器，其交流阻抗谱在 250mHz 以下出现"电荷饱和"，而活性炭电极的电容器，其交流阻抗谱在达到 100mHz 也未出现电荷饱和。碳纳米管 EDLC 出现"电荷饱和"的频率几乎不随电解质变化。碳纳米管和其他物质制成复合电极材料也是目前研究的一个热点。刘先龙等[64]通过表面氧化处理掺杂异元素，形成包覆等方法，可以有效地提高石墨类电极材料的电化学性能。用导电涂料的方法改善炭电极性能[65]。

6. 碳纤维

高效吸附活性的碳纤维是一种环保的碳材料，其密度(约 $0.1g/cm^3$) 低于活性炭密度(约 $0.5g/cm^3$)，因此用于 DLC 具有质量比容量高的优势。为了进一步提高 ACF 的比容量，科研工作者采用高温氧化或电化学修饰的方法对其进行预处理，并取得了较好的效果。另外，科研工作者对其他碳材料和碳混合材料也进行了相关的研究，孟庆函等[66]在高比表面活性炭中加入 15％活性炭时电极的比电容得到了很大的提高，放电时间也相应延长，电化学性能有了明显的改善。

参 考 文 献

[1] 安部郁夫博士讲学参考资料 [M]. 高尚愚译. 南京林业大学，1994：55-63.

[2] 齐龙. 国内活性炭应用的发展趋势 [J]. 吉林林业科技，2002，31(2)：30-33.

[3] 邓德馨，刘芙蓉. 多组分气体分离 [M]. 西安：西安交通大学出版社，1995：172-245.

[4] 杨 R T. 吸附法气体分离 [M]. 王树森，等译. 北京：化学工业出版社，1987.

[5] Keller G，Anderson R A，Yon C M. In Hand book of Separation Process Technology [M]. Edited by Rousseau R W. John Wiley，New York，1987：644.

[6] Sircar S，Proc. 4th. Conf. Fundamentals of Adsorption，Kyoto，Japan，1993.

[7] [日]立本英机，安部郁夫. 活性炭的应用技术——其维持管理及存在的问题 [M]. 高尚愚，译. 南京：东南大学出版社，2002：283-354.

[8] Izumi J. Proc，Symp. Adsorption Proc. Chung-Li，25 May，1992：71.

[9] 徐海全，刘家祺，姜忠义. 碳分子筛膜的研究进展 [J]. 化工进展，2000，19(4)：17-22.

[10] [日]炭素材料学会. 活性炭基础与应用 [M]. 高尚愚，陈维，译. 北京：中国林业出版社，1978：221-300.

[11] 唐文俊. PSA 技术进展及对科技开发的建议. 化工部西南化工研究院，1989.

[12] 郑其庚，罗启云，郑国炉. 活性炭的应用 [M]. 上海：华东理工大学出版社，2004：33-5,

126-148.

[13] Honig J M, Reyerson L H. Adsorption of nitrogen, oxygen and argon on rutile at low temperatures: applicability of the concept of surface heterogeneity [J]. Hys Chem, 1952(56): 140-146.

[14] [苏] 凯里泽夫 HB. 吸附技术基础 [M]. 国营新华化工设计研究所译, 1983: 401-450.

[15] 安鑫南. 林产化学工艺学 [M]. 北京: 中国林业出版社, 2002: 483-492.

[16] 徐南平, 李红. 膜分离技术回收有机溶剂研究进展 [J]. 天然气化工, 1995, 20(6): 35-42.

[17] 李克燮, 万邦庭. 溶剂回收 [M]. 北京: 北京兵器工业出版社, 1991: 1.

[18] 阎勇. 从工业废气中回收有机溶剂的技术 [J]. 现代化工, 1999, 19(12): 45-49.

[19] 李焦丽, 奚西峰, 李旭祥, 等. 聚砜/聚丙烯酰胺合金膜及其在有机溶剂回收中的应用 [J]. 膜科学与技术, 2002(10): 32-35.

[20] 胡晓丹. 室内环境与健康 [M]. 北京: 中国环境科学出版社, 2002: 84-89.

[21] 樊学娟. 室内空气中常见有害气体治理技术的实验研究 [D]. 北京: 华北电力大学, 2004: 2-58.

[22] 文育峰, 姚应水, 王金权, 等. 甲醛对小鼠免疫系统的影响 [J]. 皖南医学院学报, 2001, 20(3): 166-167.

[23] 吴珉, 张旭建, 丁黄达, 等. 室内甲醛污染及防治 [J]. 污染防治技术, 2002, 15(4): 46-47.

[24] 官菁, 刘敏. 甲醛污染对人体健康影响及控制 [J]. 环境与健康杂志, 2001, 18(6): 4-14.

[25] 杨玉花, 袭著革, 晁福寰. 甲醛污染与人体健康研究进展 [J]. 解放军预防医学杂志, 2005, 23(1): 68-69.

[26] 邵琳. 活性炭纤维吸附低浓度苯的实验研究 [D]. 北京: 北京交通大学, 2008, 22-24.

[27] 戴飞, 汤广发, 李念平, 等. 颗粒活性炭过滤器的室内空气净化效果 [J]. 过滤与分离, 1999(3): 22-24.

[28] Tsukasa T, Norihiko T, Yoneyama H. Effect of activited carbon contention TiO_2 loaded activited carbon on photodegradation behaviors of dichloromethane [J]. J Photochem Photobiol A: Chem, 1997, 103(3): 153-157.

[29] 古政荣, 陈爱平, 戴智明, 等. 活性炭-纳米二氧化钛复合光催化空气净化网的研制 [J]. 华东理工大学学报, 2000, 26(4): 367-371.

[30] 高立新, 陆亚俊. 室内空气净化器的现状及改进措施 [J]. 哈尔滨工业大学学报, 2004, 36(2): 200-201.

[31] Sekine Y. Oxidative decomposition of formaldehyde by metal oxides at room temperature [J]. Atmospheric Environment, 2002, 36(2): 5543-5547.

[32] 蔡健, 胡将军, 张雁. 改性活性炭纤维对甲醛吸附性能的研究 [J]. 环境科学与技术, 2004, 27(3): 18-20.

[33] Blazewicz S, Swiatkowski A, Trznadel B J. The influence of heat treatment on activated carbon structure and porosity [J]. Carbon, 1999, 37(1): 693-700.

[34] Rong H Q, Ryu Z Y, Zheng J T, et al. Influence of heat treatment of rayon-based activated carbon fibers on the adsorption of formaldehyde [J]. Colloid and Interface Science, 2003, 26(1): 207-212.

[35] 王淑勤, 樊学娟. 改性活性炭治理室内空气中甲醛的实验研究 [J]. 环境科学与技术, 2006, 29(8): 238-240.

[36] 高强, 王春梅, 季涛. 活性碳纤维净化室内空气的研究 [J]. 产业用纺织品, 2000, 18(12):

26-30.

[37] 王泽山. 含能材料和含能材料学科的进展 [J]. 化工时刊，1995，8(7)：3-8.

[38] 王加璇. 动力工程热经济学 [M]. 北京：水利电力出版社，1995：5.

[39] 卢国俭，等. 金属合金及碳材料储氢的研究进展 [J]. 材料导报，2007，21(3)：86-89.

[40] 许炜，陶占良，陈军，等. 储氢研究进展 [J]. 化工进展，2006，2(3)：200-210.

[41] 鲍德佑. 氢能的最新发展 [J]. 新能源，1994，16(3)：1-3.

[42] 李中秋，张文丽. 储氢材料的研究发展现状 [J]. 化工新型材料，2005，33(10)：38-41.

[43] 周理. 关于氢在活性炭上吸附特性的实验研究 [J]. 科技导报，1999，1(12)：1-3.

[44] 白朔，侯鹏翔，范月英，等. 一种新型储氢材料——纳米炭纤维的制备及其储氢特性 [J]. 材料研究学报，2001，30(8)：77-82.

[45] 成会明，刘畅，丛洪涛. 氢等离子电弧法半连续制备单壁纳米碳管 [J]. 研究快讯，2000，29(8)：449-450.

[46] Ye Y，Ahn C C，Witham C. Hydrogen adsorption and cohesive energy of single-walled carbon nanotubes [M]. Appl Phys Lett，1999，74(4)：2307.

[47] Chen P，Wu X，Lin J. High H_2 Uptake by Alkali-Doped Carbon Nanotubes under Ambient Pressure and Moderate Temperatures [J]. Science，1999，285(2)：91-93.

[48] Orimo S，Majer G，Fukunaga T，et al. Hydrogen in the mechanically prepared nanostructured graphite [J]. Appl Phys Lett，1999，75：3093-3095.

[49] 文潮，金志浩，李迅，等. 炸药爆轰法制备纳米石墨粉及其在高压合成金刚石中的应用 [J]. 物理学报，2004，53(12)：2384-2385.

[50] 程锦荣. 相互作用势对模拟计算单壁碳纳米管物理吸附储氢的影响 [J]. 计算物理，2003，3(22)：289-298.

[51] Darkrim F，Levesque D. Storage of hydrogen in single-walled carbon nanotubes. Chem Phys，1998.

[52] Lee S M，Park K S. Hydrogen storage in single-walled carbon nanotubes. Synthetic Metal，2000.

[53] Wang Q，Johnson J K. Hydrogen storage in single-walled carbon nanotubes at room temperature [J]. Chem Phys，1999，110(2)：1127-1129.

[54] 毛宗强，徐才录，阎军，等. 碳纳米纤维储氢性能初步研究 [J]. 新型碳材料，2000，15(5)：64-67.

[55] Zhou L，Zhou Y P，Sun Y. Enhanced storage of hydrogen at the temperature of liquid Nitrogen [J]. Hydrogen Energ，2004，29(3)：319-322.

[56] 田艳红，付旭涛，吴伯荣. 超级电容器的多孔碳材料的研究进展 [J]. 电源技术，2002，26(6)：465-479.

[57] 张琳，刘洪波，张红波. 双电层电容器用多孔炭材料的研制与开发 [J]. 炭素，2003，7(4)：3-9.

[58] Alonso A，Ruiz V，Blanco C. Activated carbon produced from Sasol-Lurgi gasifier pitch and its application as electrodes in supercapacitors [J]. Carbon，2006，44(3)：441-446.

[59] 张宝宏，殷金玲，田娟，等. Co 修饰活性炭作为超级电容器的电极材料 [J]. 应用科技，2005，32(1)：53-55.

[60] 邓梅根，张治安，胡永达. 双电层电容器电极材料最新研制进展 [J]. 炭素技术，2003，7(4)：25-30.

[61] 文越华，曹高萍，程杰，等. 纳米孔玻态炭——超级电容器的新型电极材料 [J]. 新型炭材料，

2003，18(3)：219-224.

[62] 刘洪波，常俊玲，张红波等. 竹炭基高比表面活性炭电极材料的研究 [J]. 炭素技术，2003，3
　　　(5)：1-7.

[63] 张玲，常俊玲，刘洪波. 基于竹节的双电层电容器用高比表面积活性炭的研究 [J]. 炭素，
　　　2002，3(1)：11-15.

[64] 刘先龙，宋怀河，陈晓红. 锂离子电池用石墨类炭负极材料的改性 [J]. 炭素技术，2003，13
　　　(5)：27-33.

[65] 张会堂. 炭黑-石墨导电涂料导电性能之影响因素的试验研究 [J]. 炭素技术，2003(2)：25-27.

[66] 孟庆函，刘玲，宋怀河，等. 超电容器活性炭电极储电影响因素的研究 [J]. 无机材料学报，
　　　2004，19(3)：593.

第七章 活性炭作为催化剂和催化剂载体的应用

活性炭孔道结构发达、比表面积大、强度好，广泛用作吸附脱除、净化或回收液体或气体中的某一或某些组分的吸附剂；另一方面，活性炭还具有经济、绿色和表面化学性质容易调变等优点，所以与分子筛和氧化铝一样，被用作催化剂和催化剂载体等。

德军在第一次世界大战期间(1915 年)使用氯气，世界各国开始研究将活性炭用于防毒面具。其间，发现了活性炭通过金属盐类浸渍可以加快其对有毒气体的分解，从而开创了活性炭作为催化剂载体的研究。

活性炭作为接触催化剂时其催化活性是由于炭的表面和表面化合物以及灰分等的作用，主要应用于各种异构化、聚合、氧化和卤化反应中。

活性炭在化学工业中常用作催化剂载体，即将有催化活性的物质沉积在活性炭上，一起用作催化剂。这时，活性炭的作用并不限于负载活化剂，它具有助催化的作用，并对催化剂的活性、选择性和使用寿命都有重大影响。本章就活性炭作为催化剂和催化剂载体的应用进行介绍。

第一节 概 述

一、活性炭的催化作用

活性炭对多种反应具有催化能力，实践和研究表明，很多金属和金属氧化物的催化活性是由于活性中心的存在，而活性中心大多是结晶的缺陷。活性炭中的微晶(特别是沿着晶格的边缘)由大量的不饱和价键构成，这些不饱和价键具有类似于结晶缺陷的结构，从而使活性炭具有了催化活性。如果从活性炭催化的作用点解释活性炭的作用，大概可分为电子传导性和基于电子传导性的表面自由基，以及表面氧化物官能团(包括酸性官能团、中性官能团和碱性官能团）等作用。这些官能团的存在也对活性炭的催化性能有着重要的影响[1,2]。

1. 电子传导作用

经 $800\sim1700℃$ 热处理的碳，结晶大小为 $1.5\sim8.0nm$，电阻为 $0.005\Omega\cdot cm$，导带和 π-区域的能量范围是 $0.15\sim0.3eV$，即位于所谓的半导体区域。金属材料的晶格中充满着自由电子，因此是电的导体，对于金属一个很小的电场就可以提供一定的能量，使自由电子在电场影响下流动。而在半导体中，则需要可观的能量才能破坏化学键以释放电子。在绝缘材料中，化学键的电子很牢固，以致加热也不能使这些电子获得自由，除非达到使晶体熔化或者逐渐蒸发的程度。因此，作为半导体的活性碳材料和一般无机物载体之间的区别在于吸附物之间、载体之间、载体和吸附物之间，变得可以进行电子授受。活性炭作为对含钴矿物生物浸出反应催化剂时，由于其具有较高的静电位，因此作为阴极，而硫铜钴矿则为阳极。通过原电池效应，阳极硫铜钴矿的氧化溶解加速，进而钴的浸出率提高[3,4]。

阳极氧化反应：

$$CuCo_2S_4 \longrightarrow 2Co^{2+} + Cu^{2+} + 4S^0 + 6e \tag{7-1}$$

阴极还原反应：

$$1.5O_2 + 6H^+ + 6e \longrightarrow 3H_2O \tag{7-2}$$

随着活性炭浓度的增加，为原电池反应提供了更大的表面积，原电池效应增强，因此，钴浸出率随着活性炭浓度的增加而提高(图 7-1)。

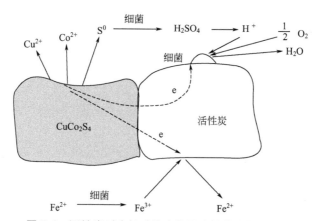

图 7-1   活性炭对含钴矿物生物浸出的催化作用示意

2. 表面自由基

活性炭表面存在不对称电子，除用氯化锌等活化方法制得的活性炭以外，可以看到电子自旋共振信号强度和炭的热处理温度之间存在着密切的关系。另外，活

性炭上自由基的 g 值和自由电子的 g 值极其接近。但是，如果用浓硝酸氧化活性炭，同时添加碱金属、铂族金属，结果表明有数量相当多的自由基存在。

另一方面，活性炭催化反应中有很多是无催化剂也能进行的反应（多数是自由基反应），例如卤化置换反应，脱卤化氢反应，NO、Fe^{2+}、Pd^0、环己烯的氧化反应，链烷烃的氧化脱氢反应，脱氢反应等。从表 7-1 可以看到，在活性炭催化剂上并没有发生生成烯烃类的碳链异构化作用（该反应特征性地存在于离子反应中），因此可以认为在活性炭催化剂上基本进行的是自由基反应。且反应分解产物比较少、脱氢产物多，以及分解物的碳的分布是一样的，表明分子内不对称电子移动快，即所谓吸附了的自由基成为反应中间体的这一作用。一般认为，在脱氢反应中最初反应如式(7-3) 所示：

$$RH+2X \cdot \longrightarrow R—X+H—X（X 表示表面自由基） \tag{7-3}$$

正庚烷的转化反应见表 7-1。

表 7-1　正庚烷的转化反应

催化剂	反应中间体	反应温度/℃	产　物	
			脱氢产物	主分解产物
热反应	自由基	500～800	庚烯、甲苯（微量）	乙烯、丙烯
固体酸	碳鎓离子	400～500	几乎不生成	丙烯、异丁烯
活性炭	不明	400～500	庚烯、甲苯（多量）	C_1～C_6的链烷烃

事实上，氢在添加了碱金属的活性炭上进行的是可逆性的化学吸附。自由基随着氢的吸附而减少，随着氢的解吸而增加，这表明在表面自由基上发生了氢的离解吸附。

另外，在氧化反应中，吸附氧起着重要的作用。由于氧的吸附，表面自由基减少，并按式(7-4) 的吸附进行：

$$O_2+X \cdot \longrightarrow X—O—O \cdot （或 X^+—O—O^-） \tag{7-4}$$

此外，也有报道指出，通过 γ 射线的照射，使活性炭上的不对称电子浓度增大，从而增大其催化活性，因此活性炭可作为固体自由基催化剂使用[5,6]。

3. 化学吸附和超溢现象

目前，已有报道表明，即使在常温下，平均 1g 活性炭也吸附几毫升的氧。且吸附的氧有一部分是不可逆的，只有通过加热到高温以后才以碳的氧化物形式脱离，这表明氧在活性炭上发生了化学吸附。另有研究表明，在二氧化硫的氧化、Fe^{2+} 的氧化、碳氢化合物的氧化脱氢等反应中，吸附氧均参加了反应。此外，已经确认在 Pd^0 的氧化反应中，参加反应的并不是表面氧化物及无机杂质。因此，大概可以认为，化学吸附氧就是在氧化反应中活性氧化中心。

氢在室温至 400℃的温度范围内，几乎不吸附在活性炭上。在 450℃ 以上可以极小的速度缓缓吸附。然而，在350～450℃下，活性炭可以从碳氢化合物或醇类等化合物上极其迅速地夺取氢并吸附在其表面上，其数量达到10^{20}～10^{21}原子/克活性炭，大体和活性炭上自由基的数目相当。另一方面，活性炭如果负载了微量的过渡性金属，特别是第Ⅷ族金属，在250℃左右温度下，就迅速而可逆地吸附氢，其数量可达10^{21}原子/克活性炭，达到吸附金属数量的几十倍至几百倍，这就叫超溢现象。超溢现象可以理解为以金属作窗口，氢流至活性炭上并发生吸附。如果存在可以催化$H_2 \rightleftharpoons 2H$过程进行的催化剂，活性炭将是氢的有效授受体。而且一般认为，活性炭上的氢，已被活化至可以使乙烯氢化的程度，这种氢将在活性炭上进行的氢化、氢化分解等与氢有关的反应中发生有效地作用。在脱氢反应中，金属的催化作用就是利用了这种逆超溢现象，从碳氢化合物上被夺取下来的氢，通过金属迅速地脱附。

4. 表面氧化物及离子交换能力

前期研究结果表明，活性炭经过磺化处理，可在其表面上生成磺酸基，并具有离子交换能力。在活性炭本身的表面上，有酸性氧化物及碱性氧化物，其中羧基、羟基(酚羟基)等是酸性的，并表现出作为固体酸的催化作用。特别是当用硝酸氧化活性炭时，其表面上生成大量的羧基，离子交换容量也激增，同时，醇的脱水活性也飞跃地增加。但是，活性炭表面的氧化物活泼地参与反应的例子鲜有报道。另一方面，如果离子交换负载金属以后，可以重新形成新的配合物催化剂(活性炭负载型催化剂)；若离子交换过渡性金属以后，若再用适当的方法还原，便能得到分散在活性炭上而形成负载金属的活性炭催化剂，所负载金属具有1～6nm的微细而均一的粒径分布，这类催化剂对于特定反应具有特异的催化作用[7,8]。

此外，还有具有分子筛作用的活性炭，这类活性炭同时具有分子筛作用和催化剂作用，是一种新型的催化剂系统。炭分子筛是广义上一种炭质吸附剂，狭义上是微孔分布均匀的活性炭，它是由结晶炭和无定形炭构成，因而具有高度发达的孔隙结构和特殊的表面特性。若将CMS的分子筛性质与无机氧化物的表面化学和物理性质相结合制成所谓无机氧化物改性炭分子筛(IOM-CMS)就可能使之具有某些特种性能。例如将含铜材料(乙酸铜或乙酰丙酮)与聚糠醇或聚丙烯腈的混合物进行热解制得的整体含有细分散铜的CMS，其孔径小于0.43nm可使氧作为铜的氧化物被吸附，从而具有选择除氧的能力。

二、活性炭作为催化剂和催化剂载体的特性与改性

1. 活性炭作为催化剂和催化剂载体的特性

活性炭的导电性来自于其石墨微晶结构，虽然活性炭的微晶堆积是无序的

（乱石堆积），导电性有限，但也正是由于这种无序的微晶堆积，构成了活性炭孔道结构的多样性、高强度性，以及外观的多样性。活性炭的密度一般在 $1.0g/cm^3$ 左右，因此在溶液介质中容易搅动。活性炭作为催化剂或催化剂载体时具有以下主要特点：

其一，活性炭具有的高比表面积、孔道结构和微晶结构，决定了其可以作为催化剂并具有优异的吸附能力，特别是对苯、甲苯、二甲苯和苯酚等芳香化合物的吸附。近期研究结果表明，活性炭对气体的吸附主要与活性炭的结构相关，因为气体在活性炭上的吸附主要是毛细管凝聚作用，因此活性炭中的微孔对气体物质的吸附起着重要的作用。此外，活性炭的比表面积对活性炭的气体吸附也有重要影响。但是，在液相中的吸附则完全不同，液相物质的吸附则取决于活性炭的表面及表面化学性质[9]。

其二，活性炭丰富的表面化学基团及其可调变性，可以根据催化活性组分或催化活性的要求进行剪裁；活性炭表面炭质具有疏水亲油的惰性，因此有机溶剂对活性炭具有较好的亲和润湿性，这将有利于活性炭在有机介质反应中作为载体负载催化剂活性组分的作用。同时，通过对活性炭进行化学处理，又可使其由"疏水亲油性"变为"疏油亲水性"。

其三，活性炭具有良好的耐酸、碱性，不存在在强碱性与强酸性条件下会溶解的问题。因此，活性炭可以替代铝、硅等的载体，被广泛使用在精细化学品合成中。

其四，活性炭具有良好的离子交换能力：由于活性炭表面有各种基团，活性炭能够像离子交换树脂一样具有对金属离子的交换能力。可以应用于净化水体、回收贵金属等[10]。

2. 活性炭作为催化剂和催化剂载体的改性

活性炭的改性方法一般采用高温热处理、氧化处理（包括气相氧化法及液相氧化法）、超声处理、微波处理、水热处理、电化学法等[11,12]。

（1）高温热处理 将活性炭在隔绝空气或惰性气体的保护下进行热处理，是对活性炭改性的重要方法。在高温下，活性炭的石墨化程度增加，表面杂原子基团将会裂解，活性炭的疏水和碱性增加。一般而言，活性炭表面羧酸基团的分解温度较低，同时释放出二氧化碳，而酚羟基、醚、羰基等基团分解温度较高，同时释放出一氧化碳。图 7-2 为活性炭表面基团分解时释放的基团及相应的分解温度。

（2）氧化处理 氧化处理是活性炭改性的一种最常用的处理方法，其主要目的是引入表面含氧基团。氧化处理主要包括液相氧化法和气相氧化法，大部分文献中报道的常用液相氧化剂有硝酸、双氧水、高锰酸钾、硫酸、硝酸与硫酸的混合酸、过硫酸铵、次氯酸钠等；气相氧化剂有 O_2、O_3、O_2/N_2 混合

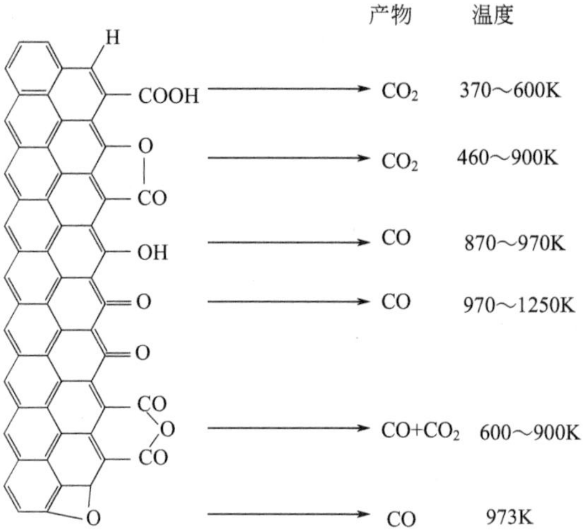

图 7-2　活性炭表面基团的裂解及裂解的大致温度

气、N_2O、CO_2、NO_2、空气等。然而当活性炭作为催化剂载体时，特别是 Ru/Ac 氨合成催化剂，由于 S、Cl 等元素对催化剂具有很强的毒害作用，所以过硫酸铵、次氯酸钠、硫酸等都是不宜采用的氧化剂。

（3）其他处理方法　采用超声处理载体活性炭，与常规处理方法相比，超声改性的活性炭负载的钌基氨合成催化剂活性大大提高。活性炭在氮气保护下用微波处理 5min，也可显著提高催化剂氨合成活性，而载体的比表面积及孔体积未发生明显变化。

第二节　活性炭作为催化剂的应用

近期研究结果表明，活性炭表面官能团是其催化活性的来源[13]。活性炭作为催化剂的物理性质和化学性质，因原料的种类及制造条件的差异而呈现多样性，这是由于活性炭表面官能团的种类与数量，石墨状微晶的结晶化程度、大小及微晶相互之间集合状态的不同[14~16]。其中，光气合成是以活性炭作为催化剂进行的最为重要的反应。光气（碳酰氯，$COCl_2$）是一种合成聚氨酯类化合物的原料，后者广泛用于塑料、涂料、皮革、包装材料等方面。它通常是用一氧化碳和氯气在紫外线下合成，但是该方法的产率和速度都比较低，逐渐被活性炭催化剂法取代。该方法使用氯和稍过量的一氧化碳通过装有催化剂活性炭的反应器，在 80～150℃ 和 1～10 个大气压下，可合成得到高转化率（90%）的光气，1t 活性炭可产 2t 光气。活性炭还可以催化氯和二氧化硫合成硫酰氯等类似的卤化加成反应。此外，卤代烃的氢解、脱除煤烟中的硫、醇类的脱水反应及乙烯、丙烯、丁烯、苯乙烯的聚合反应等都是活性炭催化剂的应用领域。表 7-2 列出了活性炭作为催化剂的主要反应类型。

表 7-2　活性炭作为催化剂的主要应用领域

反应的类型	具体的反应种类
含卤素的反应	从一氧化碳制造光气的反应、制造氰尿酰氯的反应、制造三氯乙烯及四氯乙烯的反应、氟化反应、制造氯磺酸酰及氟磺酰的反应、乙醇的氯化反应；由乙烯制造二氯乙烷的氯化反应
氧化反应	氧化水溶液中的硫化钠制造多硫化合物的反应；从二氧化硫气体制造硫酸的氧化反应；从硫化氢制造单体硫黄的氧化反应；一氧化氮的氧化反应；草酸的氧化反应；乙醇的氧化反应
脱氢反应	从链烷烃制造链烯烃的脱氢反应；从环烷烃制造芳香族化合物的脱氢反应
氧化、脱氢反应	从链烷烃制造链烯烃的氧化、脱氢反应
还原反应	链烯烃、双烯烃的还原反应；通过羰基的还原制造甲醇的反应；油脂的氢化反应；芳香族羧酸的还原反应；过氧化物的分解反应；一氧化氮还原成氨的反应
单体的合成反应	氯乙烯单体的合成反应；乙酸乙烯单体的合成反应
异构化反应	丁二烯的异构化反应；甲酚的异构化反应；松香及油脂等的异构化反应
聚合反应	乙烯、丙烯、丁烯、苯乙烯等的聚合反应
其他反应	醇类的脱水反应、重氢交换反应

一、卤化及脱卤化反应[17]

1. 卤化加成反应

卤化加成反应基本上都可以认为是自由基加成反应。一般认为活性炭的催化作用是发生在开始发生的 $Cl_2 \longrightarrow 2Cl \cdot$ 反应中的，其反应温度为 150℃。由于卤化铁等离子系催化剂的出现，活性炭对烯烃的卤化加成反应的催化作用没有得到进一步深入研究，但在一氧化碳和氯气合成光气的反应中，工业上仍在使用活性炭催化剂，且产物得率非常高，该反应条件为 80～150℃、1～10 个大气压。

2. 卤化置换反应

该类反应可用 $RH + Cl_2 \longrightarrow RCl + HCl$ 表示，其原料通常为芳香族碳氢化合物、甲烷、卤化乙烯、氢气等。用活性炭作该反应催化剂时的反应温度为 200～400℃，比不用活性炭催化剂时的反应温度低 100～300℃。在该反应中活性炭的催化作用在于使氯气离解，或起到从碳氢化合物上夺取氢的作用，从而降低了反应温度。

3. 脱卤化氢反应

该类反应有代表性的例子是由 1,2-二氯乙烷脱氯化氢生成氯化烯的反应。

在活性炭催化下进行该反应比在加热条件下或在固体酸等催化剂上进行的反应的温度低 150～200℃，而且选择率显著提高。该反应的副产物是乙烯、乙炔等，可以认为，只要催化剂的寿命足够长的话，该反应就可用于实际生产中。另一方面，向该反应系统中添加在加热反应系统中有催化效果的氯气、氧气或四氯化碳，没有什么效果。而且对于该反应，使用活性炭催化可以使反应表观活化能从大约为 50kcal/mol，降至大约 30kcal/mol。由表观活化能低可以假设出二氯乙烷分解反应式(7-5)，由于活性炭接受自由基的作用而促进反应的进行，并通过表面的氯进行如式(7-6) 的反应。此外，活性炭对由氢引起的脱卤化氢反应也有催化作用。

$$CH_2Cl—CH_2Cl \longrightarrow \cdot CH_2—CH_2Cla + Cla \cdot \tag{7-5}$$

$$\cdot CH_2—CH_2Cla + Cla \cdot \longrightarrow CH_2=CHCl + HCl \tag{7-6}$$

二、氧化及氧化脱氢反应

1. 氧化反应

(1) 活性炭催化剂在柴油脱硫中的应用　目前，由于环境法规日益严格，柴油超深度脱硫已成为非常紧迫而急需解决的世界性研究课题；在氢源燃料电池系统中，要求必须使用来源于超低硫或无硫燃料油的氢。尽管传统的加氢脱硫能非常有效地脱除大部分含硫化物，但是加氢脱硫技术对条件要求苛刻，如：高温、高压、氢环境以及贵金属催化剂，设备投资和操作费用相对比较昂贵，且对于稠环噻吩类硫化物(二苯并噻吩) 及其衍生物的脱除比较困难。吸附脱硫是新的有效脱除 FCC 柴油中硫化物的方法，具有操作简单、投资费用少、无污染、适合于深度脱硫等优点，因此成为一项具有广阔发展空间及应用前景的新技术。活性炭氧化改性对脱硫率的影响按下列顺序变化：浓硫酸＞浓硝酸＞过二硫酸铵＞过氧化氢(30％) ＞高锰酸钾水溶液。在所考察的改性方法中，以硫酸(或硫酸组合其他方法) 改性活性炭的脱硫效果最佳，活性炭的硫容量从改性前的 0.0240 克硫/克吸附剂提高到 0.0529 克硫/克吸附剂。对所研究的加氢处理柴油，硫的脱除率从未改性活性炭的 23.3％上升到硫酸改性活性炭的 32.5％。此外，通过选择催化氧化将柴油中的硫化物转化成相应的砜后，再通过萃取(吸附)，可以实现柴油的超深度脱硫，而油品性质不发生改变[18~20]。另有研究结果表明，活性炭的中孔孔容和表面含氧基团量的增加可以提高二苯并噻吩在改性活性炭上的吸附容量。

随着科技的发展，加氢脱硫-非加氢脱硫(吸附脱硫) 技术得以开发，其中非加氢脱硫技术主要使用活性炭作为吸附剂。Sano 等[21]运用加氢脱硫和两段吸附脱硫联用的方法来脱除柴油中的硫化物。加氢脱硫所用的催化剂是将 Co、Mo 负载在由 SiO_2 和 Al_2O_3 组成的混合物上制备而成，吸附脱硫所用的吸附剂是活性碳纤维（ACF），在真空条件下 110℃ 干燥 2h，吸附温度为 30～70℃。该工艺过程是首先使用的活性碳纤维对硫含量约为 1200μg/g 的柴油进行预处理，然后采用加氢脱硫除去大部分硫化物，可以使柴油中的硫含量降低到 300μg/g 以下，最后通过活性碳纤维吸附剂，将加氢难以脱除的硫化物除去，进而将柴油中的硫含量降低至 10μg/g 以下。在该工艺过程中，第一段对柴油进行预处理所用的吸附剂是第三段吸附脱硫使用后再生的活性碳纤维，脱硫剂的再生是采用甲苯等有机溶剂进行的。

Bakr 和 Salem[22,23] 用 5A 分子筛、13X 分子筛和活性炭吸附脱除馏分油中的硫化物。结果表明，13X 分子筛的脱硫作用主要适用于硫含量低于 50μg/g 的油，活性炭的脱硫作用主要适用于硫含量高于 50μg/g 的油，而 5A 分子筛不适于吸附脱除其中的含硫化合物。研究认为 13X 分子筛在较高硫含量的油中吸附效果不佳的原因是芳香族化合物和硫化物存在对吸附位的竞争。他们对活性炭和 13X 分子筛吸附脱除油中硫化物进行比较，结果表明，在 80℃、硫含量 550μg/g 时，活性炭对硫化物的吸附能力是 13X 分子筛的 3 倍，而在 20℃、硫含量 50μg/g 时，13X 分子筛对硫化物的吸附能力是活性炭的 1.6 倍。因此得出活性炭在温度较高、硫化物浓度较高时较适用，而分子筛在环境温度较低、硫化物浓度较低时较适用，活性炭和分子筛的两段吸附法是脱除硫化物的新思路。

（2）一氧化氮的氧化[17]　一氧化氮的氧化即使在常温下也可以进行，因反应速率很大，经常被用来作为硝酸制造过程或排烟脱硝过程的基本反应。但是水蒸气对该反应有明显的毒害作用。金属离子由低原子价向高原子价的氧化反应，有 Fe^{2+}、Sn^{2+}、Ce^{2+}、Pd^0、Hg^+ 等。

2. 氧化脱氢反应

由活性炭进行的氧化脱氢反应的基本特征是反应的温度低（250～400℃），且其反应性受反应物影响不大。特别是烷烃的氧化脱氢反应，在金属或金属氧化物催化剂上进行是相当困难的，而活性炭对此却有特异的催化作用。异戊烷最初被夺取的氢（叔氢）的键离解能大约为 85kcal/mol，但当活性炭催化时表观活化能显著降低为约 15kcal/mol，表明活性炭具有特殊的脱氢作用[17]。总的来说，在活性炭上进行的氧化脱氢反应，虽然选择性不太高（约 80%），但若能抑制完全氧化的副反应，则具有很强的实用性[24～26]。

3. 脱氢反应[17]

关于脂环式碳氢化合物的催化脱氢反应早有报道，脂肪族碳氢化合物或醇的脱氢反应尤其引人注意。活性炭催化剂在这类反应中虽不具有和铂族金属同样高的催化活性，但比氧化铬系催化剂的活性要高得多，即使在 450℃ 温度下，也具有相当快的反应速度。表 7-3 表示了各种碳氢化合物的脱氢反应结果。而且，如果在活性炭中添加各种过渡性金属，即使该过渡金属本身不具有脱氢活性，活性炭催化剂的脱氢能力也会上升数倍。活性炭催化剂的特征是从这种碳氢化合物上夺取氢的能力很强。一般认为，从催化剂上氢的脱离速度是决定反应的步骤（即反应的律速阶段）。因此，其反应的历程可以推断为如式(7-7)～式(7-9)。所以，如果脱氢反应系统中同时存在氧、乙烯、二氧化硫、一氧化氮等氢的接收体，反应将会被显著地催化，同时表观活化能也从大约 25kcal/mol 降低到 15kcal/mol。

$$RH + 2X \cdot \longrightarrow R—X + X—H \qquad (7\text{-}7)$$

$$R—X \longrightarrow R'(烯烃) + X—H \qquad (7\text{-}8)$$

$$2X—H \longrightarrow 2X \cdot + H_2 (律速阶段) \qquad (7\text{-}9)$$

表 7-3　各种碳氢化合物用活性炭催化剂的脱氢反应

原料碳氢化合物	转化率/%	产物选择率/%			
		芳香族		烯　烃	分解物
正辛烷	41.4	乙基苯	14.3	14.9	49.9
		邻二甲苯	17.0		
正庚烷	21.4	甲苯	34.6	21.4	44.0
正己烷	13.8	苯	24.3	37.2	37.4
正戊烷	13.8	0		单烯　76.1	21.3
				二烯　2.6	
异戊烷	13.9	0		单烯　87.7	11.6
				二烯　0.7	
甲基环己烷	27.8	甲苯	86.0	3.3	10.7
环己烷	15.8	苯	80.0	5.2	14.8

注：1. 反应温度为 455℃。
　　2. W/F 为 30g·h/mol。

4. 其他反应

除了上述一些反应外，在醇的脱水反应、氢-氘交换反应、外消旋（作用）反应、加氢裂化反应和酯化反应等活性炭也得到广泛应用。

第三节　工业应用的活性炭催化剂

一、活性炭在排烟脱硫中的应用

1. 概念

二氧化硫的氧化反应是活性炭在氧化反应催化中应用的典型反应。活性炭烟气脱硫是一种高效资源化的烟气脱硫工艺，它不但可以消除烟气 SO_2 的污染，而且还可以回收硫资源，是当前研究开发的重要脱硫方法[27～29]。烟气脱硫是指脱除烟气中的 SO_2，有的脱硫工艺在脱除 SO_2 的同时也可脱除 SO_3，有的工艺则不能有效地脱除 SO_3，但由于烟气中 SO_3 的含量仅为 SO_2 的 6%～7%，在锅炉烟气中 SO_3 一般只占到几十万分之几（按容积），因此，SO_3 的脱除率通常可以不予考虑。目前烟气脱氮技术的应用范围和成熟程度还远不如脱硫技术，而且比脱硫需要更高的设备投资和运行费用。20 世纪 80 年代以来，人们逐渐认识到对二氧化硫和氮氧化物的分别治理，不仅占地面积大，而且投资和运行费用高。为了降低烟气净化的费用，适应现有电厂的需要，开发联合脱硫脱氮(combined desulphurization and denitration) 的新技术、新设备已成为烟气净化技术(FGC) 发展的总趋势[30,31]。国外对联合脱硫脱氮的研究开发十分活跃，据美国电力研究所(EPRI) 统计，联合脱硫脱氮技术不下 60 种，这些技术有的已实现工业化，其中活性炭法(activated carbon process) 被认为是一种具有实际应用价值的方法[32]。

2. 排烟脱硫简史

针对排烟脱硫，最初研究的是 SO_2 在水中的吸收作用，不久便发现水对 SO_2 的吸收能力过低，缺乏工业应用价值，而当向水中添加了各种催化剂后水溶液对 SO_2 的吸收能力即得到了很大提高。为此，研究者们很快便开始研究各种吸收剂和催化剂对 SO_2 的吸收和催化氧化作用。由于活性炭具有良好的吸附 SO_2 性能，并能在 O_2 和 H_2O 存在时将 SO_2 催化氧化成 H_2SO_4，故研究开发了利用活性炭来吸附 SO_2 的排烟脱硫方法[33,34]。

进入 20 世纪后，活性炭烟气脱硫的研究工作已开始集中探讨不同炭种的脱硫特性[35,36]。1916 年，Williams 研究了木炭在同温下对 SO_2 的吸附能力与压力的关系，结果表明：SO_2 的吸附等温线与水蒸气的吸附等温线在数量上是相似的，吸附热与吸附程度相关。1917 年，Doroshevskii 等用桦木炭进行了 SO_2 吸附试验，研究了氧浓度对 SO_2 的吸附能力的影响。1927 年，Ruff 等发现：与活化过程相比，各种活性炭的分子结构和吸附特性的影响更关键。1928 年，Polyani 等研究了分子间短程力在 SO_2 吸附过程中的变化，结果表明：随着吸附饱和度的增高，分子间短程力将逐渐变弱。在饱和度较低时，SO_2 是被吸附在活性炭内表面的特殊位置上的；在饱和度较高时，则可观察到一个高浓度的液膜，液膜大约在活性炭饱和吸附量的 0.03% 时形成。

二次世界大战结束后，在上述研究成果的基础上，活性炭烟气脱硫的研究工作进入了实用化及大规模试验开发阶段。迄今该法已应用于工业系统的 SO_x 排放控制，并能在脱硫的同时获得浓 SO_2、硫黄和硫酸等使用价值较高的副产品。

早在 20 世纪 60 年代国外就已开始研究活性炭催化氧化烟气脱硫技术，20 世纪 70 年代初在德国鲁奇公司和日本日立-东电公司先后建成工业示范装置，主要用于硫酸厂尾气和燃低硫重油锅炉的烟气脱硫。

比较干法脱硫和湿法脱硫可以发现，干法系统的主要优点之一是：烟气在脱除 SO_2 操作时并不冷却，因此烟气在离开烟囱时具有全部的热浮力。相反，湿法系统是在进入烟囱之前安装洗涤器，洗涤器中循环的烟水溶液会将气体冷却到其湿球温度，这比普通的烟囱进口气体温度低得多，造成排烟困难，因此烟气需要消耗能量再加热才能排放。另外，湿法系统的正常操作还需对一定量的废水进行处理。因此，与耗能大的湿法脱硫相比，干式吸附脱硫法更受到人们的关注。日立从 20 世纪 70 年代末即开始着手研究活性炭吸附法脱硫技术，到 80 年代后期开始应用具体理论将其转化为生产力，分别建立了加热再生的住友法和水洗再生的日立法的大中型工业脱硫装置。

这种活性炭吸附法能同时进行脱硫、脱硝处理，脱硝率可达 $50\% \sim 80\%$。另外，该方法具有低投资、低能耗、平稳运行等优点，是一种值得研究并且有着工业应用前景的方法。

在我国，为使活性炭吸附烟气脱硫技术应用于燃煤电厂，也开展了一系列的研究和工业试验并取得重要进展。20 世纪 80 年代初，西安热工研究所和四川省环境保护研究所开展了活性炭吸附烟气脱硫并制取磷肥的试验研究。具体工艺如下：经调温调湿后的烟气进入吸收塔，活性炭作为吸附催化剂将 SO_2 吸附，并在 O_2 存在的条件下进一步将 SO_2 催化氧化成 SO_3，当吸附接近饱和时经水喷淋洗涤得到一定浓度的稀硫酸。洗涤再生后的活性炭吸收剂可继续使用，该法脱硫效率达 70%（一级脱硫）。

迄今为止，国内外关于活性炭脱硫的研究并不少，日本和德国已经有将活性炭用于移动床同时脱硫脱氮的成功实践。我国在这方面的研究起步较晚，应用活性炭脱硫技术的历程经历了三个阶段：20 世纪 50 年代初期，采用硫化铵再生的活性炭脱硫技术，该技术所需设备多，占地面积大，操作复杂，再生成本高，活性炭的制作成本也高；70 年代中期，开发应用过热蒸汽再生的活性炭脱硫技术，该技术所需设备装置少，操作方法简单，再生成本低，活性炭价格便宜；80 年代中期，采用改性活性炭技术，提高了活性炭的工业硫容，在一定程度上延长了活性炭脱硫的正常使用周期，改善了工作环境。而且已经有活性炭脱硫的工业实践，例如四川宜宾豆坝电厂和湖北松木坪电厂。实践证明：活性炭法烟气脱硫技术具有非常好的发展前景，进一步的深入研究能够促进该技术的推广和应用规模的扩大。

3. 活性炭脱硫机理

活性炭吸附作用根据原理的不同可分为物理吸附和化学吸附。物理吸附是由分子间的范德华力引起的，由于固体表面分子不同于内部分子，存在剩余的表面自由力场，气体分子运动到固体表面附近时，便会被吸引而停留在固体表面，而活性炭是一种多孔材料，复杂的孔隙结构使固体的表面积大增，进而使材料的表面能作用和吸附能力明显提高。化学吸附在固体表面有化学反应发生是由化学键力引起的。由于化学反应使被吸附分子的电子运动轨道模式发生变化，因此很难还原成原始物种，是一个不可逆的过程。

　　活性炭法烟气脱硫是一个物理吸附和化学吸附同时存在的过程，在活性炭的表面上存在着一系列的化学反应[37,38]，但由于活性炭表面状况十分复杂，吸附机理众说纷纭，长期以来，活性炭脱硫机理有多种说法，占主流观点有两种，一种认为：活性炭在 O_2 和少量水蒸气的存在下即可脱除 SO_2。SO_2 在表面被吸附后，被催化氧化成 SO_3，SO_3 再与水作用生成 H_2SO_4；在过量水的存在下，H_2SO_4 从表面脱除，从而空出 SO_2 吸附的活性位，使 SO_2 的吸附、氧化、水合及 H_2SO_4 的生成和脱附的循环过程得以连续不断地进行。可将反应的总过程用下面的化学方程式描述：

$$SO_2 + H_2O + O_2 \longrightarrow H_2SO_4 \qquad (7\text{-}10)$$

$$
\begin{array}{c|cc}
\text{活性炭} & SO_4^{2-} & NH_4^+ \\
\text{的微孔壁} & SO_4^{2-} & NH_4^+ \\
& SO_4^{2-} & NH_4^+ \\
\end{array}
$$

　　此外，还有离子交换吸附机理和电层吸附机理。离子交换吸附机理认为：气相液滴中溶解了铵盐，如 $(NH_4)_2SO_4$，其中 SO_4^{2-} 与活性炭作用时滞留在活性炭的微孔内壁的活性中心上，这种活性中心（称氧化性点）能释放出阴离子并与 SO_4^{2-} 进行离子交换反应，从而使 SO_4^{2-} 吸附在活性炭上。电层吸附机理认为：硫酸根离子与活性炭微孔壁上活化点吸附后，形成局部负电区，在静电作用下，气相液滴中的迁移离子如 NH_4^+ 产生定向吸附，并与 SO_4^{2-} 形成双电层，从而形双电层吸附。

4. 活性炭脱硫研究

　　活性碳材料脱除 SO_2 的能力是由其孔隙结构及其表面化学性质共同决定的，二者对其脱硫能力的影响是相辅相成的。活性炭法烟气脱硫技术中最关键的问题是吸附容量较小的问题。而此项技术的理论基础和技术改进的前提则是对 SO_2 在活性碳材料上吸附机理的研究。因而近年来，国内外的许多专家学者都致力于此方面的研究，并取得了一定的成果[39~41]。

　　目前，对活性炭脱硫的研究主要有以下几个方面。

　　（1）研制不同形态、种类的活性炭　从活性炭的形态不同可以分为：粉末状、无定形炭、柱状炭、球形炭及纤维炭（即活性碳纤维）等。活性炭的种类则主要有添加了各种助催化剂的活性炭，以及经炭孔内表面结构和成分改良、不加助催化剂的活性炭和各种低温干馏焦炭。目前炭法脱硫剂主要以颗粒活性炭为主，在应用中存在一些缺点，如：存在吸附硫容有限、流体力学性能不佳、易掉渣等。因此，为推动炭法脱硫技术向前发展，关键在于开发出经济、高效、填充性能好的活性碳材料。球形活性炭具有规整的外观形态，用于固定床时，炭粒间形成规则的通道，气体流过时的速度分布比较均匀，床层阻力小，外表光滑，在操作过程中不易破碎、磨损小，产生的碎屑和粉末少[42]。

通过对活性炭进行改性可进一步提高活性炭的脱硫效果。虽然活性炭对SO_2的吸附容量有限，但如果能在吸附过程的基础上实现SO_2的催化氧化，则将大大提高烟气脱硫的效率。由于活性炭不仅具有吸附功能，并且高比表面（甚至可以超过$3000 m^2/g$）使其成为一种无可比拟的优良载体。另一方面，由于活性炭的化学组成并不单一，除 C 元素外，还含有 O、H、N 和其他一些金属元素。化学成分的多样化使某些活性炭具有特殊的催化功能，它甚至能够在低温下催化SO_2的氧化。如果在活性炭上负载了活性组分，SO_2的脱除效率将大大提高。催化过程的实现能够大大延长高脱硫率的维持时间，大幅度提高SO_2的去除容量，直到催化剂失活[43]。

目前，对烟气脱硫炭基催化剂研究较多的目标金属主要包括碱金属、稀土金属以及某些过渡金属，例如钙、铯、钾、钒、铜、镍、铁、锰等。结合硫酸工业生产经验，钒对SO_2的催化氧化也具有很高的活性[44,45]。

（2）改进和完善活性炭脱硫工艺　进一步改进和完善活性炭脱硫及再生工况，以达到简化工艺设备系统和运行操作，提高其运行稳定性、可靠性和经济性。

现今的炭法脱硫技术主要利用的是活性炭的吸附性能，但活性炭的吸附容量毕竟有限，待接近吸附饱和后必须进行再生，再生主要有两种方式：水洗再生和加热再生。因此，此技术所需装备投资大，运行费用高。尤其是对于燃煤烟气，SO_2排放量大，而活性炭的吸附能力较小，吸附速率慢，因而活性炭的用量大，运行费用高。这些因素严重阻碍了炭法烟气脱硫技术的产业化进程。

（3）改进炭床结构　改进和完善各种炭床结构，在尽可能发挥活性炭脱硫能力的同时，缩小炭床的体积及占地面积。目前活性炭脱硫的主要炭床结构有：固定床、移动床、流动床及其他特殊结构床。

（4）活性碳纤维脱硫　活性碳纤维是被日益加以重视的一种新型高效吸附催化剂，在环保领域尤其是烟气脱硫方面显示了广阔的应用前景，近年来，关于采用活性碳纤维脱除SO_2的研究也逐渐发展起来[46,47]。

5. 活性炭法烟气脱硫技术的优势分析

活性炭法烟气脱硫技术的特点：

① 脱硫剂耗量少，脱硫剂一次投入后可长期使用，与国外氨法、活性焦法、钙法、镁法等技术相比，避免了需要随时加入脱硫剂，脱硫剂耗量大的

问题；

②工艺流程短，设备少。由于无需脱硫原料的制备、运入、输送系统，因而装置相对简单，占地相对较少；

③由于工艺简单，脱硫原料消耗少，脱硫投资和运行费用较低；

④该技术脱硫产物为硫酸，可以工业上广泛应用，实现资源化利用；

⑤从脱硫技术的研究开发、设计到设备、仪表、材料等全部实现国产化。

从以上的分析可以看出，活性炭烟气脱硫技术具有高效化、资源化、综合化、经济化等特点。特别是经济性方面的优越性，几种脱硫技术的经济技术指标在表 7-4 中做了比较，表 7-4 中可以对其经济性有更直观的认识。从技术竞争的层面上说，国外引进技术基本上是石灰石石膏法，各公司拥有同质化的技术，所以引发了目前的价格大战，在这种背景下，活性炭法技术必将在我国烟气脱硫市场得到长足的发展。

表 7-4　几种脱硫技术的经济技术指标对比

经济技术指标	湿式石膏法	常规 CFB	炉内喷钙	LIFAC	电子束法	炭法脱硫
脱硫效率/%	95	85	80	90	95	95
静态投资	18555	8366	8241	7943	21952	8177
动态投资	23878	10978	10719	10328	28672	10510
每千瓦造价/元	796	366	357	344	956	350
年运行费	3743	2685	3283	3615	6094	2049
每吨脱硫成本/元	1586	1125	1422	1752	2600	853
增加电价/（元/度）	0.020	0.015	0.018	0.020	0.033	0.011

注：表中数据为专家于 2000 年对 300MW 机组进行技术改造时的评估数据。

6. 活性炭法烟气脱硫流程和工艺介绍

活性炭吸附催化氧化脱硫工艺是一种环保技术，主要适用于低浓度二氧化硫烟气治理，可应用于热电厂、化工厂、冶炼厂等企业的尾气处理。活性炭法烟气脱硫包括吸附和脱附两个环节。在吸附过程中，吸附质 SO_2 依靠浓度差引起的扩散作用从烟气中进入吸附剂活性炭的孔隙，从而达到 SO_2 脱除的作用。而孔隙中充满吸附质的吸附剂便失去了继续吸附的能力，必须对其进行脱附。脱附包括加热和洗脱两种方式，加热法是靠外界提供的热量提高分子动能，从而使吸附质分子脱离吸附位，在较高的温度条件下完成对活性炭的深度活化。但是深度活化所需能耗大，而且会使活性炭烧损，兼之冷却过程太长，因而无法应用于连续操作工艺；而洗脱法是将脱附介质通入活性炭层，利用固体表面和介质中被吸附物的浓度差进行脱附。

在各种脱附方法中，水洗脱附技术是经济性最好的一种，水洗脱附属于洗脱法，其产物为稀硫酸，硫酸的浓度最高可达到 $25\%\sim30\%$。在采用水洗脱附的活性炭脱硫工艺中，比较有代表性的是日立法和 Lurgi 法，分别来自日本日立制作所和东京电力公司、德国鲁奇公司，两种方法的脱硫效率均可达到90%，日立法已可处理 $15 \times 10^4 m^3/h$ 的烟气量，而 Lurgi 法已经通过包括硫酸厂、钛白厂等七个工厂的尾气处理工业实验，烟气处理量总计达到 $2547 \times 10^4 m^3/h$，水洗产物经文丘里洗涤器和浸没式燃烧器的提浓，可最终制得70%的硫酸[48]。20 世纪 80 年代中期，此法在我国湖北省的松木坪电站也进行过中试，活性炭经过浸碘处理，处理 SO_2 浓度为 $3200mL/m^3$，烟气量 $5000m^3/h$，每百克炭吸附容量为 $12 \sim 15g$，脱硫效率大于 90%[49]。

二、活性炭在制浆白液氧化中的应用[50]

把牛皮纸浆蒸煮液白液中的硫化钠氧化成多硫化合物的白液氧化工艺中，使用活性炭作为催化剂，日本的 7 座工厂已对这种白液氧化工艺进行了工业性应用，获得了很好的应用效果。

多硫化合物是在白液中氧化羰基的有代表性的化合物之一，在白液中以多硫化钠（Na_2S_x，$x = 2 \sim 5$）的形态存在。

白液氧化工艺是把白液中的硫化钠氧化生成多硫化合物的工艺，其工艺流程如图 7-3 所示。白液在过滤器中除去所含有的以碳酸钙为主要成分的 SS（悬浊固体物质）以后，进入反应器，用活性炭作催化剂（以下简称催化剂），经过空气氧化，生成多硫化合物。反应以后，在反应器下部进行气液分离，多硫化合物蒸煮液经缓冲槽供给蒸煮工艺。另一方面，空气在除雾器中除去碱雾以后，排入大气中。含有多硫化合物的蒸煮液呈赤橙色，因此也叫做橙液。

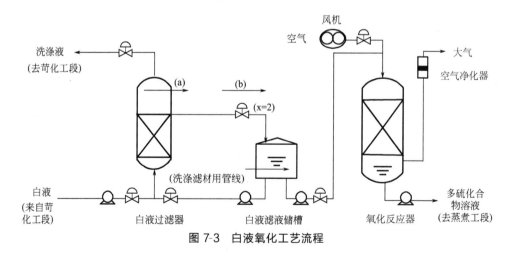

图 7-3 白液氧化工艺流程

硫化钠的氧化反应为伴有电子得失的逐级反应：

$$Na_2S \longrightarrow Na_2S_x \longrightarrow Na_2S_2O_3 \tag{7-11}$$

$$(a) \quad 4Na_2S + O_2 + 2H_2O \longrightarrow 2Na_2S_2 + 4NaOH \tag{7-12}$$

$$(b) \quad 2Na_2S_2 + 3O_2 \longrightarrow 2Na_2S_2O_3 \tag{7-13}$$

以上反应中，有催化剂存在时，式(7-12)的反应是主反应；无催化剂存在时，式(7-13)的反应为主反应，不生成多硫化合物。其反应原理可用气(空气)、液(白液)、固(催化剂)的反应模型表示，如图 7-4 所示。

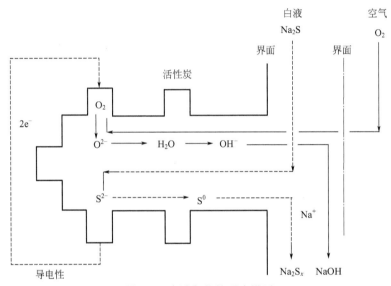

图 7-4　白液氧化的反应模型

多硫化合物(Na_2S_x)以氧化反应中间产物的形态获得。当被进一步氧化时，生成的多硫化合物变成硫代硫酸钠。氧化时，在较高氧分压条件下，按式(7-13)的反应，Na_2S_2 的浓度下降。因此，氧化反应采用空气作为氧化剂，在常压下以气液并流的方式进行。

图 7-5 所示的是硫化钠的氧化率与各成分浓度之间的关系。为了抑制硫代硫酸钠的生成，进而提高蒸煮中有效多硫化合物的浓度，必须把硫化钠的氧化率控制在 50%～70% 之间。氧化率作为液体的空间速度($LHSV$)、气液比(G/L)以及反应温度(T)的函数，可以用下式表示：

$$氧化率 = k \, (LHSV)^{-0.5} (G/L)^{0.4} (T)^{1.5} \tag{7-14}$$

在实际操作中，液体的空间速度与反应温度是由工艺条件决定的。因此，可以通过调节 G/L 来进行对氧化率的控制。图 7-6 表示 $LHSV$ 与 G/L 对氧化率的影响，图 7-6 中 G/L 的单位为空气(m^3)/白液(m^3)。由图 7-6 可见，在 $LHSV$ 相同时，氧化率随着 G/L 的增加而上升。

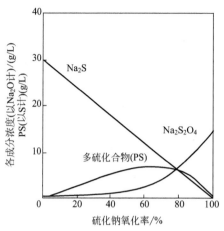

图 7-5 氧化率与各成分浓度的关系

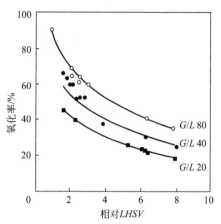

图 7-6 LHSV, G/L 对氧化率的影响

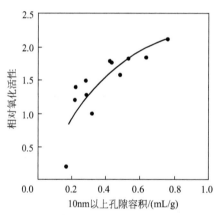

图 7-7 孔径 10nm 以上的孔容积对硫化
钠氧化活性的影响

在白液的氧化反应中，催化活性受到活性炭的比表面积、比孔容积、孔径分布等因素的影响。在硫化钠氧化反应中，催化剂活性起着至关重要的作用。该活性炭不受活性炭本身所具有的 2nm 附近的孔隙所支配，而与对反应成分扩散影响变小的 10nm 以上的比较大的孔隙有密切关系。活性炭孔径 10nm 以上的孔容积与反应性能之间的关系如图 7-7 所示。

经氧化处理后，过滤器中催化剂的表面上会有固体悬浊物质（SS）附着，白液的氧化率便随着运转时间的增加而逐渐下降。因此，需要对活性炭催化剂进行再生。为了将氧化率保持在 50%～70%范围内，增加空气量以提高 G/L 时，空气鼓风机的出口压力上升，当出口压力达到允许值的上限时，用酸溶解附着在催化剂表面上的固体悬浊物质，进行催化剂的再生。图 7-8 表示随着运转时间的增加，氧化率与 G/L 之间的关系。

使用活性炭作为催化剂应注意以下问题。

（1）反应器的孔蚀 干燥的活性炭或者处于水中的活性炭没有腐蚀性。但当活性炭与氧气及水共同存在时，则就具有腐蚀性。特别是对没有保护膜的软钢，容易通过电化学腐蚀而产生孔蚀。据报道，其腐蚀速度可达到 6.35mm/a。反应器中有些与空气、白液及活性炭接触的部分，处于容易发生孔蚀的状态。

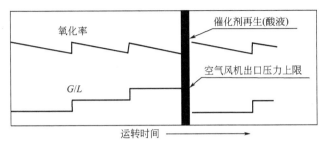

图 7-8 运转时间与氧化率、G/L 之间的关系

因此,反应器的材质应该使用特殊的耐腐蚀性材料。

(2)催化剂的强度 随着运转时间的延长,当催化剂的压溃强度下降至其初始数值的 50%~70% 时,催化剂开始粉化,催化剂层的压力损失增加,运转变得困难。因此,催化剂应在开始粉化以前进行更换,其间隔期通常为 3~4 年。运转时间与催化剂压溃强度之间的关系如图 7-9 所示。

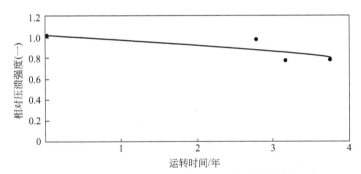

图 7-9 运转时间与催化剂压溃强度之间的关系

三、活性炭在分解臭氧中的应用[50]

1. 概述

臭氧有的是静电式空气净化器、复印机或激光打印机之类电压高的电器装置使用时产生的副产物;有的是利用氧化能力极强的臭氧进行脱臭、脱色、杀菌等操作时,未参加反应而残留下来的产物等。臭氧是氧的异构体,分子式用 O_3 表示,其具有特异且强烈的臭味,同时具有很强的氧化能力,对生物的黏膜具有很大的刺激性。迄今为止,在分解臭氧的过滤器中,仍使用着把粉末状或颗粒状的活性炭充填在筒形罩子中的或包裹在无纺布中的滤器。这是活性炭作为固体氧化还原催化剂的正面作用,是在民众生活机器上使用的典型例子。

2. 阿库特卡巴的特征

阿库特卡巴是通过把高纯度的活性炭基材成型为蜂窝状而制成高性能成型

活性炭，其具有很大的吸附能力与分解臭氧能力。与通常的活性炭相比较，它还具有如下一些特征：

① 因为是由高纯度的活性炭制成的，因此分解效率高、使用寿命长；

② 比表面积大，可以获得很高的分解速度；

③ 开口率大、压力损失小。

图 7-10　蜂窝状活性炭阿库特卡巴

图 7-10 所示为神钢"阿克泰克"（株）公司制造的蜂窝状活性炭分解臭氧的滤器"阿库特卡巴（ACH2）"的外观状况。蜂窝活性炭厚度为 10mm 时，滤器的孔数（个/平方英寸，1 平方英寸＝6.452×10^{-4}平方米）与压力损失之间的关系如图 7-11 所示。从图 7-11 可知，压力损失随着厚度、孔数及风速几个因素而变化。压力损失随着这些因素的数值增加而增加。

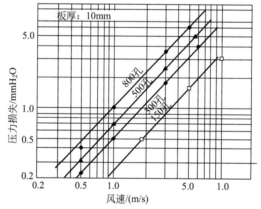

图 7-11　阿库特卡巴的压力损失

3. 阿库特卡巴分解臭氧的性能

（1）分解臭氧的特性　阿库特卡巴的厚度、孔数、风速、湿度及臭氧浓度都会对其分解臭氧性能产生影响。这些因素与分解臭氧性能之间的关系归纳如下。

① 厚度与分解臭氧性能的关系。图 7-12～图 7-14 所示为每平方英寸 300 孔、500 孔及 800 孔的阿库特卡巴的厚度与分解臭氧性能的关系。由图可知，随着厚度的增加，其分解臭氧的能力也随之增大。

② 孔数与分解臭氧性能的关系。图 7-15 所示为阿库特卡巴的孔数与分解臭氧性能的关系。由图 7-15 可见，随着孔数的增加，其分解臭氧的能力也随之上升。

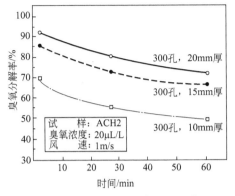

图 7-12 阿库特卡巴（300孔）
的分解臭氧性能

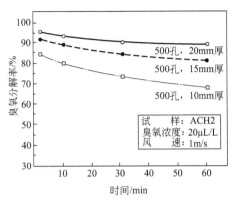

图 7-13 阿库特卡巴（500孔）
的分解臭氧性能

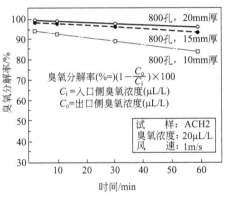

图 7-14 阿库特卡巴（800孔）
的分解臭氧性能

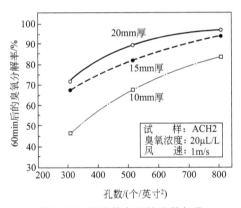

图 7-15 阿库特卡巴的孔数与分
解臭氧性能的关系

③ 风速与分解臭氧性能的关系。图 7-16 所示为阿库特卡巴的风速与分解臭氧性能的关系。由图 7-16 可见，分解臭氧性能有风速越大而越差的倾向。

从上面的结果可知，当其与臭氧的接触时间越长、接触机会越多时，分解臭氧的性能就变得越好。

④ 臭氧浓度与分解臭氧性能的关系。图 7-17 所示为当臭氧浓度在(1～20)μL/L 范围内变化时，阿库特卡巴分解臭氧的性能变化。由图 7-17 可见，臭氧的浓度越小，阿库特卡巴分解臭氧的性能就越好。

⑤ 相对湿度与分解臭氧性能的关系。图 7-18 中所示，当含有臭氧的空气的相对湿度在 20％～50％ 范围内变化时，阿库特卡巴分解臭氧的性能变化。由图 7-18 可见，阿库特卡巴的分解臭氧性能与相对湿度呈正相关关系。

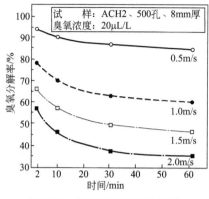

图 7-16 风速与阿库特卡巴分
解臭氧性能的关系

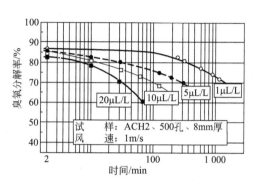

图 7-17 臭氧浓度与阿库特卡巴分解
臭氧性能的关系

（2）分解低浓度臭氧的耐久性 图 7-19 所示为浓度为 0.5～1μL/L 的臭氧，以 1m/s 的风速通过 20mm 厚的阿库特卡巴时，分解臭氧的性能变化趋势。由于所使用的活性炭滤器是通过臭氧与碳的氧化来分解臭氧的，因此难以长期维持高的分解性能。但是，当使用阿库特卡巴时，主要是由催化反应来分解臭氧，所以不存在活性炭由于氧化反应的消耗问题，因此，经过 3000h 以后，仍能维持 80% 左右的分解能力，如图 7-19 所示，可见其具有分解能力高、使用寿命长的优点。

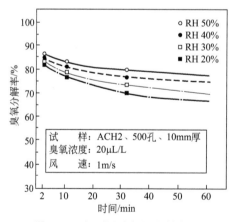

图 7-18 相对湿度与阿库特卡巴
分解臭氧性能的关系

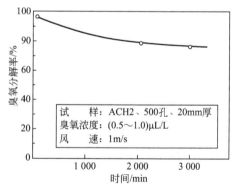

图 7-19 阿库特卡巴分解臭
氧的耐久性能

4. 活性炭分解臭氧的应用

在一开始时，为提高活性炭对臭氧的分解能力，追求使用比表面积大、杂质含量少、纯度高的活性炭。近年来，通过增加化学药品处理工序来提高活性炭的性能普遍受到重视，并且通过缩小波纹法蜂窝状活性炭中波纹板之间间隙的方法，达到了提高臭氧去除率的效果。而且，其过滤器的体积大小也缩小到只有当初的几分之一大小，每一只仅有 $100cm^3$。

近年来，活性炭分解臭氧的应用技术取得了惊人的发展，不仅开发了其工业性的用途，而且还在以脱臭器等为代表的家庭用品方面获得了应用，尤其是在需要量很大的内藏了电晕带电装置的普通纸复印机及激光打印机中的应用逐渐增加。在这种状况下，蜂窝状活性炭的应用，可望日益扩大，因为其可以具有让臭氧仅仅从过滤器中通过一下就能使其完全分解的、具有小型而且压力损失小的特点。但是，活性炭过滤器在使用寿命上存在问题，在此方面，使用寿命长的二氧化锰类蜂窝状过滤器正成为活性炭过滤器的竞争对手。因此，活性炭过滤器必须进一步提高性能以确保市场。

第四节　负载型活性炭的制备及应用

将活性炭作为载体使用，其应用范围比活性炭本身作为催化剂的应用广泛得多。活性炭作为载体不像氧化铝的使用范围那样有限，它可以负载贵金属（如 Pt、Pd、Pu、Ph、Re、Os、Ir 等）、硫化物（如 MnS、MoS_2、WS_2、HgS、ZnS、CuS、CdS）、卤化物（$AlCl_3$、碱土金属、氯化物等）、无机酸类等，主要用于农药、医药、香料中的加氢或合成，塑料及化纤中的聚酯、聚氨基甲酸酯等的生产及脂环族化合物脱氢制芳环化合物。其中应用较多的是使用活性炭负载稀有贵金属，因为使用活性炭负载贵金属的好处之一是贵金属的方便回收，例如将使用过后的催化剂加热燃烧处理。以活性炭为载体的一般过程是先将金属盐浸渍负载到活性炭上，然后将载有贵金属的活性炭进行加热处理，如 Pt 的负载就是先将铂酸盐负载，然后进行热解分解处理，所得 Pt 以微小颗粒负载在活性炭上，但对于其他过渡金属盐如铁盐，高温热处理后则得到相应金属氧化物。在如硝基苯的还原反应等酸碱强度较大的催化环境中，氧化铝、氧化硅分子筛载体将不能承受这样的环境，活性炭载体则不存在此类问题。而且，在甲醇羰基合成乙酸、乙醇羰基合成丙酸等反应中，活性炭具有比 SiO_2、Al_2O_3、分子筛及高分子载体更好的活性[51,52]。

一、催化剂载体

载体是固体催化剂中主催化剂和助催化剂的分散剂、黏合剂和支撑体。载体的作用可以归纳为如下几个方面。

1. 分散作用

多相催化是一种界面现象，因此要求催化剂的活性组分具有足够的表面积，这就需要提高活性组分的分散度，使其处于微米级或原子级的分散状态。而载体可以将活性组分分散为很小的粒子，并保持其稳定性。例如将贵金属 Pt 负载于 Al_2O_3 载体上，Pt 被分散为纳米级粒子，成为高活性催化剂，进而使贵金属的利用率大大提高。

2. 稳定化作用

载体可以对催化剂起到防止活性组分的微晶发生半熔或再结晶的稳定化作用。载体能把微晶阻隔开，防止微晶在高温条件下迁移。例如，烃类蒸气转化制氢催化剂，选用铝镁尖晶石做载体时，可以防止活性组分 Ni 微晶晶粒在高温（1073K）下长大。

3. 支撑作用

载体可赋予固体催化剂一定的形状和大小，使之符合工业反应对催化剂流体力学条件的要求。载体还可以使催化剂具有一定的机械强度，在使用过程中使其不破碎或粉化，以避免催化剂床层阻力增大，从而使流体分布均匀，保持工艺操作条件稳定。

4. 传热和稀释作用

对于强放热或强吸热反应，通过选用导热性好的催化剂载体，可以及时移走反应热量，进而防止催化剂表面温度过高。对于高活性的活性组分，加入适量载体可起稀释作用，降低单位容积催化剂的活性，以保证热平衡。载体的这两种作用都可以使催化剂床层反应温度恒定，同时也使得活性组分的热稳定性得到提高。

5. 助催化作用

载体除上述物理作用外，还有化学作用。催化剂的活性、选择性和稳定性会因载体和活性组分或助催化剂产生化学作用而发生变化。在高分散负载型催化剂中，由于氧化物载体可能对金属原子或离子活性组分发生强相互作用或诱导效应进而产生助催化作用。另一方面，载体的酸碱性质还可与金属活性组分产生多功能催化作用，使载体也成为活性组分的一部分，组成双功能催化剂。

二、活性炭作为催化剂载体的条件

活性炭作为载体有以下优点：价格低廉，耐酸碱度高，性质稳定，孔隙结构发达，比表面积巨大，吸附性能优良。另外，通过炭载体的燃烧，负载在活性炭上的贵金属较易回收，而且催化剂的性质也会受到活性炭的表面积、孔结构及表面官能团的影响，而炭载体的这些参数可以通过物理及化学处理的方法加以修饰，使催化剂具有更大的调整和适应范围。因此活性炭作为载体的应用日益广泛。以活性炭作为载体的催化剂催化的反应种类包括：卤化、氧化还原、树脂单体制造、聚合、异构化以及其他各种反应。表 7-5 所示为活性炭作为催化剂载体的一些催化反应。

表 7-5　以活性炭作催化剂载体的催化反应

类别	反应	活性组分
单体制造	乙酸乙烯酯合成	乙酸锌
	氯乙烯	升汞，以碱土金属及碱土金属氧化物作助催化剂
	乙酸乙烯基酯	乙酸锌
卤化及脱卤化反应	氰尿酰氯制造	金属卤化物
	盐酸、氢溴酸制造	氯化铁、氯化铜、氯化铝
	氟利昂类制造	金属卤化物
	三氯苯合成	氯化亚铁、氯化铝
	六氯苯合成	氯化铝
	烃的氯化	金属氯化物
	醇的氯化	磷酸、氯化钙、氯化锌
氧化	醇的氧化	铂、钯
	烯烃氧化	铜、硝酸银、氧化银
	对异丙基苯甲烷氧化	钯
	类固醇氧化	钯
	乙烯氧化制乙醛	钛、钯、铬、钼、银
还原	羧酸还原	钌
	不饱和酸还原	镍
	烯烃还原	镍、钴
	硝基、亚硝基化合物还原	铑
	吡啶衍生物还原	铑
	咔唑类还原	铂、钌
异构化	甲酸异构化	磷酸
	松香异构化	氯化锌、钯
	植物油异构化	镍
	烯烃异构化	磷酸
	烃类异构化	铂

类别	反应	活性组分
水合	乙炔水合	汞、锌、铜、镉、锰的硫化物或碳酸盐、磷酸、硫酸、氧化镁
	乙烯水合	氧化钛、磷酸盐、碳酸钾
脱氢	烷烃及环烷烃脱氢	铂、镍
	烃类脱氢	①钠盐、锂盐；②镍
聚合	乙烯聚合	钴、镍、碱金属
	丙烯聚合	氧化镍
	烯烃聚合	固体磷酸
	丁二烯聚合	钛、钴、镍、镍
加氢裂化	焦油加氢裂化	钽、钨的氧化物及硫化物
	油脂加氢裂化	钽、钨的氧化物和钨的硫化物
其他反应	羰基化合成	铬、镍、铁、汞、钴、铂、钌
	醛、醇制造	硫酸铝
	醋酸合成	磷酸
	二硫化碳合成	氧化锌
	烯烃碳合成	铁、钴
	醋合成	氧化铝
	丙烯腈制造	碱、碱土金属的碳酸盐、硅酸
	苯烷基化	氯化锌、氯化物
	醇的胺化	铂
	四氢呋喃衍生物制造	铂
	烃类缩合、聚合	磷酸
	烷基化	碳酸钠、碳酸钾
	丙烯醛制造	
	甲基乙烯基醚制造	50%氢氧化钾
	由醚制造醇	磷酸

三、活性炭作为催化剂载体的影响因素

活性炭负载的催化剂活性会受到活性炭的比表面和孔结构及表面基团影响，但最值得注意的是比表面和孔结构对催化剂活性的影响。早期使用活性炭为载体的研究，并未了解到活性炭表面化学性质对催化活性的影响，到了 20世纪 70 年代中期，人们发现，仅仅用活性炭的比表面和孔结构已经不能解释很多活性炭负载的催化剂性质，直到 80 年代后期，人们才开始认识到活性炭表面化学基团对催化活性的重要作用，并开始了对活性炭表面化学环境的重要性的深入研究和了解。

1. 活性炭结构对催化剂活性的影响

在以活性炭为载体的催化剂中，活性炭比表面的大小和孔结构起着重要的作用。碳材料的比表面越大，催化剂在碳材料表面的分散越好。例如，通过将石墨在空气中进行氧化，使得其比表面积由 $62m^2/g$ 增加到 $136m^2/g$ 后，将此载体用于负载 Pt，发现 Pt 的分散度由 0.17 增加到 0.35。较有兴趣的是，人们发现活性炭载体负载的催化剂活性远远高于氧化铝等载体负载的催化剂，其原因是因为活性炭表面裂缝状的空隙可以通过对硫化氢的吸附，起到了对噻吩脱硫很好的催化脱硫作用。

在接近工业生产条件下，在以乙炔和 HAc 为原料进行气相合成 VAc 的反应中，发现以超高比表面积的活性炭为载体的催化剂的宏观动力学方程与以普通活性炭为载体的催化剂的相似，表明该合成反应的机理没有因为催化剂的载体比表面积和结构的改变而改变。但是，与以普通比表面积活性炭为载体的催化剂相比，以超高比表面积活性炭为载体的催化剂表现出更高的催化活性，此外，人们还发现超高比表面积活性炭为载体的催化剂在高温段时具有较低的反应活化能，即此时该催化反应过程主要受扩散过程控制。反应处于高温度段时，超高比表面积活性炭为载体的催化剂随温度升高 HAc 的转化率增加的幅度较低。

2. 活性炭表面化学环境对负载的活性组分的影响

(1) 活性炭表面基团的影响　1986 年 Derbyshire 等发现含氧基团对所负载的活性组分具有重要的影响，之后，一系列关于活性炭含氧官能团与所负载活性组分之间相互作用的研究，促进了活性炭表面含氧基团对催化剂活性的影响的研究达到了较深的程度。

(2) 静电相互作用的影响　由于活性炭表面基团的离解性，在不同 pH 值下，活性炭表面的电荷不同，这将对活性炭负载催化剂的性质产生很大的影响。当活性炭表面为正电荷时，金属离子的吸附会受到活性炭表面所带的正电荷的排斥，当活性炭表面为负电荷时，活性炭表面则有利于金属离子的吸附，

其吸附量将比电中性时高，进而增加了对金属的吸附负载量。

通过测定金属离子在不同 pH 值、温度等条件下的吸附，发现当溶液的 pH＞pH$_{pze}$（活性炭表面零点电荷）时，活性炭对金属离子的吸附与金属离子的电负性密切相关，在金属离子具有较低浓度时，活性炭吸附金属离子是一个金属离子与活性炭表面质子氢相交换的过程；但当金属离子具有较高浓度时，吸附变为一个复杂的过程。

（3）石墨化程度的影响　活性炭表面石墨层的 π 吸附位会与负载的 Pt 作用，这将有利于活性炭所负载的金属 Pt 的稳定，有人认为随活性炭石墨化程度的增加，负载的 Pt 与活性炭之间的作用会随之增加，例如，与经过 1600℃ 处理的活性炭相比，经 2000℃ 处理的活性炭与 Pt 具有更强的作用，因为石墨在 2000℃ 下的处理，比 1600℃ 处理的活性炭的石墨化程度要 1600℃ 高。

（4）基团稳定性的影响　在 pH 值为 9.5 的介质中，以三个表面含有不同氧物种的活性炭为载体负载 [Pt(NH$_3$)$_4$]Cl$_2$，结果发现，表面含氧基团较多的硝酸氧化活性炭，负载 Pt 催化活性组分以后具有最小的催化活性，究其原因，是由于硝酸处理的活性炭表面含氧基团在氢气下会还原分解，这时原本负载金属离子的部位分解后将造成负载的 Pt 迁移与聚集。

活性炭在经过 HNO$_3$ 氧化处理后，其孔结构性质及表面基团都会发生变化，因此可以通过上述实验来研究活性炭表面含氧基团对负载组分的影响。结果表明，活性炭较发达的中孔结构有利于其与 Ru 的相互作用。活性炭的部分表面含氧基团的稳定性是其与 Ru 作用的关键。活性炭经硝酸处理虽然可以使含氧基团的量增加，但同时也增加了不稳定基团的量，这些不稳定基团在催化剂还原过程中分解，不利于活性炭与 Ru 的相互作用。活性炭的气相热处理可以改变其表面结构及表面基团，从而提高 Ru 与活性炭的作用，进而提高催化剂的活性。

3. 活性炭的稳定性对催化剂活性的影响

除前述活性炭的耐酸、碱等优点以外，活性炭载体具有较好的抗结炭性能，因此，与其他载体负载的催化剂相比，稳定性高、使用寿命长也是活性炭用作催化剂载体的另外一个重要优点。

与以三氧化二铝为载体负载的 Mo 催化剂相比，无论是从增加金属的负载量还是延长催化反应的时间来看，活性炭负载的 Mo 催化剂都具有少得多的结炭和较长的使用寿命，其原因在于活性炭载体酸性较小，有效抑制催化剂的快速结炭。

4. 双金属负载

在 CO 的催化氧化、对卤代硝基苯的选择性还原等方面，以活性炭为载体负载的双金属催化剂如 Pt-Sn/AC 是一个有效的催化体系。卤代苯胺是重要的医药和农药中间体，可以由卤代硝基苯的选择性还原而制得，现工业使用活性炭负载的 Pt-Ir 等双金属催化剂对该还原反应得到了很好的效果，但如仅使用活性炭负载的 Pt 催化剂还原，就会造成卤素脱离，产品选择性降低，反应器的污染腐蚀加重等问题。此外，活性炭负载双金属还可以防止金属粒子聚集、提高粒子分散度。

四、负载型活性炭的制备方法

用活性炭做载体制备负载型催化剂的方法主要有：浸渍法、化学共沉淀法、离子交换法等。

1. 浸渍法

浸渍法是制备负载型金属催化剂的常用方法，尤其对于贵金属催化剂，可以在载量低的情况下实现金属在载体上的均匀分布。同时，载体也可改善催化剂的传热性，防止金属颗粒的烧结等。Pt 的可溶性化合物溶解后，与载体混合，再加入 $NaBH_4$、甲醛溶液、柠檬酸钠、甲酸钠或肼等还原剂，使 Pt 还原并吸附在载体上，然后干燥，制得 Pt/C 催化剂。以 $NaBH_4$ 作还原剂的 Brown 法和以肼作为还原剂的 Kaffer 法等是最具代表性的浸渍法制备负载型金属催化剂反应[53]。这种方法的优点是单步完成，过程简单，可用于从一元到多元电催化剂的制备；并可在水相中操作。

2. 化学共沉淀法

共沉淀法也是制备负载型金属催化剂的常用方法。Watanabe 等[54]采用共沉淀法制备 Pt-Ru/C 催化剂，此法的特点是使用双氧水将铂和钌金属盐氧化，形成 PtO_2 和 RuO_2 的溶胶，然后用炭黑浸渍，在液相中鼓入氢气将氧化物还原，最后得到担载型的 Pt-Ru 合金。该过程的主要优点为可在较高金属载量下制备出高分散的 Pt/C 及 Pt-Ru/C 电催化剂［对于 10%（质量分数）Pt/C，其金属粒子粒径大小约为 2nm］；可以利用含氯的贵金属盐前驱体制备出几乎不含氯离子的 Pt/C 及 Pt-Ru/C 催化剂；可在水相中操作且环境友好。

3. 离子交换法

碳载体表面含有不同程度的各种类型结构缺陷，羟基、酚基等官能团容易与缺陷处的碳原子结合，这些表面基团能够与溶液中的离子进行交换。离子交换法即是利用此原理制备高分散性的催化剂。Gamez 等[55]采用不同的前处理方法，如用 HNO_3、NaClO 等氧化剂对碳进行处理，增加碳的表面基团，再与 $Pt(NH_3)_4(OH)_2$ 进行离子交换，再用氢气将吸附的 $Pt(NH_3)_4(OH)_2$ 还原，从而获得纳米级的催化剂，但是通过此法所制得的催化剂中，碳载体上的 Pt 的数量受到载体交换容量的限制。

4. 气相还原法

Pt 的化合物被浸渍或沉淀在活性炭上,后经干燥,H_2 高温还原获得催化剂。Alersool 等[56]将 $Pt(NH_3)_4(NO_3)_2$ 和 $Ru(NH_3)_6Cl_3$ 负载在 SiO_2 上,在 400℃下以 H_2 还原 4h,制备得到粒径为 2.5~3.0nm 的 $Pt-Ru/SiO_2$ 催化剂,但是当首先在 O_2 气氛中热处理 1h 时,再在同样的条件下 H_2 还原,可获得大小为 1.0~1.5nm 的金属粒子。

5. 电化学方法

利用循环伏安、恒电位、欠电位沉积、方波扫描技术等电化学方法可以将 Pt 或其他金属还原。Morimoto 等[57]利用恒电位技术制备了 Pt、Pt-Ru、Pt-Sn 催化剂,并且比较了它们对 CO 的催化氧化行为,结果发现与 Pt 相比,Pt-Ru、Pt-Sn 催化剂具有更好的抗毒化性能。Ren 等[58]利用循环伏安和方波扫描技术,制得不同粗糙度的 Pt 电极,并利用拉曼光谱技术研究了其对甲醇氧化的催化行为。Massong 等[59]通过欠电位(UPD)沉积技术在 Pt 的不同晶面上沉积 Sn 和 Bi,通过研究 CO 的电催化氧化性能发现,沉积在 Pt(111)晶面上的 Sn 具有较低的氢吸附行为。但是对于电化学方法制备负载型金属催化剂来说,如何将金属催化剂均匀地负载在活性炭上以及共沉积过程中各组分金属含量的控制是一个较难控制的问题。

6. 高温合金化法

用高温技术使多元金属合金化,从而获得高性能的催化剂。Ley 等[60]通过氩弧熔(Arc-melt)技术制得 Pt-Ru-Os 三元合金,该合金有利于降低 Pt 表面的 CO 覆盖率,进而表现出优良的电催化性能。在 90℃、0.4V 时,甲醇在该催化剂上的电催化氧化电流密度可以达到 $340mA/cm^2$,而普通的 Pt-Ru 催化剂只有 $260mA/cm^2$。此外,Kabbabit 等[61]利用带有磁浮装置的高频炉制得不同原子比的 Pt-Ru 合金。

7. 溶胶凝胶法

溶胶凝胶法是制备纳米级催化剂颗粒的有效方法。最典型的为 Bönnemann 法[62],它是一种在有机溶剂中利用 $N(C_4H_{17})_4BEt_3H$ 与金属盐溶液反应生成金属溶胶的方法,其中 $N(C_4H_{17})_4$ 做溶胶的稳定剂,BEt_3H^- 做还原剂。在溶胶中加入炭黑,随后过滤、洗涤、干燥得到平均粒径为 2.1nm 左右的碳载催化剂。Schmidt 等[63]利用这种方法分别制得 Pt-Ru/C、Pd-Au/C 催化剂,所制得的 Pt-Ru/C 催化剂的性能与商业用的 E-TEK 公司同类型催化剂性能相当。Gotz[64]也通过这种方法制备出 Pt-Ru、Pt-Ru-Sn、Pt-Ru-Mo、Pt-Ru-W 等一系列粒径为 1.7nm 的胶态金属催化剂。

8. 其他方法

微波加热的方法也被用于快速制备 Pt-Ru/C 阳极电催化剂[65]。该方法采用 Pt-Ru 同源分子作为 Pt-Ru 金属的前驱体,加入载体后,在微波场中将该前驱体加热分解,然后,在微波场中导入氢氮混合气作为还原剂。尽管采用微波加热的过程较快,但其 Pt-Ru 同源分子的制备过程非常的复杂。而且还原过程在微波场中进行,反应温度较高且较难控制,有一定的危险性。

值得一提的是,组合化学技术也被应用于燃料电池电催化剂化学组分的筛选与制备。Choi 等[66]巧妙地利用了一台普通的彩色打印机,将 $H_2PtCl_6 \cdot \chi H_2O$,$RuCl_3$,$(NH_4)_6 W_{12}O_{39} \cdot \chi H_2O$,$MoCl_5$,分别装入四个不同的墨盒中,然后将四种贵金属以不同含量连续地打印到碳纸上,采用 $NaBH_4$ 还原后将该电极作为工作电极,在添加了指示剂的甲醇中进行电位步进扫描,结果表明,在低过电位下,高活性的电催化剂区域的甲醇首先反应产生氢质子,通过指示剂在酸性介质中所发出的荧光筛选催化剂。

五、负载型活性炭催化剂的应用技术

1. 活性炭负载酸催化剂及其应用

采用活性炭负载酸作为催化剂,具有催化活性高、选择性好、操作方便、设备腐蚀少和环境污染小等优点。活性炭负载酸催化剂可在酯化等反应中广泛应用。

活性炭负载对甲苯磺酸催化剂的制备可采用以下过程:首先用 10% 的稀硝酸淋洗 400~600 目的活性炭,再水洗至中性,蒸馏水浸泡后再用去离子水回流 2h,减压过滤,150℃下干燥 3h,将所得干净的活性炭与一定浓度的对甲苯磺酸(TsOH)溶液回流吸附 12h,减压过滤后晾干,最后在(120±2)℃下活化 2h,就可得到一系列不同固载量的催化剂 TsOH/C。

乙酸乙酯是化工、医药生产的基本原料,也是重要的染料、香料中间体,传统的制备方法是乙酸与乙醇在浓硫酸催化下酯化而成。该酯化工艺虽然速度快,但酯收率低(70%~80%),而且反应后处理工序复杂,有"三废"污染,且浓硫酸在工业生产中不仅腐蚀设备,还会引起副反应,如醇的脱水、聚合等。为提高酯收率,避免对设备的腐蚀,可用对甲苯磺酸代替浓硫酸制备乙酸乙酯,但因对甲苯磺酸在反应中易随乙酸乙酯流失,使得催化成本大为提高,且该工艺的后处理仍十分复杂。研究表明,与非固载型对甲苯磺酸工艺相比,采用廉价易得的活性炭负载对甲苯磺酸作为催化剂具有催化剂用量少、使用寿命长、酯收率高、反应后处理工序简单、不污染环境、不腐蚀设备、酯化反应既可间歇操作又可连续操作等优点,因此逐渐受到广泛关注。刘红梅[67]以活性炭为载体,通过浸渍法制备了活性炭负载对甲苯磺酸催化剂,发现其对合成三乙酸甘油酯的催化效果优于常用的酯化催化剂,收率大于 92%,比以硫酸为催化剂收率高 15%,比以对甲苯磺酸为催化剂收率高 10%,且产品质量达到优级品标准。于清跃[68]采用过量浸渍法，在活性炭载体上负载具有 Keggin 结构的磷钨杂多酸(PW)，制备了 PW/C 催化剂，研究表明：PW/C 系列催化剂的酸量随着 PW 负载量的增加，当 PW 负载质量分数达到 30％时仍然高度分散于活性炭表面，相对于活性炭 707m²/g 的比表面积，30％ PW/C 的比表面积仍然达到 367m²/g，并且具有最大的酸量，该类催化剂在催化萘的异丙基化反应中适宜的 PW 负载量为 30％，催化剂最佳活化温度 300℃，160℃。

反应温度下，反应达到平衡的时间为 150min，360min 后萘的转化率接近 100％，β,β'-位异丙基化选择性较高。

此外，活性炭负载酸催化剂也可应用在脱硫中。王振永[69]考察了无机酸处理对用于吸附 FCC 汽油脱硫的活性炭载体的性能的影响，结果表明，与经硫酸和磷酸处理的脱硫剂(AC-SH，AC-PH)相比，经硝酸处理的脱硫剂(AC-NH)拥有更好的脱硫性能。当硝酸浓度 65％，活化温度 80℃，焙烧温度 250℃，吸附脱硫温度 120℃，油剂比 1.0 时，脱硫率最高可达 90.43％。同时也对活性炭载体经氧化剂处理后其吸附脱硫性能的变化进行了研究，与双氧水处理的脱硫剂(AC-H_2O_2)相比，过硫酸铵溶液处理的脱硫剂(AC-AP)拥有更好的吸附性能。当过硫酸铵溶液浓度 10％，活化温度 80℃，焙烧温度 250℃，吸附脱硫温度 120℃，油剂比 1.0 时，脱硫率最高可达 92.13％。而且 GC-FPD 分析表明经过酸处理脱硫剂和氧化剂处理脱硫剂会优先吸附脱除汽油中的苯并噻吩；差热热重分析实验表明活性炭载体及硝酸处理脱硫剂受热后分为两步分解，且活性炭载体在 100～600℃之间质量基本恒定；脱硫后活性炭载体无明显的失重台阶；X 射线衍射分析表明活性炭载体经硝酸处理后，表面酸量大幅增加，碱量减少；经 350℃下焙烧处理、硝酸处理、过硫酸铵溶液处理后，活性炭载体比表面积、孔容、平均孔径以及孔分布都变化不大，说明上述活化处理对活性炭载体的内部孔结构基本没有影响。

2. 活性炭负载金属催化剂及其应用

在活性炭负载的金属主要有钒(V)、锰(Mn)、铜(Cu)、铁(Fe)、钴(Co)、镍(Ni)、铂(Pt)、钛(Ti)等，到目前为止，已有许多不同种类活性炭载体的金属类催化剂实现了工业应用。

(1) 活性炭负载铁催化剂及其应用　铁作为日常生活中最常见的金属并且廉价易得而被广泛研究，在烟气脱硫领域也有所应用。研究表明[70]：AC 在炭化前负载铁时，AC 表面的碱性基团数量随着铁含量的增加而显著增加，酸性官能团却有稍许减少；而对于活化后负载铁的材料，表面的酸、碱性官能团的数量没有明显变化。低温下(373K)，SO_2 的吸附容量随铁含量的增加而提高，并且，铁良好的分散性有益于提高材料对 SO_2 的吸附氧化。有研究证实，材料对 SO_2 的吸附容量会因反应气体中有 NO_x 同时存在时而有所提高。Ma

等[71]研究了 423～523K 条件下 Fe/AC 的脱硫性能，表明在实验温度范围内，材料对 SO_2 的去除能力随着温度的升高而升高。473K 时，Fe/AC 对 SO_2 的吸附容量远高于 AC 或者 Fe_2O_3 单独作用时的吸附容量。通过程序升温脱附实验发现材料经过脱硫过程后，其表面生成了 H_2SO_4 和 $Fe_2(SO_4)_3$。表面负载铁氧化物的 AC 基脱硫催化剂的可再生性较强，再生过程中铁氧化物不易被还原，并且 Fe/AC 具有相对较长的使用寿命。

（2）活性炭负载 Cu 催化剂及其应用　在活性炭上负载 CuO 催化剂的研究也较广泛。Tseng 等[72]对比研究了在相同的实验条件下负载于 AC 上的 CuO、Fe_2O_3 和 V_2O_5 对于同时脱除烟气中的 SO_2、NO 和 HCl 的性能。结果表明，SO_2 在金属氧化物上的催化过程包括三个阶段：SO_2 吸附形成亚硫酸盐、亚硫酸盐氧化形成硫酸盐、硫酸盐分解放出 SO_2。而且，在实验中发现，CuO/AC 仅仅作为吸附剂，且氧化铜在催化过程中因为硫酸铜而使催化剂失活。

另外有研究表明：AC 作为催化剂载体在低温下具有较高的催化活性，并且酸处理有利于促进 AC 上负载的活性物质的均匀分散，提高其催化活性。对此，Tseng 等[73]针对 CuO/AC 对 SO_2 的催化氧化做相关研究，研究的结论指出：酸处理过程、负载金属以及载体颗粒的尺寸均为对催化剂 CuO/AC 催化剂活性产生影响的因素。金属负载和酸处理这两个过程能够促进 SO_2 的吸附和转移进而提高材料的氧化活性。因此，相对来说，AC 的表面化学性质的影响要大于载体的物理性质（如：孔结构）的影响。

高晶晶[74]以活性炭为载体，CuO、ZnO 和硝酸等为改性剂，采用等体积浸渍法制备了一系列吸附脱硫剂，采用静态吸附法和固定床动态吸附法评价该系列脱硫剂在柴油吸附脱硫中的吸附作用。研究结果表明，活性炭基吸附剂能够有效地脱除柴油中的含硫化合物。改性后活性炭的吸附脱硫性能要好于活性炭原样（AC），活性炭负载 CuO（CuO/AC）的脱硫性能要好于负载 ZnO（ZnO/AC），活性炭混合负载 CuO/ZnO（CuO-ZnO/AC）的脱硫性能与单独负载 CuO 或 ZnO 相差不大；活性炭经硝酸活化后再负载 CuO（AC-N-A）的脱硫性能大大提高，其脱硫性能要好于直接负载 CuO。活性炭负载 CuO 和 ZnO 主要用于柴油中二苯并噻吩及其衍生物的脱除。表面酸碱性官能团测定结果表明，所制备的脱硫剂表面碱性官能团含量大于表面酸性官能团含量，其表面酸量大小：AC-N-A＞CuO-ZnO/AC＞CuO/AC＞ZnO/AC＞AC，表面碱量大小：CuO-ZnO/AC＞ZnO/AC＞CuO/AC＞AC-N-A＞AC。活性炭的比表面积、孔容和平均孔径受焙烧和硝酸活化的影响不大，其最可几孔径主要集中在 2～3nm 之间。差热-热重分析表明，加热到 350℃，硝酸锌晶体与硝酸铜晶体 350℃基本完全分解为 CuO 和 ZnO，活性炭在 200～550℃之间热稳定性良好。

X 射线衍射分析表明，在 350℃下焙烧的脱硫剂 CuO/AC 350℃出现了 Cu_2O 的衍射峰，这是由于 C 将部分 CuO 还原为 Cu_2O；在 500℃和 700℃下焙烧出现了单质 Cu 的衍射峰，这是由于部分 Cu 的氧化物被 C 还原为单质 Cu；吸附脱硫后 CuO/AC 中 Cu_2O 的衍射峰消失，这可能是由于 Cu_2O 参与了硫的脱除；脱硫剂 ZnO/AC 中没有发现 Zn 以任何物相存在的衍射峰，这说明活性组分均匀分散在活性炭表面。上述脱硫剂用于 FCC 柴油吸附脱硫评价结果表明，脱硫剂 CuO/AC、ZnO/AC、CuO-ZnO/AC 和 AC-N-A 的吸附饱和硫容分别为 0.587%、0.531%、0.596%和 0.808%；脱硫剂用于模型化合物吸附脱硫评价结果为，AC、CuO/AC、ZnO/AC 和 AC-N-A 对噻吩的吸附饱和硫容分别为 0.261%、0.325%、0.298%和 0.470%，对苯并噻吩的吸附饱和硫容分别为 1.076%、1.354%、1.251%和 1.826%，脱硫剂能够选择性吸附脱除苯并噻吩。所制备的脱硫剂吸附饱和硫容大小：AC-N-A＞CuO-ZnO/AC＞CuO/AC＞ZnO/AC＞AC。静态吸附脱硫评价结果表明，当 CuO 负载量为 4.0%，ZnO 负载量 2.0%，油剂比 1.0，浸泡时间 2h，脱硫温度 80℃时，脱硫剂 CuO/AC、ZnO/AC、CuO-ZnO/AC 和 AC-N-A 的最大脱硫率分别为 45.27%、44.40%、45.76%和 60.95%。固定床动态吸附脱硫评价结果表明，当 CuO 负载量为 4.0%，ZnO 负载量 2.0%，焙烧温度 350℃，焙烧时间 2.0h，脱硫温度 80℃，空速 $2.0h^{-1}$，油剂比 1.0 时，脱硫剂 CuO/AC、ZnO/AC 和 CuO-ZnO/AC 的最大脱硫率分别为 46.98%、43.91%和 47.82%；当 CuO 负载量为 4.0%，焙烧温度 350℃，焙烧时间 2.0h，脱硫温度 100℃，空速 $2.0h^{-1}$，油剂比 1.0 时，脱硫剂 AC-N-A 的最大脱硫率为 70.60%。通过脱硫剂 AC-N-A 再生研究发现，采用气体吹扫热再生和有机溶剂洗脱再生对失活后脱硫剂有一定的再生效果。

（3）活性炭负载 Ti 催化剂及其应用　TiO_2 具有降低能耗、节约能源的光催化性能，因此对其的研究受到越来越多的关注，成为近些年来的研究热点。目前对 TiO_2 的研究基本上集中在光催化方面，而对其参与的热力学反应研究并不多。在环境保护方面，TiO_2 的研究以废水处理为主导，由于 TiO_2 的光催化功能没有选择性，因此它适用于含酚废水、染料废水等多种废水的处理[75~77]。随着这方面研究的深入，TiO_2 在废水处理领域有望实现工业化。在气态污染物处理方面，有研究发现 TiO_2 在处理室内甲醛空气污染方面展示出广阔的应用前景[78]，该应用值得深入研究，目前已有相关产品在市场上热销。

在烟气脱硫方面，国内外已有关于将二氧化钛和活性炭的复合材料用作脱硫剂的报道，并且已兴起了 TiO_2 和 AC 复合材料的制备技术研究热潮[79,80]。

（4）活性炭负载 Pt 催化剂及其应用

① 在加氢-脱氢中的应用。近几年来，随着氢能经济的发展，甲基环己烷（MCH）脱氢反应作为常用的探针反应之一，逐渐受到国际上的广泛重视。该法是通过加氢-脱氢循环来有效地储存、运输氢气的。在该反应中，以碳材料作为载体的 Pt 催化剂表现出了一些不同的性质。

中国科学院大连化学物理研究所催化基础国家重点实验室的李晓芸等[81]采用不同方法处理活性炭，并采用传统浸渍方法制备了活性炭负载 Pt 催化剂，分别考察了其在甲基环己烷脱氢反应中的催化性能。通过对炭载体的氮吸附和程序升温脱附的表征，结果表明，在经过硝酸氧化处理和氢气高温处理后，活性炭的孔结构基本不变，但表面含氧官能团的数量和种类发生了变化，Pt 粒子在载体上的分散度受到表面基团的直接影响，进而使催化剂在反应中表现出不同的活性。

② 在甲醇燃料电池中的应用。直接甲醇燃料电池（direct methanol fuel cell，DMFC），是以离子交换膜为电解质、以甲醇为阳极燃料、以空气为氧化剂的燃料电池。与气体燃料相比，甲醇具有储备与运输容易，能量转化效率高，反应产物无污染等优点，因此，直接甲醇燃料电池是环境友好的绿色能源。DMFC 被认为是最具有潜力的可移动电源之一，因其具有体积小、质量轻、效率高等突出优点，在交通、通信、航天等领域表现出广阔的应用前景和巨大的潜在市场。目前 DMFC 使用最多的阴极电催化剂是 Pt/C 催化剂，无论是在酸性介质还是碱性介质中，Pt/C 催化剂对氧化还原反应都表现出较高的催化活性[82]。

20 世纪 60 年代初期，燃料电池阴极电催化剂主要采用纯铂黑，但是其在应用中存在易烧结、利用率低、用量大等问题。为了降低成本，通过利用高比表面积的活性炭负载 Pt，降低了 Pt 的粒径，提高了 Pt 的有效比表面积，大大提高了 Pt 的利用率，降低了 Pt 载量。美国 Cabot 公司的 Vulan XC-72 活性炭被公认为较好的活性炭载体，其比表面积约 $250m^2/g$，而且具有含氧量低、电导高、抗腐蚀能力强等优点，并且能够有效地通过静电作用吸附 Pt 颗粒[83]。

尽管 Pt 对于氧化还原反应有较高的催化活性和稳定性，但是其价格昂贵，资源有限，要实现燃料电池的商业化，还必须进一步降低铂载量。研究发现，与单体 Pt 催化剂相比，Pt 基合金催化剂具有更高的催化活性。在过去的二十年中，各种 Pt 基合金已经作为电催化剂被用于氧化还原反应。

（5）活性炭负载 Co 催化剂及其应用　　目前，Co 基催化剂被认为是最有发展前途的 F-T 合成的催化剂，因为其在 F-T 合成反应中具有较强的链增长能力，且性能稳定、不易积炭、几乎不发生水煤气变换反应[84]。近年来，中国科学院大连化学物理研究所[85,86]采用固定床工艺开发了 Co/活性炭催化剂，是一种有特色的通过费托合成一步制备液体燃料的 Co 基催化剂。该催化剂可高选择性地合成石脑油和柴油馏分，所得产品中基本没有蜡生成，催化剂与产品易分离。

（6）活性炭负载 V 催化剂及其应用　钒是最常用的也是目前研究最多的烟气脱硫脱氮催化剂。通常钒类催化剂在 AC 上的氧化形态为 V_2O_5。国内外针对 V_2O_5/AC 烟气脱硫催化剂均有一些研究报道。不少研究表明，当 SO_2 和 H_2O 同时存在时，催化剂部分孔道会被沉积硫酸铵盐所堵塞而造成失活，但当 180℃ 以上无 H_2O 存在时，催化剂能够促进硫酸铵盐与 NO 之间的反应[87]，并且，硫酸根的形成可以使催化剂表面产生新的酸性位进而提高对 NH_3 的吸附能力，因此，这时 SO_2 的存在不仅无害，相反还能进一步提高 V_2O_5/活性炭催化剂的脱氮性能[88]。

Wang 等[89]研究了利用负载 V_2O_5 的蜂窝活性炭催化剂体系同时去除 SO_2 和 NO，并与颗粒活性炭体系催化剂、粉末活性炭体系催化剂进行对比。实验表明：在大约 200℃ 时，在蜂窝活性炭上负载 2%（质量分数）的 V_2O_5 时对 SO_2 和 NO 的去除表现更好，选择催化还原性显著增强。催化剂经 5%（体积分数）NH_3/Ar 再生后用于去除 SO_2 时，不仅去除率稍有增加，而且选择催化还原性更有显著增强。但蜂窝活性炭制备过程中，微孔、表面积、SO_2 和 NO 去除率都会因黏结剂的使用而显著减少。

最近，国内山西煤化所制备出新型负载 V_2O_5 蜂窝状 AC，将其应用于同时脱硫脱氮的实验研究[90]。研究表明：对于 SO_2，当温度为 423K 或者 453K 时，V_2O_5/AC 的吸附容量为 5.5%。当 V_2O_5 的负载含量从 1% 升高到 3% 时，SO_2 的吸附容量会相应从 4.5% 上升到 5.9%。该研究证明了 V_2O_5/AC 在低温下可以有效地对烟气进行脱硫脱氮，为今后的工业化实践提供了有效的参考。Davini[91]对比了负载在 AC 上的钒、镍、钴、铁和锰类金属氧化物对 SO_2 脱除的影响。实验发现上述各类金属氧化物的催化活性的前后次序为：钒、铁、镍、钴、锰。混合气体中 O_2 的存在有助于提高 AC 的吸附容量，与未负载金属的 AC 相比，其吸附容量提高了 10% 左右，与负载了钒的 AC 相比，吸附量提高的幅度更大。在此情况下，金属妨碍了 SO_2 在 AC 上的固定，并且催化 SO_2 转变成其他更为稳定的形态（由于 O_2 的存在）。当 O_2 和 H_2O 同时存在时，水蒸气吸附在 AC 上时使得 SO_2 或者其转变后的产物在 AC 上溶解，促进了 SO_2 的继续吸附，因此，V_2O_5/AC 的吸附容量进一步提高。可以得出结论：当金属和水分同时存在时，催化和溶解共同作用，SO_2 处理效果比较好。另有实验表明，当钒的含量为 0.3%（质量分数）时，SO_2 的转化效果较好。Carabineiro 等[92]研究了 293K 时，以 Ba、Co、Cu、Fe、Mg、Mn、Ni、Pb、V 及其二元混合物浸渍的 AC 对 SO_2 的吸附行为，发现 V 和 Cu 的混合物浸渍的 AC 具有最佳的脱硫效果，且二者具有协同效应。

(7) 活性炭负载 Mn 催化剂及其应用　Teresa 等[93]通过对蜂窝状活性炭负载氧化锰选择性催化去除 NO_x 的研究发现：当温度较低（150℃），空速为 $4000h^{-1}$ 时，NO_x 的去除率可以达到 60%～70%，但烟气中的二氧化硫会与负载锰反应生成硫酸锰阻碍反应进行并使锰失去活性。另外，还发现催化活性随着温度升高而升高，但选择性则有所降低。

(8) 活性炭负载其他金属催化剂及其应用　关于其他过渡金属（如：锰）和碱金属或者碱土金属（如：钾、钙）的 AC 基脱硫催化剂的研究也在深入开展。鉴于传统的烟气脱硫方法通常使用碱金属或者碱土金属的氧化物或者氢氧化物为脱硫剂，因此，有研究者将此类脱硫剂负载在活性炭上以同时发挥传统脱硫剂和 AC 的优势。而这一点与软锰矿脱硫类似，锰氧化物的负载也能够实现烟气脱硫。美国杜康拉公司和 EPA 研究了 48 种金属氧化物，发现在锅炉烟道温度范围内，Fe、Co、Ni、Cr、Cu、Ce 的氧化物不仅能使 SO_2 得到有效脱除，吸附剂本身也可以得到很好的再生，并且吸附速率高，具有较好的实用性[94]。

第五节　生物活性炭的制备与应用

一、生物活性炭的定义与特征

生物活性炭法是指使微生物在活性炭的孔内繁殖，利用这些微生物产生活性的净化的方法，在该法中所用的碳材料[95]被称为生物活性炭（biological active carbon，BAC），是一种新型的水净化用碳材料。

活性炭是一种多孔性物质，其中内表面积约占总面积的 95% 以上，内表面积主要由微孔构成。过渡孔和大孔所构成的表面积仅占 5% 左右。根据活性炭的形状和制作方法不同，可以对活性炭进行如下分类：粉末活性炭、颗粒活性炭、破碎状炭等[96]。由于活性炭具有化学性质稳定，能耐酸、碱、耐高温高压等优点，因此具有广泛的适应性。活性炭吸附技术是饮用水深度处理中最成熟有效的技术之一，它能有效地去除水中多种污染物[97]。活性炭吸附是完善常规处理工艺以去除水中有机污染物最成熟有效的方法之一，在去除水中的臭味、色度、微量有机污染物（如烷烃类、多环芳烃类等）、重金属、合成洗涤剂、放射性物质等多种污染物方面效果显著，并对水中 COD_{Mn}、TOC 和 AmeS 致突变性都有不同程度的降低[98]。在 20 世纪 60 年代末～70 年代初，利用活性炭吸附去除水中微量有机物并对饮用水进行深度处理的研究工作在发达国家得以广泛开展。如美国以地面水为水源的水厂已有 90% 以上采用了活性炭吸附工艺。法国南希市水厂，采用颗粒活性炭去除水中的臭味，其处理能力达到 $10\times10^4\,\mathrm{m^3/d}$。

生物活性炭技术是由美国米勒和里根等首次提出，在 20 世纪 60、70 年代发展起来的一项新的水处理工艺。该技术是指水处理过程中，有意识地助长在粒状活性炭吸附中的好氧生物活性的处理工艺[99]。德国 Alllstaad 水厂在 20世纪 60 年代开始使用 BAC，进而引起了西欧水处理界的广泛重视。活性炭是一种多功能载体，兼具吸附、催化剂和化学反应活性。微生物附着其上，可以发挥生化和物化处理的协同作用，从而延长活性炭的工作周期，提高处理效率，改善出水水质，并能处理那些采用单纯生化处理或炭吸附法所不能去除的污染物质。在生物降解和活性炭物化吸附的双重作用下，BAC 能保持长期稳定地运行，并且具有稳定的去除效率。国内外研究和实际应用表明，BAC 对饮用水深度处理中化学需氧量（COD）、浊度、色度有很好的去除效果[100~102]。阿姆斯特丹 Leiduin 水厂采用二级生物活性炭滤池在四年运行期间均达到荷兰供水标准[103]。

所谓广义的生物活性炭法，可以认为是指同时利用在活性炭表面上生息的微生物的机能与活性炭的机能的水处理方法。此外，在生物脱臭的领域也有利用活性炭作为微生物载体的，有时它也被称作生物活性炭。

生物活性炭中微生物的种类、浓度及个数，活性炭的种类及形状，以及装置的形状等因素随着生物活性炭应用状况的不同而异。在高度净水处理的场合，往往存在要处理的物质浓度低（为 $\mu g/L$ 或 ng/L 数量级）或难以分解等情况，因此，除去这样的物质要靠活性炭的吸附作用，而微生物的机能则是让活性炭的处理效果能持续地进行下去。另一方面，在处理有机物浓度高的废水的场合，则主要依靠微生物分解作用，而活性炭吸附仅仅起到辅助作用。

随着其应用场合的不同，生物活性炭的机能也有着相当大的差异。但共同点在于在利用活性炭吸附的同时，还积极地发挥微生物的分解机能。可以认为这就是生物活性炭的特征[104]。

目前对生物活性炭的去除机理没有统一公认的解释，国内外学者对 BAC的生物降解机理的解释主要有两种：其中之一是，由于活性炭和水中有机物浓度梯度，生物活性炭的生物降解作用使得活性炭再生[105,106]。该理论认为，由于生物降解作用，由活性炭释放到水中的有机物是逐级减少的，使得水中有机物浓度较低。因此，吸附的有机物由于浓度梯度而得以再生[107]。该观点认为影响生物吸附的因素是活性炭生物再生的强度，并且在整个生物吸附过程中微孔一直被吸附基质所占用，没有发生生物再生，只有过渡孔能够通过微生物再生，这一观点与以往有关协同作用解释观点有所不同。另外一种得到更多承认和研究的 BAC 生物降解机理是胞外酶作用。针对生物再生现象，炭内吸附物质与胞外酶反应产生脱附的假说由 Perotti 等[108]提出，他们认为细菌虽然不能进入微孔，但所分泌的胞外酶可以通过扩散作用进入微孔，与炭吸附的物质反应，形成酶-底物复合体或反应产物从原吸附位上脱附，并扩散到炭的外部，而被微生物降解，从而使活性炭得以再生。此外，也有很多研究者认为解吸作用是生物降解的必要条件，不能解吸则不能被生物降解[109]。胞外酶在与吸附的物质反应前先被活性炭吸附[110]。此外，还有研究表明胞外酶的通过很大程度上会被微孔中吸附的分子所限制。

随着相关研究的深入和应用的开展，生物活性炭法可以认为是指同时利用在活性炭表面上生长的微生物的机能与活性炭的机能的水处理方法。在水处理过程中，同时发挥了活性炭的物理吸附作用和微生物的生物降解作用，延长活性炭再生周期和使用寿命[111,112]。因此在水处理过程中，促进粒状活性炭表面好氧微生物的生长，去除可生物降解的有机物，进而降低消毒副产物前体物的浓度和管网中细菌再生的潜能是生物活性炭法的主要作用。

生物活性炭是一种深度处理工艺的有效形式，对去除水中天然有机物有着重要的作用。生物活性炭的形成，微生物在活性炭上的生长繁殖，主要是由于以下几点：

① 饮用水中的微生物属于贫营养微生物，可以适应有微量有机污染物生存的水中环境；

② 活性炭作为微生物的载体，不仅可以通过吸附作用富集有机物，进而为微生物生长储存营养，并且活性炭还能够防止有毒有害物质和水流变化对微生物的冲击；

③ 臭氧化过程中难降解有机物氧化被分解为易降解有机物，容易被微生物利用，而且对水体富氧，使水体为好氧环境。

这几种作用，有利于微生物在活性炭表面生长繁殖，进而形成生物活性炭。

在实际应用中，利用活性炭吸附技术去除有机物的使用寿命只有3～6月，并且再生困难，生物炭是以活性炭为载体，在其表面生长微生物，在水处理中同时发挥活性炭的物理吸附和微生物的生物降解作用，既能有效去除水中微量有机污染物，又能延长活性炭的使用寿命。依靠活性炭自然形成的生物活性炭，其生物相较为复杂，生物降解的速率不高，通过投加高活性微生物等人工强化技术或采用人工固定化技术将其优化而形成的生物活性炭，则可具有高效、长效、运行稳定和出水无病原微生物等优点，因此以人工固定化技术为代表的活性炭生物强化工艺也越来越受到人们的重视[113]。

二、生物活性炭的制备

人工形成的生物活性炭的微生物，是通过新型生物菌种筛选和驯化技术，使得生物菌种针对水中微量有机物具有高效降解性,同时也使生物菌种的生物安全性得到了保证;对生物菌种采用人工固定化方法,可以最大限度地提高活性炭上固定生物菌种的数量,增加生物菌种与活性炭结合的紧密程度,保证微生物菌种的高活性,使得水中微量有机污染物能够快速有效地被生物活性炭降解[114,115]。

固定化生物活性炭是以活性炭为载体,人为采用吸附载体法将工程菌(经过针对性筛选、驯化得到活性极高的微生物[116])吸附在活性炭表面形成生物膜,通过工程菌的生物降解作用和活性碳纤维的物理吸附作用对污染物进行去除。

三、生物活性炭的应用

从生物活性炭技术发现至今,许多国家已经成功地将 BAC 在应用于污染水源净化、工业废水处理和污水的深度净化等领域。生物活性炭技术的应用研究有以下几个方面。

1. 饮用水处理

目前,在日本、西欧等国家的水厂,生物活性炭有着较为广泛的应用,其中有代表性的应用实例有:法国鲁昂市夏佩尔水厂,该厂作为世界上运行最久的生物活性炭处理厂,是 BAC 工艺最具有代表性的生产应用,其处理流程为:源水→预臭氧化→砂滤→粒状生物炭滤池→二次臭氧化→后氯化出水。处理量可达 $5×10^4 m^3/d$,该厂采用生物活性炭主要是去除氨及合成有机物。进水 COD_{Mn} 为 0.15mg/L,去除率为 20% 左右。运转到 26 个月时出水水质稳定且活性炭不必再生。

Kong[117]运用臭氧化生物活性炭、生物活性炭和氯化颗粒活性炭三种方法处理日本 Minaga 水库原水,并对三种方法进行评价,评价标准分别为水中溶解性有机物、可吸附溶解性有机物和可生物降解溶解性有机物去除率。结果表明,三种方法处理后,溶解性有机物基本上都能被活性炭吸附,臭氧氧化法有利于提高有机物的可生化性,O_3-BAC 法具有较高的出水水质。

随着氯化消毒的广泛使用,三卤甲烷生成势(THMFP)成为人们普遍关心的新问题。臭氧生物活性炭技术具有臭氧氧化、提高溶解氧等优点,并且协同了活性炭的吸附作用和强化微生物的生物降解作用。安东等[118]研究了生物活性炭工艺处理后水质参数 THMFP 与溶解性有机物之间的关系,以及 pH 值对它们相互关系的影响。结果表明:生物活性炭工艺可以长期稳定去除 50.2%~59.3% 的 THMFP。

于秀娟等[119]在研究有机微污染水源的净化工艺时,建立了臭氧-陶粒-生物活性炭饮用水深度净化流程,用该流程去除水中有机微污染物质,COD_{Mn}

的去除率接近 40%，大大降低了浊度和色度。色质联机分析结果表明，经过该净化工艺处理后，原水中有机物由 58 种降至 30 种，潜在有毒有害物质由 13 种减少到 4 种。

2. 污水处理

生物活性炭对水中有机物有较好的吸附性能，有利于有机物在炭表面集中，缓解高冲击负荷的压力，加快微生物的降解速率，有效地去除有机污染物。活性炭对溶解氧的吸附，可维持微生物的活性进而促进微生物对有机物的降解，增加活性炭的吸附容量，延长活性炭使用周期，从而起到对活性炭的生物再生作用。

生物活性炭法处理有机废水时，机制运行稳定，污染物去除率高，最重要的是可去除活性炭和微生物单独作用时不能去除的污染物。目前，在饮用水、工业燃料废水、生活污水的处理中，生物活性炭技术已经得到了广泛的应用。我国上海的杨树浦水厂采用生物活性炭技术处理后，各项水质指标均达到国际先进水平；李伟光等经过实验研究，提出采用人工固定化生物活性炭技术处理含油废水，去油率可达到 80%～95% 之间，COD 平均去除率达 53%。表现出优于颗粒活性炭和传统的二级气浮工艺的去除效果[120]。Loukidou 等[121]利用生物活性炭反应器处理垃圾填埋厂的渗滤液，不仅降低了对曝气的要求，更好地控制了硝化过程，达到了有效地脱氮效果。Alexander 等[122]的研究结果表明，对于生活污水中的非离子合成表面活性剂，微生物和活性炭的协同作用表现出良好的去除效果。Ghosh 等[123]将含初始浓度为 175μg/L PCBs 的废水用颗粒活性炭和生物活性炭柱分别处理，结果表明，生物活性炭处理效果明显好于活性炭，分别可分别达到 62% 和 99%。

生物活性炭可借助于活性炭的吸附和微生物的降解作用，高效而稳定对苯酚废水进行处理。相关的实验研究和机理分析在国内外已广泛进行。Wei Lin 等[124]研究了好氧生物活性炭处理苯酚类物质的效果和特点，结果表明，生物活性炭对苯酚的去除率可达到 99%，炭柱实验连续运行 260 天，仍可保持较强的稳定性。岳勇等[125]采用生物活性炭吸附法处理污水中的苯酚，研究表明，活性炭吸附与生物相合能有效地去除废水中的苯酚，活性炭的再生问题可以通过微生物的生物降解得到很好的解决。

根据被去除有机物的可吸附性与可生物降解性，生物活性炭技术中对有机物的去除途径可归纳为吸附去除与生物降解两种作用。根据去除途径，苯酚属于可吸附可生物降解有机物，对于此类有机物，可通过强化生物活性，提高微生物活动，进而减小炭柱的吸附负荷，延长炭柱的使用寿命[126]。生物活性炭处理苯酚主要借助于活性炭的吸附和生物的降解协同作用，将苯酚稳定高效地去除。苯酚首先被活性炭的强大吸附作用吸附在孔隙中，随后，同样吸附聚集在活性炭表面和大孔内的生物将其降解为 CO_2 物质。Giant D I 与 Speitel 采用 [14]C 标记过的苯酚实验，在出水中发现了以 CO_2 存在的 [14]C 标记物，说明预先吸附的苯酚，被炭表面的生物降解[126]。

生物活性炭法处理苯酚的过程，包括活性炭、微生物、水中的苯酚及溶解氧 4 个因素及其在水中的相互作用。图 7-20 所示为生物活性炭法的相互作用关系[127]。

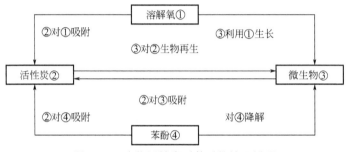

图 7-20　生物活性炭对苯酚的处理过程

随着水污染日趋严重，我国生物活性炭技术的研究与应用也在不断地深入和发展。很多公司和单位，如上海自来水公司、宝钢集团、广州石油化工总厂炼油厂、大庆石化总厂、北京燕山石化总厂等，都采用该法进行污水处理，并达到了预期的目的。

1997 年，$10500 \mathrm{m^3/d}$ 的生活污水处理工程在宝钢集团兴建，十多套 $800 \mathrm{m^3/d}$ 的综合污水处理及再生装置在各厂区陆续建成。该处理流程采用 SBR-生物活性炭工艺，$800 \mathrm{m^3}$ 去除率高，COD 去除率大于 85％，BOD 去除率大于 95％，SS 去除率大于 95％，处理出水达到中水标准；系统剩余污泥量少，不设置污泥处理设施，定期（一年以上）清理；基本无人操作，设备简单，占地面积小。

北京石油化工工程公司[128]采用臭氧生物活性炭处理工艺，设计了两个水厂生活饮用水规模为 $1500 \mathrm{m^3}$ 的深度处理装置，$1500 \mathrm{m^3}$，该设计水质指标为处理前 COD$4 \sim 6 \mathrm{mg/L}$，浊度 $3 \sim 7 \mathrm{NTU}$，处理后，COD$< 2.5 \mathrm{mg/L}$，浊度 $<1 \mathrm{NTU}$。

3. 臭氧-生物活性炭工艺

目前，臭氧-生物活性炭工艺在水的深度处理上应用较为广泛，因此，大量 O_3-BAC 技术的相关研究工作在国内外也得以大规模开展。生物活性炭在微污染源水处理中主要用来去除源水中有机物和部分消毒副产物。在给水处理过程中常采用臭氧预氧化，进而可以发挥臭氧的强氧化能力，提高有机物的可生化性。而臭氧分解后产生的氧也可为滤柱提供良好的好氧条件，促进好氧微生物在活性炭表面繁殖生长，对吸附的有机物生物降解。于万波等[129]通过人工配水方式，中试研究 O_3-BAC 工艺对有机微污染原水深度净化处理的效果，结果表明，选择适应投加臭氧环境的优势菌种，人工固定化形成生物活性炭，生物活性炭可以在水温较低时，较短时间内达到稳定期。

姚宏等[130]研究了 O_3-BAC 处理石化废水，结果表明，空床接触时间为 30min 时，O_3-BAC 工艺对 COD、油类、色度的去除率分别为 69％、86％、88％，同时 O_3-BAC 协同作用还具有稳定出水水质、延长活性炭的使用寿命的效果。试验证明，O_3 通过改变石油化工废水中一些带有生色基团有机物的结构和改善活性炭的比表面积、孔隙、官能团等表面特性，进而促进活性炭的吸附能力的充分发挥和脱色能力的强化。

以活性炭为载体的臭氧-固定化生物活性炭滤池是一种新型的组合工艺。近年来，在难降解有机废水深度处理回用等领域，固定化技术和曝气生物滤池技术得到广泛的关注和研究。应用于废水处理的固定化技术，具有生物浓度高、反应启动快、处理效率高、操作稳定、产污泥量少和固液分离简单等优点。尤其在难降解有机污染物的治理方面，固定化技术还具有其独特的性能：可以人为地选择并保持高效菌种，且固定化处理后的细胞对有毒物质的承受能力和降解能力都有明显增强[131,132]。

1961 年，在德国 Dusseldorf 市 Amataad 水厂中开始的第一次臭氧-生物活性炭的成功联合使用引起了德国以及西欧水处理工程界的重视。从 20 世纪 70 年代初开始，世界各地开展了臭氧-生物活性炭水处理工艺的大规模研究和应用，其中以 Bremen 市的 Auf dem werde 的半生产性和 Mulheim 市 Dohne 水厂的中试及生产性规模的应用较为显著。德国的成功经验逐步在邻国传播和发展起来，并得到不断完善。自从德国杜尔塞多水厂首先使用至今，已有近 30 年历史。20 世纪 70 年代后期，该技术在德国已得到普遍推广采用。目前在美国、日本、荷兰、瑞士等发达国家臭氧活性炭技术已成为给水净化处理技术的主要工艺。1976 年，美国国家环保局（EPA）规定，在人口 15 万以上的城市供水必须采用活性炭工艺。其中以瑞士的 Lengg 水厂和法国的 Rouen La Chapella 水厂最具代表性。

进入 20 世纪 90 年代中后期，以北京田村山水厂、九江炼油厂生活水厂为代表的国内供水企业逐步开展了 BAC 法深度处理工艺研究。图 7-21、图 7-22 分别为法国鲁昂拉夏佩勒水厂工艺流程和北京田村山水厂工艺流程。

由于活性炭表面上的好氧性微生物的作用，活性炭对污水的处理效果和使用时间要比从吸附现象所推测的长很多，生物活性炭就是对以此为特征的方法而命名的。最初的生物活性炭是依靠微生物的自然生长所形成的，但由于水中微生物会被臭氧氧化，并且水中有机物含量较低，以及频繁的反冲洗作用，都会使得自然生长形成的生物活性炭活性不高，对有机物的降解能力较低。针对

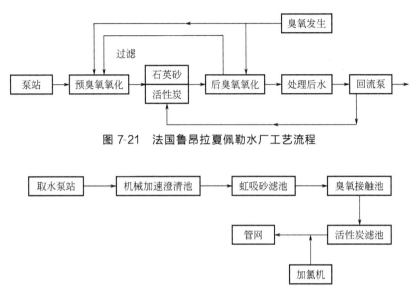

图 7-21　法国鲁昂拉夏佩勒水厂工艺流程

图 7-22　田村山水厂工艺流程

生物活性炭的不足，生物活性炭技术之上形成了固定化生物活性炭技术，它采用人工培养驯化高效的优势菌，对新活性炭进行固定化，形成人工固定化生物活性炭技术。固定化生物活性炭能够将目标污染物迅速有效地降解，并且具有比普通生物活性炭更好的抗冲击负荷性能，由于该技术能够加快系统启动，可以均匀地释放出活性炭的吸附能力，进而延长了活性炭的使用寿命，降低了运行成本。

　　活性炭、微生物和臭氧是其构成臭氧-生物活性炭技术的三个基本部分，各部分在有机物去除过程中所起的作用是不一样的。臭氧主要是使水中难降解的有机物氧化进而改善进水水质的可生化性，并为微生物提供充足的氧气；活性炭主要是利用其吸附性能对水中的有机物质进行吸附，为微生物生长提供载体和食物；而微生物主要是对水中和活性炭吸附的有机物质进行生物氧化，实现活性炭的生物再生，这几部分相互补充，扬长避短，共同构成了生物活性炭净水技术。表 7-6 所示为活性炭、微生物和臭氧的主要作用。

表 7-6　臭氧-生物活性炭各部分作用分类

生物活性炭组成	主要作用
臭氧	减轻活性炭的吸附负荷 通过把三卤甲烷前体物质变成低分子物质而提高生物分解性能 通过把疏水性物质亲水化而提高生物分解性能 溶解氧的供给源

续表

生物活性炭组成	主要作用
活性炭	吸附难降解性（生物难降解性、臭氧难分解性）的物质 吸附分解产物 通过分解残存的臭氧而提供溶解氧 吸附质的水解等
微生物	分解包括臭氧分解产物在内的可同化有机碳（AOC） 氨的硝化 同化性吸附质通过微生物分解使活性炭再生

从微观角度分析，活性炭吸附和微生物降解的协同作用，不是二者简单的叠加。微生物不能进入微孔中，而是主要集中在活性炭颗粒外表面及邻近的大孔中。因此，炭表面和大孔中吸附的有机物可以直接被微生物降解掉，进而降低了活性炭表面的有机物浓度，造成炭粒内存在由内向外的浓度梯度，有机物就会向活性炭表面扩散，吸附的有机物会进一步被微生物利用。另外，细胞分泌的胞外酶和其他酶，可以直接进入活性炭的过渡孔和微孔中，与孔隙内吸附的有机物结合，使其解脱下来，并被微生物降解，上述两种作用便构成了吸附和降解的协同作用。总的来说，活性炭为微生物的生存提供了良好的栖息环境，并通过吸附为微生物提供了营养物质，而微生物的生物降解作用又使得活性炭获得再生并延长吸附寿命。

四、生物活性炭中微生物的机能与定量

可以认为，随着处理工艺的不同，生物活性炭中的微生物的种类及存在形态也不一样。由于频繁地进行逆洗，高度净水处理场合中的微生物的增殖比较快并以附着的方式存在在活性炭上。另一方面，在废水处理中所见到的展开床、流动床或者在活性炭共存的活性污泥法等场合中，处于悬浮状态的微生物比附着在活性炭上的相对要多一些。

附着在活性炭上的微生物的作用，是分解除去生物能分解的物质。有研究认为，如果这类物质是活性炭容易吸附的物质，那么可以认为微生物的机能包括减少活性炭对有机物质的吸附负荷效果，以及吸附在活性炭上的物质脱附，被微生物摄取的微生物再生等，并以在第一部分中叙述过的那样，微生物的作用既持久又有效。

关于微生物附着在活性炭上是否比附着在非吸附性载体容易的问题，可以进行如下的推测。为了形成附着的微生物膜，基质的浓度必须维持在一定浓度以上。与非吸附性载体相比，由于活性炭具有将基质浓缩在其表面上的效果，所以在基质浓度较低情况下，就具有形成生物膜的能力。

还有研究表明，生物处理体系内如果有活性炭的存在，微生物生态体系对于特定基质的驯化便能顺利进行。这一现象可以如下解释：由于活性炭可以吸附对生物有妨碍性的有机物，降低了妨碍性的影响程度，从而使驯化容易进行。除了有妨碍性的物质以外，通过活性炭吸附除去微生物的代谢产物也具有使微生物的活性能保持在较高状态的效果。

微生物的附着并不利于活性炭对有机物的吸附去除。从微生物的大小与起吸附作用的微孔的物理性大小完全不同方面来看，很难想象孔隙会被微生物本身堵塞。但有研究认为，在微生物附着的同时，其代谢产物及其他有机物也会在活性炭表面上蓄积，会对活性炭的吸附量及吸附速度产生影响。此外，还如其他报道中所指出的那样，要处理的有机物质受到微生物分解及其他各种各样的分解以后，其亲水性会提高，这将不利于活性炭对其进行吸附。所以，应从处理工艺的总体上进行评价微生物附着在活性炭上所带来的利弊。

示差热分析法、差分灰化法、多糖类分析法及基耶达分解法等方法可以定量微生物在活性炭上的附着程度。这些方法是基于测定活性炭与微生物的热分解举动的差异的观点；或者是根据多糖类及氮是来自微生物的假定，以及基于用酸来分解活性炭以外的有机物的观点进行测定的。生物膜是由各种微生物形成的生态体系。而且，即使是同一种微生物，在不同场合也存在代谢活性的差异。必须留意的是，微生物分解的除去量不仅与微生物的数目或者质量有关，也与其他因素有关。

五、生物活性炭的再生

1. 微生物再生

在生物活性炭处理中，活性炭的使用寿命比从吸附现象预测的要长，这一现象说明，吸附在活性炭上的有机物质被微生物摄取后活性炭的吸附性能便又得到恢复。可以认为，生物分解降低了水中的有机物浓度以后，吸附在活性炭中的有机物发生脱附，脱附后的有机物被微生物摄取，从而成为微生物再生对象的有机物，仅限于具有生物分解性能的有机物质。而且，有机物质从活性炭上脱附的难易程度是由有机物的性质所决定的。

与塔内再生一样，不是在塔内进行再生的微生物再生工艺对难分解性物质的再生也有困难。此外，也有人研究用微生物对吸附了农药之类的活性炭进行几十天以上的长期处理，以期恢复活性炭的吸附性能，但工业化意义不大。

2. 加热再生

从生物活性炭法的净化机理来看，生物分解基本上是在稳定状态下一直进行着的；相反，吸附是不稳定现象，需要再生处理。上面已经叙及，尽管微生物进行的塔内再生能延长活性炭的使用期限，但对于由难分解性物质所造成的吸附性能的丧失还是需要进行加热再生的。

对于达到再生时期的生物活性炭,为了有效地将其进行加热再生,并且为了尽快地把再生过的颗粒活性炭转变成生物活性炭,曾做过下述试验:用超声波把活性炭上的生物膜及表面附着物脱离下来以后,进行活性炭的加热再生。由于经过超声波脱离过程中,灰分的减少改善了加热再生时的条件。而后,再让用超声波脱离下来的液体中的微生物,重新附着在再生过的活性炭上。这种试验可以达到预先赋予作为生物活性炭的机能的目的,并且可以作为有关加热再生和生物活性炭调制方法的参考。

六、今后的展望

生物活性炭法是一种很有趣的工艺,它涉及吸附及生物分解两种作用。正如作为固定床活性炭柱中发生的穿透现象所知悉的那样,吸附是一种不稳定的分离操作;而生物分解在驯养期之后基本上是一种稳定的反应操作。因此,解析反应器内所产生的现象,可以认为是属于伴有反应的分离操作的范畴;但实际上,由于也有多种成分体系的存在,现象要复杂得多,处理水的水质也难以预测等,有待搞清楚的问题还很多。

关于生物活性炭的现状,可以说目前的研究主要是为了对于各种各样现象进行解释;同时证实性的研究也正在进行或者正在引入实际设施中使用的阶段。估计今后还将涉及生物活性炭作为高度净水处理方法的研究。希望通过实际设计中的经验,促进工艺的改进。

与原来的把一些工序串联组合而成的处理方法相比,作为水处理方法的生物活性炭还具有能够建立简单而有效的工艺的可能性。可以认为,若能解决该法的工程性控制问题,则其可以应用在除水处理及脱臭领域等其他的一般性生物工程领域中。

参 考 文 献

[1] 黄伟,贾艳秋,孙盛凯. 活性炭及其改性研究进展 [J]. 化学工业与工程,2006,27(5):39-44.

[2] 蒋文举,金燕,朱晓帆. 活性炭材料的活化与改性 [J]. 环境污染治理技术与设备,2002,3(12):25-27.

[3] Yang H Y, Wang S H, Song X L, et al. Gold occurence of Jiaojia gold mine in Shandong province [J]. Transactions of Nonferrous Metals Society of China,2011,21(9):2072-2077.

[4] 王磊磊,陈卫,林涛. 活性炭出水中炭附细菌解吸附机制及工况优化 [J]. 中国矿业大学学报,2011,40(5):829-834.

[5] Szymanski GS, Grzybek T, papp H. Influence of nitrogen surface functionalities on the catalytic activity of activated carbon in low temperature SCR of NO_x with NH_3 [J]. Catalysis Today,2004,90:51-59.

[6]　Mumiz J，Marban G，Fuertes AB. Low temperature selective catalytic reduction of NO over modi-
fied activated carbon fibers [J]. Applied Catalysis B：Environmental，2000，27：27-36.

[7]　石川达雄，安部郁夫. 吸附科学 [M]. 北京：化学工业出版社，2005.

[8]　赵振国. 吸附作用应用原理 [M]. 北京：化学工业出版社，2005.

[9]　梅华，胡成刚，刘晓勤，等. 活性炭表面氧化改性对负载铜（Ⅰ）吸附剂及其乙烯吸附性能的影
响 [J]. 新型炭材料，2002，4：34-36.

[10]　孟庆函，刘玲，宋怀河，等. 负载金属对复合炭极板电极的电化学性能研究 [J]. 材料科学与工
艺，2005，13(2)：119-122.

[11]　范延臻，王宝贞等. 改性活性炭对有机物的吸附性能 [J]. 环境化工，2001，20(5)：444-448.

[12]　王鹏，张海禄. 表面化学吸附用活性炭的研究进展 [J]. 炭术技术，2003，126(3)：23-18.

[13]　张春山，邵曼君. 活性炭材料改性及其在环境治理中的应用 [J]. 过程工程学报，2005，5(2)：
223-227.

[14]　Lee J J，Han S J，Kim H Y，et al. Performance of Comos catalysts supported on nanoporous
carbon in the hydrodesulfurization of dibenzothiophene and 4,6-dimethyldibenzothiophene [J]. Ca-
talysis Today，2003，86(4)：141-149.

[15]　Ferrari M，Delmon B，Grange P. Influence of the active phase loading in carbon supported molyb-
denum-cobalt catalysts for hydrodeoxygenation reactions [J]. Microporous Mesoporous Materials，
2002，56(3)：279-290.

[16]　Iwasa N，Mayanagi T，Nomura W，et al. Effect of Zn addition to supported Pd catalysts in the
steam reforming of methanol [J]. Applied Catalysis A：General，2003，248(2)：153-160.

[17]　日本炭素材料学会. 活性炭基础与应用 [M]. 高尚愚，陈维，译. 北京：中国林业出版社，1984.

[18]　刘守军，刘振宇，朱珍平，等. 高活性炭材料载金属脱硫剂的制备与筛选 [J]. 煤炭转化，
2000，23(2)：53-57.

[19]　刘守军，刘振宇，朱珍平，等. Cu/AC 脱除烟气中 SO 步研究 [J]. 煤炭转化，2000，23(2)：
67-71.

[20]　刘守军，刘振宇，朱珍平，等. 金属氧化物助剂对 Cu 脱硫活性的影响 [J]. 煤炭转化，2000，
23(4)：55-58.

[21]　Sano Y，Sugahara K，Choi K，et al. Two-step adsorption process for deep desulfurization of
diesel oil [J]. Fuel，2005，84：903-910.

[22]　Bakr A，Salem S H. Naphtha desulfurization by adsorption [J]. Industrial & Engineering Chem-
istry Research，1994，33(2)：336-340.

[23]　Bakr A，Salem S H，Hamid H S. Removal of sulfur compounds from naphtha solutions using sol-
id adsorbents [J]. Chemical Engineering Technology，1997，20(5)：342-347.

[24]　胡瑞萍. 锂对二氧化碳气氛下乙苯脱氢催化剂铁(Fe) /活性炭(AC) 的促进作用 [J]. 化学世
界，2006，8：467-469.

[25]　张维光，葛欣，孙磊，等. 乙苯脱氢与逆水煤气变换耦合反应的铁/活性炭催化剂研究 [J]. 催
化学报，2000，21(1)：27-30.

[26]　李晓芸，马丁，包信和. 不同活性炭上 Pt 催化剂的分散性及其在甲基环己烷脱氢反应中的催化
性能 [J]. 催化学报，2008，29(3)：259-263.

[27]　张守玉，向银花，赵建涛，等. 活性炭质材料脱硫机理探讨 [J]. 煤炭转化，2002，25(2)：
29-35.

[28] 彭会清，胡海祥，赵根成. 活性炭材料用于烟气脱硫的研究进展 [J]. 能源工程，2003，27(4)：29-33.

[29] Mangun C L，Debarr J A，Economy J，et al. Adsorption of sulfur dioxide on ammonia-treated activated carbon fibers [J]. Carbon，2001，39(11)：1689-1696.

[30] Boudou J P，Chehimi M，Broniek E，et al. Adsorption of H_2S or SO_2 on an activated carbon cloth modified by ammonia treatment [J]. Carbon，2003，41(10)：1999-2007.

[31] 范浩杰，朱敬，刘金生，等. 活性炭纤维脱硫脱硝的研究进展 [J]. 动力工程，2005，25(5)：724-728.

[32] MochidaI，Korai Y，Shirahama M. Removal of SO_x and NO_x over activated carbon fiber [J]. Carbon，2000，38(2)：227-239.

[33] Mochida I，Kuroda K，Miyamoto S. Remarkable catalytic activity of calinedpitch based activated carbon fiber for oxidative removal of SO_2 as aqueous H_2SO_4 [J]. Energy Fuels，1997，11(2)：272-276.

[34] Rubio B，Izquierdo M T. Low Cost adsorbents for low temperature cleaning of flue gases [J]. Fuel，1998，77(6)：631-637.

[35] 张月. 活性炭法烟气脱硫的实验研究与机理探讨 [D]. 北京：华北电力大学，2002.

[36] 蒋文举. 微波改性活性炭及其脱硫特性研究 [D]. 成都：四川大学，2003.

[37] Wey M Y，Fu C H，Tseng H H，et al. Catalytic oxidization of SO_2 from incineration flue gas over bimetallic Cu-Ce catalysts supported on pre-oxidized activated carbon [J]. Fuel，2003，82：2285-2290.

[38] Davini P. Influence of surface properties and iron addition on the SO_2 adsorption capacity of activated carbons [J]. Carbon，2002，40(5)：729-734.

[39] Li K，Ling L，Lu C，et al. Influence of CO-evolving groups on the activity of activated carbon fiber for SO_2 removal [J]. Fuel Processing Technology，2001，70(3)：151-158.

[40] Ling L，Li K，Liu L，et al. Removal of SO_2 over ethylene tar pitch and cellulose based activated carbon fibers [J]. Carbon，1999，37(3)：499-504.

[41] 李开喜，凌立成，刘朗，等. 热处理改性的活性炭纤维的脱硫活性 [J]. 催化学报，2000，21(3)：264-268.

[42] 邹鹏，王琼，胡将军. 活性炭颗粒填充三维电极电化学烟气脱硫的研究 [J]. 环境污染与防治，2006，28(3)：191-193.

[43] Wang Y，Huang Z，Liu Z，et al. A novel activated carbon honeycomb catalyst for simultaneous SO_2 and NO removal at low temperatures [J]. Carbon，2004，42(2)：445-448.

[44] 历嘉云，马磊，卢春山，等. 碱处理对活性炭载体及负载钯催化剂性能的影响 [J]. 石油化工，2004，33：1168-1170.

[45] 钱斌，吴征，陈大伟. 载体活性炭及其预处理对 Pd/C 催化剂性能的影响 [J]. 石油化工，2004，33：1165-1167.

[46] 李开喜，吕春祥，凌立成. 活性炭纤维的脱硫性能 [J]. 燃料化学学报，2002，30(1)：89-96.

[47] 彭卫华，胡将军，李英柳，等. 活性炭纤维电极法烟气脱硫研究 [J]. 化工环保，2004，24(6)：396-398.

[48] 茹至刚. 环境保护与治理 [M]. 北京：冶金工业出版社，1988：112.

[49] 尹华强，胡玉英，刘中正，等. 我国烟气脱硫技术进展 [J]. 四川环境，1999，18(4)：7-11.

[50] ［日］立夫英机，安部郁夫. 活性炭的应用技术——其维持管理及存在问题 ［M］. 东南：东南大学出版社，2002.

[51] Fujimoto K，Shikada T，Omata K. Vapor phase carbonylation of methanol with supported nickel metal catalyst ［J］. Industrial and Engineering Chemistry Product Research and Development，1982，21：430.

[52] 邓祥贵，许松岩，连婉婉，等. 双金属 Ni-Cu 负载型催化剂用于乙醇羰化合成丙酸乙酯 ［J］. 催化学报，1989，10(3)：29.

[53] 尾崎萃，田丸谦二，等. 催化剂手册 ［M］. 北京：化学工业出版社，1982.

[54] Watanabe M，Uchida M，Motoo S. Preparation of highly dispersed Pt + Ru alloy clusters and the activity for the electro-oxidation of methanol ［J］. Journal of Electro-analytical Chemistry，1987，229(1-2)：395-406.

[55] Gamez A，Richard D，Gallezot P，et al. Oxygen reduction on well-dedind platinum nanoparticles inside recast ionomer ［J］. Electrochim Acta，1996，41(2)：307-314.

[56] Alersool S，Gonzalez R D. Preparation and characterization of supported Pt-Ru bimetallic clusters：strong precursor-support interactions ［J］. Journal of Catalysis，1990，124（1）：204-207.

[57] Morimoto Y，Yeager E. CO oxidation on smooth and high area Pt，Pt-Ru，and Pt-Sn electrodes ［J］. Journal of Electro-Analytical Chemistry，1998，441(1-2)：77-81.

[58] Ren B，Li X Q，et al. Surface Raman spectroscopy as a versatile technique to study methanol oxidation on rough Pt electrodes ［J］. Electro-chimica Acta，2000，46(2-3)：193-205.

[59] Massong H，Tillmann S，Langkau T，et al. On the influence of tin and bismuth UPD on Pt (111) and Pt(332) on the oxidation of CO ［J］. Electro-chimica Acta，1998，44(8-9)：1379-1388.

[60] Ley K L，Renxuan Liu，et al. Methanol oxidation on single-phase Pt-Ru-Os ternary alloys ［J］. Journal of The Electrochemical Society，1997，144(5)：1543-1549.

[61] Kabbabit A，Faure R，Durand R，et al. In situ FTIRS study of the electrocatalytic oxidation of carbon monoxide and methanol at Platinum-ruthenium bulk alloy electrodes ［J］. Journal of Electroanalytical Chemistry，1998，444(1)：41-53.

[62] Bönnemann H，Brijoux W，Brinkmann R，et al. Formation of colloidal transition materials in organic phase and their application in catalysts ［J］. Angewandte Chemie International Edition English，1991，30(10)：1312-1314.

[63] Schmidt T J，Jusys Z，Gasteiger H A，et al. On the CO tolerance of novel colloidal PdAu/carbon electrocatalysts ［J］. Journal of Electroanalytical Chemistry，2001，501(1-2)：132-140.

[64] Gotz M，Wendt H. Binary and ternary anode catalyst formulations including the element W，Sn and Mo for PEMFCs operated on methanol or reformate gas ［J］. Electrochim Acta，1998，43(24)：3637-3644.

[65] Boxall D L，Deluga G A，Kenik E A，et al. Rapid synthesis of a Pt1Ru1/carbon nanocomposite using microwave irradiation：a DMFC anode catalyst of high relative performance ［J］. Chemistry of Materials，2001，13(3)：891-900.

[66] Choi W C，Kim J D，Woo S I. Quaternary Pt-based electrocatalyst for methanol oxidation by combinatorial electrochemistry ［J］. Catalysis Today，2002，74(3-4)：235-240.

［67］ 刘红梅. 活性炭负载对甲苯磺酸催化合成三醋酸甘油酯新工艺研究 ［D］. 北京：北京化工大学，2004.

［68］ 于清跃. 蔡的异丙基化反应中负载杂多酸催化剂研究 ［D］. 南京：南京工业大学，2004.

［69］ 王振永. 活性炭基脱硫剂 FCC 汽油吸附脱硫性能评价及物化性质表征 ［D］. 青岛：中国海洋大学，2007 年.

［70］ Davini P. SO₂ and NOₓ adsorption properties of activated carbons obtained from a pitch containing iron derivatives ［J］. Carbon，2001，39(14)：2173-2179.

［71］ Ma J，Liu Z，Liu S，et al. A regenerable Fe/AC desulfurizer for SO₂ adsorption at low temperatures ［J］. Appl Catal B：Environ，2003，45(4)：301-309.

［72］ Tseng H H，Wey M Y，Liang Y S，et al. Catalytic removal of SO₂，NO and HCl from incineration flue gas over activated carbon-supported metal oxides ［J］. Carbon，2003，41(5)：1079-1085.

［73］ Tseng H H，Wey M Y，Fu C H，et al. Carbon materials as catalyst supports for SO₂ oxidation：catalytic activity of CuO-AC ［J］. Carbon，2003，41(1)：139-149.

［74］ 高晶晶. 活性炭基吸附剂柴油吸附脱硫性能评价及物化性质表征 ［D］. 青岛：中国海洋大学，2007.

［75］ 员汝胜，郑经堂，关蓉波. 活性炭纤维负载 TiO₂ 薄膜的制备及对亚甲基蓝的光催化降解 ［J］. 精细化工，2005，22(10)：748-751.

［76］ 李威，柳丽芬，杨凤林，等. 以 ACF 为模板制备掺氮 TiO₂ 及其光催化脱氨氮研究 ［J］. 感光科学与光化学，2005，23(5)：374-381.

［77］ 李佑稷，李效东，李君文，等. 负载型 TiO₂/活性炭的制备及光催化降解罗丹明 B 研究 ［J］. 环境科学学报，2005，25(7)：918-924.

［78］ 黄彪，陈学榕，江茂生，等. TiO₂-活性炭复合材料吸附及光催化净化甲醛的研究 ［J］. 林产化学与工业，2005，25(3)：38-42.

［79］ Fu P，Luan Y，Dai X. Preparation of activated carbon fibers supported TiO₂ photocatalyst and evaluation of its photocatalytic reactivity ［J］. Journal of Molecular Catalysis A：Chemical，2004，221：81-88.

［80］ Tryba B，Morawski A W，Inagaki M. A new route for preparation of TiO₂-mounted activated carbon ［J］. Applied Catalysis B：Environmental，2003，46：203-208.

［81］ 李晓芸，马丁，包信和. 不同活性炭上 Pt 催化剂的分散性及其在甲基环己烷脱氢反应中的催化性能 ［J］. 催化学报，2008，29(3)：259-263.

［82］ Fabio H B Lima，Edson A T. Oxygen electrocatalysis on ultra-thin porous coating rotating ring/disk platinum and platinum-cobalt electrodes in alkaline media ［J］. Electrochimica Acta，2004，49(24)：4091-4099.

［83］ 李旭光，邢巍，唐亚文，等. 直接甲醇燃料电池阴极电催化剂的研究进展 ［J］. 化学通报，2003，(8)：521-527.

［84］ 银董红，李文怀，杨文书，等. 钴基催化剂在 Fischer-Tropsch 合成烃中的研究进展 ［J］. 化学进展，2001，13(2)：118-127.

［85］ Ma Wenping，Ding Yunjie，Lin Liwu. Fischer-Tropsch synthesis over activated-carbon-supported cobalt catalysts effect of Co loading and promoters on catalyst performance ［J］. Industrial & Engineering Chemistry Research，2004，43(10)：2391-2398.

[86] 王涛，丁云杰，熊建民，等. Zr 助剂对 Co/AC 催化剂催化费-托合成反应性能的影响 [J]. 催化学报，2005，26(3)：178-182.

[87] Teresa V S，Gregorio M，et al. Low-temperature SCR of NO_x with NH_3 over carbon-ceramic supported catalysts [J]. Applied Catalysis B：Environmental，2003，46：261-271.

[88] García-Bordejá E，Monzon A，Lázaro M J，et al. Promotion by a second metal of SO_2 over vanadium supported on mesoporous carbon-coated monoliths for the SCR of NO at low temperature [J]. Catalysis Today，2005，102-103：177-182.

[89] Wang Y，Liu Z，Zhan L，et al. Performance of an activated carbon honeycomb supported V_2O_5 catalyst in simultaneous SO_2 and NO removal [J]. Chemical Engineering Science，2004，59：5283-5290.

[90] Wang Y，Huang Z，Liu Z，et al. A novel activated carbon honeycomb catalyst for simultaneous SO_2 and NO removal at low temperatures [J]. Carbon，2004，42(2)：445-448.

[91] Davini P. The effect of certain metallic derivatives on the adsorption of sulphur dioxide active carbon [J]. Carbon，2001，39(3)：419-424.

[92] Carabineiro S A C，Ramos A M，Vital J，et al. Adsorption of SO_2 using vanadium-copper supported on activated carbon [J]. Catalysis Today，2003，78：203-210.

[93] Teresa V，Gregorio M，et al. Low-temperature SCR of NO_x with NH_3 over carbon-ceramic cellular monolith-supported manganese oxides [J]. Catalysis Today，2001，69：259-264.

[94] 高鹏，马新灵，毛金波，等. 金属氧化物在烟气脱硫技术中的应用及发展前景 [J]. 华中电力，2005，18(5)：1-4.

[95] ［日］炭素材料学会，碳术语辞典编辑委员会. 碳术语辞典 [M]. 北京：化学工业出版社，2005：219.

[96] 何文杰，李伟光，张晓键. 安全饮用水保障技术 [M]. 北京：中国建筑工业出版社，2006：456-479.

[97] 北川睦夫. 活性炭处理水的技术与管理 [M]. 北京：新时代出版社，1978：67-697.

[98] 任刚，崔福义，林涛，等. 常规混凝沉淀工艺对阴离子表面活性剂的去除研究 [J]. 给水排水，2004，30(7)：1-6.

[99] Weissenhon F J. The behavior of ozone in the system and its transformation [J]. AMK-Berlin，1977,(2)：51-57.

[100] 张严，王志奇. 微污染水源水的控制技术 [J]. 环境污染与防治，2001，23(2)：9-71.

[101] Kihn A，Laurent P，Servais P. Measurement of fixed nitrifying biomass in biological filters used in drinking water production [J]. J Ind Microbiol Biotechnol，2002，4(3)：61-166.

[102] Anneli A，Patricklaurent，Kehn A，et al. Impact of temperature on Nitrification in biological activated carlbon(BAC) filters used fordrinking water treatment [J]. Water Research，2001，35(12)：2923-2934.

[103] Bonné P A C，Hofman J A M H，Van der Hoek J P. Long term capacity of biological activated carbon filtration for organics removal [J]. Water Supply，2002，2(1)：139-146.

[104] ［日］立夫英机，安部郁夫. 活性炭的应用技术——其维持管理及存在问题 [M]. 南京：东南大学出版社，2002.

[105] Schultz J R，Keinath T M. Powdered activated carbon treatment Process mechanisms [J]. Journal of Water Pollution Control Federation，1984，56：143-151.

[106] Kim D, Miyahara T, Noike T. Effect of C/N ratio on the bioregeneration of biological activated carbon [J]. Water Science and Technology, 1997, 36: 239-249.

[107] Klimenko N, Winther-Nielsen M, Smolin S, et al. Role of the physico-chemical factors in the purification process of water from surface-active by biosorption [J]. Water Research, 2002, 36 (20): 5132-5140.

[108] Perotti A E, Rodman C A. Factors involved with biological regeneration of activated carbon [M]. AICE 1974: 144.

[109] Schultz J R, Keinath T M. Powdered activated carbon treatment process mechanism [J]. Journal of Water Pollution Control Federation, 1984, 56: 143-151.

[110] Li A Y L, DiGiano F A. Availability of sorbed substrate for microbial degradation on granular activated carbon [J]. Journal of Water Pollution Control Federation, 1983, 55(4): 392-399.

[111] 王占生, 刘文君. 微污染水源水饮用水处理 [M]. 北京: 中国建筑工业出版社, 1999: 61-62.

[112] 张金松. 臭氧化一生物活性炭除污染工艺过程研究 [D]. 哈尔滨: 哈尔滨建筑大学, 1995: 83-88.

[113] 马放. 固定化生物活性炭除微量有机物的微生物学机理及其净化效能研究 [D]. 哈尔滨: 哈尔滨建筑大学, 1999: 98-103.

[114] Loukidou M X, Zouboulis A I. Comparison of two biological treatment processes using attached-growth biomass for sanitary landfill leachate treatment [J]. Environmental Pollution, 2001, 111(2): 273-281.

[115] 丛俏, 丛孚奇, 曲蛟, 等. 固定化生物活性炭纤维处理餐饮废水的研究 [J]. 环境科学与技术, 2008, 31(6): 125-126.

[116] 陈季华, 奚旦立. 溶气吸附法处理有机废水 [J]. 上海环境科学, 1987, 6(9): 7-60.

[117] Kong Lingyu, Zhang Xiaojian, Wang Zhansheng. Pilot plant study on ozonation and biological activated carbon process for drinking water treatment [J]. Journal of Environmental Sciences, 2006, 18(2).

[118] 安东, 李伟光, 宋佳秀, 等. 臭氧生物活性炭对三卤甲烷生成势去除效能 [J]. 哈尔滨工业大学学报, 2005, 37(11): 489-1491.

[119] 于秀娟, 张熙琳, 王宝贞, 等. 臭氧-生物活性炭工艺去除水中有机微污染物 [J]. 环境污染与防治, 2000, 22(4): 1-3.

[120] 李伟光, 李欣, 朱文芳. 固定化生物活性炭处理含油废水试验研究 [J]. 哈尔滨商业大学学报 (自然科版), 2004, 20(2): 187-190.

[121] Loukidou M X, Zhouboulis A I. Comparison of two biological treatment processes using attached-growth biomass for sanitary landfill leachate treatment [J]. Environmental Pollution, 2001, 111: 272-281.

[122] Alexander S S, Larisa Y K, Konstantin G. The BAC-process for treatment of waste water containing non-ionogenic synthetic surfactants [J]. Water Resources, 2001, 35(13): 3265-3271.

[123] Ghosh U, Weber A S, Jensen J N. Granular activated carbon and biological activated carbon treatment of dissolved and sorbed Polychlorinated biphenyls [J]. Water environment research, 1999, 71(2): 232-240.

[124] Wei Lin, Weber A S. Aerobic biological activated carbon(BAC) treatment of a phenolic wastewater [J]. Environmental Progress, 1992, 11(2): 145-154.

[125] 岳勇，杨学富，齐笑择. 生物活性炭吸附法去除酚类的研究 [J]. 北京工商大学学学报(自然科学版)，2003，26(1)：25-27.

[126] 田晴，陈季华 BAC 生物活性炭法及其在水处理中的应用 [J]. 环境工程，2006，24(1)：4-86.

[127] 兰淑澄. 生物活性炭技术及在污水处理中的应用 [J]. 给水排水，2002，28(12)：1-6.

[128] 胡晨. 生活饮用水深度处理工程设计的新发展 [J]. 化工给排水设计，1998，1：28-32.

[129] 于万波，周集体. 臭氧-生物活性炭工艺处理有机微污染原水 [J]. 净水技术，2003，22(6)：20-23.

[130] 姚宏，马放，李圭白，等. 生物活性炭工艺深度处理石化废水 [J]. 中国给水排水，2003，1(19)：39-41.

[131] 王建龙，施汉昌，钱易. 固定化微生物技术在难降解有机污染物治理中的应用 [J]. 环境科学研究，1999,(1)：60-64.

[132] Lin Chi Kang，Tsai Tsung Yueh，Liu Jiunn Ching，et al. Enhanced biodegradation of petro-chemical wastewater using ozonation and BAC advanced treatment system [J]. Water Research，2001，35(3)：699-704.

第八章　活性炭应用的新领域

08
Chapter

活性炭具有发达的孔隙结构、巨大的比表面积和优良的吸附性能。同时还具有吸附、催化、物质在其孔隙内的积聚、保持和碳及其基团同其他物质的反应能力等，并保持其物理、化学上的稳定性。活性炭在气相吸附、液相吸附和工业催化剂中被广泛地应用也是因为其具有上述性质。随着科学技术的发展，人民生活水平的提高，越来越多的专业领域中都涉及专用活性炭，如医用活性炭、防辐射用活性炭、电子行业用活性炭、纳米活性炭和新型活性碳材料等。

第一节　医用活性炭

炭在医学领域的应用其实并不陌生，在遥远的古代，就已经开始将炭作为药品使用。早在公元前 1500 年，炭就被古埃及人用来治疗某些疾病。我国古代也使用炭作为药品，《本草纲目》上就记载了：果壳煅炭，可以治疗痢疾和烂疮。活性炭由于具有吸附性能优良，孔结构在一定范围内可控，生物相容性极佳、无毒副作用等优点，近年来被广泛应用于医学各领域中。如临床上应用于治疗外伤和口服用于治疗胃肠道疾病和防止毒物吸收；近年来还被应用于各种癌肿的治疗中，即用活性炭作载体，对一些对正常细胞损害大、易成瘾（如抗癌、化疗、镇痛）的药物进行吸附和缓释，进而提高治疗效果[1]；随着血液灌流用吸附剂、人造器官吸附制剂的发展，活性炭还被用来特异性地吸附中分子物质治疗各种疾病，以及用于血液透析中开发出便携式的人工肾等。近几十年来，活性炭越来越受到医药行业的关注，在交叉边缘学科进展迅速。

一、治疗外伤

"血见黑止，红见黑止"的传统炭药止血理论在我国古老的传统医学中早有记载。这也成为活性炭在治疗外伤方面应用的理论基础。众所周知，在煤矿中人们不仅极少发生恶性皮肤伤害，而且还会出现伤口快速治愈的现象。这一发现在第二次世界大战期间便成为利用活性炭来治疗烧伤和冻伤的基础。这一事实验证了炭药止血理论的正确性。现普遍认为制炭过程中生成一定数量的碳素(活性炭)，其具有吸附、收敛作用，能够促进止血过程。因此活性炭可用于包扎皮肤上各种创伤，尤其对于不易愈合和常伴发炎症的溃疡和化脓的伤口，不仅能去除臭气，而且能加快痊愈。如绷带包裹的干的粉状炭可作于包扎品，用于治疗烂疮、化脓性或坏疽的创伤，在石膏中加入 5%～12% 的椰壳活性炭，可以消除脓臭。含有活性炭粉的布做成像袖套或袜子的宽松布袋，包在石膏绷带外面，可以防臭。在医院里外科病床底下，抽出的空气通过活性炭罐的处理可以控制室内臭气。此外，活性炭还能吸附高分子量细菌毒素，也可将有些细菌本身聚集到炭孔中，有研究者认为活性炭不仅能治疗皮肤创伤，还能有效治疗因芥子气刺激受伤的皮肤[2]。

二、作口服药使用

在日本药典(日本药局方) 中早有关于活性炭作为口服药使用的记载。它是利用活性炭在消化器官中吸附毒性物质随着大便排出体外的一种使用方法。由于活性炭具有强大的吸附作用，在药物制剂中主要用来吸附杂质、热原以提高产品质量，临床上主要用于防止各种毒物的吸收，并对胃肠道疾病的治疗也有很好的效果。活性炭药品能清除胃肠道内所有的有害物质和病原菌，因此被人形象地称为"人体胃肠道清洁剂"。同时，作为内用口服药使用活性炭还可治疗如中毒、呕吐、恶心、腹泻、肠胀气等诸多疾病。

1. 口服清除药物毒物中毒

目前，洗胃作为国内抢救中毒的第一手段被广泛应用。但对中毒患者的试验研究表明，被洗胃清除标记物的量差别很大，并随时间消失。还有研究表明，洗胃对过量服药患者进行临床治疗也并无有益效果。总体来说，急性中毒病死率<1%，不可因滥用洗胃造成患者出现危险并发症[3]。严重并发症可能具有包括组织缺氧、心律失常、喉头狭窄、消化道及咽部穿孔、水电解质失衡以及吸入性肺炎等风险。近年来，活性炭被普遍认为是便宜、便利、无毒、有效的口服解毒剂。尤其当不确定毒物种类时，应用活性炭作解毒剂是任何药品不能替代的。

虽然早在 1791 年活性炭的吸附性已被认识，但活性炭用做解毒剂的作用，直到 20 世纪 70 年代中期才得到承认。在过去十年里，关于炭对各种药物的吸附及排除效果的大量研究已经得到广泛开展[4]。由于活性炭有很强的吸附能力，许多药物、化疗物质及气体均可被吸附于其表面。因此，活性炭可以用于吗啡、阿托品、氯化亚汞等中毒症状的解毒。但是对于处理强酸、强碱或一些腐蚀性物引起的中毒如铁盐、氰化钠、锂盐、马拉松杀虫剂和一些有机溶剂如甲醇、乙二醇等，因其吸附量很低，因此，不能用以解毒。当发生过量中毒时，则可以通过服用活性炭以防止药物及毒物的吸收。

应用活性炭治疗时应注意炭与药比例至少为 10：1。因为吞服大量药物后，活性炭的吸附能力达到饱和。如 10mg 活性炭可吸附 40 片 25mg 的阿米替林。但只吸附 2 片 500mg 的扑热息痛。因此，活性炭对于医治小剂量中毒效果较好；而在大剂量中毒时，应先用催吐或洗胃术尽可能排除毒物，一旦能耐受活性炭即应用其吸附未被排除的毒物。因为很难知道吞服毒物的确切量，活性炭常用的首次剂量为成人 50～100mg，儿童 15～20mg，或给予 1mg/kg 体重。增加活性炭用量，其效果亦大大增强，但过量可能导致呕吐或吸入，因为活性炭的应用剂量有限，理想的治疗方案应是先将胃排空，然后再用活性炭吸附。在香港，中毒患者急诊治疗的首选就是活性炭。推荐活性炭应在具有潜在毒性的毒物摄入 1h 内使用。可口服给药或经大肠灌洗。如果患者服用达到致死量有毒物质，就要考虑加大活性炭使用剂量。泻药如山梨醇或硫酸镁与活性炭合用，目前认为有一些益处[5]。

应用活性炭解毒的主要缺点是其口感差及病人(尤其是儿童) 对它的接受性低。其应用可通过胃管、鼻饲管或经口。尽管市售活性炭已经作出了改进，通常将其制成浆液，包括制成悬浮液，添加甜剂及制成随时可以使用的包装。但因为其颜色、砂粒感、乏味和吞咽困难仍不适于口服。并且，甜剂如冰奶油、牛奶的加入还会对活性炭的吸附能力产生影响。理想的添加剂是 70% 的山梨醇，它有甜味，并能降低砂粒感，有利于炭通过胃肠道。对于那些对口服悬浮液而无不适的病人来说，此法似乎优于传统的方法。因此活性炭是一种良好的解毒剂。

2. 治疗胃肠道疾病

药用炭也可以用做此类药物。通常活性炭被推荐用于传染性的胃肠道疾病的治疗上。这种药剂效能的发挥是基于吸附有毒物质，即在食物的消化过程中，因胃酸过多及消化道内发酵而生成的气体及有毒物质，通过药用炭的吸附性能对这些气体和有毒物质进行吸附。活性炭主要吸附肠胃中的有毒性胺类、食物分解所生成的有机酸，以及细菌等产生的代谢物质等有毒物质。活性炭也是治疗腹泻、肠胀气等常见胃肠道疾病的有效药物。活性炭通过表面的吸附作用对肠道中气体、细菌、病毒和外毒素进行吸收，阻止它们被肠黏膜吸收或损害肠黏膜。施米特曾指出，对于细菌的吸附，在 10min 内可从稀释的细菌培养物中吸附约 100% 的细菌。下面所引用的数据可具体说明在经粉末医用炭吸附之后，细菌数量的减少[5]。不同用量的粉末医用炭吸附不同细菌后的剩余量如表 8-1 所示，从表 8-1 中可以明显地看出用活性炭吸附之后的细菌含量已接近零。

表 8-1 不同用量的粉末医用炭吸附不同细菌后的剩余量

细菌含量/%	大肠杆菌	伤寒杆菌	葡萄球菌	痢疾杆菌
用20%的医用炭吸附后	0.9	0.8	0.5	1.5
用40%的医用炭吸附后	0.3	0.2	0.1	0.5

粉状活性炭的吸附性能好，但是容易飞散不便使用，食用时会粘在舌头上，大量服用时连大人都感到困难。因此通常人们多利用颗粒和片剂形式的炭。也常把活性炭制成丸剂。为了制备片剂或颗粒医用炭大多利用黏合剂，这种黏合剂在人体的胃肠道内可丧失自己的胶合性质，然而粉末炭却保持活性不变。活性炭片剂可按如下配方制备：50g医用炭和5％二氧化硅粉的悬胶体90g，以及5％的阿拉伯树胶，经过筛孔尺寸为2mm的筛子挤压制得。在12℃下经5～10min的干燥后，上述配方材料可以压制成片。作为黏合剂有时阿拉伯树胶可利用白色的胶黏土来代替。另一种制备细粒炭片剂的方法是向50g医用粉末炭同2.5g二氧化硅粉混合物中添加2.5g淀粉和100mL水，经混合后成型制片[6]。

"精制浸膏活性炭散"作为一种活性炭制剂，主要用于治疗胃炎、肠类及其他中毒性消化道疾病。药物中的精制浸膏成分具有镇静和镇痛作用，天然硅酸铝及药用活性炭主要用于吸附除去消化道内的有毒物质、过量的水分、黏液及气体等，同时还具有形成腹膜以及保护黏膜的作用[7]。但是，由于活性炭也对酵素、维生素及矿物质等有吸附作用，因此有时会妨碍消化，服用活性炭的剂量，一次为0.5～5g，每天2～20g。吸附之后的活性炭随大便排出。

3. 治疗酒醉

饮酒以少为宜，大量饮酒产生的醉酒状态是常见的急性酒精中毒。醉是酒精（乙醇）在体内起作用，会产生说话含糊、体态不稳、缺乏自制、呕吐的表现，乃至次晨仍有头痛恶心等的"宿醉"反应。长期大量饮酒可导致大脑皮层、小脑、桥脑和胼胝体变性，肝脏、心脏、内分泌腺损害，营养不良，酶和维生素缺乏等后果。口服活性炭对改变和减轻酒精中毒反应有显著效果。众所周知，酒精进入消化道后迅速地被血液循环系统所吸收。如果此时肠胃中有活性炭，则可吸附部分酒精，虽不能完全清除，但也能减少被血液循环所吸收的酒精量。另外，饮用酒精后会产生一些代谢物，部分酒精代谢物也被血液所吸收，有的是导致酒醉的有害成分，有的是使酒醉时有"快感"的成分。活性炭对部分代谢物和部分酒精的吸附可消除不良的影响。另有研究表明，在消化道中的活性炭，不仅可以吸附原来在消化道的一些酒精和代谢物，而且还可以对从血液中因浓度梯度而返回到消化道的一些酒精和代谢物进行吸附，从而降低血液中它们的浓度和减轻酒醉的生理作用。

活性炭在改变酒精中毒反应，发挥防醉作用时，既要讲求剂量，又要讲求服用方法，以多次服用为佳。服用剂量因饮者体重、酒精含量和饮酒时间而异，通常剂量范围是每千克体重服 5～15mg 活性炭。例如体重 72.6kg 的饮者，一般开始饮酒时，即可服用活性炭胶囊 2 颗或片剂或 2 片。如以每颗或每片含活性炭 350mg 计，即总共服下活性炭 700mg，约合每千克体重服活性炭 10mg，如果饮酒量较大，则宜分次服，除了开始饮酒时即服活性炭外，在饮酒期中和饮酒结束后再服活性炭，更为有效[2]。

4. 治疗遗传性红细胞生成性卟啉症

卟啉症(Porphyria) 是一种遗传性疾病，是由血红蛋白分解产物(卟啉)代谢失调所引起的。据报道，与传统治疗药物胆苯烯胺相比，以冷开水调成泥浆状活性炭疗效更好，且容易入口。短期治疗卟啉症可口服活性炭 30g，每 3h 1 次，共 12 次；长期治疗则需口服活性炭 60g，每日 3 次，疗程 6～9 个月。活性炭能通过吸附排泄于肠道内的内源性卟啉进而阻止其吸收，可控制皮肤反应和肝损害等症状，并能降低血浆卟啉水平。活性炭法治疗卟啉症不良反应少，为纠正活性炭引起的维生素吸收障碍[8]，可口服叶酸和维生素 D、肌注维生素 B_{12}。

5. 降低血脂

20 世纪 80 年代初，Friedman 等报道称活性炭疗法具有降低血清甘油三酯和血清胆甾醇的功效。通过给 6 个肾功能不全的成人每天口服 4 次活性炭，每次 8.8g，共服 4～8 星期。结果表明，血清甘油三酯平均下降 36%，血清胆固醇平均下降 67%。另有报道，在芬兰有人以活性炭 8g，每天口服 3 次，连用 4 周治疗 7 名高胆固醇血症者，随访 4 周，结果发现，患者血浆异胆固醇和低密度脂蛋白-胆固醇均明显下降，而高密度脂蛋白-胆固醇则升高，二者的比例从治疗前的 0.24 上升到 0.46，这是比目前所用的任何降血脂药都好的效果，且无不良反应[8]。

三、活性炭在癌症治疗方面的应用

1. 活性炭抗癌药剂的缓释性

目前，临床上的某些治疗效果尚未达到完全压制病症的程度。因为要达到完全压制住此种癌症所需施用抗癌药剂的剂量对人会产生全身性的、致命性的副作用。为了解决这一问题，需要研究出让高浓度的抗癌药剂有选择性地仅在癌细胞存在的可能性大的部位长时期地分布着；而在其他健康的部位，尽可能无抗癌药剂分布的方法。而活性炭作为优良的吸附剂，具有把所吸附着的药物慢慢释放出来的性质，从而可为解决该问题提供一个新方法。目前，常用的药物缓释剂是随着基质的分解逐步释放药剂的，而活性炭作为缓释剂的特点是其吸附的抗癌药浓度与其周围游离的抗癌药浓度两者之间保持动态平衡，周围的药物浓度降低时，为炭所吸附的药物则释放出来，这样使一定浓度的抗癌药可以长时间地作用于周围的癌组织。此外，由于药物是吸附在活性炭上，在人体组织中是局部存在，有利于附着到癌症病变的组织表面发挥疗效。但对人体全身的副作用，则要小于使用药物的水溶液。Hagiwara 等[9]应用活性炭吸附如丝裂霉素（MMC-CH）、阿柔比星（ACR-CH）、博莱霉素（BLM-CH）等不同的抗癌药物，动物实验结果表明，在相同作用条件下，其毒性远小于抗癌药物的水溶液剂型。

2. 活性炭抗癌药剂的亲和性

活性炭抗癌药制剂易于附着于肿瘤表面。Hagiwara[10]等在对活性炭吸附的抗癌药剂在腹腔内治疗癌性腹膜炎的动物及人进行研究时，观察到活性炭有选择地仅附着在腹腔内的肿疡上。活性炭对肿疡表面的亲和性卓越，具有选择性效果，这样的有益性质可使活性炭抗癌药剂更好地发挥作用。

3. 活性炭抗癌药剂的滞留性

许多抗癌药剂都是水溶性的低分子物质。一旦将它们注射到身体组织内，便迅速地经毛细管系统吸收并进入循环的血液内，不仅缺乏在注射部位的局部滞留性，而且也不会有选择性地移动并滞留在淋巴结中。与之相比，活性炭之类的微细颗粒不能经毛细血管系统被吸收，不仅能够长时间地滞留在组织内，而且能从淋巴系统吸收到淋巴结等处并滞留。因此如果让该微粒子活性炭预先吸附某种抗癌药剂，便可以在注射后的部位组织内及该部位领域的淋巴结中让高浓度的该抗癌药剂长时间地发生作用。用于注射到身体组织的吸附抗癌药剂的活性炭，需要使用粒度极小的活性炭。目前所使用的抗癌制剂是利用直径20nm 的活性炭分散到生理盐水中，其分散粒径约为 150nm[11]。

4. 活性炭抗癌药剂的淋巴导向性

利用纳米活性炭吸附抗癌药物制剂具有粒径小的特点，因此容易从胸腹腔中被淋巴系统摄取，进而移行到淋巴结中[12,13]。1985 年，荻原明郎等在用丝裂霉素（MMC-CH）制剂做动物实验发现，当给大鼠腹腔内投与 MMC-CH 制剂时，MMC-CH 可以通过大网膜、横隔膜的下面和骨盆腔在 10min 以内到达淋巴系统，再进一步到达下面的旁大动脉淋巴结和静脉角淋巴结。荻原明郎等在 1987 年对 PEP-CN 制剂在组织内的分布情况进行了研究。结果表明：这一制剂能够定向分布于淋巴结，并在该处长时间维持较高的浓度，这正是在治疗淋巴结癌转移时所需解决的。一方面，可以利用本制剂的这一性质定向有效地抑制或杀死转移到淋巴结的癌变细胞；另一方面，纳米活性炭移行到淋巴结的同时会把淋巴结染黑的性质，根据这一特性施行淋巴结清除手术，彻底清除转移的淋巴结[14]。在临床上后者比前者的应用更为广泛，常见有关于胃癌[15,16]、乳癌[17]等的临床报告。

5. 活性炭抗癌药剂的应用

活性炭抗癌药剂具有功能缓释性、亲和性、淋巴趋向性、局部滞留性、毒副作用小等优点和日益广阔的临床应用前景。目前临床研究重点主要集中在：按照淋巴系统转运要求调整所含炭颗粒的直径；研制吸附抗癌药物剂型并调整所结合抗癌药物的剂量以适合不同种类恶性肿瘤，减少严重并发症的发生，从而能够定向杀死癌细胞或抑制癌细胞的淋巴转移，为恶性肿瘤的治疗开辟新领域。目前活性炭抗癌药剂已经在乳腺癌、胃癌、食道癌及直肠癌等病状的治疗中有所应用。

（1）在胃癌中的应用　在早期胃癌中，只有5%～15%会伴随淋巴结转移，而在黏膜内癌该比例则为不到5%[18]。这表明至少85%的早期胃癌不须作淋巴结清扫。但具体到某一病例是否需要清扫则很难确定，研究证明，微粒子活性炭淋巴示踪可以很好地解决这一问题。如：对胃上部的进展期胃癌，为确定胃全切，还是大部切，往往需进行多项术前检查，既麻烦又费时，而且有时最终仍无法确定；再者内镜多次长时间操作，容易导致肿瘤细胞的脱落、扩散和消化道种植。若采用该法则可清楚地显示肿瘤的淋巴引流。通过淋巴结快速冰冻检查，达到术中准确的确定切除范围，并最大限度保留器官功能。

Takahashi等通过将MMC-CH注入胃癌癌周组织，使区域淋巴结持久染黑作为手术清除淋巴结的标记，经随访观察结果表明，阳性淋巴结遗漏有所减少，肿瘤术后复发率有所降低，患者的5年生存率有所提高。另有研究者将45例需手术的胃癌患者随机分为两组，一组术前给予黏膜下注射活性炭后行常规手术，另一组则单纯给予手术治疗。结果证实，与未注射组相比，注射活性炭组清扫转移淋巴结数目较多。因为活性炭具有成黑色和吸附滞流作用，可以通过注射微粒活性炭直观淋巴的导向踪迹[19]，刘绪重等[20]通过胃镜向癌周胃壁内注入丝裂霉素与微粒活性炭混合物，以染黑的淋巴结作为清除之标记行根治术；术前1～3天分四点向胃壁黏膜下层注入1mL，术后进行病理切片，结果表明，治疗组39个，24例共清除淋巴结936个，对照组23个，24例共清除淋巴552个，注射活性炭组淋巴结转移为23.3%，明显低于对照组的30.4%。

在胃癌根治术解剖肿瘤过程中，尤其对已有浆膜浸润的癌肿，不可避免地会出现挤压肿瘤和癌细胞脱落现象。有报道指出，在有浆膜浸润的胃S_1、S_2癌中，可以在大约1/2病人腹腔中找到有活力的脱落癌细胞，因此人们根据这一事实对胃癌术后进行化疗以预防再复发。张燕萍等[21]对中晚期胃癌患者在内镜下局部分点注射活性炭-丝裂霉素复合物。通过减少丝裂霉素入血的剂量，避免全身副作用，并能增加局部药物浓度，以利药物直接作用于癌细胞，4 例镜下局部化疗 1 疗程，可见肿瘤缩小变平，局部坏死，疾病症状改善。王铁武[22]认为活性炭微粒注射在肿瘤局部和周围组织，可以缓慢释放高浓度的抗癌药物长达半年，进而起到局部杀伤癌细胞的作用。

Takahashi 等对 113 例有浆膜浸润的胃癌患者进行术后腹腔化疗，在手术结束时将活性炭吸附丝裂霉素（MMC-CH）注入腹腔（关闭引流管 3h）。同时设对照，对照组术后不用腹腔化疗，结果表明，化疗组术后 2、3 年生存率分别为 42%、38%，而对照组为 28%、20%，二者之间存在着明显差异。Hagi-wara 将 50 例伴有浆膜浸润的胃癌患者随机分为在术后给予 MMC-CH 化疗的治疗组（MMC-CH）和无任何治疗的对照组，随访结果发现，治疗组 3 年生存率显著高于对照组[10]。

（2）在食道癌和结直肠癌中的应用　食管具有丰富的网状淋巴分布，纵跨颈胸腹三部且近邻许多重要脏器，一旦食管发生癌肿，不仅浸润迅速，而且很容易周围重要脏器受到侵犯，患者就诊时往往全身情况很差，已失去手术机会，同时又难以耐受全身化疗。对此类病人进行化疗，应用活性炭吸附缓释化疗药物可以延长其生存时间。对 6 例食管癌局限于黏膜及黏膜下层而又不能耐受手术者，Hagiwara[23]等通过对其行癌灶邻近黏膜注射活性炭吸附派莱霉素（PEP-CH）进行化疗，结果表明，除 1 例死于脑出血外，3 例无瘤生存 33～72 个月，2 例生存 22～44 个月。在结直肠癌中的应用和食道癌一样，该法用于指导术中淋巴结清扫的不多，但人们已初步将其应用于结直肠癌术后局部化疗，并取得相当满意的效果，Hagiwara[24]等报道的 2 例不能耐受手术的直肠癌患者，将活性炭吸附 400mg 甲氨蝶呤和 32mg 丝裂霉素及 100mg 甲氨蝶呤和 8mg 丝裂霉素分别注入直肠肿瘤内，结果发现肿瘤明显缩小，存活时间分别为 2 年和 6 个月，且最终死于其他疾病。

（3）在乳腺癌中的应用　活性炭吸附抗癌药物具有功能性缓释特性，不同学者利用该特性将其应用于不同部位肿瘤的局部化疗。Hagiwara[9]等将 30 例乳腺癌患者分组，分别于癌周及癌中央注入活性炭吸附阿柔比星（ACR-CH）及阿柔比星水溶液（ACR-AQ），发现注入 ACR-CH 的患者其癌中央及区域淋巴结的药物浓度均高于注射 ACR-AQ 的患者，而血浆中药物浓度较低，可以保证化疗效果的同时有效减少化疗药物的副作用。贾巍[25]等则将活性炭应用于乳腺癌的前哨淋巴结研究，活性炭能够很好地标记前哨淋巴结，并根据前哨淋巴结有无转移进而决定是否行腋窝淋巴清扫术。

四、血液净化

血液净化，包括血液灌流、血液透析等，是清除血液中毒物和致病物的重要方法。血液净化在国内外医学领域都受到了普遍关注，因为其不仅关系到疾病本身的治疗，还关系到血液和血液制品的安全问题，特别是输血后病毒感染。应用血液净化吸附剂活性炭去除血液制品中的有毒物，也是血液净化的一个重要方面。

1. 活性炭与血液灌流

活性炭血液灌流是将血液流经活性炭净化，利用活性炭吸附血液中所含的有害物。对治疗各种药物中毒、挽救患者生命，是公认的首选方法。活性炭和树脂是临床上最常用的吸附剂。以活性炭作为吸附剂的血液灌流技术是国际上在 20 世纪 70 年代发展起来的吸附型血液净化疗法，它采用体外循环方式，利用经过高分子膜包囊的活性炭对病人血液中的毒性或过剩物质进行吸附，最终达到治病救人的目的。临床中，使用活性炭通过血液灌流清除人体血液中某些内、外源性有毒物质已普遍应用，并取得了满意的治疗效果。早在 1965 年就有关于使用活性炭来治疗尿毒症的临床报道：当活性炭（直径 0.59～1.65mm）用量为 200g，血液流速为 100～300mL/min 时，血液中肌酸酐和尿酸被很好地除去。

由于活性炭的颗粒形状不规则，机械强度较差，摩擦后容易脱落炭粒，堵塞微细血管，所以早期这种用法存在着一些问题。为了减轻炭粒的脱落和改善血液相容性，使用前应对活性炭进行严格的筛选，预处理和评价工作，并要经包膜处理。活性炭由纤维素胶囊化有两种方法，一种是让活性炭分散在黏胶人造丝或者纤维素的铜氨溶液中，再移入凝固浴中，让纤维素沉积在活性炭上。另一种方法是用乙酸纤维素被覆在活性炭上以后，再进行水解。例如：在加拿大用粒状活性炭涂以硝酸纤维及白蛋白包成具有半透性的薄膜；在美国用聚甲基丙烯酸羟乙酯来包膜活性炭。在我国用明胶经两次将活性炭包成子母囊型。还有一种完全不同的方法是将在渗析过程中常用的材料制成中空纤维，而后在其中填充粉末炭。一种在纺丝过程中以活性炭直接填充纤维的异常巧妙的方法已被人所共知，通过该法可以得到内径约为 50μm，壁厚仅为 8～9μm 的无限长的丝。在这种情况下，当吸附剂含量约为 5%（质量分数）时，可表现出良好的吸附速度。

明胶子母囊型活性炭在我国得到了很好的利用。它是用明胶将大于 300 目活性炭粉包囊形成直径 0.1mm 的小颗粒，再和明胶混匀，滴入冷液体石蜡中成为直径约 1.5～2.0mm 的丸粒，明胶中加入水溶性的聚乙二醇（分子量6000），在活性炭丸粒内和表面制孔，用戊二醛交联，冲洗，干燥，灭菌，经热原检查而成。通过试验证明，该子母囊活性炭对氯丙嗪、氰钴铵、尿酸、肌肝、戊巴比妥、水杨酸等药物有吸附效果。在临床治疗肾衰竭尿毒症患者时可代替部分平板透析器的功能；对安眠药中毒病例有良好的解毒效果[26]。

20 世纪 70 年代开始，马育[27] 率先用白蛋白火棉胶包裹活性炭制成微胶囊进行血液灌流，该法既提高了血液相容性又防止了炭微粒的脱落，而且包裹后的活性炭吸附性能并未受影响，该研究促进了活性炭吸附剂的血液灌流进入临床实用阶段。20 世纪 80 年代初期，徐昌喜[28] 等报道了利用交联琼脂糖包裹活性炭的研究，并开始用包膜活性炭通过血液灌流抢救急性药物中毒患者，获得了满意的疗效。这种疗法应用范围广泛，对肌酐、尿酸、胍类具有很高的清除率，因此在对肝衰竭、尿毒症患者的治疗方面也取得了一定的疗效。有研究表明，通过血液灌流不仅可使肝性脑病患者病情明显好转，可作为人工肾、人工肝或解毒器使用，并且近年还用于免疫吸附，在对系统性红斑狼疮、自身免疫性糖尿病、乙型肝炎、癌症等顽症的治疗亦取得可喜成果。

在救治农药中毒病例时，血液灌流的使用也是一种好方法。如已研究开发出的聚 2-羟乙基甲基丙烯酸酯双重被覆的球形活性炭，研究表明，该活性炭可以救助以百草枯为首的各种药物中毒患者的生命。但是出现中毒症状以后，必须尽快地进行洗胃与血液灌流，从患者的体内除去百草枯。用聚 2-羟乙基甲基丙烯酸酯双重聚合的活性炭治疗药物中毒的效果[29] 如表 8-2 所示。

表 8-2　用聚 2-羟乙基甲基丙烯酸酯双重聚合的活性炭治疗药物中毒的效果

药物名称	觉醒		未觉醒	合计
	生存	死亡		
医药				
溴代卤酰脲	6	0	0	6
苯巴比妥	1	1	0	2
匹拉比他	1	0	0	1
小计	8	1	0	9
农药				
百草枯	3	2	3	8
马拉松	2	0	0	2
EPN	1	0	0	1
小计	6	2	3	11
合计	14	3	3	20

从表 8-2 可以看出，23 个药物中毒的病人中，经过用聚 2-羟乙基甲基丙烯酸酯双重聚合的活性炭治疗后有 17 人生存，这表明了血液灌流对药物中毒的患者有良好的治疗效果。尽管活性炭血液灌流普遍应用，但在使用时仍须注意如血小板聚集、炭栓塞、血小板减少、出血、血糖过少、低钙血症、低温和低血压等可能出现的不良反应。

目前，随着血液灌流技术的发展，已从广谱吸附发展到特异吸附、免疫吸附；治疗病种也因新材料不断拓展而不断增加，从药物中毒、农药中毒拓展到尿毒症中分子清除、吸附高血脂、高胆固醇、高胆红素等；治疗系统性红斑狼疮、类风湿性关节炎、格林巴利、重症肌无力、多发性骨髓瘤等难治性免疫性疾病以及血友病、乙型肝炎患者表面抗原转阴；已有报道，血液灌流技术还可以应用于甲状腺功能危象、精神分裂症、牛皮癣等疾病和化疗吸附、戒毒等。近年来，我国在血液灌流技术的研究也迅速发展，例如：活性炭用于急性药物中毒的急救。我国曾对服用一种或两种以上的如罗密纳耳、氯普马嗪、泰尔登、安坦、安定等安眠药或精神病药物的 18 位病人进行以活性炭紧急血液灌流治疗，其中 17 位在 24h 得到康复。另外，活性炭吸附血液灌流法还特别适用于高度散布的有毒的蛋白质物质[30]。

2. 活性炭与血液透析

血液透析法(简称血透) 又称人工肾，也被叫做肾透析或洗肾。它是血液净化的代表技术。在全世界 50 万患者中多数是依赖血透来维持生命。血透可以减轻患者症状，延长患者生存期。血液透析是根据膜平衡原理，将患者血液通过一种有许多小孔的薄膜(医学上称半透膜)，这些小孔可以允许比它小的分子通过，而阻止直径大于膜孔的分子，同时半透膜另一边又与含有一定化学成分的透析液接触。透析时，患者血液流过半渗透膜组成的小间隙内时，透析液在其外面流动，血液中的红细胞、白细胞和蛋白质等大的颗粒不能通过半渗透膜小孔；而水、电解质以及血液中代谢产物，如尿素、肌酐、胍类等中小物质可通过半透膜弥散到透析液中；同时透析液中的物质如碳酸氢根和乙酸盐等也可以弥散到血液中，进而达到清除体内有害物质，补充体内所需物质的目的，但是该法对于血液中的中分子毒素的去除效果较差。

以往，血液透析都是使用纤维素制造的透析膜进行透析。但是该法只能从血液中除去能透过纤维素膜的溶质，而对分子量大的溶质无法除去。针对这一缺点，日本研究开发出用活性炭之类吸附剂构成的吸附型血液透析器。该透析器中使用的颗粒活性炭是以石油沥青为原料制成的并经过表面被覆处理的圆球状活性炭。圆球状活性炭与其他颗粒状活性炭相比，具有没有棱角，不容易因相互摩擦形成粉尘导致血液污染等优点。活性炭表面进行被覆处理的目的是避免血液直接接触活性炭而发生溶血或凝血作用。理想的被覆材料是溶于水，并且被覆到活性炭表面以后无法通过物理的方法使其融化的材料。溶剂可以考虑使用乙醚及甲醇之类能充分脱附的溶剂，以免未脱附的溶剂缓缓地脱附至血液中而进入人体。被覆活性炭还要求能够承受在 121℃下加热杀菌 21min 的处理条件[31]。

血液透析主要用于治疗肝脏疾病、肾脏疾病以及药物中毒的患者。血液透析装置是人工肝脏辅助装置。肾脏病患者需要进行人工透析。血液透析对代谢产物进行除去的推动力是溶质的浓度，要求所需除去溶质在透析液中的浓度必须尽可能地降至零。为此必须使用大量的透析液。在通常的透析过程中，每次要消耗 300L 左右的透析液。排泄系统不健全的患者就不能进行血液透析。为了减少所必需的透析液的数量，进而开发出轻便的手提式人工肾，最重要的是要解决除去透析液中的尿素及其他代谢产物对透析液进行再生的技术问题。活性炭不仅具有优良的吸附性能，且不溶于透析液，也不会透过透析膜，因此它是一种理想的透析液再生吸附剂。活性炭透析液再生技术也是减少透析液用量的一种方法。目前，日本研制的两种类型的人工肾装置中均使用了活性炭。活性炭在人工肾中的主要作用是吸附除去透析液中的肌酸、尿酸及其他尿中的有毒物质。

　　由于血液灌流和血液透析都有自己的缺陷，但两者联用就可以克服它们单独使用时的缺点，因此，目前看来，血液灌流和血液透析的联合使用较为普遍。活性炭是吸附性极强的灌流器，但是需配合血透析才能解决好尿素氮、肌酐高的问题，这样患者经过几次治疗，血液中的毒性物质大大降低，对各组织和脏器损害也有所减轻。邹春毅[32]对活性炭血液灌流联合血液透析在重型病毒性肝炎中的临床应用进行了研究。他将符合病例选择标准的 22 例患者列为治疗组，30 例患者列为对照组，两组均采用常规方法治疗，不同的是治疗组同时加用活性炭血液灌流联合血液透析。结果表明，治疗组 22 例患者共计进行活性炭血液灌流联合血液透析 58 例次，治疗后完全改善 5 例，好转 6 例，有效率达 50％，中断治疗 3 例，死亡 8 例。由此可见，活性炭血液灌流联合血液透析治疗重型病毒性肝炎是一种重要的人工肝支持疗法，应用该法可明显提高疗效，两组比较有效率、死亡率差异显著。

五、在其他方面的应用

　　活性炭是可防治动物中毒的良好吸附剂，在动物的饲料中投加活性炭，可防治动物受到食物所含的杀虫剂、除菱剂等的伤害。如喂羊的食物中通常含有机磷杀虫剂，分析羊体内杀虫剂的残留量，与不添加活性炭的相比，添加活性炭后，杀虫剂残留量降低了 90％。羊的食物中如含有真菌毒素通过添加些活性炭也有降低毒素的作用。

　　活性炭也可以在手术全麻中有所应用：张铁民[33]等在全麻手术中利用活性炭于紧闭环路内过滤用以吸附多余滞留的麻醉气体药物，将选择安氟醚吸入全麻患者 37 例，随机分成 2 组对照，结果表明，两组患者的一般状况及麻醉时间均无显著差异，但实验组苏醒时间明显短于对照组苏醒时间。

　　医学检验：如果某种药物以低浓度存在尿中，便可使尿通过颗粒活性炭柱的方法予以吸附；随后用乙醇或氯仿洗提炭柱，就可将药物回收到小体积的容器中，最后处理成为浓缩液，然后用薄层法、气液色谱法等方法对其进行分析。从而法庭上常用该法来鉴定被谋害者或比赛用马体内的药物。例如该法对药中巴比妥盐、奎宁、吗啡等药物的检测极限可达 $1\mu g/mL$。同样，应用活性炭可从人体血样中吸附甲状腺激素，然后洗提、测定进而了解是否甲状腺功能亢进或减退。

在欧美等国，由于服用活性炭能增强幼儿的抗病能力，在俄罗斯，每年春秋季服用活性炭已成为幼儿园的常规保健措施。此外，活性炭还具有较强的胆固醇去除能力，因此可以作为心脏、心血管保健药。

六、活性炭在医学应用的展望

目前，欧美国家在药用活性炭方面开展了较多的研究工作。随着人们生活质量的提高和保健意识的增强，以及工业发展、环境污染，人们接触和吸入多种有害物质的机会普遍增加，作为一种高效的胃肠道清洁剂，活性炭能有效地吸附消化道及人体内的残留农药、杀菌剂、重金属、二噁英、各种致病菌及其毒素，以及有损人体健康或致病的废物等，并且对人体无毒副作用。因此活性炭可以作为有效的解毒剂加以开发。以活性炭为原料生产药品及其临床用药方法，一直是西方医药界很感兴趣的问题。目前血液净化技术关系着很多人的健康和生命，研究表明，活性炭在血液透析和血液灌流方面有着非常重要的作用和美好的发展前景。20 世纪 90 年代中期以来，随着制剂工业和高分子材料工业的迅速发展，用高分子材料包膜制剂而成的微囊活性炭产品在国外已试制成功，并用于临床，不久将会大量推向市场。活性炭药品将会成为又一有效的排毒及保健治疗的常规主导消费药品并有着广阔的市场前景。

第二节 防辐射用活性炭

一、概述

众所周知，气体污染物危害人体健康。随着人类文明的进步，人们对生活环境和工作环境更加重视并，提出了更高的要求。然而，事与愿违，随着工业污染日益严重，环境也日益恶化。

18 世纪末至 20 世纪中叶，大气污染主要是由煤炭的大量燃烧而引起的"煤烟型"污染，其主要污染物是烟尘、二氧化硫等。20 世纪 50 年代以来，燃油机车数量剧增，又出现了"石油型"的广域污染。主要污染物为重金属飘尘、二氧化硫、氮氧化物、一氧化碳、烃等。迅猛发展的化学工业产生的多种有害气体及核工业的放射性气体等也加剧了大气污染。据联合国发表的资料，发达国家因大气污染而造成的包括人员致病率、死亡率的增加，动植物、建筑、文物、景观的损失等社会代价占国民生产总值的 3%～5%。我国的大气污染状况也是世界上最严重的少数几个国家之一。

随着化学工业的发展，出现了许多毒性很高且使用量大的化学品。这些有毒化学品在生产、储存及搬运过程中，容易出现泄漏或意外事故，对人们的生命安全造成威胁，如化工厂的氯气爆炸和化学品泄漏事件等。此外，目前人们还面临化学武器、生化武器及恐怖主义的威胁。

活性炭因具有良好的吸附性能而被称为"万能吸附剂"。活性炭吸附法，是控制大气污染、净化环境空气的一种重要手段，是环境保护的一项有效措施，其用例见表 8-3。

表 8-3 环境保护

项目	气体	要除去的成分
排出气体	重油燃烧气体	二氧化硫、氮氧化物
	使用溶剂的工程排气	各种有机气体
	原子能设施排气	Kr、Xe、I 等放射性核素
	化工厂排气	硫化物可塑剂、烃类、氮气
	食品厂排气	蛋白质、油脂分解物等恶臭，食品气味、香料
	肉、皮革厂排气	蛋白质、油脂分解物等恶臭，食品气味、香料
	动物饲养厂排气	蛋白质、油脂分解物等恶臭，饲料臭、排泄物臭
	屠宰厂排气	蛋白质、油脂分解物等恶臭，饲料臭、排泄物臭
	下水、粪便处理场排气	食物碎屑、排泄物等恶臭
	垃圾处理场排气	食物碎屑等恶臭、塑料分解的恶臭
	厨房排气	食物碎屑等恶臭、烹饪气味
	医院排气	消毒气、尸臭
空气净化	取自室外气体	二氧化硫、氮氧化物、臭氧、氧化剂、腐蚀气体、恶臭
	室内空气一般	
	地下室	体臭、吸烟臭、烹饪臭
	海底设施	体臭、吸烟臭、烹饪臭、油臭、厕所臭
	储藏库	体臭、吸烟臭、烹饪臭、油臭、厕所臭
	无臭室	储藏品发生的气体（防止香味散发、果实早熟等）

国内外活性炭的生产与应用都开展的比较晚。欧美在 20 世纪初开始发展活性炭的生产。我国的活性炭工业在 20 世纪 50 年代才真正建立起来，在 70 年代取得较大的发展。在我国，20 世纪 70 年代前，活性炭的应用主要集中于糖用、药用和味精工业；20 世纪 80 年代后，扩展到水处理和环保等行业；20 世纪 90 年代，除以上领域外，活性炭领域被进一步扩大到溶剂回收、食品饮料提纯、空气净化、脱硫、载体、医药、黄金提取、半导体应用等领域。另外，在国防和民用工业中，使用填装活性炭的各种防毒面具来防御毒气和有害气体；在核反应堆的操作中，利用活性炭吸附混入保护气体中的氩和氮以及放射性氙和氪等。

在核反应时，核反应堆会放出如放射性碘、氪、氙等有害物质，利用浸渍碘的活性炭可以吸附放射性的碘，并消除受放射性污染的气体的核污染。在人工控制下，人们已通过成功地获得^{235}U和^{239}Pu的核裂变能而把原子能用于动力、发电等。对于原子能工业，防止核裂变产生的气体污染是一大项重要技术。近年来发生的严重核事故，例如三里岛(美国，1979年，5级)、切尔诺贝利(苏联，1986年，7级)、圣彼得堡(俄罗斯，1992年，3级) 等，加重了人们的核恐惧，因而对核污染的控制应该更加严格。与通常的化学工业生产中产生的有害气体的浓度相比，原子能设施中产生的放射性气体要少得多，但对放射性气体的捕集或除去的效率要求却非常高。

表8-4所示为铀裂变时所产生的放射性气体的放射性同位素。目前，用活性炭吸附处理核裂变气体废弃物的方法开始受到关注。与采用过滤、离子交换及蒸发浓缩等比较成熟的处理核分裂的液体废弃物的技术相比，对气态废弃物(即裂变气体) 的处理还较为困难，特别是核分裂时所形成的放射性碘、氪、氙等，必须充分注意到它们的危害性。因此，近年来，人们开始关注处理裂变气体的合适而安全的方法——吸附技术。该法除了用吸附法来分离除去裂变气体外，活性炭还起到滞留床的作用，可以给裂变气体一定的停留时间，通过衰变使放射能衰减，从而有效地把放射性污染除去，控制放射性污染。

表8-4 铀裂变产生的 Kr、Xe、I 的主要同位素

同位素	半衰期	蜕变类型	对^{235}U 的得率（%）
^{83m}Kr	114min	IT、γ	
^{85m}Kr	4.36h	IT、β$^-$、γ	
^{85}Kr	10.27a	β$^-$、γ	0.293
^{87}Kr	78min	β$^-$、γ	
^{88}Kr	2.77h	β$^-$、γ	
^{89}Kr	3.18min	β$^-$	
^{131m}Xe	12.0d	IT、γ	4.59
^{133m}Xe	2.3d	IT、γ	
^{133}Xe	5.27d	β$^-$、γ	
^{135m}Xe	15.6min	IT、γ	6.62
^{135}Xe	9.13h	β$^-$、γ	
^{137}Xe	3.9min	β$^-$	6.3
^{138}Xe	17min	β$^-$、γ	
^{130}I	12.6h	β$^-$、γ	
^{131}I	8.05d	β$^-$、γ	
^{132}I	2.4h	β$^-$、γ	3.1
^{133}I	20.8h	β$^-$、γ	
^{134}I	52.5min	β$^-$、γ	7.8
^{135}I	6.68h	β$^-$、γ	6.1
^{136}I	1.43min	β$^-$、γ	3.1

注：β$^-$为β$^-$蜕变；γ为γ射线；IT为核异性体转移。

原子能设施排放气体中所含的放射性碘，可以用设置在排气管前面的活性炭过滤器除去。所用活性炭是添加了碘化钾或碘的粒状活性炭。活性炭吸附法也可用来捕集甲基碘(CH_3I)等有机碘化物及碘酸(HIO_3、HIO_4等)。活性炭的吸附性能比氧化铅、硅胶等好，因而活性炭比其他吸附剂优越。

用于除去放射性碘的活性炭过滤器中使用的活性炭是添加了碘化钾或碘的椰子壳活性炭。其填充密度为 0.44～0.48。用设置在排气管前面的活性炭过滤器可以除去排出气体中含有的放射性碘。该设计的处理能力为：在压力降不超过 28mmHg 时，每分钟处理 28m³ 空气。目前，活性炭制的稀有气体滞留装置，作为降低从沸水型原子炉（BWR）中排出气体中的放射能的一种方法，正在被深入研究并具有实际应用前景，其可望效果比至今一直使用着的稀有气体衰减槽法好得多。该装置主要利用稀有气体被活性炭吸附的这一特性，同时把活性炭层作为滞留床使用。当含氙的空气通过活性炭层时，氙在活性炭层中的移动速显著地比在空气中小，^{133}Xe（半衰期为 5.27d）等半衰期短的稀有气体，在移动过程中滞留在活性炭层中被吸附，然后消失[34]。

除了吸附法以外，还可用其他方法处理含放射性稀有气体的废气（包括捕集半衰期长达 10.27a 的 ^{85}Kr），如溶剂吸收法、液化法、隔膜渗透法等。分离回收半衰期长的放射性元素氪（^{85}Kr，半衰期 10.27a）的现实性最大的方法包括活性炭吸附法、深度冷冻分离法和渗透膜法，但是在现阶段，上述方法都还没有达到实际使用的地步。其原因除因活性炭具有在冷却、加热时需要较长时间而导致热效率变差的缺点以外，还有因为被处理的气体中混有杂质而容易引起爆炸性事故。为了改进活性炭吸附法的上述缺点，目前正在进行研究的还有在加压下吸附、在减压下脱附循环操作的压力交换法，以及把热循环法和压力变换法相结合的在低温下吸附、在减压下脱附的方法[35]。

二、放射性碘的捕集

原子能的和平利用，就是在人工控制下取得 ^{235}U、^{239}Pu 等核分裂的能量。为此，在原子能设施中，必须开发防止核裂变放射性物质逸出的技术。放射性碘、氪、氙等挥发性元素容易通过泄漏而进入环境。所以除去这些元素成了原子能发展中的重要研究课题。在原子能设施中所要处理的放射性物质浓度与通常化学工业中所要处理的浓度差不多，但是对放射性物质捕集或除去效率却要求非常高。所以要求用于原子能设施中捕集放射性物质的活性炭需要具有独特的性质。

1. 碘化物

碘是人体重要的生理元素之一。气态放射性碘易通过呼吸系统进入人体后，会蓄积于甲状腺中，并产生辐射危害。

碘共有 26 种同位素，自然界中仅存在稳定同位素^{127}I 和放射性同位素^{129}I，其余均为人工放射性核素，且多数半衰期很短。就其用途或对人体的危害而言，^{125}I($T_{1/2}$＝60d)、^{129}I($T_{1/2}$＝$1.57×10^7$a)、^{137}I($T_{1/2}$＝8.05d) 和^{132}I($T_{1/2}$＝2.3h) 是主要的，其中以^{131}I 最为重要，因此，在对含碘的放射性废气进行净化、监测和评价时，一般都以^{131}I 为代表[36]。

碘具有多原子价并且化学性质非常活泼，因此，在气相中的放射性碘的化学形态复杂多变，并可以和大气中的许多物质发生氧化还原反应，生成多种价态的化合物。气态碘中最具有代表性的无机碘为 I_2，有机碘为 CH_3I。当受到气体介质及放射线量的影响时，碘的化学形态会发生变化。由于其化学状态不同，气态放射性碘的沉降速度、进入人体的途径以及对人体的危害程度也都所不同也。如元素碘(I_2) 平均沉积速度大约为有机碘的 $2×10^2～10^4$ 倍，为放射性碘气溶胶的 5 倍。关于原子能设施中碘的化学形态，仍是现有研究必须要解决的问题[37]。

为了对从燃料中放出来的碘的化学形态进行研究，有人在水蒸气或者水蒸气-空气系统中加热经过照射的二氧化铀，并测定了从燃料中放出的放射性碘的化学形态，结果表明，大部分的碘是元素状态，但据推测还存在一部分(3%以下) 有机碘化物，如甲基碘(CH_3I) 等。另有报道指出，在轻水型反应堆的燃料破损模拟试验中，在从燃料放出的^{131}I(半衰期 8.14d) 为 0.12% 的条件下，推测所生成的甲基碘等碘化物为碘放出总量的 2.5%。关于元素态的碘在安全外壳内放出时的化学形态的变化情况的研究也有很多，一般地说，元素碘被安全外壳壁等吸附后含量急剧减少，会变为非反应性的化学形态和气溶胶状而飘浮着。据报道，甲基碘和次碘酸(HIO) 主要以碘化物形式存在。在放射线场中，由于碘和甲烷会反应而生成甲基碘，所以有必要考虑关于空气受到 106 拉德以上吸收量的场所。

据报道，通过分析^{131}I 制造厂泄漏至气相中的放射性碘的成分，结果发现除甲基碘外，有时还存在 HIO_3、HIO_4 等碘酸。从以上可以看出，原子反应堆用活性炭不仅要具有捕集元素碘的性能，而且还要具有捕集甲基碘等以挥发性化合物形式存在的放射性碘的性能。利用细孔活性炭甚至可从湿空气中极容易地清除单质碘蒸气，但甲基碘却恰恰相反，由于它具有较高的蒸气压力，以至于用吸附方法都不可能获得较为满意的净化效果(表 8-5)。另外，关于利用浸渍活性炭在同位素交换或者化学结合过程中清除放射性甲基碘的方法也早有报道[38]。

表 8-5 甲基碘蒸气压力随温度变化的关系

温度/℃	-45.8	-24.2	-7.0	25.2	42.4
甲基碘蒸气压力/kPa	1.3	5.3	13.3	53.3	100

（1）同位素交换 同位素交换是指利用没有放射性和不挥发的无机碘化物浸渍交换活性物的方法（例如碘化钾）。当放射性甲基碘在炭材层中短暂停留时，会在吸附剂上发生碘同位素的交换，由于无放射性碘的大量过剩，所以交换效率较高。过滤装置是指在相对湿度为 99％～100％ 条件下，能保证净化程度大于 99％、炭层长度不小于 20cm 矩形截面的特殊结构的过滤器。悬浮微粒过滤器一般设置在用活性炭制成的过滤器之后以防止放射性炭尘埃的放出。在原子能发电站中，空气需要不断地循环经过活性炭过滤器。因为在这种情况下，浸渍活性炭的吸附能力会有所降低，吸附能力的降低是由于其吸收了在过滤器操作期间内必须严格控制的有机蒸气。

（2）化学结合 在利用叔胺浸渍的活性炭时，甲基碘可与其化合而生成季铵盐：

$$\begin{matrix} R \\ R' \\ R'' \end{matrix}\!\!-\!\!N+CH_3{}^{131}I \longrightarrow \left[\begin{matrix} R \\ R' \\ R'' \end{matrix}\!\!-\!\!N\!\!-\!\!CH_3\right]^{131}I$$

同其他胺相比，环胺-1,4-重氮二环［2,2,2］辛烷（三亚乙基二胺 TQⅡA）具有较小的挥发性和较强的碱性，因此具有明显的效果：

$$\begin{matrix} & N & \\ H_2C & CH_2 & CH_2 \\ H_2C & CH_2 & CH_2 \\ & N & \end{matrix}$$

然而由于胺类物质易挥发，且能降低活性炭的燃点温度，因此在联邦德国和许多其他国家均不使用像这样的浸渍组成。

在气相中，碘的浓度包括直接从燃料中放出的碘和天然存在的碘。在发生如燃料中碘泄漏等重大事故时气相中碘的浓度，可以按反应堆燃料中碘的积蓄量与安全外壳体积的比值来计算。功率为 3600MW 的原子反应堆中，若装载的燃料连续运转三年，^{127}I（稳定）为 2.9kg，^{129}I（半衰期 1.7×10^7 年）为 21kg，^{131}I（半衰期 8.05d）为 0.7kg 等，总积蓄量为 25kg。假定其 1％ 放至在体积 5×10^4 m^3 的安全外壳内，并且均匀分散的话，那么气相浓度为 5mg/m^3。据报道，在美国天然气体中碘的浓度为 $1\sim10$ng/m^3，英国为 $100\sim1000$ng/m^3。因此，在原子能设施中碘的初期浓度一般在 $10^{-8}\sim10^2$ mg/m^3。处理这样的气相浓度的碘就对吸附剂有高的捕集效率的要求。

在原子能发电站中发生事故时，要配备空气净化装置，图 8-1 是加压水冷反应堆的例子。在反应堆安全外壳内，空气净化系统(J)对空气循环过滤，并且在该系统外面也设置空气净化装置(B、C、E、F)。表 8-6 所示为这些部分的操作条件。用于原子能设施的活性炭是椰壳炭，也有关于以石油和煤为原料的活性炭的相关应用研究。活性炭粒度不仅关系到活性炭层的压力损失，还关系到下面叙述的各种捕集性能，因此，是装置设计的重要数据[39]。

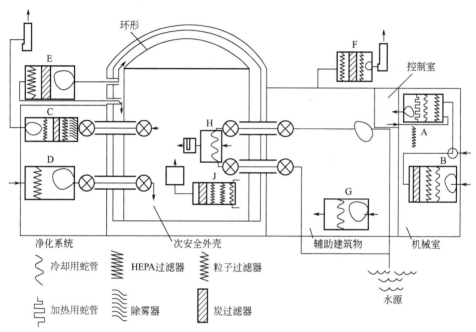

图 8-1　有代表性的加压水冷反应堆空气净化系统及冷却系统

表 8-6　动力反应堆的空气净化系统及冷却系统的操作条件

名称	型号	流量/（10³m³/h）	稳定时条件/［℃/（相对湿度/%）］	重大事故时条件/［℃/（相对湿度/%）］
反应堆安全外壳空气净化装置	循环型	150~250	130/100	45/50
辅助建筑物空气净化装置	一次通过型	70~100	40/70	40/50
备用空气净化装置	一次通过型	5~10	40/100	40/50
环形室空气净化装置	循环型	7~14	55/70	55/50

2. 元素态碘的捕集

用粒状活性炭捕集气相中的元素碘，可以从通常的吸附操作理论来考察，气体界膜律速的吸附速度可由式(8-1)给出：

$$\gamma \frac{\partial q}{\partial t} = k_{\text{g}} a_{\text{V}} (c - c_1) \tag{8-1}$$

式中，q 为吸附量，g/g；t 为时间，s；k_{g} 为气体界膜传质系数，L/(s·cm^2)；a_{V} 为吸附层单位体积的表面积，cm^2/cm^3；c 为处理对象分子的气相浓度，g/cm^3；c_1 为与被吸附量相平衡的气相浓度，g/cm^3。

另一方面从物料平衡可以得到下式：

$$U \frac{\partial c}{\partial L} + \gamma \frac{\partial q}{\partial t} = 0 \tag{8-2}$$

式中，L 为活性炭层的厚度，cm。k_{g} 由传质 J 因子和 Re_{mod} $[\equiv D_{\text{p}} U \rho_{\text{g}}/\mu (1-\varepsilon)]$ 的相对关系来求得。根据 Re_{mod} 的范围，可知：

$$Re_{\text{mod}} > 30, J = \frac{k_{\text{g}}}{U} \left(\frac{\mu}{\rho_{\text{g}} D} \right)^{\frac{2}{3}} = 1.77 (Re_{\text{mod}})^{-0.44}$$

$$Re_{\text{mod}} < 30, J = 5.7 (Re_{\text{mod}})^{-0.78} \tag{8-3}$$

与式(8-1) 和式(8-2) 有关的活性炭，气体和吸附分子的各种物理性质一同列在图 8-2 的下面。a_{V} 由下式给出：

$$a_{\text{V}} = \frac{6(1-\varepsilon)}{d_{\text{p}} \Phi} \tag{8-4}$$

由于活性炭对于稀薄元素碘是不可逆吸附，所以式(8-1) 中的 c_1 项可以忽视。由式(8-1) 和式(8-2)，可以导出下式：

$$c_{\text{出}} = c_{\lambda} e^{-\frac{k_{\text{g}} a_{\text{V}} L}{\mu}} \tag{8-5}$$

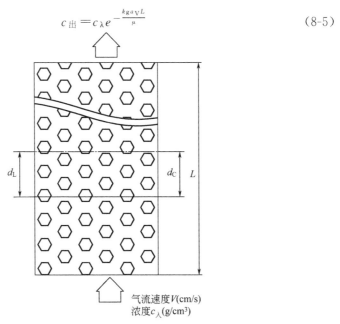

气流速度V(cm/s)
浓度c_{λ}(g/cm^3)

图 8-2 用活性炭从气相中吸附碘

原子反应堆用活性炭的物理性质基准见表 8-7。

表 8-7　原子反应堆用活性炭的物理性质基准

项目	BC8-18 炭① 规格	BC8-18 炭① 例	MSA8-14 炭② 规格	MSA8-14 炭② 例	ツルミユール 规格	HC·A 例	NACAR G617③ 规格	NACAR G617③ 例
表观密度 /（g/mL）	0.42~0.57	0.52			0.47~0.52	0.49	0.39~0.45	
粒度/%（目）		0.1（约8）9.9（8/10）89.1（10/14）0.9（大于14）	5最大（约8）5最大（大于14）	2.44（约8）1.96（大于14）	0.1最大 1.0最大	0 11.8（8/10）87.3（10/14）0.9（大于14）	5（5）40~60（8/12）40~60（10/14）5（14）	
硬度/%	90.0最小	99.8			97.0最小	98.5		92最小
干燥减量/%	5.0最大	2.9	2~4	3.4	5.0最大	2.0		3
灰分/%		2.74			4最大	2.5		
氯化苦吸附力/%	5.0最小	53.1			45最小	51		
四氯化碳吸附力/%	50~65	55.1			50最小	53		90
碘吸附力/（mg/g）		1172			700最小	1097		
比表面积/（m²/g）					1000最小	1040		1400
着火点/℃		340最小			450最小	495最小	330~350	
比热容（cal/g）							0.24④	
细孔容积（N_2）/（mL/g）							0.85~0.95	

①巴恩贝·切尼公司（Barneby Cheney Co.）；②米尼·沙弗弟·阿普兰西斯公司（Mine Safety Appliances Co.）MS-85851；③美国诺力特（North）炭；④15℃。

吸附分子的物理性质：D 为气相中的扩散系数，cm^2/s。

活性炭物理性质：a_V 为吸附层每单位体积的表面积，cm^{-1}；d_n 为活性炭的平均粒径，cm；γ 为活性炭的填充密度，g/cm^3；e 为孔隙率，无量纲；Φ 为形状系数，无量纲。

气体的物理性质：μ 为黏度，$g \cdot s/cm$；ρ_g 为气体密度，g/cm^3。

通过比较在温度 25℃，相对湿度为 50% 的条件下的理论曲线与实验曲线图，可以预料式(8-5)要受温度、相对湿度、气相浓度等很多因素的影响，但当温度低于 135℃ 时，温度、相对湿度的影响很小。经实验研究表明，炭层内后段的活性炭的捕集效果会降低。其基本原因可以认为是由于随着活性炭层内元素态碘浓度迅速降低，并且还有碘化物存在所致[40]。

3. 甲基碘的捕集

与吸附元素态碘相比较，用活性炭对甲基碘的吸附受相对沉降速度的影响更为显著。为解决这个问题，可以通过把希望和甲基碘直接反应的物质(三亚乙基二胺)，和甲基碘进行同位素交换反应的物质(碘，碘化钾)，或者进行两种反应的物质(碘化亚锡) 载于活性炭表面来解决。在活性炭上的反应如下，式中的 $^*I$ 是放射性碘。

$$KI + CH_3{}^*I \longrightarrow K^*I + CH_3I \tag{8-6}$$

$$SnI_2 + CH_3{}^*I \longrightarrow Sn^*I_2 + CH_3I \tag{8-7}$$

$$N(CH_2CH_2)_3N + 2CH_3{}^*I \longrightarrow {}^*I[H_3CN^+(CH_2CH_2)_3N^+CH_3]^*I^- \tag{8-8}$$

戴维斯根据上述反应，研究了放射性甲基碘的活性炭捕集，在式(8-1)中，假定$(c-c_1)$ 项为 a_c，相当于撞击在活性炭表面的甲基碘分子数和吸附-分解-反应-挥发分子数的比值比 1 小得多(在 MSA-24207 活性炭上，与 $d_p=0.13\sim0.28cm$ 相对应的 $\alpha=0.067\sim0.124$)。并且，α 值受活性炭表面上吸附物质的影响而变小。当相对湿度达到将近 100% 时，即使是载体炭，捕集甲基碘的效率也会急剧下降。

由于大气中飘浮着二氧化硫、二氧化氮、机械室的润滑油、建筑物的油漆溶剂等比甲基碘更易被活性炭吸附的物质，因此必须每隔一定时期进行更换用于保护载体炭的活性炭过滤器的装置和深层载体炭装置，或者采取措施以减少活性炭与通常大气的接触。

三、放射性稀有气体

除 ^{85}Kr(半衰期 10.4a) 之外的放射性稀有气体一般是寿命很短的原子核素。为此，再处理设施中的 ^{85}Kr 的时候，如果在动力反应堆中(特别是在沸水反应堆) 中存在短寿命的稀有气体，则必须设法降低它们的放出率。从再处理厂的废气中捕集 ^{85}Kr，除用活性炭吸附法以外，还可采用溶剂吸收法、液化法、隔膜渗透法等其他各种方法，通过测定有关各种吸附剂对稀有气体的平衡吸附量，可以证明活性炭具有比其他吸附剂更好的吸附性能。氪和氙在活性炭表面的吸附热分别为 $5\sim5.1\text{kcal/g}$ 分子和 $6.1\sim6.4\text{kcal/g}$ 分子，在常温附近的吸附等温级可以用朗格缪尔式表示。处理气的组成根据燃料的种类、燃烧度以及再处理方法的不同而变化。在温德斯卡勒（Windscale）的例子中，成分比是去除凝结性物质后的组分。另外，由于废气中的氧在强放射线场中会变为臭氧，所以不能忽略它与活性炭的反应而造成的影响。特别是在极低的温度用活性炭吸附 ^{85}Kr 的过程中，必须注意氧气存在的问题。

用活性炭固定层动态吸附氪，做了从再处理废气中回收氪的研究。固定层的缩小部分的物料平衡由式（8-2）给出。并且，在处理条件中，若吸附量对浓度 c 的吸附系数 β 用一次式表示：

$$q=\beta c \tag{8-9}$$

那么，在层厚为 L 的固定层的入口及出口处的 ^{85}Kr 浓度 $c_入$、$c_出$ 的浓度比的时间变化，在 L 变大的情况下，可近似地用式（8-10）表示：

$$t=t'-\frac{L}{\dfrac{U}{e}}=\frac{2\beta\gamma L}{U}\cdot\frac{1}{Kra_v}\cdot\frac{U}{L}\cdot E+\frac{\beta\gamma L}{U} \tag{8-10}$$

$$\frac{C_出}{C_入}=\frac{1+erfE}{2} \tag{8-11}$$

式中，t' 为经过时间；E 为与 $c_出/c_入$ 有关的常数。

总传质系数 K_p、气体界膜系数 K_g 与粒内传质系数 K_s 之间有下列关系：

$$\frac{1}{K_pa_v}=\frac{1}{K_ga_v}+\frac{1}{\beta K_sa_v} \tag{8-12}$$

这里，对于球形吸附剂，β 有如下关系：

$$\beta K_sa_v=\frac{15D_i(1-\varepsilon)}{d_p^2} \tag{8-13}$$

式中，D_i 为粒内扩散系数；d_p 为粒径。

英国温德斯卡勒再处理厂的燃料溶解槽的废气组成见表8-8。

表 8-8　英国温德斯卡勒再处理厂的燃料溶解槽的废气组成

成分＼试料序号	1	2	3	4	5	6	7	8
H_2	0.6	0.02	0.03	0.31	0.23	0.68	0.12	0.06
N_2, CO	65.1	28.8	29.0	16.9	15.5	19.1	37.9	14.6
NO								
O_2	28.5	66.3	65.3	77.0	81.4	78.0	59.8	84

续表

试料序号 成 分	1	2	3	4	5	6	7	8
Ar	3.4	4.2	3.6	4.7	3.1	3.2	1.5	0.95
CO_2	2.4	0.55	0.07	0.17	0.13	1.5	0.04	0.04
N_2O			1.9	1.7	1.4		0.8	0.8
总 Kr	0.026	0.012	0.024	0.029	0.02	0.035	0.013	0.008
放射性 Kr	0.015	0.012	0.012	0.02	0.015	0.026	0.007	0.005
$^{85}Kr/\times 10^{-6}$	11	9	9	15	10	15	7	4
Xe	0.10	0.09	0.11	0.14	0.09	0.16	0.06	0.04

图 8-3 是实验例。在这个吸附操作中，如果将处理气体加压，随着气体分压上升，平衡吸附量增加，但是由于共存气体的影响，所以该平衡吸附量要少于单一气体成分在一定压力下的吸附量。例如，在 $Kr-N_2$ 体系的场合，在 $0℃$，$1kg/cm^2$ 气体下吸附量减少至 $1/2$，而在 $10kg/cm^2$ 气体下吸附量减少至 $1/4$。因此，在作为回收工程的吸附-解吸操作中应考虑热量反复变化的方式。

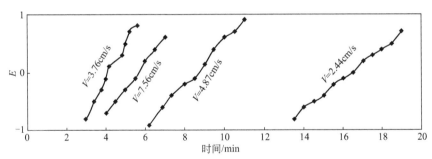

图 8-3 ^{85}Kr 在活性炭层中的穿透曲线

吸附 ^{85}Kr 的活性炭层的参数见表 8-9。

表 8-9 吸附 ^{85}Kr 的活性炭层的参数

吸附剂	层厚/cm	粒径/cm	γ	ε	a_r
ツルミュール4GS	200	0.40（直径）× 0.442（长度）	0.40	0.40	8.8

在核反应堆的废气中，主要含有放射性稀有气体 ^{85m}Kr（半衰期 4.4h），^{87}Kr（半衰期 78min），^{88}Kr（半衰期 2.77h），^{133}Xe（半衰期 5.27d），^{133m}Xe（半衰期 2.3d），^{135}Xe（半衰期 9.13h），^{138}Xe（半衰期 17min）等。以往，为了降低核反应堆排气中稀有气体的放射能水平，一般将废气在衰减储槽中储藏一定时间，使短寿命的放射性原子核素衰减。现在我们利用空气成分相对于稀有气体的吸附滞留时间差，开发了"稀有气体滞留

装置"并在动力反应堆中应用。

当核反应堆排放气体通入装填了粒状活性炭的吸附塔内时，空气成分会迅速通过，但稀有气体成分则被可逆吸附，同时在塔内移动。如果活性炭层中对稀有气体的吸附理论塔板数为 N，设备各段的稀有气体处于吸附平衡时，则滞留时间 t_m(h)，活性炭质量 m(t)、处理气体流量 F(m³/h) 以及理论塔板数 N 之间就有如下关系。

$$t_m = \frac{N-1}{N} \cdot \frac{Km}{F} \tag{8-14}$$

式中，K 叫做动态吸附平衡常数，m³/t，它随活性炭的物理性质和气体组成、压力、温度等不同而异。K 依存于温度和压力，由于受到水蒸气的影响比较强烈，所以必须有附属的脱湿装置。原子核素 i 的吸附塔入口以及出口的稀有气体放射能 $A(i)_入$，$A(i)_出$ 对时间 t(h) 的关系可用下式表示：

$$\frac{A(i)_出}{A(i)_入} = e^{-\frac{0.093t}{t_B(i)}} \tag{8-15}$$

式中，$t_B(i)$ 为同位素的半衰期，h。

实用规模试验装置流程如图 8-4 所示，装置的详细规格如表 8-10 所示。

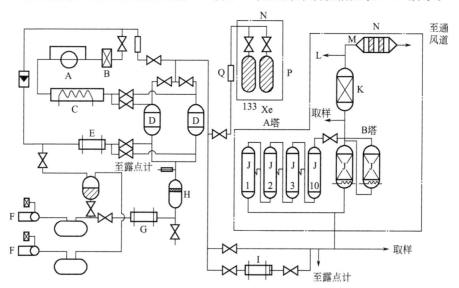

图 8-4 实用规模试验装置流程

A—风机；B—过滤器；C—再生加热器；D—脱湿塔；E—再生冷却器；F—压缩机；G—除湿冷却计；
H—气水分离器；I—冷却器；J—吸附塔；K—备用吸附塔；L—至入射双脚检测器；M—高效过滤器；
N—生物防护屏；P—试样钢瓶；Q—流量计

表 8-10 实用规模装置规格一览表

项目	单位	实用试验装置	
		A 塔	B 塔
通气流量（排气量）	m³/h	6	6
稀有气体种类	—	Xe, Ke	Xe, Ke
放射性稀有气体浓度	μCi/L	0.5	0.5
气体的湿度（露点）	℃	< − 30	< − 30
气体线速度	cm/s	0.47	0.11
吸附塔操作操作温度	℃	常温	0 以及常温
吸附塔操作压力	大气压	1	1
滞留时间	天（Xe）	约 40	约 30
活性炭粒径	目	4~6	4~6
活性炭装填量	t/座	0.52	1.7
活性炭装填高度	mm	3200	2600
吸附塔内径 ϕ	mm	680	1400
吸附塔数	座	10	2
吸附塔冷却方式	—	无	内冷式
气体干燥方式	—	脱湿材料	吸湿材料

注：1Ci＝37GBq。

四、活性炭类捕集材料及现存的问题

1. 活性炭类捕集材料

各种类型的活性炭及其浸渍炭是研究最多、应用最为广泛的气态放射性碘的捕集材料，其中所用的基炭有椰壳炭、山核桃炭、油棕壳炭、杏核炭等。许多研究表明，各类非浸渍炭均具有较高的碘捕集效率。活性炭筒对气态[131]I 分子的吸附效率为(99.99±0.01)％。但其对甲基碘的捕集能力均较差，不能有效地去除气流中放射性甲基碘，故目前各国均采用浸渍活性炭来捕集甲基碘。TEDA(三亚乙基二胺)是一种性能较好的浸渍剂，因而被广泛采用，为达到更理想的捕集效果，也有人将 TEDA 与 KI 联合使用。长时间通气实验表明，通气 300h 后，3cm 厚的浸渍活性炭对气态元素碘的吸附效率仍保持在 99.99％。通气 260h 后，5cm 厚的浸渍活性炭对甲基碘的吸附率可达 99.90％。卢玉楷研究了杏核炭吸附碘及 TEDA-杏核炭吸附 CH_3I 的性能，结果显示，两者具有较好的效果，并总结出了实验条件对动态饱和、吸附容量影响的关系曲线。黄子瀚等采用井型取样盒微机控制实现了核设施正常运行情况下及一般事故发生时放射性碘的连续监测，取样盒内装核级活性炭 132g，该活性炭是由柚棕壳基炭浸渍 2% TEDA 和 2% KI 制成，结果表明，该材料对元素碘和有机碘的吸附率均在 99% 以上。为了进一步找到价格便宜并且吸附有效的捕集材料，从目前煤基活性炭对气态放射性碘的吸附性能的研究中可以发现，煤基活性炭的除碘性能并不亚于果壳类活性炭，尤其表现在其对元素碘的吸附率较高，在 3cm 厚的炭床中能将全部滞留气流中的元素碘吸附，但煤基活性炭的不足之处是对甲基碘的吸附性能较差、并且容易受到湿度影响。为完全吸附滞留气流中的甲基碘需要 7cm 以上的炭床，但是当浸渍 5% TEDA 后，4cm 厚的炭床就能将甲基碘全部吸附。为了捕集全部气态放射性碘，哈继录等研制出一种气态和气载 [131]I 取样器，填充介质组成及捕集效率如下：①玻璃纤维滤纸，用以收集微粒碘，效率接近 100%；②活性炭滤纸，用以吸附元素碘和部分非元素无机碘，其中对元素碘的收集效率为 95%～99%；③核级活性炭（油棕炭，浸渍剂为 210% TEDA＋2.0% KI），用以吸附有机碘，效率在 58%～100% 之间。

近年来，多种类型的活性碳纤维在各国陆续被研制成功，尤以对聚丙烯腈活性碳纤维研究最为广泛，包括其制备方法、孔径结构、表面活性、吸附容量及对各种物质的吸附特性。通过研究聚丙烯腈活性碳纤维在不同实验条件下对气态 [131]I 的吸附性能可以发现，聚丙烯腈活性碳纤维可以定量地捕集气态元素碘。由上海纺织科学院和复旦大学共同研制成功的核级活性碳纤维制品，已通过国家级鉴定，将用作我国某核电站的碘吸附器内的填充材料，该材料对放射性元素碘和放射性甲基碘的吸附率分别为 99.70%～99.96% 和 99.60%。

2. 使用活性炭目前存在的问题

使用活性炭是去除放射性气体的有效手段，但是考虑到活性炭的物质特性，其在实际使用方面还存在一些问题。为使活性炭在原子能方面可以有更深入的应用，笔者认为应该在下述几点进行改进。

（1）活性炭的价格高　在非常用气体处理系统、中央控制系统中使用的活性炭，是对在高温度状况下放射性碘甲烷吸附用活性炭的吸附能力进行改善的添载活性炭。该材料主要依赖进口且单价较高。因而，充填量大的非常用气体处理系统每更换一次，仅活性炭就要花费 2000 万日元以上。而且，非常用气体处理系统中的活性炭使用寿命长，加之有严格的性能检查基准，若要在国内长期保管，在质量管理上是不现实的。但是，若在每次需要时再进口，又要花费很长的时间，存在着发生紧急事故时无法迅速地进行相应处理的危险性。

（2）活性炭的使用寿命与更换标准不合理　迄今为止，根据实际运转情况，非常用气体处理系统平均每个系统大约可以持续运行十年以上。但是，检查用的滤器（试验用的滤毒罐），在设计时每个系统仅设置了 10 个，即只能检查 10 次。而且，检查的目的是"活性炭是否有经年劣化"。因此，检查用的滤器与运转用的滤器必须是同一种活性炭。当"由于检查用的滤器全部用完"时，活性炭只好随着滤器的更换而提前更换。因此，设计上应重新考虑滤毒罐的数量问题并要研究对现在运转中的滤器增设试验用的滤毒罐问题。

（3）产生的废弃物数量增加　对于更换以后废弃的活性炭的处理问题，现行方法是只要没有放射性污染，就可以选择通过再生处理等方法再次使用。但是，在非常用气体处理系统的场合，使用场所由于是管理区域，必须将更换下来的活性炭按照难燃性的放射性废弃物进行储存处理。希望制订相关法律，根据放射性物质的浓度，若可以进行再生处理时，即使成为废弃物质也可以作为有放射性的废弃物进行处理。

第三节　电子行业用活性炭

一、碳材料的电学性能

碳材料作为一种常用的导电材料，电阻率是其主要的物理性能指标，因此，对碳材料的电学性能进行研究有着重要的意义。可以从外观形态将碳材料区分为金刚石、石墨和无定形碳三大类，从晶体结构上说，金刚石与石墨有着明显的区别，且它们的物理性质也不同。近代碳的石墨化理论认为无定形碳也属于石墨微晶结构的产物，因此不论是炭质材料或石墨材料的导电机理都与石墨晶格的特性有关[41]。

1. 石墨的导电机理

金属材料的晶格中充满着自由电子，是电的良导体。一个很小的电场就可以向其提供一定的能量，使金属中的自由电子在电场的影响下流动。而在半导体中，则需要可观的能量才能破坏化学键以释放电子。在绝缘材料中，加热也不能使牢固化学键的电子获得自由，除非温度已经达到了使晶体熔化或者逐渐蒸发的程度。石墨晶体在层面方向是由碳原子组成的向四面扩展的六角环形层状大分子，碳原子与碳原子之间通过共价键叠加金属键结合。由于金属键的存在，所以石墨在层面方向有良好的导电性，但是石墨晶体在层与层之间是由较弱的分子键联系的，导电能力差得多。金属键自由电子的存在可以用来解释石墨导电的原因，但是要对石墨的导电能力随温度而变化及随晶格的完善而增加这一现象进行解释，只有采用电子激发的量子理论。

固体材料的导电状态和非导电状态可以用能带模型来解释，该模型主要依据泡利不相容原理来考虑电子的容许量子态。泡利原理指出，在一个给定量子态中，最多只能有自旋相反的两个电子，这个原理提出孤立原子的壳状结构，电子环绕原子核形成若干个层，每层中的电子具有特定的能级。因为电子具有处在最低可被占据的能级上的倾向，故只有当每个较低的能级都充满了电子，其余的电子才能填充到较高的能级中。当原子聚集于晶体中时，也有类似的情况，游动于整个晶体中的电子所具有的能量，处于由原子壳体中的若干个能带中。在一个能带内，两个相邻的能级之间差别极其微小，以致电子能够很容易地从一个能级激发到另一个能级上去，然而能带被一些间隙所隔开，一般情况下，电子是被禁止越过这些间隙的。在金属中，最上层的能带叫做"导带"，电子只是部分地充满着导带，因而可以通过外加电压把某些电子激发到较高的能级或能带上去。而在绝缘体和半导体材料中，导带是空的，在导带下面的所有"价带"中却完全充满着电子，要把电子由最高的价带激发到导带，则需要一定的能量使电子越过能量间隙(禁带)，所需能量的大小决定于禁带的宽度。

　　石墨晶体可以看成是和金属类似的导电材料，禁带很小，受热激发跳跃到导带上去的电子数目遵循玻尔兹曼定律，电子数目随温度的升高而增多，因此石墨的电导率似乎应该随温度上升而增加。但是晶格在加热时会产生热运动，在常温时，晶格中原子在平衡点附近的振幅很小(每个原子可移动的距离可增加到偏离它们正常位置的10%)。晶格的热运动阻碍了电子的流动，即电阻增加，因此，晶体材料的电阻会随温度上升而增加。所以，不同种类炭质制品或石墨制品的电阻率及电阻温度系数是个变化的量。在一定温度下，碳素材料的导电性是综合了电子的热激发与晶格热运动两种相反作用之后表现出的结果。如果在某一温度范围内，电阻率随温度上升而下降，说明在该温度范围内电子的热激发使材料的电导率增加占优势。如果在另一个温度范围内，电阻率随温度上升而增加，说明该温度范围内晶格的热运动所引起的对电流的阻碍作用占优势。石墨的晶格愈完善，沿层面方向的六角环形片状体大分子中杂质愈少，晶格缺陷也比较少，三维排列的层面间距离(d_{002})也相应缩小，所以阻碍电子流动的因素减弱，相应地，该材料的电阻率也会下降。

2. 碳材料的电阻率

包括电阻率表示及测量。

(1) 导体的电阻和电阻率　根据欧姆定律，导体两端产生的电压U与通过导体的电流强度I成正比，该导体的电阻R是指导体电压与电流之比，即$U=IR$。但导体的电阻与材料的性质及形状、长度有关，对于由一定材料制成的横截面为均匀的导体，其电阻与导体长度成正比，与横截面大小成反比。电阻率是电流通过导体时，导体对电流阻力的一种性质，数值上等于长度为1m、截面积为$1m^2$的导体在一定温度下的电阻值，电阻率的计算公式为：

$$\rho=UA/(I \cdot L)$$

式中，ρ为电阻率，Ωm；U为导体两端的电压，V；A为导体的截面积，m^2；L为导体的长度，m；I为通过导体的电流强度，A。当截面积单位用

mm^2时，电阻率单位为 $\mu\Omega \cdot m$。

高度定向的天然鳞片石墨与热解石墨的电阻率各向异性很大，甚至可以相差上万倍，但是不论是模压或挤压成型的人造石墨制品的异向比只有 1.2～1.4，这是因为人造石墨都是多晶石墨，原料焦炭择优定向排列会对材料电阻率的方向性产生影响。

（2）测定碳材料电阻率的方法　在炭工业中经常使用两种测定电阻率的方法，即整根电极电阻率的测量和煅烧料粉末电阻率的测量。

各类电极及煅烧后原料的电阻率（$\mu\Omega \cdot m$）举例如下：

大直径普通功率石墨电极　8～11

中直径普通功率石墨电极　7～10

小直径普通功率石墨电极　6～9

大直径高功率石墨电极　6～7

大直径超高功率石墨电极　4.5～5.8

超高功率石墨电极的接头料　3.5～4.5

大直径炭质电极　35～45

电极糊烧结试料　75～90

铝用阳极糊烧结试料　50～80

煅烧后石油焦　450～650

煅烧后沥青焦　600～700

煅烧后无烟煤　1100～1300

电煅烧后无烟煤　600～750

石墨碎（电极加工后的碎屑）　250～300

3. 影响电极电阻率的各种因素

以石墨电极和炭质电极为例，影响电极电阻率的因素可以归纳为以下四点。

（1）原料　成品的电阻率会受到原料的导电性能的影响，沥青焦的煅烧后粉末电阻率高于石油焦，因此部分使用沥青焦的石墨电极电阻率要高于全部使用石油焦的电阻率。使用普通煅烧后（煅烧温度 1200～1300℃）无烟煤生产的炭质电极的电阻率要高于使用电煅烧无烟煤（煅烧温度 1500～2000℃）的同类产品。生产炭质电极、电极糊如加入部分石墨碎（或天然石墨），可明显降低成品的电阻率。

（2）成品体积密度及孔隙率对电阻率的影响　在一定范围内，成品的体积密度较低或孔隙率较大会导致电阻率升高，下面列举一个石墨电极成品体积密度与电阻率的表达关系式：这个关系式大致适用于孔隙率为 17%～30% 以石油焦为原料的石墨电极。

$$\rho/\rho_1=(6.2/D_b)-2.8 \tag{8-16}$$

式中，ρ_1 为成品体积密度为 1.62g/(c·m³) 时的电阻率，$\mu\Omega\cdot m$；ρ 为被测石墨电极的电阻率，$\mu\Omega\cdot m$；D_b 为被测石墨电极的体积密度，g/(c·m³)。

（3）电阻率与成品的最终热处理温度有关　以石墨电极为例，焙烧半成品的电阻率与焙烧最终温度成反比例，石墨化后成品的电阻率与石墨化最终温度成反比，最终温度愈高得到的焙烧半成品或石墨化成品的电阻率愈低。下面列举的使大规格石墨电极焙烧最终温度及石墨化最终温度对电阻率测定数据：（焙烧温度指产品实际温度，并非加热火焰温度）。

焙烧温度/℃　　焙烧半成品电阻率/$\mu\Omega\cdot m$
800　　　　　　　44～50
900　　　　　　　40～45

石墨化温度/℃　　石墨化后成品电阻率/$\mu\Omega\cdot m$
2000　　　　　　10～15
2250　　　　　　9～12
2500　　　　　　7～10
2750　　　　　　5～7
3000　　　　　　4～5

（4）电阻率与测试温度有关　不同的炭素材料在测试温度升高时电阻率变化的幅度也不同，即不同的炭素材料有不同的电阻温度系数。若材料的电阻率随着测试温度的升高而上升，则这类材料的电阻温度系数为正值。若材料的电阻率随着测试温度的升高而下降，则这类材料的电阻温度系数为负值。石墨材料的电阻温度系数与一般材料不同，在某一温度范围内，其电阻温度系数为正值，而在另一温度范围内则为负值。如当测试温度在 500K 以下时，某种焦炭基石墨的电阻率随测试温度升高而急剧下降，从 500～1000K 这一区间电阻率变化很小，1000K 以上随着测试温度的提高，其电阻率又呈上升趋势。4 种石墨材料在 1000℃时的电阻率以及在特定的测试温度范围内的电阻温度系数如表 8-11 所示，根据表 8-11 中的电阻温度系数可以计算材料在测试温度范围内某一温度点的电阻率。

$$\rho_t=\rho_1+\alpha(t-1000) \tag{8-17}$$

式中，ρ_t 为材料在温度为 t 时的电阻率，$\mu\Omega\cdot m$；ρ_1 为材料在温度为 1000℃时的电阻率，$\mu\Omega\cdot m$；α 为在表 8-11 中的电阻温度系数。

表 8-11　各类石墨制品的电阻温度系数

石墨材料种类	在 1000℃时的电阻率/$\mu\Omega\cdot m$	电阻温度系数/℃⁻¹	测试温度范围/℃
高密度石墨	6.4±0.9	0.002	1000～2500

续表

石墨材料种类	在1000℃时的电阻率/μΩ·m	电阻温度系数/℃⁻¹	测试温度范围/℃
粗颗粒结构石墨	9.2±1.4	0.002	1000~2500
细颗粒结构石墨	12.9±2.6	0.0024	1000~2500
普通功率石墨电极	7.5±0.7	0.0009	1000~2300

由于石墨制品的电阻率呈现各向异性，并且与成型方法有关。因此，可以通过石墨制品的电阻率的各向异性来判断其成型方法。以石墨电极为例，判断方法如下：

电阻率(ρ) 在一个方向低而在其他两个方向高 $\rho_x > \rho_y = \rho_z$，为挤压成型生产。x 轴为挤压成型的加压方向。

电阻率(ρ) 在两个方向低而在一个方向高 $\rho_x = \rho_y < \rho_z$，为模压成型生产，这时 z 为模压成型的加压方向。振动成型生产的石墨电极的径向电阻率与轴向电阻率差别不大。

4. 石墨或炭对各种材料的接触电阻

两种材料的接触电阻取决于材料本身的性质、接触时外加压力和接触表面的光洁度，石墨与金属在不同压力下的接触电阻如表8-12所示，炭与金属在不同压力下的接触电阻如表8-13所示，两组数据测量时接触面均经过磨光及清洁处理。从表8-12数据看出，石墨对石墨的接触电阻是较低的，石墨对黄铜或纯铜稍高一些，石墨对钢及石墨对铝的接触电阻要大得多，从表8-13数据看出，接触电阻受接触压力影响很大，压力越大则接触电阻越小。炭与金属（黄铜、铜）的接触电阻要比石墨与同类金属大10倍以上。

表8-12 石墨与金属的接触电阻值（Ω·10⁻⁶）

压力/MPa	石墨-石墨	石墨-黄铜	石墨-铜	石墨-钢	石墨-铝
0.2	70	120	100	2100	6000
0.5	40	55	70	1100	2600
1	25	37	50	700	1300
2	14	22	32	380	500
4	7.5		16	190	

表8-13 炭与金属的接触电阻值（Ω·10⁻⁶）

压力/MPa	炭-炭	炭-铜	炭-黄铜	炭-铝
0.05	750	2100	4600	20000
0.1	520	1800	2800	16000
0.2	380	1400	1600	10000

压力/MPa	炭-炭	炭-铜	炭-黄铜	炭-铝
0.4	290	850	1000	4000
0.6	250	600	700	1700

与石墨及玻璃状炭等不同，活性炭的电化学性质随着活性炭的物理性质及表面状态、杂质含量等的不同，变化幅度很大。制造高性能电池、双电层电容器产品及重金属回收的载体都是利用其特有的电学性能。装载超级活性炭的电容器，不仅具有大电流快速充放电特性，同时也具有电池的储能特性，并且可以长时间重复使用，为设备提供电源，因此，活性炭电容器在电动车辆、电动工具、铁路系统、电力系统等领域得到广泛应用[42]。超级电容器活性炭具有比表面积大、孔分布合理、灰分低和导电性好等特点，是别类活性炭无可代替的。

二、活性炭在双电层电容器方面的应用

"多孔"是活性炭的主要特征，正是由于多孔从而使得活性炭具有巨大的比表面积和超强的吸附性能。根据国际纯粹与应用化学联合会分类标准，活性炭孔结构可分为微孔（<2nm）、中孔（2～50nm）和大孔（>50nm）。活性炭中不同孔径的孔隙具有不同的功能和作用。因孔径小于 2nm 的微孔数目多，比表面积大，所以对气体分子、液体中的小分子或直径较小的离子具有极强的吸附作用。孔径在 2～50nm 范围的中孔，主要起输送被吸附物质到达微孔边缘的通道作用以及在液相吸附中起对分子直径较大的吸附质的吸附作用。孔径大于 50nm 的大孔主要起运输通道的作用[43]。高比表面积活性炭的总孔容中的80%是微孔提供的，其次是中孔容积，而大孔容积所占比例极小，一般可忽略不计。由于高比表面积活性炭用作双电层电容器的电极材料时，活性炭中的中孔和孔径较大的微孔才是起形成双电层作用的主要部分，所以有必要采取合适的工艺来调控高比表面积活性炭的孔径分布，使其孔径分布主要集中在中孔特别是直径较小的中孔和直径较大的微孔范围内，以提高活性炭的比电容及其充放电性能。

活性炭在电池和电能储存方面的应用历史悠久，早在 19 世纪初（1802年），碳材料就成为电池的电极材料，1930 年活性炭电极电池就已制作完成，活性炭电极被广泛应用于活性炭-空气电池、燃料电池、钠-硫电池等。用活性炭吸附电解质（可以是无机或有机电解质）为电极做成超大容量电容器，配合合理的放电电路设计，使得蓄电池发生革命性的变化。这种电容器具有体积小、质量轻、单位质量（或体积）能量密度大、充电快、无污染等优越性能。

　　超级电容器是近年来出现的一种高功率、宽温度使用范围和长循环寿命的新型能源器件，其性能介于传统电容器和电池之间，按照储能机理可以将超级电容器分为两类：双电层电容器和法拉第准电容器。在电极面积相同的情况下，法拉第准电容是双电层电容的10~100倍。活性碳材料电极电化学电容器是以双电层电容的方式来储存电荷的[44,45]。双电层电容器是近年来发展起来的一种介于传统电容器和二次电池之间的高能量电能存储元件，其功率密度高（可为二次电池的10倍以上）、循环寿命长（可10次以上）、充放电快速和对环境无污染，因而在微机存储器的后备电源、电动汽车启动和爬坡时的辅助动力电源以及电机调节器和传感器等领域中被广泛应用。它作为一种理想的功率补偿器件可以起到降低所需电池的功率和延长二次电池循环使用寿命的作用。

　　随着双电层电容器应用领域的不断拓展，国内外关于各种碳材料用作双电层电容器电极的研究日益增多[46]。在开发初期，炭电极主要采用比表面积较大的活性碳材料和高孔隙率和高比表面积的炭气凝胶材料。日本和美国政府都设有相关的开发机构，美国能源部与美国三大汽车公司通用、福特和克莱斯勒共同组建了先进电池联合体，日本设立了New Sun Shine开发机构。双电层电容器的比电容主要受电极材料和电解液等因素影响。对电极材料的要求主要有：高导电率、高比表面积，成型性好，价格低廉且不与电解质发生电解反应或电化学反应等。一般来说，多孔材料比表面积越大，其比电容也越大，以其作电极材料的双电层电容器的电容量也越大。因活性炭、炭气凝胶、碳纳米管等材料其具有比表面积和比电容大、孔径分布窄、化学稳定性和导电性好等优点，是制备双电层电容器的最佳材料，因此常被应用于双电层电容器中。特种碳材料，如电子行业锂电池专用活性炭与超级电容器用的超高比表面积活性炭，是一个学科前沿性的既有理论意义又有广泛工程实际应用价值的研究领域。目前商业化的双电层电容器大多以高比表面积活性炭制作电极，以酸碱如H_2SO_4、KOH等的水溶液做电解液。近年来，采用高分子凝胶、离子液体作为电解液的相关研究也逐渐增多[47,48]。

　　双电层电容器的出现填补了传统物理电容器与二次电池之间的能量存储技术的空白。对于具有高容量、低成本、高可靠性的双电层电容器进行研制开发不仅是有理论意义和实用前景的一项重要工作，也将具有一个巨大新市场发展潜力。在美国、法国、俄罗斯等国家，高性能的双电层电容器已经研制成功，20世纪70年代末，日本首先开发了具有数法拉容量并可快速充放电的双电层电容器，1994年，双电层电容器市场销售额达90亿~100亿日元，2000年超过1000亿日元。可以预计双电层电容器将在电力、铁路、交通、医疗、军事、通信等众多领域有广阔的应用前景和市场需求，因此，EDLC必将成为世界各国能源研究的热点，而作为双电层电容器中性能优异的电极材料，高比表面积活性炭正凸显重要。目前看来，我国在电容器的研究和开发起步均较晚，不少产品仍需依赖国外进口。

图 8-5 所示为双电层电容器的作用原理。将一对固体电极浸在电解质溶液中，当施加电压低于溶液的分解电压时，电荷会在极短距离内分布、排列于在固体电极与电解质溶液的不同两相间。正负电荷会向相反的电极移动，从而形成紧密的双电层(elecrtic double layers)，电荷在电极和电解液界面上存储，但不会通过界面转移，这一过程中的电流基本上是位移电流，是由电荷重排而产生的，伴随双电层的形成，在电极界面形成的电容被称为双电层电容。双电层电容的能量以电荷或浓缩的电子形式存储在电极材料的表面，充电时电子通过外电源从正极传到负极，同时电解质本体中的正负离子分开并移动至电极表面；放电时电子通过载体从负极移至正极，正负离子则从电极表面释放并移动返回电解质本体中。

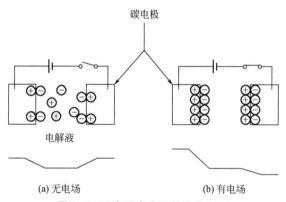

图 8-5　双电层电容器的工作原理

1945 年美国通用电气公司(GE) 的 Becker 首先提出用焦油炭黑作极化电极的专利，但该专利未在有效期内得到实施。真正实用化的双电层电容器极化电极是由日本电气公司在美国 Sochnio 公司的专利基础上提出的，该电极采用活性炭粉末和电解液混合制成活性炭糊状电极。与此同时，日本松下电气也开始出售自主开发的双电层电容器。从 1986 年开始，该公司将活性碳纤维制成超小型、高性能的双电层电容器，直至 20 世纪 80 年代末，世界双电层电容器市场基本上由日本这两家公司独占分享。Teng H 等[49,50]作了大量的关于双电层电容器的研究，最新的研究成果是采用一定浓度的 $Ni(NO_3)_2$ 溶液浸润聚丙烯腈活性炭组织后制成电极，可得到比电容大于 230F/g 的电容器。此外，湖南大学刘洪波等也报道了许多相关研究[51]。聚苯胺(PANI) 是一种常见的导电高分子，其具有原料易得、制备方法简便，具有良好的化学稳定性、导电性和电化学氧化还原可逆性等优点，因而深受人们的重视。关于使用聚苯胺在活性炭表面用原位聚合方法来提高活性炭（AC）性能的研究也有大量报道。聚苯胺修饰活性炭电极可以同时利用活性炭的双电层电容聚苯胺的准电容，进而提高电容器的比电容。李仁贵等通过在活性炭表面原位聚合聚苯胺制得了电极材料，提高了其电容性能。

三、碳材料在电极材料方面的应用

双电层电容器中的电极材料要符合以下要求：导电率高，且不与电解质发生化学反应或电化学反应，表面积尽可能大，易于成型。因此，在开发双电层电容器的初期用活性炭、活性炭毡和活性炭布等材料就被人们优先考虑用作极化电极。

一直以来，高比表面积活性炭常被用作电极材料。碳纳米管（carbon nanotubes，CNT）是 20 世纪 90 年代初发现的一种新型碳材料，它是由单层或多层碳石墨片层卷曲而成的无缝中空的纳米级管状结构。碳纳米管具有独特的金属或半导体导电性、极高的机械强度、储氢能力、吸附能力和宽带电磁波吸收特性等特殊的物理化学性能，因此，在储能材料、导电材料、纳米电子元器件和复合材料中都具有重要的潜在应用价值。另一方面，基于碳纳米管的独特中空结构，良好导电性，大比表面积和适合电解液中离子移动的孔隙以及交互缠绕可形成纳米尺度的网状结构，因此，也常被用作双电层电容器的电极材料。

早期的研究表明，与金属电极的电容量 $[20\sim30\mu F/(C\cdot m^2)]$ 相比，多数多孔炭的比电容量较低，有的还不到 $10\mu F/(C\cdot m^2)$，但低表面积的石墨粉、热解石墨及玻璃碳等的比电容值却可达到以 $20\sim30\mu F/(C\cdot m^2)$，若用比表面积为 $1000m^2/g$ 的活性炭作双电层电容器的电极，则单个电极的双电层比电容量可达 $100F/g$；而用比表面积为 $2000m^2/g$ 的活性炭作双电层电容器的电极，则单个电极的双电层比电容量应为 $200F/g$。但实验结果表明，活性炭的质量比电容与其比表面积并不呈线性关系，说明这些活性碳材料的比表面积并未被充分利用，其原因是由于活性碳材料中存在大量孔径较小的微孔所造成的。一般认为孔径大于 2nm（水溶液体系）或 5nm（非水溶液体系）的孔才有利于双电层的形成，因此用于双电层电容器的炭电极材料不仅要求较大的比表面积，而且还要求有合适的孔径分布。

第四节　纳米活性炭的制备和应用

一、纳米技术及纳米材料的特征

纳米技术是 20 世纪末期诞生并正在迅速发展的用原子和分子创制新物质

的技术，是一种对尺寸范围在 0.1～100nm 之间的物质的组成进行研究的技术。这个极其微小的空间，不仅是原子和分子的尺寸范围，也是它们相互作用的空间。物质中电子的波性以及原子之间的相互作用都会受到纳米尺度大小的影响。在这个尺度时，物质会出现完全不同的性质，就好像生物进化一样，产生无穷的变化。

纳米材料是指尺度为 1～100nm 的超微粒经压制、烧结或溅射而成的凝聚态固体。与传统材料不同，由纳米颗粒组成的纳米材料具有许多特殊性能。

1. 表面效应

球形颗粒的表面积与直径的平方成正比，其体积与直径的立方成正比，所以，球形颗粒的比表面积（表面积/体积）与直径成反比。表面积和比表面积会随着颗粒直径的减小而显著地增大，同时表面原子数也将迅速增加。球形颗粒的比表面积和表面原子数随颗粒直径变化的对照如表 8-14 所示。

表 8-14　球形颗粒的比表面积和表面原子数随颗粒直径变化的对照

颗粒直径/nm	比表面积/（m^2/g）	表面原子占总原子数的百分比/%
10	90	20
5	180	40
2	450	80
1	900	99

由表 8-14 中的数据可见，当颗粒的直径减小到纳米尺度时，它的表面积、表面原子数和表面能都会大幅度增加。由于表面原子的周围缺少相邻的原子，使得颗粒出现大量剩余的悬键而具有不饱和的性质。同时，表面原子具有高的活性，极不稳定。因此，表面原子很容易与外来的原子相结合，以形成稳定的结构。所以，与内部原子相比，表面原子具有更大的化学活性和表面能。金属的纳米颗粒在空气中会燃烧，无机的纳米颗粒暴露在空气中会吸附气体并反应都是因为这些纳米颗粒具有较高的表面活性高。

2. 小尺寸效应

颗粒尺寸的量变，在一定的条件下会引起颗粒性质的质变。由于颗粒尺寸变小所引起的宏观物理性质的变化称为小尺寸效应。与大尺度颗粒不同，纳米颗粒尺寸小，比表面积大，因而在熔点、磁性、热阻、电学性能、光学性能、化学活性和催化性等方面都发生了变化，产生一些奇特的性质。例如，与金属大块材料相比，金属纳米颗粒对光的吸收效果显著增加，并产生吸收峰的等离子共振频率偏移；金属纳米颗粒中出现磁有序态向磁无序态，超导相向正常相转变的现象。纳米颗粒的熔点也较大块金属材料有大幅度下降，例如，金和银大块材料的熔点分别为 1063℃和 960℃，但是直径为 2nm 的金和银的纳米颗粒的熔点则分别降为 330℃ 和 100℃。因此会出现开水就可以将银熔化的奇特现象。

3. 量子尺寸效应

金属大块材料的能带可以看成是连续的，而介于原子和大块材料之间的纳米材料的能带将分裂为分立的能级，即能级的量子化。随着颗粒尺寸的减小，这种能级间的间距逐渐增大。当能级间距大于热能、光子能量、静电能、磁能、静磁能或超导态的凝聚能等的平均能级间距时，就会出现一系列与大块材料截然不同的反常特性，这就是量子尺寸效应。这种量子尺寸效应是导致纳米颗粒的磁、光、电、声、热以及超导电性等特性与大块材料显著不同的原因。例如，纳米颗粒具有高的光学非线性和特异的催化性能，还具有类似于绝缘体的很高的电阻。

研究表明，半导体的能带结构与颗粒的尺寸也有密切的关系。随着颗粒的减小，半导体材料会出现蓝移（blue shift）现象（半导体的发光带或者吸光带可由长波长移向短波长，发光的颜色从红光移向蓝光）。蓝移的现象也是由量子尺寸效应引起的，由于颗粒尺寸减小，能隙变宽，进而发生蓝移现象。

4. 宏观量子隧道效应

隧道效应是指微观粒子具有穿越势垒的能力。近年来，人们发现一些宏观的物理量也具有隧道效应，如微小颗粒的磁化强度，量子相干器件中的磁通量以及电荷等，它们可以穿越宏观系统的势垒并产生变化。无论对基础研究还是产业应用领域，宏观量子隧道效应的研究都具有重要的意义，例如，它限定了采用磁带、磁盘进行信息存储的最短时间。隧道效应和量子尺寸效应一起成为未来微电子器件的基础，并确定了微电子器件进一步微型化的极限。

二、纳米碳材料

纳米碳材料是指分散相尺度至少有一维小于 100nm 的碳材料。分散相既可以由碳原子组成，也可以由为了改善碳材料的性能或赋予碳材料以新的功能而添加的异种（非碳原子）组成，甚至可以是纳米孔。纳米碳材料可分为纳米碳合金和纳米纯碳材料两类。

所谓"碳合金"，是以碳原子的集合体为主体的多成分系构成，在它们的构成单位之间，存在着有物理的、化学的相互作用的材料，但认为不同的杂化轨道的碳是不同的成分系。简单地说，碳合金就是指由不同化学键的碳组合而成的碳材料，或炭晶体中导入异类原子后的碳材料。像 C/C 复合材料一类的微观复合材料，其实质是通过化学性质改变界面来控制其力学行为，不是真正意义上独立存在的。因而复合材料也属于碳合金。若碳合金中有纳米单元，则可认为是纳米碳合金。目前正在研究的纳米碳合金包括以下几类。

1. 含纳米孔的碳合金

用内部合金化的方法可以对纳米结构进行控制，利用聚合物在石墨层间合金化，可以创造纳米空间。如在层间化合物 CsC_{24} 插入 C_2H_4，氧化除去 Cs 后便可得到具有纳米空间的碳合金，选择性的对活性碳纤维（ACF）表面和内部进行化学修饰可以得到 ACF 细孔的功能材料。采用离子束在活性碳纤维细孔内表面黏结 TiO_2 薄膜，可以综合利用活性炭的浓缩作用和 TiO_2 薄膜的光催化剂作用，所得到的 TiO_2/ACF 复合材料可作为一种有效去除水中有机物的环境净化新材料。

目前，多孔碳材料的细孔结构控制技术尚不成熟。在日本，主要采用 2 种控制方法，一个是铸型炭化，是使炭化过程在无机物的纳米尺度空间内进行，之后除去铸型的无机物而得到碳材料。通过对铸型结构的精密控制，进一步对炭的细孔结构进行准确控制。另一种方法是利用碳原料聚合物的化学变换的方法，在聚合物中引入设计好的具有纳米尺度的不均匀结构，利用聚合物与不均匀结构的反应性的差异，对细孔的结构进行控制。此时若利用含异种元素的聚合物进行合金化，则可能在多孔碳材料的纳米尺度上控制细孔结构。

2. 富勒烯内包异种原子

富勒烯包覆单原子和纳米囊内包多原子（如内包金属 Fe，Co，La 等）等情况也属于纳米碳合金。Zinnermann 等合成了像 $C_{60}M_x$ 和 $C_{70}M_x$（$x=0$，…，500，M 代表 Ca，Sr，Ba）以及 $(C_{60})_nM_x$，$(C_{70})_nM_x$（M 代表 Li，Na，K，Rb，Cs）一类的新型金属富勒烯（metal fullerides）材料。这与人体血红素的卟啉环内包二价铁离子的结构类似，该卟啉环的主要作用是使血红蛋白具有运输氧的功能。卟啉环主要由碳原子及少量氮原子组成，若将卟啉环与二价铁离子的结合产物看作碳合金的话，则这种"碳合金"对维持人体的生理功能具有非常重要的作用。

3. 类金刚石碳膜

类金刚石碳膜（diamond-like carbon films，DLC films）是一类与金刚石相似硬度、光学、电学、化学和摩擦学等特性的非晶碳膜。20 世纪 80 年代以来，其各国镀膜技术领域都对这一新型保护材料开展了广泛的研究。类金刚石碳膜内部既含有金刚石结构的 sp^3 杂化键又包含石墨结构的 sp^2 杂化键，这些键呈短程有序排列，一般由 sp^2 键连接成单个的或者破碎的环，构成类似于石墨层状结构的小"聚束"（cluster）。具有碳-碳电子轨道的 sp^3 杂化结构则在这些聚束的边界无规则排列着。但从整体结构来看，类金刚石碳膜仍然表现为典型的非晶结构。类金刚石碳膜具有非常光滑的表面，在基本不改变基体表面粗糙度的情况下，其可直接用于最终加工工序。

4. 金属/碳复合体

如果在惰性气氛下，将空气中稳定且具有可溶性的有机金属化合物及高分子配合物炭化，可得到金属/碳复合体。在这种纳米金属/碳复合材料中，纳米级金属粒子（160nm 以下）的，粒径排列整齐且分散均匀，金属与碳层完全分离，在空气中长期稳定不易氧化，耐热性好，碳中金属含量可调节。由于前驱体可溶于溶剂中，故可成型为薄膜、粉末、纤维及粒料等各种形状。该材料被认为是一种有着广泛前景的新型特殊材料，可作为电子电工材料、电波屏蔽材料及新型吸附材料等使用，因此，在有机化学界、碳材料界和企业界都受到极大的关注。另外，金属/碳复合体可以使金属粒子稳定存在，这也为纳米金属粒子在空气中极易氧化的问题提供了一种解决方法，对于金属的抗氧化性研究具有重要意义。

金属粒子的存在使得活性炭的比表面积大量增加，而且更易生成中孔为主的活性炭，进而提高其对蛋白质等有机大分子的吸附性能。由于金属可以与酸性气体发生化学反应，因此，金属/碳复合材料对酸性气体的吸附性能也有很大的提高，使其具有在作脱色剂、脱氧剂、除臭剂等领域的应用潜力。

5. 纳米复合薄膜

韩高荣等以 SiH_4 和 C_2H_4 为原料气体，采用常压 CVD 法，通过精确控制沉积参数，成功地制备得到了硅/碳化硅纳米复合薄膜。该薄膜由大量 5nm 大小的硅晶粒和少量碳化硅晶粒组成，晶态部分含量为 50% 左右（其中纳米硅晶粒占 90%），薄膜具有良好的纳米镶嵌复合结构。该复合薄膜不仅具有大的可见光吸收系数，而且还具有合适的可见光反射率，因此可以采用将这种新型的硅/碳化硅纳米复合薄膜沉积到浮法玻璃基板上的方法，开发出新型的节能镀膜玻璃。

由于纳米复合薄膜综合了传统复合材料和现代纳米材料二者的优点，正成为纳米材料的重要分支而越来越引起广泛的重视和深入的研究。纳米复合薄膜的制备是当前研究的重点问题，其关键在于如何精确控制纳米复合相粒子的大小、结构和分布。探索新现象、新效应以及它们的物理起因将成为今后研究的重点。

纳米纯碳材料从结构可以分为纳米碳粉、纳米碳纤维和碳纳米管（图 8-6）。纳米碳粉包括纳米碳粉和纳米石墨粉。方惠会等通过研究指出，未纯化的碳纳米管黏附大量碳纳米颗粒。对这些颗粒的结构与用途（如用于橡胶补强等）进行研究将具有特别重要的意义。纳米碳纤维包括纳米碳纤维和纳米石墨纤维。虽然纳米碳纤维很难吸附普通吸附质（如 N_2），但是它是一种高容量储氢材料，主要是通过在纳米石墨纤维的石墨层片的层间结构来储存氢。另外，由于纳米碳纤维具有高强度高模量，故可用作先进复合材料的增强体。根据"碳合金"的定

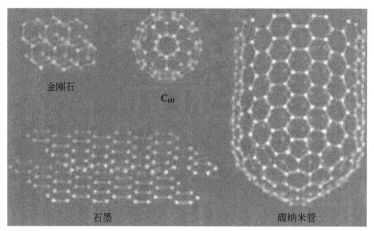

图 8-6　纳米纯碳材料

义，碳纳米管中碳原子有 sp^2 和 sp^3 两种杂化形式，应属于"碳合金"。但考虑到人们的习惯，且其中 sp^2 杂化形式占主导地位，故将其归类于纳米纯碳材料更为合适。

三、纳米活性碳纤维及其制备

活性碳纤维是以有机纤维为前驱体，通过不同方法制得的一种新型功能性纤维，其具有成型性好，耐酸、碱，电导性与化学稳定性好等特点。活性碳纤维不仅比表面积大、孔径适中、分布均匀、吸附速度快，而且具有多种形态。活性碳纤维在催化、吸附方面表现出独特的性能特征，加之本身所具有的孔结构、孔分布、微孔表面积以及表面化学等特征，使之具有极大的开发价值。

纳米活性碳纤维是一种表面纳米粒子，是由不规则的结构与纳米空间混合组成的体系。由于其纤维直径细，与被吸附物的接触面积大且均匀，吸附材料可以得到充分利用。纳米活性碳纤维吸附效率高，且具有纤维、毡、布和纸等各种纤细的表态，孔隙直接开口在纤维表面，缩短了吸附质到达吸附位的扩散路径，且该材料本身的外表面积较内表面积高出两个数量级。纳米活性碳纤维具有微孔形结构，孔径分布窄，特殊的细孔呈单分散分布，由不同尺寸的微细孔隙组成其结构，中孔、小孔扩散呈现出多分散型分布，在各细孔结构中的差别较大，其主要原因是由于原料的不同。在纳米活性碳纤维中无大孔，只有少量的过渡孔，微孔分布在纤维表面，因此吸附速率较快，纳米活性碳纤维丝束的空间起大孔作用，可以对气相与液相物质进行较好的吸附作用，活性碳纤维外比表面积大，吸脱速度快，为粒径活性炭 $10\sim100$ 倍。细孔的平均孔径和细孔容积随着比表面积增大而增加，吸附容量也随之增大，为粒状活性炭的 10

倍，因此，纳米活性碳纤维可用于吸附处理低浓度废气或高活性的物质。

纳米活性碳纤维还具有体积密度小、滤阻小、可吸附黏度较大的液态物质，且动力损耗小的特点。

按照国际纯粹与应用化学联合会（IUPAC）的分类标准，吸附剂的细孔分为以下几类：孔径大于 50nm 的为大孔，2～50nm 的为中孔，0.8～2nm 的为微孔以及小于 0.8nm 的为亚微孔。纳米活性碳纤维的孔主要是由乱层结构碳和石墨微晶形成的微孔。由于微孔的大量存在，使其表面积和吸附量增大。吸附剂中的大孔的主要作用是为被吸附分子到达吸附位提供通道，因此它控制着吸附速度；纳米活性碳纤维直径一般在 10～13nm，其外表面积大、微孔丰富且分布窄、易于与吸附质接触、扩散阻力小，因此吸脱附速度快，有利于吸附分离，而且，活性碳纤维还可以根据需要制成毡、布、纸等各种形态，适应于各个应用领域。

碳纤维经过活化即可制成纳米活性碳纤维。碳纤维转化成纳米活性碳纤维后，其原本的多晶乱层石墨结构不发生变化。纳米活性碳纤维是非均匀性的多相结构。活化过程中，高温水蒸气将碳纤维的部分原子脱去后形成微孔结构，并使之生成羧基、羰基等含氧活性基团进而增加其表面酸性。活化后的纳米活性碳纤维的比表面积约为 $1200m^2/g$，远大于碳纤维，在特殊条件下活化则可达 $3000m^2/g$。纳米活性碳纤维具有孔径分布狭窄的微孔结构，其孔可以产生毛细管的凝聚作用，其具有吸附、脱附速率快，吸附量大的优点。活性碳纤维应用于填充床中时，流体的床层阻力小，因此可作为催化剂与催化剂载体使用。在纳米活性碳纤维分子内的还含有痕量的杂原子磷、氮、氯等，部分杂原子会在活化时被脱去，进而使其表面的杂质大大减少。由于在活化过程中受到氧化气体的作用，纳米活性碳纤维表面含氧基团增强，生成羧基等酸性基团，羰基、内酯基等中性基，过氧化基等碱性基团。因活化的方法不同，纳米活性碳纤维会产生不同的表面含氧基与表面酸碱性不同的产物。在水的作用下，其可获得更强的氧化还原能力。这是因为水可以使一些基团氧化成羟基。即增加了表面含氧基团的数目，进而增大表面氧化还原容量。

纳米活性碳纤维的制备工艺及条件等因原料纤维种类的不同而有所不同，但从成芯原理来说与化学纤维类似，包括纺丝、预处理、量化、活化等步骤。

1. 预处理

预处理包括盐浸渍预处理和预氧化处理两种方式。前者是黏胶基纳米活性碳纤维生产中的重要工序，后者可以防止聚丙烯腈纤维、沥青纤维炭化时发生熔化或黏结。

盐浸渍是将原料纤维充分浸渍在磷酸盐、碳酸盐、硫酸盐等盐溶液中，然后经过甩干或滴干并干燥。预氧化处理则多采用空气预氧化的方法，温度控制在 200~400℃之间，原料纤维缓慢或者按一定升温程序预氧化一定时间。若将盐浸渍与预氧化处理结合起来，则可综合两者方法的优势，获得更好的效果。纳米活性碳纤维是由于碳纤维活化制成。纤维状的活性碳纤维可以由以下四种方法生产：

① 由烃或一氧化碳在高温下进行裂解，在石墨或陶瓷板下生成结晶质的胡须状炭。

② 高温高压下，石墨电极间在电作用下生成石墨晶须。

③ 高能炭黑在非氧化气氛中，经高温处理后生成石墨化单晶。

④ 在保持高分子纤维形状的前提下将其炭化。

生产纳米活性碳纤维的基材主要包括聚丙烯腈纤维、沥青基纤维及黏胶纤维。在生产纳米活性碳纤维之前，应先将原纤维在 300℃下进行稳定化处理。纳米活性碳纤维炭化与表面功能化可同时进行，无需单独炭化。可以在碳含量增加的同时用氯化锌、磷酸、氢氧化钾等活化剂进行活化处理，活化方法可分为物理活化法与化学活化法两种。化学活化法氯化锌、氢氧化钾、碳酸盐、硫酸盐、磷酸盐等浸渍或混入原料碳中，在惰性气体保护下加热并同时进行炭化与活化，工业上的活化是用气相联系活化法。物理活化法主要是采用二氧化碳或水作为活化介质，在氮气等惰性气体的保护下于 800℃的温度条件下进行处理。

2. 功能化

可以通过对工艺过程中的操作条件进行调节，进而控制纳米活性碳纤维内部的孔结构与孔径分布。其主要方法包括以下几种。

（1）活化法　可选用不同的活化工艺或调整活化程度以制备纳米级的活性碳纤维。活化法制备的纳米活性碳纤维以微孔为主。

（2）催化活化法　催化活化法制备的纳米活性碳纤维以中孔为主。该法通过在原纤维中添加金属化合物或其他物质，再进行炭化活化。也可采用纳米活性碳纤维添加金属化合物后再进行活化的方法。金属离子或其他物质的主要作用是在活化时对结构性比较高的炭起选择气化作用。催化活化法是生成中孔的最好途径。若要获得具有大孔结构的纳米活性碳纤维，则需使原料纤维预先具有接近大孔的孔径。

（3）蒸镀法　该法通过在加热条件下使纳米活性碳纤维与含烃气体（如甲烷等）接触。利用烃类发生热解时产生的炭在细孔壁上蒸镀，使细孔的孔径变小，进而提高吸附的选择性。

（4）热收缩法　将纳米活性碳纤维进行高温处理以缩小其孔径变小并增大其比表面积。研究表明，当吸附剂微孔大小为吸附质分子临界尺寸的 2 倍时，吸附过程容易进行，因为此时吸附质分子能有效地接受微孔表面叠加的吸附场，从而充分发挥微孔的作用。因此，可通过对纳米活性碳纤维细孔孔径进行调节以使与吸附质的分子尺寸相当，由此获得最佳的吸附效果。

3. 表面改性

在纳米活性碳纤维表面存在着一定量的亲水性含氧基团，该基团对吸附性能有很大的影响，可通过处理改变纳米活性碳纤维的表面亲水性与疏水性来获得预期的吸附效果。

在经 900℃ 的高温处理或氢处理后，纳米活性碳纤维可脱除含氧基团而被还原，亲水基的减少，可提高纳米活性碳纤维对含水气流或水溶液的吸附能力。反之，也可将其经过气相氧化和液相氧化处理而获得高酸性表面。气相氧化法是指在 330℃ 左右的温度下，用空气进行氧化进而在纳米活性碳纤维表面导入含氧基团。液相氧化法是指利用双氧水等氧化剂，在酸性条件下与纳米活性碳纤维进行反应，纳米活性碳纤维的表面酸性随着酸浓度的增高而增加，因而对酸性有机物吸附性能会有所降低，从而改善对水的吸附力。利用纳米活性碳纤维与氯气反应时，其表面由非极性转化为极性的特性，可以提高其对极性分子的吸附能力。在有机物前驱体纤维中通过浸渍法或混炼法添加重金属离子后，由于配价吸附作用可改善其对硫化氢等恶臭物质的吸附能力。还有研究显示，在纳米活性碳纤维中引入酸性基团或碱性基团后可改善其对香烟臭的吸附能力。另外，在纳米活性碳纤维表面上添加银离子后，可对大肠杆菌、金黄色葡萄状球菌等表现出极好的杀菌作用。其载银工艺的特点在于用硝酸银溶液浸渍时采用加热工艺，使银充分浸入炭体内，减少银液损失。加热法载银具有牢固、均匀、寿命长和灭菌效果好等优点，可用于水的净化处理等。

在制造纳米活性碳纤维之前，原纤维一般要在空气中经过低温 200～400℃ 进行几十分钟乃至几小时的不熔化处理，随后进行炭化或活化处理，也可以同时进行炭化和活化处理。活化方法主要包括物理活化和化学活化。物理法活化以水蒸气和二氧化碳活化法为主，化学法活化主要是指用化学试剂如 KOH、H_3PO_4、$ZnCl_2$ 等进行处理，工业上纳米活性碳纤维的活化多以气相活化法为主，在惰性气体如氮气的保护下，在 600～1000℃ 温度下，用 H_2，O_2/CO_2 为活化介质。具体的处理过程需要根据原材料和实际要求的不同而做具体调整。

PAN 系纳米活性碳纤维最主要的优点是结构中含有氮，因而对硫系、氮系化合物有着高的吸附性能，若采用其他原料制造含氮的纳米活性碳纤维还需要对其进行氨化或氮化。沥青系纳米活性碳纤维的优点是原材料便宜、炭化收率高，但是它不易制得连续长丝，深加工较难进行。纤维素系纳米活性碳纤维（人造丝）的价格低，但是炭化收率低、工艺复杂，产物强度低。酚醛系纤维中因为酚醛树脂具有苯环样的耐热交联结构，可以直接进行炭化活化而不必预氧化,制备工艺简单且产物表面积大。

在经表面处理后,纳米活性碳纤维会生成新的含氧基团,各种不同的基团使之具有酸性、碱性、氧化性、还原性、亲水性、疏水性等不同的性能。前驱体表面处理对于作为催化剂用的纳米活性碳纤维是一个相当重要的环节,通常可以用气相氧化、液相氧化、电极氧化等氧化法,也可以用等离子体处理、气相沉积法等。利用氧化和适当的高温处理,可调节两种活性位,使其得到恰当的匹配,进而获得高活性的催化剂。

四、纳米活性碳纤维的应用

近年来,随着人类环保意识的不断加强和对于生存环境要求的不断提高,人们对与空气、水等净化密切相关的活性碳等环保材料的性能也越加关注。作为 21 世纪最优秀的环保材料之一,纳米活性碳纤维已在气体和液体净化、有害气体及液体吸附处理、溶剂回收、功能电极材料等方面得到成功应用。

1. 废水处理

纳米活性碳纤维在工业废水处理行业中被广泛应用,因其可以去除气体与恶臭物质,水溶液中的无机物、有机物及贵重金属等离子、微生物及细菌,还可以用作低浓度吸附的吸附回收。

因纳米活性碳纤维具有吸附容量大、吸附-脱附速度快、灰分少、处理量大、使用时间长等优点,而被广泛应用于水净化处理。该净化过程操作安全,往往用于二级处理或三级处理,由于纳米活性碳纤维体积密度小且吸脱层薄,不会造成蓄热和过热现象,也不易发生事故。另一方面,利用纳米活性碳纤维净水工艺节能并具有经济性,可用于大型上水净水池的处理,不仅净化效率高,而且处理量大,装置紧凑占地面积小,设备投资小和效益高。此外,纳米活性碳纤维还可用于水厂及糖厂的净水装置,可达到脱色、脱臭和去除有机物的目的。

纳米活性碳纤维可对含氯废水、制药厂废水、苯酚废水、有机染料废水、四苯废水、己内酰胺废水、二甲基乙酰胺和丁醇废水等各种有机废水进行处理。还可适用于有机化工中含氯仿废水、页岩油干馏废水、吗啉厂废水、多氯联苯废水、酚废水、有机染料废水、己内酰胺、乙酰胺和异丁醇废水等。活性碳纤维还表现出对某些有机染料如结晶紫、溴酚蓝、铬蓝黑 R 等吸附量大、去除率高的特性。含钇的沥青基纳米活性碳纤维可以有效吸附如酸性蓝 9、酸性蓝 74、酸性橙 10、酸性橙 51 等染料,也可用于直接染料如直接蓝 19、直接黄 11、直接黄 50 及碱性染料碱性棕 1、碱性青紫 3 等。与粉末活性炭相比,其吸附能力要高得多,尤其适用于高平衡浓度时,每克纳米活性碳纤维的吸附量约为粉末活性炭的 3 倍。且其吸附能力随着温度的升高而升高。

纳米活性碳纤维对金属离子具有较好的吸附性能，可对水中的银、铂、汞、铁等多种离子进行吸附并能够将金属离子还原到低价价态或还原为金属单体。在大多数情况下，这种氧化还原反应可以大大促进对这些金属离子的吸附。

纳米活性碳纤维的吸附量大，可以从低浓度废气中回收有机溶剂并对具有反应活性的有机溶剂进行回收，也可用于粒状活性炭不能回收的其他类型溶剂，纳米活性碳纤维吸附的特点是脱附速度快、脱附温度低、过程彻底，不易发生分解或聚合，无结焦或积炭，省时、省功、节能；与粒状活性炭相比，纳米活性碳纤维吸附过程中产生的金属杂质较少，发生催化聚合等作用的概率也小得多，并且在脱附过程中几乎不发生热分解和催化、聚合等化学反应。

2. 饮用水的净化

随着工业发展和人口密集度的增加，水污染问题越来越严重，市区内的生活废水处理量也越来越大。在废水中特别是工业废水中的有机污染物有大量增加的趋势，其中化工、冶金、炼焦、轻工等产业中的废水是最主要的污染源，工业废水中所含有的有毒物和有害物对生态环境构成了巨大的威胁。另一方面，随着城市化的加速，有机污染物和生活污水都在不断增加，使工业废水中排放的有机物不仅数量增加而且有毒的物质也在多样化，对环境造成了极大的危害，因此确保优质饮用水的供应是一件至关重要的事情。

研究表明，用纳米活性碳纤维处理地下水可以获得很好的效果。自来水中的残氯也可采用纳米活性碳纤维进行吸附。地下水中的三氯乙烯（TCE）不仅使饮用水变味，而且在人体某一器官内积累后可能诱发致癌，因此 TCE 的污染是一个非常严重的问题。纳米活性碳纤维对水中 TCE 的吸附量可达到粒状活性炭吸附量的 4 倍。

目前纳米活性碳纤维已广泛用于净水器，特别是具有吸附和灭菌的双重功能的载银纳米活性碳纤维。净水用的纳米活性碳纤维，通常采用浸渍法使其孔隙中充满特殊的液状合成抗菌剂，干燥处理后，抗菌剂固定在纳米活性碳纤维内，特别适用于家庭用净水器。家用小型净水器种类繁多，并已经开发出可适用于旅行、野营、登山和救灾人员的超小型净水器，其具有过滤、除臭、灭菌和把硬水变为软水的处理。

3. 空气净化

空气中主要污染源是二氧化硫和氮的氧化物、硫化氢和苯、甲苯、丙酮氯化物等有机挥发物组分等。100℃ PAN 基纳米活性碳纤维可以有效地捕捉空气中的硫化氢，在吸附表面上以三氧化硫或硫酸的形式吸附，硫酸也十分容易从纳米活性碳纤维表面的脱除。在工业中，替代防毒面具和防毒消防头盔使用的纳米活性碳纤维毡，可以提高过滤效率，使其体积小与轻量化。

空气中的臭氧对人体的危害性极大，长期接触浓度超标的臭氧易于引发肺炎，使肺的弹性功能组织失去弹性而成为丧失功能的病变组织。纳米活性碳纤维具有分散臭氧的能力，可用于脱除办公设备产生的臭氧，如在复印机中配置着吸臭氧的吸附分散部件；纳米活性碳纤维还对烟碱有较高的吸附能力，可用于空气净化器等空气室内净化设备。

4. 电子工业

因纳米活性碳纤维具有比表面积大、细孔孔径适中及良好电导性能等优点，其在电子工业，特别在高新技术上已被广泛应用。不仅可用于生产前驱体电池产品的部件，还可以用来制备高效小型的电容器，特别是双层电容器，纳米活性碳纤维电容器的容量是普通铝电解电容器的 100 万倍，利用纳米活性碳纤维制造的 IC、LSI 及超 LSI 的小型存储永久性电源，可以避免因停电等事故而给计算机带来不可估量的损失。另外，在大电流放电的双层电子电容器及在电子与能源方面可用于制造高性能的电容、电池的电极等，纳米活性碳纤维都具有。

5. 催化剂

纳米活性碳纤维在催化领域的研究工作虽然起步较晚，但近年来发展迅速。在不到 20 年的时间里，纳米活性碳纤维几乎可以应用于活性炭类催化剂的所有反应类型，而且在可应用炭催化剂的绝大多数反应中，纳米活性碳纤维都表现出优于活性炭类催化剂的催化性能。由于纳米活性碳纤维自身的形态特点，在现有的反应器条件下，其生产很难工业化。但是，随着研究工作的进展，这一问题必然会得到解决。

具有高比表面积与良好的热导性的纳米活性碳纤维能常被用作催化剂载体，起到分散催化剂、增大活性相的作用。纳米活性碳纤维尤其适用于放热剧烈的反应。纳米活性碳纤维属乱层，金属微晶与纳米活性碳纤维表面相互作用的过程，发生了离域的 π 电子作用。这种金属载体会对催化剂的吸附机理和吸附量产生影响。纳米活性碳纤维与金属的相互作用使之在表面产生大量含氧基团，因含氧基团极性不同，能力也有差别，会与分散在表面上的金属发生强弱不同的相互作用。因此，可以通过改变表面处理方法、活化方式对纳米活性碳纤维表面的种类与分布进行调变，进而调节纳米活性碳纤维与金属的功能以获得性能良好的催化剂。

向催化剂中掺入纳米活性碳纤维使二者黏合可以提高催化剂的强度。纳米活性碳纤维作为助催化剂，适用于多种化学催化反应，如在丙烯水合生产异丙醇反应中使用的改性沸石分子筛催化剂，由于反应强烈放热，易于"飞温"而使反应失败，若向分子筛中加入具有与之分子构型相近的活性碳纤维后，由于活性碳纤维的微孔结构和耐高温性，在同样的操作条件下，该水合反应变得易于控制，且不再有"飞温"现象发生，产率也获得提高。

6. 其他

纳米活性碳纤维可用于除去放射性物质，因此可在核电站防护材料和化学辐射器材生产等领域应用。在化学工业领域，纳米活性碳纤维可用于生产防护化学毒品的化学防护衣，用于防化学武器或喷洒农药及农药厂工人的工作服，该材料与防毒面具配合使用，可防止毒气通过口腔、鼻腔或皮肤进入人的身体内。此外，纳米活性碳纤维也可作为催化剂载体和气相色谱的固定用高分子筛。在医疗行业，该材料可用于制造人造肾脏、肝脏的吸附剂，用于制作绷带和各种除菌的医疗卫生用品。在民用方面，主要用于冰箱除臭、水果和蔬菜保鲜、除臭防腐鞋垫等其他应用。

纳米活性碳纤维的特殊性能使其在信息、生物、环境等各个领域广泛应用。但其结构、性能及应用的研究还不成熟。随着纳米活性碳纤维制备、性能及应用等相关研究的深入，其应用领域还将进一步扩展，必将带来可观的经济及社会效益。

第五节　新型活性碳材料

一、碳材料的多样性

近年来，碳材料这一学科发展迅速，学科内的新观念、新事物不断涌现，其范围也日益扩展，与周边学科的界限越发模糊，也愈加重叠交叉，但碳材料的核心仍是以碳元素为主体构成的材料[52]。目前，石墨、金刚石、富勒碳和炔碳以及炭黑、焦炭等过渡态炭可看做碳材料基础的四大典型晶态物质，广义地说，由这些物质派生的相关材料，都可称为碳材料。如从冶炼用的石墨电极（最大直径可达 750mm 以上，长度可达 2800mm 左右，每根电极质量可达 2t 多），到超微炭粒互相连接念珠状的线性物质和直径仅 10μm 但长度却可无限的碳纤维，以及介于这种巨大与细小之间的、不可胜数的碳材料都可称为碳材料。

老式碳材料通常是指 20 世纪 40 年代中期以前生产的碳材料；第二次世界大战以后，随着碳制品品种的日益扩展，将以高纯高密石墨、碳纤维、热解碳、玻璃碳为代表的正处于蓬勃发展中的碳材料称为新型碳材料，与老式碳材料不同，新型碳材料可以与高分子材料、金属或陶瓷结合在一起形成复合材料，图 8-7 所示为这两种碳材料与相邻材料的关系[53]。

炭化是有机物通过热解而导致生成含碳量不断增加的化合物的一个长过程，炭化过程是自原料有机物转化为固体碳材料的必由之路[54]。炭化过程中，

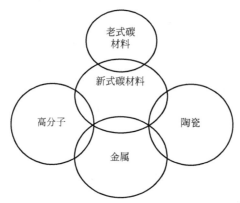

图 8-7　老式及新型碳材料与相邻材料的关系

一般的热处理温度范围为 400～600℃，在此范围内，大多数有机固体经过脱氢，转成自由基，缩合成大的分子单元等步骤，最终得到固体材料，微晶的排列也是在这一温度范围内被确立下来。虽然大部分炭物质最终将被加热到更高的温度，但是在 600℃以下微晶排列方式仍是决定最终碳材料成品的结构和性能的主要因素[55]。

二、新型碳材料

为满足科技的进步、社会的需求和新技术的发展，需要不断研究新工艺，突破传统碳材料，制取特种性能的碳材料以及制品来满足新的用途。由于碳材料的碳—碳键结合方式、基本结构单元、微细组织和集合组织等都具有多样性，并且这 4 种多样性又可以按照不同方式组合，就使得碳材料的形态和功能层出不穷，多姿多彩。碳纤维、气相生成的碳材料、富勒碳及碳纳米管等[56,57]是近年来在众多的新型碳材料族群中最引人瞩目的研发热点。

1. 以活性碳纤维为基础的碳材料

活性碳纤维通常是指直径为 5～20μm 的纤维状炭质吸附剂，是继粉状活性炭和粒状活性炭之后的第 3 种类型的活性炭。该材料具有单位质量的吸附容量大，吸附和脱附速度都快，再生容易，不易粉化及灰分含量低等优良性能，且由于其加工特性好，可以在把它制成纱、线、布、毡、纸等中间制品后，再根据使用要求将其进一步加工成各种形状的产品，活性碳纤维还可与其他材料一起形成的复合产品，具有更多功能[58,59]。

2. 以金刚石为基础的碳材料

近年来，合成金刚石及类金刚石薄膜已经得到了相当广泛的应用，并在应用领域取得了很大的成绩。金刚石，具有硬度大，热导率高，以及折射率极高、摩擦系数和摩尔比热容极低等优势，所以，其在所有材料中都处于领先地位，在实际应用中也成效卓著。

3. 以富勒碳、碳纳米管为基础的碳素材料

新的碳同素异形体^{60}C及其衍生物、碳纳米管等目前仍处于基础研究阶段，富勒碳最大的特征是其可以溶解在苯之类的溶剂中，可将其看作是可溶性石墨或缩合多环芳烃的一种。今后，可能作为有机化学和碳材料学的交叉领域得到广泛关注和快速发展，前景十分光明[60]。

4. 以耐热高分子为基础的碳材料

过渡态炭是碳材料家族中为数最多，但了解较少的一大类。对于炭黑等过渡态碳材料开展的研究较多。多数过渡态炭处于有机物向石墨转变的中间领域，可以认为其属于广义的碳材料[61,62]。

三、活性碳材料的多样性

1. 生活用活性碳材料

活性炭作为一种环境保护材料具有广阔的应用前景和巨大的发展空间。在日本、韩国、中国台湾等地，活性炭已得到广泛的应用。活性炭作为我国古老的智慧结晶，近年来，在国内也得到了前所未有的开发和利用。如活性炭作为净水材料已经得到了广泛推广和使用[63~65]。

由于活性炭内部的孔隙结构发达，炭就像一个无限大的储藏空间，可以使微尘及污染物自由进入；同时，它也是湿气最佳的藏身处。当环境湿度大于炭湿度时，炭就大量吸收湿气，当空气湿度下降时，炭则释放出水分，以保持平衡。但是对于微尘则紧捉不放，所以将炭放置于室内或地板下，不仅可以平衡房间湿度，还能防止虫螨，并能够有效抑制霉菌、微生物的繁衍，保持住宅舒适宜人。利用活性炭的该性能已开发出多种产品，如空气净化用炭、空气调湿用炭等。炭雕是以炭为原料制得的工艺品，它利用活性炭的吸附性能对室内外环境及空气进行净化，是一种"健康、绿色、环保"的工艺装饰品。

活性炭辐射的远红外线具有渗透血管，刺激身体穴道，改善身体器官机能的作用。把炭粉和助剂混合后装入家织用品中，具有消臭按摩、杀菌抑毒等功效，有利于人们的健康。将炭掺在美容霜及肥皂和香皂中，不仅具有特殊的皮肤护理功效，而且还可以延缓鲜花的凋谢和保鲜水果。炭还是一种能够产生负离子优良的空气净化材料。从炭中产生的负离子与空气中的微尘相撞后会使其带电，这些带电微尘容易被墙壁、镜面和地板吸附，可以达到净化空气的目的。

活性碳材料及其制品，具有其他材料无法比拟的环境学特性，将成为室内外防护的绿色屏障。它不仅可以美化室内外环境，满足人类娱乐和游憩的需要；还可以满足人类对各种工艺品的需要，提供了经济贸易的重要产品(图8-8)[66]。

图 8-8　净水用活性炭、添加活性炭的复合性过滤嘴、活性炭雕

2. 竹基活性碳材料

竹材是一种多孔介质材料，热解后形成具有较高的孔隙度的竹炭，其作为一种环境保护材料具有广阔的应用前景和巨大的发展空间。在世界各地已得到广泛地应用。

此外，竹炭中还含有钾、镁、钠、钙等丰富的天然矿物质。利用其优良性能，众多竹炭相关净化和营养保健组合物被广泛应用于改善水质和提高食品品质。例如清除水中的有毒有害物质和大米中的残留农药等。由于竹炭中含有人体所需的矿物质及微量元素，在改善水质或改善食品品质的同时，长期使用还能够补充人体所需，调节生理机能，增强体质，减少疾病。在煮饭时置入一片竹炭，不仅可以吸附大米和水中诸如农药之类的有毒、有害物质，还可以释放微量元素，保护大米中的营养成分，使米饭香软、可口。烧开水时置入一片竹炭，可以对水中的有毒、有害物质进行吸附，使水分子变小，增加水中的微量元素，使用自来水烧出的开水具有矿泉水的效果[67]。

大量的关于竹基活性炭的制备及其性能应用研究正在广泛开展。章健等将竹制活性炭用作催化剂载体，并对其进行研究，结果表明与其他材质活性炭相比，竹质活性炭作为新型活性碳材料在比表面积、孔结构、灰分含量和表面基团等物化性能均显示了作为催化剂载体的潜力。由于上述研究中所使用的是未经处理的原炭，若对该竹质活性炭进行改性处理，则其物化性能及相应的催化性能均有进一步提升的空间[68]。

刘洪波等以竹节为原料，采用 KOH 活化法制备 EDLC 用竹炭基高比表面积活性炭，并将其用作电极材料，系统考察了炭化温度、KOH 与竹炭的质量比、活化温度和活化时间等工艺因素对活性炭收率、微孔结构和吸附性能的影响，最终制备了具有良好性能，并可应用为双电层电容器电极的竹炭基高比表面积活性炭[69]。

3. 活性碳纤维

活性碳纤维是直径通常为 $5\sim20\mu m$ 的纤维状炭质吸附剂，是继粉状活性炭和粒状活性炭（GAC）之后的第 3 种类型的活性炭。该材料具有单位质量的吸附容量大，吸附和脱附速度都快，再生容易，不易粉化及灰分含量低等优良性能，且由于其加工特性好，可以在把它制成纱、线、布、毡、纸等中间制品，再根据使用要求将其进一步加工成各种形状的产品，还可与其他材料一起形成具有多种功能的复合产品，具有更多功能[70,71]。美国在20世纪70年代师先用酚醛纤维制得了活性碳纤维（ACF），其后，日本采用黏胶纤维、酚醛纤维和沥青纤维等原料制得了ACF，并已商品化。聚乙烯醇纤维、木质素纤维等多种人造和合成纤维等也被用作ACF原料。ACF的技术大致相似，即原纤维在空气中经不熔化（或预氧化）处理后再用水蒸气或二氧化碳等气体在800～900℃高温使之活化，通过控制工艺条件进而得到不同比表面积及平均孔径的ACF制品。

ACF具有由无定形碳形成的难石墨化炭的微细结构，其微晶取向紊乱，细孔发达，没有大孔和过渡孔，只有少部分较小的中孔，微孔体积占总孔体积的90%。微孔孔径在1～3nm，孔径分布较窄且可控，因此，可以用作分子筛。ACF表面有一系列羟基、羰基、羧基、内酯基等含氧官能团，采用特种原料或特种工艺制得的ACF还可能含有胺基、亚胺基及硫基、磺酸基等特种官能团，因此，ACF对硫醇、SO_2、NO_2等表现出特殊的吸附性能。另外，采用浸渍法等方法还可在其表面引入银等的金属化合物使之具有杀菌等功能。

ACF的比表面积一般为$1000m^2/g$，最高可达$3000m^2/g$。其外表面积为GAC的1.5～10倍，滤阻为GAC的1/3，它可吸附处理低浓度废气，对高活性的有机物质以及黏度较大的液体也表现出良好的吸附性能。与GAC相比，ACF吸附层漏损小，床层薄，也不易过热或蓄热。因此可以使它们所组装的设备更加紧凑、省能、经济。

ACF不仅广泛应用于溶剂回收，空气及水的净化，废气的处理等领域，还可用作除湿剂、消臭剂、催化剂担体等。此外，在化学防护、高性能电容、电池电极等方面也有所涉及。

4. 活性碳纤维纸

活性碳纤维纸是一种功能增强材料，以活性碳纤维为增强剂，天然纸浆或合成纸浆为基质，辅以黏合剂和填料经抄纸工艺而制得的纸状复合材料。活性碳纤维与纸浆的性能差别较大，将两者复合抄纸后可以将其性能综合利用，进而赋予纸多种功能，拓宽了纸的用途。活性碳纤维长度多用3～6mm的短切纤维，根据所抄纸的用途，可以选择采用天然纤维或合成纤维等不同的纸浆[72,73]。

活性碳纤维纸可如下制备：首先为使活性碳纤维能够均匀地与纸浆混合，需要活性碳纤维进行表面处理，使其表面由憎液性改变为亲液性。然后将处理后的活性碳纤维切短到5～20mm长，按一定比例与纸浆等混合，经过打浆、抄纸处理后得到活性碳纤维纸。纸中碳纤维含量、纸浆的种类、黏合剂及添加剂的种类和用量均可根据所抄活性碳纤维纸的不同用途而进行调整。例如，若活性碳纤维纸是用做燃料电池的电极，则纸中碳纤维含量为 40%～60%，抄纸并烘干后，再浸酚醛树脂溶液，烘干后，高纯氮气保护下，经 700～900℃炭化，以增加其导电能力；如果纸是用于制作扬声器喇叭，则应采用高温炭化（1500～2000℃）的模量较高的活性碳纤维，以增加其传音速度；若活性碳纤维纸是用于制作电热器，则纸中活性碳纤维含量以 10%～25% 为宜，纸浆则应采用耐高温（200～300℃）的合成纤维；如果活性碳纤维纸是用于抗静电材料，活性碳纤维含量要在 5% 以下。

由于活性碳纤维纸中的活性碳纤维使其具有导电性、耐热性、耐腐蚀、电磁屏蔽性和压缩回弹性等多种功能。还可使活性碳纤维纸具有作为新型吸附材料的潜力。

将活性碳纤维纸用来制作燃料电池的电极，是利用其导电性、耐腐蚀性和多孔性；用来制作新型电暖器等家电产品，是利用其导电和耐热性；用来制作高级音响器材的喇叭，是利用其耐热、耐油和压缩回弹性；用来制作空气净化器、净水器以及外伤包扎带等，是利用活性碳纤维纸的吸附性能。此外，活性碳纤维纸还可作为电磁屏蔽材料和抗静电材料等。

5. 炭毡

炭毡是由碳纤维组成的毡状炭质材料。根据所用的原料不同，可以分为黏胶基炭毡和聚丙烯腈基炭毡两种[74,75]。

（1）黏胶基炭毡　将黏胶纤维长丝束切成 7～10cm 长的短纤维，经梳毛机梳毛、平整，再用针刺植绒机制成厚 10～30mm 的黏胶基原毡。然后，在惰性气体保护下或真空条件下，将黏胶基原毡在高温炉中由室温升至 1000℃炭化即得，升温速率为 15～100℃/h。

（2）聚丙烯腈基炭毡　其生产方法有两种：方法一：将聚丙烯腈长丝束切成 6～8cm 长的短纤维，按黏胶基毡的生产方法制成聚丙烯腈基原毡，然后对其进行预氧化。预氧化过程是指在空气或含氧的气氛中在 180～240℃ 范围内经 24～48h 的氧化处理，白色的原毡变为黑色的预氧化毡。接着按黏胶基炭毡的生产方法进行炭化处理，由室温升至 1000℃，炭化速率为 30～300℃/h，冷却到室温即成。方法二：将聚丙烯腈长丝束经 180～240℃ 预氧化处理成预氧化长丝束，然后将预氧化的长丝束切成 7～10cm 长的短纤维，加入一定量的油剂后，经梳毡、平整，用针刺植绒机制成厚 10～30mm 的平板预氧化毡或整体预氧化毡，再按上述炭化处理后冷却到室温即成。

炭毡综合了一般块状炭素材料的耐高温、耐腐蚀、不熔融等优点和纤维状炭的体积密度小、柔软、有弹性、可折叠、裁剪、可用炭纱缝合等特性。炭毡现在主要作为真空或在非氧化气氛的高温炉(如高温炭管炉)、高温感应炉和真空镀膜炉等炉具的高温绝热材料。另外,炭毡熔融的金属、陶瓷和玻璃表现出非浸润性,因此可将其作为这些熔融状材料的表面覆盖物,减少热的散失。构成炭毡的纤维直径<10μm,所以它又是很好的催化剂载体。在宇航工业中,用炭毡作增强骨架制成的炭-炭复合材料可用来做鼻锥、喷管喉衬等耐烧蚀耐冲刷材料。炭毡还可经活化处理制成活性炭毡,与颗粒活性炭相比,具有使用方便、污染小等优点。

6. 磁性活性炭

磁性活性炭是具有磁性能,并可被磁铁吸引的活性炭。用活性炭从氰化矿浆或溶液中吸附黄金的炭浆法已有数十年的历史,美国在1973年建立了第一座利用活性炭从氰化矿浆中提取金的工厂。由于活性炭质脆、易碎,部分已经吸附黄金的炭粉随着尾矿流失,造成黄金的损失。为解决炭粉流失的问题,可采用赋活性炭以磁性并在尾矿处加以磁场吸附磁性碎活性炭的磁炭法以避免炭粉的流失,减少黄金的损失。

磁性活性炭的制法主要有3种:一是粉末冶金法,即把粉碎后的活性炭和细磁铁粉混合,配以黏结剂,压制成型,然后烧结而成;二是用水玻璃将粉碎后磁铁矿黏结于活性炭表面,但由于活性炭的微孔易被磁铁粉和黏结剂堵塞,造成其吸金能力的降低;三是将磁性材料黏结于活性炭表面。1990年,我国学者提出用化学热处理法制取磁性活性炭的方法,即将微细磁性物泥浆与活性炭混合,然后经过清洗、干燥及化学热处理,使活性炭具有磁性。这种方法有效地减少或避免了活性炭微孔被堵塞,不降低吸金量,甚至提高了吸金速度。生产磁性活性炭的原料是椰子壳、山楂核等廉价的果核和果壳,工艺简单,有推广利用的前景,目前该方法还在进一步完善之中[76~78]。

7. 炭分子筛

炭分子筛是一种具有发达微孔结构的新型炭质吸附剂。

自1948年Emett发现树脂炭化后有分子筛的效果以来,德、日、美及中国等国家学者在此领域做了大量地研究工作并先后投入实际应用。

炭分子筛不仅具有炭素材料所共有的耐热耐腐蚀性能,并且具有与活性炭类似的化学组成,但又具有与活性碳材料显著不同的孔径分布和孔隙率。活性炭的孔径范围介于0.5~10000nm,分布较宽,其中包括孔径小于2nm的细孔,2~50nm的中孔和50~100nm的大孔;炭分子筛的孔隙形状为平行的狭长缝隙结构,介于0.3~0.7nm,孔径分布较均匀,以微孔为主,由于它的孔径只有分子大小,所以可以起到分子筛的作用。

活性炭和分子筛具有不同的吸附分离选择性:前者吸附是基于其孔隙表面对不同气体分子的分子间作用力不同,后者则受气体分子体积是否符合微孔尺寸和微孔内表面对不同气体的分子作用力不同这两个因素影响。

与活性炭制备炭工序大致相近，分子筛也是经过原料煤粉碎加黏结剂捏合、成型、炭化、活化和炭沉积等工序而制成。根据原料不同，有的只需炭化，有的炭化后尚需轻微活化或适当堵孔。

（1）原料 很多富含炭的物质，如：木材、果壳(椰壳、核桃壳)、有机高分子聚合物、煤、半焦和活性炭等，均可作为炭分子筛的制备原料，其中以煤为原料最有实用意义。

（2）预氧化 黏结性烟煤需要经过预氧化才能破除黏结性进而形成均一微孔，原料预氧化过程一般采用流化床空气氧化法，温度 200℃ 左右，时间数小时。

（3）捏合，成型 捏合过程可采用煤焦油、纸浆废液等黏结剂，添加量在 25%～40% 之间，捏合效果对产品质量有显著影响。

（4）炭化 作为分子筛制备中的关键工序，其最重要的影响因素是升温速度和炭化终温。较低的升温速度有利于挥发分均匀逸出，故升温速度一般控制在 3～10℃/min，炭化终温高有利于产生微孔，一是原有小孔经过收缩变为更小的微孔，二则由于高温缩聚反应而形成新微孔。因此，炭化终温一般保持在 700～900℃。

（5）活化 某些原料(如无烟煤)在炭化后微孔不足或太小，需要利用活化剂(如二氧化碳、一氧化碳和水蒸气)将其轻度活化，使孔径扩大到所需范围。

（6）炭沉积 原料经炭化和活化后，形成了较发达的孔隙结构，但孔径不均一，存在着一部分不利于分离的大孔，炭沉积的原理是将某些烃类，如苯、甲苯、长链烷烃等在大孔表面或入口处进行热解，使其析出游离碳，从而在尽量不减少炭分子筛有效孔隙容积的前提下缩小大孔孔径。

炭分子筛用于空气分离，不是因为它对氧气和氮气表现出不同的平衡吸附量，而是基于氧气、氮气的扩散速度差异，氧气的扩散速度远高于氮气的扩散速度，因此，在远离平衡的条件下可以使氮气得到富集。从焦炉煤气中分离氢是基于炭分子筛孔隙内表面对不同气体分子的分子间力差异，焦炉煤气中的气体成分都可进入孔隙，由于氢分子体积最小，吸附容量最低，故可以直接穿过吸附塔而被富集；其他气体成分则被吸附下来。

炭分子筛主要应该包括吸附剂、色谱固定相及催化剂载体 3 个方面：①吸附剂。通过变压吸附工艺从空气中分离并制取高纯氢气。②气相色谱固定相。稀有气体及 C_1～C_3 烃类的分析方面有优良性能。③催化剂载体，用于负载烃类的选择加氢或脱氢的催化剂，其中利用炭分子筛进行乙苯的催化氧化脱氢已实现工业化生产。

随炭分子筛应用范围的扩大，尚需对其不同成分的分离机理进行深入研究。

8. 多孔碳材料

多孔碳材料（porous carbon material，PCM）是指具有丰富孔隙结构的碳材料，这类材料以活性炭为代表，很早以前就被广泛应用为吸附剂。近年来随着具有不同形态特征（粉、粒、块、膜、纤维及其织物）和功能特性的多孔碳材料的不断开发，其应用领域也在不断拓宽。由于该材料不仅对某些化学反应具有明显的催化活性，同时又可与金属活性组分进行弱的相互作用。加之，PCM 还具有成本低、比表面积和孔结构可控，通过炭载体的燃烧从废催化剂中回收贵金属等优势，因此无论是作为催化剂还是催化剂载体，都表现出广阔的应用前景。张引枝等就催化领域中所用 PCM 的制备、特性、其催化和载体功能以及一些催化反应的实例作了详细的综述。

在催化领域中所用 PCM 大致可分为普通活性炭、聚合物衍生炭和炭黑复合物。早期 PCM 多是利用果壳、果核、木材、各种牌号的煤炭、煤焦油和重质油沥青等原料，经炭化和物理或化学活化制成。因天然原料所含杂质残留于 PCM 中会催化不希望的副反应发生，且采用天然原料不便对所得 PCM 的孔结构及形态进行调控，因此，目前 PCM 的制备原料多采用合成树脂、合成纤维。

在合成聚合物时，通过选择交联剂或致孔剂可合成具有较大孔结构和比表面积的共聚物。这类前驱体中所具有的较大孔隙经炭化活化后仍可保留至最终的 PCM 中。利用磺化苯乙烯-二乙烯基苯形成的网状结构共聚物在氮气中炭化至 1200℃ 可以制得平均孔大小在 30nm 的各向同性硬质炭。以糠醇、液体致孔剂二甘醇或聚乙二醇、分散剂以及固化剂对甲基苯磺酸为原料，由糠醇的部分聚合、液体成孔剂挥发可以形成狭窄的大孔，将其炭化所得的 PCM 中也保留了该孔结构。

PCM 由于含有较多的微晶，故处于棱面边缘的碳原子较多且具有较高的反应性，易与其他元素反应形成支配表面化学结构的化学物种，通常主要是与氧反应形成各种含氧官能团。通过测定活性表面积可以对这些形成官能团活性点数量进行估计，其程度与碳材料中的微晶点及其排列以及表面缺陷数有关。低温热处理炭（<1500K）的活性点可能占有更高的总表面积，对活性炭来说可能达 20%～40%。作为 PCM 之一的炭黑，表面存在的氧化物，包括有羧基、酚羟基等酸性官能团；羰基、醌基以及由醌基和羧基缩合形成的内酯基等中性官能团，还包括氧䓬状化合物等碱性氧化物。其他各种碳材料也呈现出类似的表面氧化物情况。

活性碳材料包括了大量的具有不同物理化学性能和不同形状的产品，可以用作工业材料，也可应用于近代高科技产业。针对产品不同用途，可采用不同的原料及加工工艺，所得产品本身也具有千差万别的物理化学性能。活性炭科技经过代代智慧的沉淀，技术方面已经取得了很大的突破，通过结构控制及复合手段制备具有耐高温、抗氧化、高机械强度等优良性能的碳材料，拓宽活性炭的利用途径，提高其附加值，开发并满足相关产业的材料需求，必将推动新型活性炭产业不断发展。

参 考 文 献

[1] 梁栋，吕春祥，李云兰，等. 活性炭对扑热息痛的吸附行为和体外释放性能 [J]. 新型炭材料，2006，21(2)：144-150.

[2] 郑其庚. 活性炭的应用 [M]. 上海：华东理工大学出版社，2002：3.

[3] Vale J A，Kulig K. Position paper：gastric lavage [J]. Clinical toxicology journal of toxicology，2004，42(7)：933-943.

[4] Davis J E，张慧红. 活性炭在急性药物中毒中的应用 [J]. 国际护理学杂志，1992，(5)：203-204.

[5] Randall Bond G. The role of activated charcoal and gastric emptying in gastrointestinal decontamination：a-state-of-art review [J]. Ann EmergMed，2002，39(3)：273-286.

[6] ［德］H 凯利，E 巴德著. 活性炭及其工业应用 [M]. 魏同成译. 北京：中国环境科学出版社，1990：225-227.

[7] 安部郁夫博士讲学参考资料 [M]. 高尚愚译. 南京林业大学，1994：84-87.

[8] 魏文树，苏开仲. 活性炭的新用途 [J]. 中国药理学通报，1988，4：209.

[9] Hagiwara A，Hirata Y，Takahashi T. Apilot study of fiberscopy-guided local injection of anti-cancer drugs bound to carbon particals for control of rectal cancer [J]. Anticancer Drugs，1998，9(4)：363-367.

[10] Takahashi T，Hagiwara A，Shimotsuma M，et al. Prophylaxis and treatment of peritoneal carcinomatosis：intraperitoneal chemotherapy with mitomycin C bound to activated carbon particles [J]. World J Surg，1995，19(4)：565-569.

[11] Hagiwara A，Takahashi T，Sawai K，et al. Prophylaxis with carbon-adsorbed mitomycin against peritoneal recurrence of gastric cancer [J]. The Lancet，1992，339(8794)：629-631.

[12] 尺井清司，等. 微粒子活性炭 CH40にょゐ腋窝リンバ流の解析 [J]. 乳癌の临床，1995，10(3)：445-451.

[13] 下间正隆，等. 还原型ロィコメチレン青いたつ，卜大网乳斑のマクロフ，ージの染色について [J]. 新药と临床，昭和 63 年，37(7)：31-36.

[14] 荻原明郎，等. 活性炭吸着制癌剂にょゐ癌性胸腹膜炎の疗 [J]. Ocologia，1987，20(2)：105-112.

[15] Hagiwara A，et al. Activated carbon particles as anticancer drug carrier into regional lymph nodes [J]. Anticancer Drug Design，1987(l)：313-321.

[16] 戚晓东，等. 胃壁内注微粒子活性炭指导胃癌淋巴结清除术 [J]. 中华外科杂志，1993，31(5)：283-285.

[17] 戚晓东等. 微粒子活性炭在乳癌根治术中的应用 [J]. 实用癌症杂志，1994，9(4)：286-287.

[18] Hagiwara A，Takahashi T，Lee R，et al. Enhanced chemotherapeutic efficacy on carcinomatous

peritonitis using a new dosage form in animal experiments [J]. Anticancer Res，1987，7：167-170.

[19] 刘德纯，党诚学，陈武科，等. 微粒子活性炭在消化道恶性肿瘤治疗中的应用 [J]. 陕西肿瘤医学，2001，9(3)：216-217.

[20] 刘绪重，考军，秦宪斌，等. 胃壁注入微粒活性炭液在清除胃癌淋巴结中的意义 [J]. 中国实用外科杂志，1995，15(8)：482-483.

[21] 张燕萍，黄允宁. 活性炭-丝裂霉素复合物经内镜注射在胃癌治疗中的应用 [J]. 临床荟萃，2001，16(24)：1128-1129.

[22] 王铁武，李又平，黄允宁，等. 活性炭抗癌剂复合物联合电凝、电切、微波治疗食管贲门胃底癌 [J]. 中华消化杂志，2001，21(6)：378-379.

[23] Hagiwara A，Hirata Y，Takahashi T. A pilot study of fiberscopy-guided local injection of an-ti-cancer drugs bound to carbon particals for control of rectal cancer [J]. Anticancer Drugs，1998，9(4)：363-367.

[24] Hagiwara A，Takahashi T，Kojima O，et al. Endoscopic local injection of a new drug-delivery form of Peplomycin for superficial esophageal cancer：a pilot study [J]. Gastroenterology，1993，104(4)：1037-1043.

[25] 贾巍. 炭颗粒在肿瘤治疗中的研究进展 [J]. 国外医学口腔医学分册，2004，31：95-97.

[26] 吴文祺，吴肇光，罗启云. 子母囊型人工细胞的研究 [J]. 中国医药工业杂志，1981，(08)：17-24.

[27] 马育. 血液净化吸附剂研究进展 [J]. 中国血液净化. 2006，5(11)：783-785.

[28] 钮振，徐昌喜，贾树人，等. 人工肝辅助装置吸附的研究：Ⅵ交联琼脂糖包膜活性炭微囊血液灌流的临床应用 [J]. 重庆医科大学学报，1988，13(4)：255.

[29] ［日］立本英机，安部郁夫. 活性炭的应用技术——其维持管理及存在的问题 [M]. 高尚愚，译. 南京：东南大学出版社，2002：493-507.

[30] 傅永庆，祝永胜. 血液灌流抢救重度药物中毒18例体会 [J]. 江苏医药，1998，(01)：60.

[31] 安鑫南. 林产化学工艺学 [M]. 北京：中国林业出版社，2002：400-402.

[32] 邹春毅，孙志红，姚春英，等. 活性炭血液灌流联合血液透析在重型病毒性肝炎中的临床应用 [J]. 中国血液净化，2003，2(4)：201-204.

[33] 张铁民，吴川，赵明新，等. 吸入全麻活性炭过滤法苏醒的临床观察 [J]. 中国煤炭工业医学杂志，2000，3(2)：109-110.

[34] 齐龙. 国内活性炭应用的发展趋势 [J]. 吉林林业科技，2002，31(2)：30-33.

[35] 中国林业科学研究院林产化学工业研究所第七研究室. 国外活性炭 [M]. 北京：中国林业出版社，1984：113-116.

[36] 刘玉珠，刘卉. 气态放射性碘捕集方法研究进展 [J]. 辐射防护通讯，1996，16(6)：28-30.

[37] 野口宏，村田翰生，铃木克已. 大気エアロピルに对する放射性元素状ヨラ素カスの吸着特性 [J]. 保健物理，1990，25(3)：209

[38] ［德］H 凯利. 活性炭及其工业应用 [M]. 北京：中国环境科学出版社，1990：127-130.

[39] ［日］炭素材料学会. 活性炭基础与应用 [M]. 北京：中国林业出版社，1984：300-318.

[40] 木谷进，宇野清一郎. J AERI-memo [M]. 1967.

[41] 《炭素材料》编委会. 中国冶金百科全书——炭素材料 [M]. 北京：冶金工业出版社，2004：471.

［42］　立本英机，安部郁夫. 活性炭的应用技术［M］. 高尚愚，编. 南京：东南大学出版社，2002：
161-163.

［43］　安鑫南. 林产化学工艺学［M］. 北京：中国林业出版社，2002：412-416.

［44］　Marina M，Francesca S. Strategies for high-performance supercapa-citors for HEV［J］. Power
Sources，2007，174(1)：89-93.

［45］　杨裕生，曹高萍. 电化学电容器用多孔炭的性能调节［J］. 电池，2006，36(1)：34-36.

［46］　任军，徐斌，张世超，等. PVDC 基活性炭的制备与电容性能［J］. 电池，2008，38(3)：
136-138.

［47］　Takaya S，Gen M，Kentaro T. Electrochemical properties of novel ionic liquids for electric double
layer capacitor applications［J］. Electrochim Acta，2004，49：3603-3611.

［48］　Mitani S，Lee S I，Saito K，etal. Activation of coal tar derived needle coke with K_2CO_3 into an
active carbon of low surface area and its performance as unique electrode of electric double-layer ca-
pacitor. Carbon，2005，43(14)：2960-2967.

［49］　Hsieh C T，Teng H. Influence of oxygen treatment on electric double-layer capacitance of
activated carbon fabrics［J］. Carbon，2002，40：667-674.

［50］　Tai Y L，Teng H. Modification of porous carbon with nickel oxide impregnation to enhance the
electrochemical capacitance and conductivity［J］. Carbon，2004，42：2335-2338.

［51］　何月德，刘洪波，张洪波. 活化剂用量对无烟煤基高比表面积活性炭电容特性的影响［J］. 新型
炭材料，2002，17(4)：18-22.

［52］　炭素材料学会. 活性炭基础与应用［M］. 北京：中国林业出版社，1984：210.

［53］　《炭素材料》编委会. 中国冶金百科全书炭素材料［M］. 北京：冶金工业出版社，2004：498.

［54］　王箴. 化工辞典［M］. 北京：化学工业出版社，1992：516.

［55］　安鑫南. 林产化学工艺学［M］. 北京：中国林业出版社，2002：412-416.

［56］　孟冠华，李爱民，张全兴. 活性炭的表面含氧官能团及其对吸附影响的研究进展［J］. 离子交换
与吸附，2007，23(1)：88-94.

［57］　Kienle H，Bader E. 活性炭材料及其工业应用［M］. 北京：中国环境科学出版社，1990：3-9.

［58］　朴香兰，樊蓉，朱慎林. 活性炭纤维在化工分离中的应用及研究进展［J］. 现代化工，2000，20
(6)：20-23.

［59］　陆益民，梁世强. 活性炭纤维化学改性的研究现状与展望［J］，合成纤维工业，2004，27(5)：
33-36.

［60］　杨子芹，谢自立，贺益胜. 新型纳米结构炭材料的储氢研究［J］. 新型炭材料，2003，18(1)：
75-79.

［61］　沈烈，钱玉剑，楼浙栋. 炭黑改性对炭黑/高密度聚乙烯体系电性能稳定性的影响［J］. 复合材
料学报，2008，25(4)：13-17.

［62］　张贻川，代坤，陈妍慧，等. 炭黑在两相高分子导电复合材料中选择性分布研究进展［J］. 塑料
科技，2008，36(9)：84-89.

［63］　Przepiorski J. Enhanced adsorption of phenol from water by ammonia-treated activated carbon
［J］. Hazardous Materials，2006，B135：453-456.

［64］　Boehm H P. Surface oxides on carbon and their analysis：a critical assessment［J］. Carbon，
2002，40：145-149.

［65］　Villacañas F，Pereira M F，José J M，et al. Adsorption of simple aromatic compounds on activated carbon [J]. Colloid and Interface Science，2006(293)：128-136.

[66] 窦智峰，姚伯元. 高性能活性炭制备技术新进展 [J]. 海南大学学报，2006，24(1)：74-80.

[67] 周建斌. 竹炭环境效应及作用机理的研究 [D]. 南京：南京林业大学，2005：

[68] 章健，马磊，卢春山，等. 竹制活性炭作为催化剂载体的研究 [J]. 工业催化，2008，16(3)：67-70.

[69] 刘洪波，常俊玲，张红波，等. 竹炭基高比表面积活性炭电极材料的研究 [J]. 炭素技术，2003，128(5)：1-7.

[70] 刘占莲，潘鼎，曾凡龙. 黏胶基活性炭纤维的制备 [J]，炭素，2003，3：9-13.

[71] 付正芳，孙俊芬，王庆瑞. PAN基中空活性炭纤维的制备及性能研究 [J]. 东华大学学报，2006，32(4)：128-132.

[72] 马智勇，杨小平，王成忠，等. 活性炭纤维纸的制备、结构及性能研究 [J]. 北京化工大学学报，2000，27(4)：40-43.

[73] 林润惠，邝守敏，吴葆敦，等. 活性炭纤维纸的抄造技术研究 [J]. 广东造纸，1999，(z1)：57-60.

[74] 宋显辉，吕泳，张小玉，等. 炭毡传感特性研究 [J]. 新型炭材料，2008，28(2)：189-192.

[75] 朱四荣，李卓球，宋显辉，等. PAN基炭毡的电热性能 [J]. 武汉大学学报，2004，26(9)：13-16.

[76] 单国彬，张冠东，田青，等. 磁性活性炭的制备与表征 [J]. 过程工程学报，2004，4(2)：141-145.

[77] Garg V，Oliveira L C A，Rios R V R A，et al. Activated Carbon/Iron Oxide Magnetic Composites for the Adsorption of Contaminants in Water [J]. Carbon，2002，40(12)：2177-2183.

[78] 刘守新，孙承林. 磁性椰壳活性炭的合成研究 [J]. 新型炭材料，2002，17(1)：45-48.

第九章 活性炭标准

第九章 活性炭标准

　　本章为广大活性炭生产企业和科研人员提供了较完善的活性炭试验方法和产品标准，方便读者系统地查阅相关内容和数据，有助于对标准的理解和应用，在规范市场、增强我国活性炭企业市场竞争力方面有很重要的指导意义。我国已跃升为世界上最大的活性炭生产和出口国，活性炭检测方法对产品的评价，检测标准的统一，内贸外贸的质量纠纷的处置等，无疑都是十分重要的。本章收集了截至 2015 年年底批准发布的活性炭相关标准，分为国内活性炭标准和国外活性炭标准两个部分，包括《木质活性炭试验方法》《煤质活性炭试验方法》等重要的国内标准，以及 ASTM、JIS、AWWA 等重要的国外活性炭标准。

第一节　国内活性炭标准

一、产品标准

GB/T 7701.1—2008　媒质颗粒活性炭气相用煤质颗粒活性炭

GB/T 7701.2—2008　媒质颗粒活性炭净化水用煤质颗粒活性炭

GB/T 7701.3—2008　媒质颗粒活性炭载体用煤质颗粒活性炭

GB/T 13803.1—1999　木质味精精制用颗粒活性炭

GB/T 13803.2—1999　木质净水用活性炭

GB/T 13803.3—1999　糖液脱色用活性炭

GB/T 13803.4—1999　针剂用活性炭

GB/T 13803.5—1999　乙酸乙烯合成触媒载体活性炭

GB/T 17664—1999　木炭和木炭试验方法

GB/T 17665—1999　木质颗粒活性炭对四氯化碳蒸气吸附试验方法

GB/T 29215—2012　食品安全国家标准 食品添加剂 植物活性炭（木质

活性炭）

GB/T 26900—2011	空气净化用竹炭
LY/T 1125—1993	提取黄金用颗粒状活性炭
LY/T 1281—1998	味精用粉状活性炭
LY/T 1331—2014	净水载银活性炭
LY/T 1581—2000	化学试剂用活性炭
LY/T 1582—2000	柠檬酸脱色用活性炭
LY/T 1615—2004	木质活性炭术语
LY/T 1616—2004	活性炭水萃取液电导率测定方法
LY/T 1617—2004	双电层电容器专用活性炭
LY/T 1623—2004	木糖液脱色用活性炭
LY/T 1785—2008	柠檬酸脱色用颗粒活性炭
LY/T 1971—2011	变压吸附精制氢气用活性炭
LY/T 13803.4—1999	针剂用活性炭

二、木质活性炭试验方法

GB 32560—2016	活性炭的分类和命名	
GB/T 12496.1—1999	木质活性炭试验方法	表观密度的测定
GB/T 12496.2—1999	木质活性炭试验方法	粒度分布的测定
GB/T 12496.3—1999	木质活性炭试验方法	灰分含量的测定
GB/T 12496.4—1999	木质活性炭试验方法	水分含量的测定
GB/T 12496.5—1999	木质活性炭试验方法	四氯化碳吸附率（活性）的测定
GB/T 12496.6—1999	木质活性炭试验方法	强度的测定
GB/T 12496.7—1999	木质活性炭试验方法	pH 值的测定
GB/T 12496.8—2015	木质活性炭试验方法	碘吸附值的测定
GB/T 12496.9—2015	木质活性炭试验方法	焦糖脱色率的测定
GB/T 12496.10—1999	木质活性炭试验方法	亚甲基蓝吸附值的测定
GB/T 12496.11—1999	木质活性炭试验方法	硫酸奎宁吸附值的测定
GB/T 12496.12—1999	木质活性炭试验方法	苯酚吸附值的测定
GB/T 12496.13—1999	木质活性炭试验方法	未炭化物的测定
GB/T 12496.14—1999	木质活性炭试验方法	氰化物的测定
GB/T 12496.15—1999	木质活性炭试验方法	硫化物的测定
GB/T 12496.16—1999	木质活性炭试验方法	氯化物的测定
GB/T 12496.17—1999	木质活性炭试验方法	硫酸盐的测定

GB/T 12496.18—1999　木质活性炭试验方法　酸溶物的测定
GB/T 12496.19—2015　木质活性炭试验方法　铁含量的测定
GB/T 12496.20—1999　木质活性炭试验方法　锌含量的测定
GB/T 12496.21—1999　木质活性炭试验方法　钙镁含量的测定
GB/T 12496.22—1999　木质活性炭试验方法　重金属的测定
GB/T 12496.23—2016　木质活性炭试验方法　甲醛吸附率的测定
GB/T 12496.24—2016　木质活性炭试验方法　甲苯吸附率的测定
GB/T 20449—2006　活性炭丁烷工作容量测试方法
GB/T 20450—2006　活性炭着火点测试方法
GB/T 20451—2006　活性炭球盘法强度测试方法
LY/T 786—2008　活性炭单宁酸吸附值的测定方法
LY/T 2615—2016　木质活性炭试验方法铅含量测定　原子吸收光谱法

三、煤质活性炭试验方法

GB/T 7702.1—1997　煤质颗粒活性炭试验方法　水分的测定
GB/T 7702.2—1997　煤质颗粒活性炭试验方法　粒度的测定
GB/T 7702.3—2008　煤质颗粒活性炭试验方法　强度的测定
GB/T 7702.4—1997　煤质颗粒活性炭试验方法　装填密度的测定
GB/T 7702.5—1997　煤质颗粒活性炭试验方法　水容量的测定
GB/T 7702.6—2008　煤质颗粒活性炭试验方法　亚甲蓝吸附值的测定
GB/T 7702.7—2008　煤质颗粒活性炭试验方法　碘吸附值的测定
GB/T 7702.8—2008　煤质颗粒活性炭试验方法　苯酚吸附值的测定
GB/T 7702.9—2008　煤质颗粒活性炭试验方法　着火点的测定
GB/T 7702.10—2008　煤质颗粒活性炭试验方法　苯蒸气氯乙烷蒸气防护时间的测定
GB/T 7702.13—1997　煤质颗粒活性炭试验方法　四氯化碳吸附率的测定
GB/T 7702.14—2008　煤质颗粒活性炭试验方法　硫容量的测定
GB/T 7702.15—2008　煤质颗粒活性炭试验方法　灰分的测定
GB/T 7702.16—1997　煤质颗粒活性炭试验方法　pH 值的测定
GB/T 7702.17—1997　煤质颗粒活性炭试验方法　漂浮率的测定
GB/T 7702.18—2008　煤质颗粒活性炭试验方法　焦糖脱色率的测定
GB/T 7702.19—2008　煤质颗粒活性炭试验方法　四氯化碳脱附率的测定
GB/T 7702.20—2008　煤质颗粒活性炭试验方法　孔容积和比表面积的测定

| MT/T 996—2006 | 活性炭丁烷工作容量的试验方法 |
| MT/T 1155—2011 | 颗粒活性炭半脱氯值的测定方法 |

第二节　国外活性炭标准

国外活性炭检测项目与国内有所不同，其中美国 ASTM、美国 ANSI/ AWWA、日本 JIS、日本 JWWA、法国 NF EN 标准的检测项目各有侧重。从发展趋势看，各国标准有向 ASTM 靠拢的趋势。为便于中国读者阅读，特将国外标准名称翻译成中文，需要外文的读者也可根据标准号查找原文。

一、ASTM 标准

ASTM D2652—2011	有关活性炭的术语
ASTM D2854—2009(2014)	活性炭的表面密度试验方法
ASTM D2862—2010	颗粒状活性炭粒径分布的试验方法
ASTM D2866—1994(2014)	活性炭总灰含量的试验方法
ASTM D3466—2006(2011)	颗粒活性炭着火温度的试验方法
ASTM D3467 1994	活性炭对四氯化碳吸附率的实验方法
ASTM D3687—2007(2012)	用活性炭管吸附法收集的有机化合物蒸汽分析的标准实施规程
ASTM D3802—2010	活性炭球盘法强度测试方法
ASTM D3838—2005(2011)	活性炭的 pH 值试验方法
ASTM D3860—1998(2014)	用水相等温线技术测定活性炭吸水力的规程
ASTM D4069—1995(2014)	用于从气流中除去气态放射碘的浸渍活性炭的规格
ASTM D4607—2014	测定活性炭碘值的试验方法
ASTM D5160—1995(2008)	活性炭气相吸收测试指南
ASTM D5832—1998(2003)	活性炭样本中的活性挥发物测定的标准试验方法
ASTM D5919—1996(2001)	用 ppb 浓缩时吸附物的微缩等温线技术测定活性炭吸附能力的标准实施规程
ASTM D6646—2003(2014)	测定颗粒和丸状活性炭加速硫化氢漏过容量的试验方法
ASTM D6851—2002(2007)	测定与活性炭接触的 pH 值的试验方法
ASTM E1412—2012	通过用活性炭的被动顶部空间浓缩法从

火灾残留物中分离可燃液体残渣的规程

ASTM E1568—2013   用火试金法测定活性炭中金量的试验方法

ASTM UOP802—1980   活性炭粒子的磨损

二、JIS/JWWA 标准

JIS K8625—2006   碳酸钠

JIS K1474—2007   活性炭试验方法

JIS K0050—2011   活性炭化学分析方法通则

JWWA A114—2006   水道用颗粒活性炭

三、ANSI/AWWA 标准

ANSI/AWWA B600—2010   粉状活性炭标准

ANSI/AWWA B604—2012   颗粒状活性炭标准

ANSI/AWWA B605—2007   再生粒状活性炭

四、韩国标准

KS M 1210—1986   粒状活性炭

KS M 1421—2008   粉状活性炭的测试方法

五、德国标准

DIN EN 12915—2   用于水的处理供人类食用的产品   粒状活性炭   第 2
                  部分：重新激活的粒状活性炭

六、法国标准

NF EN 12915-1—2003   产品适用于水的处理供人消费   颗粒活性炭   第
                      1 部分：新生产的颗粒活性炭

七、俄罗斯标准

rOCT   木质粉状活性炭技术要求

第三节 其他行业有关活性炭标准

GB/T 16143—1995   建筑物表面氡析出率的活性炭测量方法

WJ 2250—1994   活性炭比表面积测定仪检定规程

WJ 2252—1994   活性炭、浸渍炭防护性能试验装置检

<table>
</table>

	定规程
WJ 2253—1994	浸渍活性炭标准物质通用规范
EJ/T 824—1994	活性炭吸附氡子体 γ 测量仪
GJ/B 1468—1992	军用活性炭和浸渍活性炭通用规范
ZB G13 001—1988	乙酸乙烯合成催化剂载体活性炭
ZB G13 002—1988	针剂用活性炭
HG 3-1290—1980	活性炭
HG/T 3391—1999	化学试剂 活性炭
HG/T 3922—2006	活性炭纤维毡
ZB G13001—1988	乙酸乙烯合成催化剂载体活性炭
ZB G13002—1988	针剂用活性炭
ASTM D2866—2011	活性炭总灰含量的试验方法
DL/T 582—2016	发电厂水处理用活性炭使用导则
FORD WSS-M99G117-C3—1997	高吸附力活性炭，球状活性炭 福特公司标准

第四节 活性炭标准化工作展望

一、活性炭产业标准化建设

1. 建立企业产品和服务标准自我声明公开和监督制度

建立企业产品和服务标准自我声明公开和监督制度是对现行的企业标准备案制的一种改革，是转变企业产品标准管理方式，是简政放权的重要体现。共分为三个阶段。第一阶段(2015 年)：组建领导小组和工作机构，确定管理机制，明确工作目标和工作任务；第二阶段(2016 年)，在特定行业特定领域开展试点工作；第三阶段(2017 年)，全面实施企业产品和服务标准自我声明公开和监督制度，届时企业标准备案将取消。

2. 建立企业标准自我声明公开平台

为实施企业产品和服务标准自我声明公开，国家标准化管理委员会专门建立了国家企业产品标准信息公共服务平台官方网站（http：//www. cpbz. gov. cn/）。

3. 实施企业产品标准自我声明公开

鼓励企业制定高于试点产品国家标准、行业标准或地方标准要求的企业标准。企业产品执行企业标准的。上传以下内容：

(1) ××××(企业)自我承诺书。

（2）企业基本信息：机构名称、法定代表人、组织机构代码、邮政编码、注册地址、行政区划。

（3）企业标准信息：企业产品执行的企业标准名称和标准编号、公开内容（企业标准文本）。

（4）目前在该平台已有活性炭企业产品标准自我声明 89 项。

二、活性炭标准化发展趋势

1. 加强涉及人身健康、生态环境安全的活性炭标准制修订
① 民用活性炭产品。
② 环保用活性炭。
③ 水处理用活性炭。
④ 土壤修复用活性炭。
⑤ 医用活性炭。

2. 加强活性炭溯源、鉴伪等判别性标准研制
① 煤质与木质活性炭鉴别。
② 再生活性炭鉴别。
③ 活性炭原料溯源。

3. 加强基础性、综合性、公益性标准研制
① 方法标准。
② 清洁生产规程。
③ 能耗标准。

4. 大力发展协会团体标准
① 产品标准。
② 行业规程。